折射集
prisma

照亮存在之遮蔽

Peter Kivy

The Blackwell Guide to Aesthetics

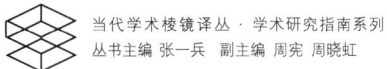

当代学术棱镜译丛·学术研究指南系列
丛书主编 张一兵 副主编 周宪 周晓虹

美学指南

［美］彼得·基维 主编 彭锋 等译

南京大学出版社

《当代学术棱镜译丛》总序

自晚清曾文正创制造局,开译介西学著作风气以来,西学翻译蔚为大观。百多年前,梁启超奋力呼吁:"国家欲自强,以多译西书为本;学子欲自立,以多读西书为功。"时至今日,此种激进吁求已不再迫切,但他所言西学著述"今之所译,直九牛之一毛耳",却仍是事实。世纪之交,面对现代化的宏业,有选择地译介国外学术著作,更是学界和出版界不可推诿的任务。基于这一认识,我们隆重推出《当代学术棱镜译丛》,在林林总总的国外学术书中遴选有价值篇什翻译出版。

王国维直言:"中西二学,盛则俱盛,衰则俱衰,风气既开,互相推助。"所言极是!今日之中国已迥异于一个世纪以前,文化交往日趋频繁,"风气既开"无须赘言,中外学术"互相推助"更是不争的事实。当今世界,知识更新愈加迅猛,文化交往愈加深广。全球化和本土化两极互动,构成了这个时代的文化动脉。一方面,经济的全球化加速了文化上的交往互动;另一方面,文化的民族自觉日益高涨。于是,学术的本土化迫在眉睫。虽说"学问之事,本无中西"(王国维语),但"我们"与"他者"的身份及其知识政治却不容回避。但学术的本土化绝非闭关自守,不但知己,亦要知彼。这套丛书的立意正在这里。

"棱镜"本是物理学上的术语,意指复合光透过"棱镜"便分解成光谱。丛书所以取名"当代学术棱镜译丛",意在透过所选篇什,折射出国外知识界的历史面貌和当代进展,并反映出选编者的理解和匠心,进而实现"他山之石,可以攻玉"的目标。

本丛书所选书目大抵有两个中心:其一,选目集中在国外学术界新近的发展,尽力揭橥域外学术20世纪90年代以来的最新趋向和热点问题;其二,不忘拾遗补阙,将一些重要的尚未译成中文的国外学术著述囊括其内。

众人拾柴火焰高。译介学术是一项崇高而又艰苦的事业,我们真诚地希望更多有识之士参与这项事业,使之为中国的现代化和学术本土化做出贡献。

丛书编委会
2000年秋于南京大学

译者前言

翻译的著作和原作有可能会遭遇完全不同的命运,原因除了翻译与原文本身的差异之外,还有两者所处文化背景的差异。译者除了尽可能忠实地迻译原著之外,还有必要做更多的"本土化"的工作,这样才能为译著找到赖以生长的土壤。这就是在原著已经有了一个很好的"导言"之后,我还要"画蛇添足"式地写个"译者前言"的原因。

作为教授和研究美学原理及当代西方美学的教师,我一直在为教学寻找一本合适的教材。目前国内有不少美学教材。也许以前的教材写得过于刻板,最近几年有些矫枉过正,教材写得越来越随意。英语圈中的教材多半是教学者根据自己的需要编辑的文选,有出版的,更多的是未出版的。尽管编者对所选入的文章一般都写有或详或简的导读性的文字,但它们仍然有一些难以避免的缺陷。比如,尽管所收录的都是经典文章,但由于每篇文章都有自己的特殊背景,或者都针对自身的特殊问题,它们加在一起就构成了一个更加复杂的背景。尽管有一些简明的导读性的文字的帮助,对于在非西方美学语境中成长起来的学习者来说,要完全澄清这些文章背后的理论背景仍然有不少困难,但不将这些文章放在各自的背景之中又很难理解它们,更不用说将它们背后的理论背景组织成为一种连贯的历史线索或理论系统了。就像20世纪的美学理论让我们确信的那样,要理解一件艺术作品,就必须将它放到艺术史的上下文之中,否则我们就不可能理解这件艺术作品。将艺术作品放到它自身的背景之中并不是主观任意的行为,而是要像天文学家在星空中确定星星的位置那样客观和精确。我们要理解这些文选中的每篇文章也同样需要做这种"归入背景"的工作。然而,由于我们所掌握的信息过于欠缺,我们凭借几点零星的星光不可能将整个星系建立起来,从而也就无法确定这几点星光本身在星系中的位置。选用这些文选作为教材,会让我们陷入另外一种"随意",即对文选中辑录的文章做"去背景"的随意理解,就像我们用一双从未受过艺术史训练的眼睛去欣赏历史上的某幅名画一样,没有人能够怀疑我们从中获得了快乐,但我们从中获得的快乐有多少真正与作品有关,是一个值得怀疑的问题。我们对那些经典文章的"去背景"的阅读,就不乏这种望文生义的嫌疑。

这本《美学指南》克服了这两个方面的随意性。首先,本书中所选择的问题都是严格的美学问题,我们知道它们的确切缘起,围绕它们所形成的争论,以及目前所处的状态。它们完全不像国内的某些美学教材,其中的问题可能是作者一时受灵感的激发随意设想出来的。这本书没有丝毫这种随意性。其次,书中所涉及的问题,都是通过一个当代学者(通常是该领域中最有影响力的学者)的眼光显现出来的,这样所有的问题都处于一个"当代"的背景之中,因此就没有那些文选中所暗含的复杂的背景。换句话说,由于这些当代优秀的美学家为我们勾勒出了星空中那些零星的星光之间的关系,因此我们就有了一个比较完整和系统的星系图。如果没有这些对该领域的问题驾轻就熟的专家的勾连,全凭我们自己的摸索去建立这种联系,我想其中的困难可能是超乎想象的。由于这些作者已经为我们描绘出了一张星系图,我们就必须将每颗星星放在它自身所在的位置上去理解,从而杜绝那种"去背景"的"随意"解读,这就是我们会觉得读《美学指南》中的文章也许比读那些文选中的文章更困难的原因。当然,更多的是一种豁然开朗的感觉,尤其是当我们在作者所描绘的星系图上发现某颗星星的确切位置的时候。

目　录

1 / 作者简介

1 / 导言：今日之美学 / 彼得·基维 著　任　鹏 译

第一部分　核心问题

13 / 第 1 章　现代美学的缘起：1711—1735 / 保罗·盖耶 著　贾红雨 译
37 / 第 2 章　定义艺术：内涵和外延 / 乔治·迪基 著　徐　陶 译
51 / 第 3 章　艺术与审美 / 玛西娅·缪尔德·伊顿 著　贾红雨 译
64 / 第 4 章　艺术本体论 / 爱米·L.托马森 著　徐　陶 译
77 / 第 5 章　评价艺术 / 艾伦·戈德曼 著　褚国娟 译
91 / 第 6 章　美学中的解释 / 劳伦·斯特恩 著　徐　陶 译
105 / 第 7 章　艺术与道德领域 / 诺埃尔·卡罗尔 著　刘笑非 译
127 / 第 8 章　美与批评家的判断：重绘美学 / 玛丽·马泽斯尔 著　褚国娟 译
140 / 第 9 章　趣味的哲学：对其观念的思考 / 特德·科恩 著　孙　焘 译
146 / 第 10 章　艺术中的情感 / 杰内弗·罗宾逊 著　张　颖 译

第二部分　艺术和其他问题

165 / 第 11 章　文学哲学：重返快感 / 彼得·拉马克　斯坦·郝高姆·奥尔森 著　褚国娟 译
182 / 第 12 章　视觉艺术哲学：感知绘画 / 约瑟夫·马戈利斯 著　张　颖 译
195 / 第 13 章　电影哲学：电影的叙事 / 贝利斯·高特 著　张　颖 译
215 / 第 14 章　音乐哲学：形式主义及其他 / 菲利普·阿尔佩松 著　宋　蕾 译
234 / 第 15 章　舞蹈哲学：动静中的身体 / 弗朗西斯·斯帕肖特 著　刘　伟 译
247 / 第 16 章　悲剧 / 苏珊·菲金 著　彭　锋 译

260 / **第 17 章　自然和环境的美学** / 唐纳德·W.克劳福德 著　彭　锋 译

277 / **第 18 章　艺术和美学：宗教的维度** / 尼古拉斯·沃尔特斯托夫 著　赵　翔 译

290 / **索引**

313 / **译者后记**

在这片新的土壤中,新生的美学理论已经破土而出;总体看来数量大而且质量高。现在写美学运动的历史还为时尚早,但要写它也不用太晚。

——科林伍德(R. G. Collingwood)

作者简介

菲利普·阿尔佩松(Philip Alperson),天普大学(Temple University)哲学教授和人文研究协会(Temple Society of Fellows in the Humanities)主任。他主编的著作有 *The Philosophy of the Visual Arts*(1992),*What Is Music?: An Introduction to the Philosophy of Music*(1994),*Musical Worlds: New Directions in the Philosophy of Music*(1998),*Diversity and Community: An Interdisciplinary Reader*(2002)。1993—2003 年主编《美学与艺术评论杂志》(*Journal of Aesthetics and Art Criticism*)。

诺埃尔·卡罗尔(Noël Carroll),威斯康星大学麦迪逊分校(University of Wisconsin-Madison)哲学系门罗·比尔兹利教授(Monroe C. Beardsley professor of philosophy),曾任美国美学协会主席。他在美学、艺术哲学和电影理论领域出版了大量著作,最近出版的著作是 *Beyond Aesthetics*。

特德·科恩(Ted Cohen),芝加哥大学(University of Chicago)哲学教授,在美学领域发表了大量不同的论文,其中一篇关于他祖父的论文、一篇关于棒球的论文赢得了"手推车奖"(Pushcart Prize),出版的著作有 *Jokes*,曾任美国美学协会主席。

唐纳德·W. 克劳福德(Donald W. Crawford),加利福尼亚大学圣芭芭拉分校(University of California, Santa Barbara)哲学教授,发表许多关于自然美学和康德美学的论文,出版的著作有 *Kant's Aesthetic Theory*(1974),曾任《美学与艺术评论杂志》主编。

乔治·迪基(George Dickie),伊利诺伊大学芝加哥分校(University of Illinois, Chicago)哲学荣休教授,出版著作有 *Art and Value*(2001),*Introduction to Aesthetics*(1997),*The Century of Taste*(1996),*Evaluating Art*(1988),*The Art Circle*(1984),*Art and Aesthetics*(1974),以及其他关于美学的著述。

玛西娅·缪尔德·伊顿(Marcia Muelder Eaton),明尼苏达大学(University of Minnesota)哲学教授,出版数部关于美学和艺术哲学的著作,在全世界广泛执教和讲演,曾任美国美学协会主席。

苏珊·菲金(Susan Feagin)，《美学与艺术评论杂志》主编，天普大学哲学研究教授，出版的著作有 Reading with Feeling: The Aesthetics of Appreciation (1996)，共同主编的著作有 Aesthetics (1997)，发表大量关于解释和欣赏的论文，尤其是与视觉艺术和文学有关的论文。

贝利斯·高特(Berys Gaut)，苏格兰圣安德鲁斯大学(University of St Andrews, Scotland)道德哲学系高级讲师，著述广泛涉及美学、电影哲学和道德哲学，共同主编 The Routledge Companion to Aesthetics (2001)，The Creation of Art (2003)，最近完成的著作有 Art, Emotion, and Ethics。

艾伦·戈德曼(Alan Goldman)，威廉和玛丽学院(College of William and Mary)人文学威廉·肯南教授(William R. Kenan, Jr, professor)，出版六部有关美学、伦理学和认识论的著作，包括 Aesthetic Value (1995)，Practical Rules: When We Need Them and When We Don't (2002)等。

保罗·盖耶(Paul Guyer)，宾夕法尼亚大学(University of Pennsylvania)哲学系人文学弗洛伦斯·默里教授(Florence R. C. Murray professor)，著述涉及康德、哲学史和美学史，关于康德美学的著作包括 Kant and the Claims of Taste (1979, 1997)，Kant and the Experience of Freedom (1993)，新近翻译了《判断力批判》(Critique of the Power of Judgment [2000, with Eric Matthews])，编辑了两本论文集 Essays in Kant's Aesthetics (1982)，Kant's Critique of the Power of Judgment: Critical Essays (2003)，最近准备写作一部现代美学史。

彼得·基维(Peter Kivy)，罗格斯大学(Rutgers University)哲学管理者理事会教授(Board of Governors professor)，曾任美国美学协会主席，发表大量美学和艺术哲学的论文和著作，最近的著作有 The Possessor and the Possessed: Handel, Mozart, Beethoven, and the Idea of Musical Genius (2001)，New Essays on Musical Understanding (2001)，Introduction to a Philosophy of Music (2002)。

彼得·拉马克(Peter Lamarque)，约克大学(University of York)哲学系主任、教授，著述广泛涉及虚构性、文学哲学和美学，包括 Truth, Fiction, and Literature (1994, with Stein Haugom Olsen)，Fictional Points of View (1996)，《英国美学杂志》(British Journal of Aesthetics)主编，10卷本 Encyclopedia of Language and Linguistics 的哲学主编。

约瑟夫·马戈利斯(Joseph Margolis)，天普大学哲学系劳拉·卡内教授(Laura Carnell professor)，曾任美国美学协会主席。他的论文和著作涉及哲学的所有领域，包括对艺术哲学的实质性的贡献。

玛丽·马泽斯尔(Mary Mothersill)，巴纳德学院(Barnard College)荣休教授，哥伦比亚大学(Columbia University)高级学者，出版著作有 *Beauty Restored*（1984），发表过许多涉及哲学美学和道德心理学的著述。

斯坦·郝高姆·奥尔森(Stein Haugom Olsen)，香港岭南大学(Lingnan University, Hong Kong)哲学系主任，人文学讲座教授，出版著作有 *The Structure of Literary Understanding*（1978），*The End of Literary Theory*（1987），*Truth, Fiction, and Literature: A Philosophy Perspective*（1994，with Peter Lamarque），发表大量关于文学理论、文学批评和美学的论文，当选挪威科学和文学学院委员。

杰内弗·罗宾逊(Jenefer Robinson)，辛辛那提大学(University of Cincinnati)哲学教授，发表大量关于美学和情感理论的论文，主编 *Music and Meaning*（1997），出版著作有 *Passionate Encounters: How Emotions Function in Literature, Music, and the Other Arts*。

弗朗西斯·斯帕肖特(Francis Sparshott)，1950 年至 1991 年在多伦多大学(University of Toronto)教授哲学，出版美学著作有 *The Structure of Aesthetics*（1963），*The Theory of the Arts*（1982），出版两部大部头的关于舞蹈哲学的著作 *Off the Ground*（1988）和 *A Measured Pace*（1995），另外还以出版 11 册诗集而著名。

劳伦·斯特恩(Laurent Stern)，罗格斯大学新泽西新不伦瑞克分校(Rutgers University in New Brunswick, New Jersey)荣休哲学教授，著述涉及解释和翻译方面，最近在写作一本有关这些主题的著作。

爱米·L.托马森(Amie L. Thomasson)，迈阿密大学(University of Miami)哲学副教授，出版著作 *Fiction and Metaphysics*（1999），发表大量关于形而上学、心灵哲学、现象学和艺术哲学的论文，最近的著作有 *Ordinary Objects*，合编(with David W. Smith)一本关于现象学和心灵哲学的论文集。

尼古拉斯·沃尔特斯托夫(Nicholas Wolterstorff)，耶鲁大学荣休哲学神学诺亚·波特教授(Noah Porter professor)，著述广泛，不仅涉及美学，而且涉及认识论、形而上学、哲学史、宗教哲学，除了发表大量美学论文之外，还出版两部美学著作 *Works and Worlds of Art*（1980）和 *Art in Action*（1980），曾任美学哲学协会主席，曾在圣安德鲁斯大学做过吉福德系列讲座(Gifford Lectures)，在牛津大学做过王尔德讲座(Wilde Lecture)。

导言：今日之美学

彼得·基维 著

任 鹏 译

在《纯粹理性批判》的第二版(1787)中，康德就其同胞称为"美学"的新兴哲学学科进行了严格的批判。他在其中的一部分写道：

> 德国人是唯一普遍地使用"美学"这一词语来表示其他人所谓的"趣味批判"(the critique of taste)的人群。这一用法可上溯至鲍姆加通(Baumgarten)这位令人敬佩的分析型的思想者所做的夭折的尝试——他试图将对美的评判引入理性原则之下，并将该评判的原则提升至科学的层次。但是这样的努力是徒劳的，前述的规则或标准，就其主要的来源而言，仅仅是经验性的，因此绝不能用来决定对我们的趣味判断具有指导意义的先验性法则。(Kant 1950：66n)

康德在视美学为一门可行的哲学学科一事上做出这种悲观的判断，其背景是双重的。一方面，正如上述引文所表明的那样，间接而言，康德认为鲍姆加通和美学中理性主义的德国传统在有一个观点上是对的：如果美学要成为一门哲学学科，它必须从经验中摆脱出来。但是，在1787年的康德看来，对趣味的先验性批判是不可能的，鲍姆加通尝试将美学"理性化"的失败即是与此相关的突出情形。

另一方面，发轫于弗朗西斯·哈奇生(Francis Hutcheson)的英国传统，包括美学和道德理论两方面在内，在康德看来从一开始就完全走在错误的轨道上，尽管康德非常敬仰其中的一些实践者。这是因为，与德国理性主义者不同，英国传统将关于美、善、趣味和道德判断的"哲学"明确地落在道德与审美的"心理学"的经验领域之内。这就是说，它并不是鲍姆加通式的失败的哲学，而是根本不算作哲学。正如康德在前批判时期(pre-critical)的《札记》(*Reflexionen* 1769 - 1770)中所提出的观点："哈奇生的原则(即道德感)是非哲学性的，因为，第一，它引入了一种新的感受作为解释的基础；其次，它在感觉的规律中探寻客观的基础。"(Schilpp 1960：11)又如在《道德形而上学基础》(*Grundlengung*)中，他说："在这里(道德)哲学必须显示出自身的纯粹性，即作为自身规律的绝对规定者，而非作为那些移植进来的感觉或那些知晓守护之天性的人对其密谈的东西的通报者……这些基本的法则必须完全先验地产生，并且因此获得发号施令的权威。"(Kant 1959：43-44)康德的这些话是就哈奇生的道德理论而发的，但是它也在同样程度上适用于哈奇生的美学理论。

结果，迟至1787年，康德排除了建立关于趣味与美的哲学的可能性。这种哲学要么不容许先验批判的存在，如同在鲍姆加通的尝试中表明的那样；要么，就像哈奇生及其追随者所把握的那样，甚至尚未获得坏的哲学(bad philosophy)的地位，尽管它不失为好的心理学，这就是希望对美与趣味进行描述的全部。总之，这位该时代最为卓越的哲学家宣告了哲学美学学科的不存在。

在20世纪中期，我们发现，就美学与艺术哲学而言，我们自身所处的位置与这些学科继康德1787年的指责之后所面临的情况并无不同。在第二次世界大战的末期，逻辑实证主义方兴未艾，在艺术、美与趣味诸方面则没有同道进行哲学研究，因为审美"判断力"已经被逻辑实证主义的后继者们驱逐到情绪化的呓语与呻吟的领域之内，颇似哈奇生将其归入内"感官"的例子。如我们所见到的那样，康德直到很晚才或多或少默许了哈奇生的这一措施。

新近兴起的各种不同形态的语言分析学派，也没有成为美学的拯救者。与此相反，如果要说有什么区别的话，即在于它对该学科进行了比实证主义者们更加苛刻的判断。因为实证主义者们多少还愿意在"情感"方面对它表示轻蔑，而语言分析学家们却不是用抱怨而是用断然拒绝的方式不遗余力地将美学驱逐出去。

语言分析学家们拒绝承认美学为一门哲学学科，主要源自1959年由威廉·埃尔顿(William Elton)编辑的一本名为《美学与语言》(*Aesthetics and Language*)的论文集。二战结束以后，出现了大量这种将"语言"作为并列短语中第二主词的论文集，如《逻辑与语言》《伦理学与语言》等。因此，冠以《美学与语言》之名的这本书的出现，表明语言哲学为美学留出了一席之地，尽管逻辑实证主义并未如此对待美学。但是我们的希望仍然破灭了，因为虽然该论文集收有一些颇具启发性的论文，但其中最有影响的两篇为整个美学事业做了盖棺定论。约翰·帕斯默(John Passmore 1959)的文章《美学的沉寂》("The Dreariness of Aesthetics")，其标题几乎足以说明一切，它使得大多数为此学科而努力的美学家们垂头丧气；在这方面，读帕斯默文章的标题就足够了。

在另一篇名为《逻辑与欣赏》("Logic and Appreciation")的更富有哲学实质内容的文章中，作者斯图尔特·汉普夏尔(Stuart Hampshire)几乎完全关闭了将美学视为哲学事业的大门。他以明显具有修辞风格的叙述开始："看来**应该**存在一门称为'美学'的学科"，这显然暗示着并不存在这一学科，并且——与其表面的态度相反——不应当存在这一学科，也就是说，这个学科要处理的主题并不存在。汉普夏尔继续表明他的想法：

> 在所有的图书馆和所有的课程提纲里，都包含着对行为问题之本质进行研究的道德哲学；那么，如果存在同样的问题的话，就应当有对艺术与美的哲学研究；而这正是我们首先遇到的问题。行为问题的存在是无法怀疑的……我们可以讨论这些问题的本质以及用于解决这些问题的论证的形式；这就是道德哲学。但是，什么是美学的主题呢？谁提出这些问题而谁又提出解决的办法呢？也许这些主题并不存在，这将

充分地说明美学书籍的贫乏和不足。(Hampshire 1959：161)

当然，这种将美学与道德理论并置的做法是一种自然而明显的策略；在学院里将两者作为"价值理论"的两个分支进行分类已经是长期存在的传统。不过，它造成了不幸和不公正的后果，即谴责美学不具备与道德理论同等的资格。因此，汉普夏尔认为："我可以得出这样的结论：所有人都需要道德以祛除不良的行为；但是，无论是艺术家还是评论的旁观者都并非一定需要一种美学不可。"(1959：169)按照同样的逻辑，我们也可以这样发问，谁又**需要**形上学、认识论或者科学哲学呢？美学明显因为没有执行它自身以及其他真正的哲学实践本不应当去执行的功能而受到责难。(假如画家不需要艺术哲学，那么物理学家是否需要科学哲学呢？)

事实上，坦白地说，汉普夏尔从没有直率地宣称过美学或艺术哲学无法存在。他的结论只是不可能存在如伦理学或道德哲学那样起作用的美学。但是，由于他没有为美学和艺术哲学提出一个不同于道德或伦理学范式的范式，并得出极端的结论，认为不可能存在关于艺术和审美的一般原则，这表明他实际上对美学做出了比帕斯默的"沉寂"的指责更具否定性的判断。毕竟，沉寂的学科至少仍是一门**学科**。

不管怎样，美学的地位，在20世纪50年代的分析哲学家眼里与在18世纪80年代的康德眼里，具有非常接近的相似性。对康德来说，美学不具备成为一门哲学学科的资格，对分析哲学家们来说也是一样。用康德哲学的术语来说，在这两种情形中，美学的失败看来是一致的，即美学不容许有哲学的"批判"。当然，对英美哲学而言，哲学批判的意味与康德一派截然不同：对康德而言，它意味着"先验"的批判；对分析哲学家来说，则是指"语言"或"概念"上的批评。但是故事的寓意几乎是相同的。有关艺术、美、趣味和批评的问题，成为心理学、人类学、社会学和艺术史所处理的经验问题：谁喜欢什么，原因如何。艺术批评家则以自己的独特方式来回答这些问题，而不需沾染哲学的气味。它们都不具备"概念上的深度"。

然而，这种相似性并不止于此。因为人所共知，康德最终从根本上改变了对于美学作为一门哲学学科的怀疑态度，并于1790年将对审美判断的先验批判作为《判断力批判》(*Critique of Judgement*)的一部分予以出版，而这在1787年仍被他认为是不可能的。同样，从帕斯默、汉普夏尔和其他人向美学和艺术哲学学科颁发他们的怀疑论谕旨的20世纪50年代，到它们目前在哲学上的兴旺发达与充满活力，有关美学和艺术哲学的哲学风气所发生的转变也几乎是意想不到的。因为1968年尼尔森·古德曼(Nelson Goodman)后期的划时代著作《艺术的语言》(*Language of Art*)一书的首次面世，美学与艺术哲学经历了极大的变化，开始成为当时一些最主要的哲学家的研究领域，其中古德曼自然是最杰出的一位。正如我所说，如果某些哲学的分支还承受着"沉寂"的绰号，那么，无论美学还是艺术哲学，都不再是其中的一员；它们获得了前所未有的兴盛发达。

事实上，这本书的读者不必在本书之外另行寻找更多的美学兴盛的证据。因为如果让任何一位出版商在(比如说)1959年来考虑一套哲学指南系列读物，我敢肯定其中不会包括美学指南。但今天，不包含美学指南的这种计划是不可能被考虑的。

不过，那些细读组成本书的论文的读者，会发现更多的直接证实美学之兴盛的证据。他会在这些论文中发现一大批涉及面甚广的主题，其讨论不仅涉及美学中的主要问题，而且与众多哲学议题相关联,包括形上学、认识论、心灵哲学、语言哲学、伦理学以及大量其他核心的哲学范畴。正如这些论文所表明的那样,形成和维持这种关联,是一个哲学学科在概念上处于令人满意状态的另一种标记。

论　　文

　　将本书分成我所谓的"核心问题"与"艺术和其他问题"两个部分,这反映了该学科的现状。因为,正如在其他哲学学科中一样,在美学学科中这一点也变得明朗起来,即尽管处于普遍性和抽象性之最高层次的理论和分析仍然是哲学实践中举足轻重的部分,但是哲学家在对他们的哲学之所以成为哲学的主旨一无所知的情况下,或者在缺乏这一转变所蕴含的不可避免的专门化的情况之下尚能进行自己的工作,这种时代早已成为历史。正如伯特兰·罗素(Bertrand Russell)所认识到的那样,"在20世纪早期,(对哲学而言)适宜的是对普遍形式的理解,以及将传统难题分割成许多单独且更易理解的问题。'分割与征服'在这里成为和别处一样的成功准则"(Russell 1951:113)。

　　当然,其他编者会按照不同于本书编者所采用的方式来分配内容。而且无疑地,这里纳入的主题可能会被其他编者排除,而本书编者删掉的主题反而获得其赞同。这种分歧是可以预见的,但无关紧要。现在各方面一致同意的是,这种"切分"是哲学发展中的事实。"'分割与征服'在这里成为和别处一样的成功准则。"

　　当某一哲学学科如同当今美学这样勃兴并快速发展时,探寻其历史的根源便成为自然而然的事情。毕竟哲学存活于历史之中,尽管其原因并未彻底明朗;这对于美学就像是对于这个学科的任何其他分支一样仍然成立。

　　因此,将关于现代美学理论之起源的论文作为全书的开篇是完全合适的。哲学家们一致认为:尽管柏拉图和亚里士多德对于**我们**(而非他们自己)思考自身视何物为"美的艺术"或者"艺术的现代体系"——如同保罗·克里斯特勒(Paul O. Kristeller)在一篇关于这个主题的开创性的论文中所称呼的——具有很大的影响,但这些起源存在于早期现代哲学之中,特别是18世纪的哲学。(1992)

　　自从1951年至1952年间克里斯特勒提出自己的观点之后,这个观点已历经详细的考察并得以充分证明其成立。克里斯特勒认为:我们现在所知的美学学科是由启蒙哲学家和批评家使之成为可能并建立起来的,他们通过将我们所认可的美的艺术聚集起来而赋予了美学自身的主题,他们确信这些艺术由于某种共同本质或本性而可以归属在一起。在本书的首章"现代美学的缘起:1711—1735"中,保罗·盖耶(Paul Guyer)绝没有背离克里斯特勒的一般性观点,但是他以自己的主张开辟了新的天地,即"18世纪美学中出现的核心观念是想象的自由的观念,并且正是这一观念的吸引力,为同一时期美学理论的勃发提供了巨大的动力"。

　　但是,如果说18世纪的哲学家和批评理论家们第一次依其对美的艺术的理解将所有的艺术聚集为一个"可定义"的整体,那么他们遗留给我们的主要问题就是这一定义可能会是什么。

乔治·迪基（George Dickie）在第2章中着手处理了这个可能自20世纪伊始即占据哲学美学主导地位的问题。迪基是所谓"艺术制度理论"的最突出的拥护者。根据这一理论，所有艺术作品所共有的定义"特性"就是与被认为是艺术界（artworld）的东西的某种联系。在论文里，迪基沿着何者可称为人文科学的角度推进定义，并得出结论："在'艺术作品'和艺术作品的性质之间，存在着密切的文化上的联系，我们的文化人类学家们能够发现这种联系，使得艺术作品的性质能被转化为'艺术作品'的定义。我希望人们将会发现，这个定义正是我的制度性定义。"

像18世纪给我们留下了定义艺术作品的哲学任务一样，它同时也留下了为"审美的"一词下定义的任务，这个词与"艺术的"相比，其范围可能相同，也可能不同。（事实上这个词是在18世纪被创造出来的。）在第3章里，玛西娅·缪尔德·伊顿（Marcia Muelder Eaton）考察了"审美的"一词的概念及其与"艺术的"一词之间的关系。关于审美对象与艺术作品这两个范畴，伊顿写道："它们可能是等同的……或者它们可能是完全分离的；或者，一类内含于另一类中……最通常的也是我所同意的看法，主张的是最后一种可能性：艺术对象这个类包含于审美对象这个类之中，但后一个类包括比艺术对象更多的东西。"

爱米·L. 托马森（Amie L. Thomasson）在第4章里所讨论的是不同艺术的本体论状态，这是当代美学理论中讨论最多也最具哲学深度的问题之一。简单地说，与常识性的观察相符合的是，你可以把《蒙娜丽莎》放在汽车的箱子里，但是无法在箱子里放置贝多芬的第五交响乐。那么，音乐作品是怎样的一种"对象"呢？绘画是不是简单地看上去置于画布表面的那种"对象"，也就是说，是不是"物理对象"呢？在这篇奠基性的论文中，托马森指出："评价这些艺术作品的本体论观点是否成功的主要标准，是它们与决定艺术作品属于哪种实体种类的日常信念和实践有无一致性。"同时她又观察到，"尽管不同的哲学家已经尝试过把艺术作品纳入标准形而上学体系所提供的几乎所有的范畴之内"，但是结果证明"它们之中没有一个能够完全适应关于艺术作品的常识信念和实践"。这些考虑促使她得出这样的结论："如果有人试图规定出这样的范畴，它可以真正地适合于我们通过日常信念和实践所了解的艺术作品，而不是使艺术作品被安置到现有的熟悉的形而上学范畴中，那么，我们不仅可以得到更好的艺术本体论，而且可以得到更好的形而上学。"

在第5章里，艾伦·戈德曼（Alan Goldman）从非常抽象的本体论问题重新回到了与艺术作品的一般"消费者"密切相关的基础性研究。他研究的问题是确切地发生在每一个人身上的，只要他曾经和朋友就共同看过的一部电影、一本书或一部戏剧进行过讨论。这个问题就是我们能否判定艺术作品的优劣。如果能，如何判定？正如戈德曼在篇首所说："在对艺术作品的描述和讨论中普遍渗透着对艺术作品的评价。"情况既然如此，"是否不同类型的不同作品以这些非常不同的手段以某种相似的方式打动我们，是否这种相似性（如果存在的话）构成了针对特殊作品的评价标准，这尚需确定"。普遍的意见是否定的，但是反对这种普遍意见的戈德曼认为，"对一个确切答案来说，已有了某种初步证据"。

与评价艺术作品的普遍实践密切相关的是阐释艺术作品的实践。因为，很明显，我们赋予作品的价值取决于我们将它理解为什么东西——作品意味着什么，如果意义是有关的话；取决于"让作品运转"的东西——作品如何作为审美对象或者艺术作品起作用。这些都属于艺术解释的领域;在我们这个时代,艺术解释的中心问题已经变成了艺术家意图的作用(或者有关它的缺失)的问题。如劳伦·斯特恩(Laurent Stern)在第6章所提出的观点:"任何关于艺术家未实现的意图的争论都是关于艺术家的争论,而不是关于他的创作的争论。问题于是产生了:有没有需要参照艺术家的意图才能获得解决的争论?"他自己的结论是谦虚的:"虽然我在这场争论中恰好站在反意图主义的一边……不过比起要使反对者改变观点而转到我这一边——律师所谓的证据的优势把我引到这一边——更为重要的是在这些问题上继续进行讨论的前景。"

也许再没有什么能够像道德相关性问题那样与艺术中评价和阐释的观念联系得如此紧密的了,这个问题也就是艺术作品是否具有道德"内容"的问题。如果有,该内容是否与对这些作品的评价相关,也就是说,是否"不道德的"内容将有损于艺术作品的价值,而道德上值得称颂的内容则对其有利。在第7章里,诺埃尔·卡罗尔(Noël Carroll)沿着多多少少带有"常识性"色彩的脉络进行论证,从而赞成也许可称之为"折中"的立场。他注意到:"有如此多的艺术是服务于道德的,并表达道德观点,以至于当谈到艺术作品时提出道德考虑——至少对普通的读者、观众或听众来说——看起来并没有什么不对。"尽管卡罗尔承认(并且考察)了一些反对道德实用性的强有力的哲学论证,他仍然得出折中的结论:"艺术和道德在如此长的时间内以如此多的方式联系起来,以至于对一般的读者、观众和听众来说,这一点似乎是常识:至少在一些时候……假设有时一件艺术作品的道德评价可以与其审美评价相关,这都是很自然的。"

最后,对环绕着艺术评价的诸多概念所进行的详细讨论,如果缺乏对"美"的概念的考虑(它可能在这些概念之中最为古老;并且早在很久以前,就已被我们认为是表述艺术的特性和构成艺术特殊价值的概念),便不可能被认为是完整的。这一概念由玛丽·马泽斯尔(Mary Mothersill)在第8章中展开讨论。马泽斯尔指出:自从18世纪现代美学体系建立以来,伴随着"审美价值"的术语受到欢迎,"美"这个术语就已多多少少退出了批评家的话语。在马泽斯尔看来,这并不是一个值得赞赏的变化;实际上,我们应当"回到传统,认为美学探讨美的概念,并且只花时间弄清这种探讨在理解艺术方面能把你带到多远就行了"。因为正如其所言,"美是一个独特的超时代的概念",事实上它与"真"的概念一样对我们具有基本的意义。

随着关于评价、阐释和美的问题被我们甩到身后,接下来讨论密切相关的"趣味"问题就是合乎情理的了。因为从18世纪开始,艺术的"趣味"就不再仅仅是从目录的愉悦中得出的天真隐喻,而是对人类能力的命名,涵盖了包括专家与一般民众在内的理解、评价、批评和欣赏艺术的能力以及通常所说的人类生命的审美之维。在第9章,特德·科恩(Ted Cohen)以假设开始:"似乎有理由假定……有较好趣味的人更偏好A而不是B,而其他人没有这种偏好,这是因为此人能够察知别人无法识别出来的A与B当中的某些基本元素。"接着他以自认为"未曾有人质疑过却非常有趣"的问题作为总结:"如果好的趣味与差的趣味之间有区别,为什么每个人都希望具有好的趣味?"在对该问题的回应中,他得出了似乎矛盾的结论:"对趣味而言,在对'精准'趣味的识别与渴望拥有它之间就有距离。这似乎听起来不对头,但我认为可能很正确。"

本书的第一部分以杰内弗·罗宾逊（Jenefer Robinson）关于艺术与情感关系的讨论作为结束。我们中的大多数人，总是假定在艺术与情感之间去获得一种特殊而亲密的关系。这种假定充满争议而又源远流长。正如罗宾逊在第10章篇首断言的那样："从柏拉图和亚里士多德关于艺术的早期论说开始，西方传统中的思想家们就经常评论艺术与情感的紧密关联。"经过对这一假定联系的细节的仔细而慎重的考察，罗宾逊得出（在我看来）稳妥而正确的结论："在这篇讨论艺术中的情感的论文行将结束时，提醒您这一点是合适的：的确存在着大量不怎么关注情感的优秀艺术。……艺术中的情感是最近几个世纪才变得十分重要起来的，但它对于艺术的成就来说并不是不可或缺的。"

在我看来，第二部分，即可能已被称作"艺术哲学"的这部分，应当以涉及文学哲学的一章作为开端。因为，即使继电视与电影之后文学在视读文学的消费上的确经历了急剧的衰落，但是它仍然在电影和电视都没有达到的程度上保持为"每个人的艺术"。只要你具有阅读能力，无论如何，你都算是文学小说的消费者。文学是到处存在的。它的哲学是我们所拥有的最古老的艺术哲学，正如彼得·拉马克（Peter Lamarque）和斯坦·郝高姆·奥尔森（Stein Haugom Olsen）在第11章中所默认的那样，该章以柏拉图"关于诗歌与哲学之间的古老争吵的著名引述"为开端。如拉马克和奥尔森所指出的，柏拉图发出了"根据文学的有用性为其进行辩护的邀请"。但是，在使我们了解了对于这一被提出的柏拉图主义的邀请的许多回应之后，他们要求我们记住：归根到底，"那些具有文学知识和文学敏感的人们，从他们阅读的文学作品中寻求一种特别的快感；……这种快感不是工具性的或功利性的，而是一种完全出于自身目的的文学快感"。

继文学之后，视觉艺术在或可称之为"美学的文艺复兴"的最近几年里可能已经得到最多的哲学关注。图像的再现已成为主要的议题，而这一议题也正是约瑟夫·马戈利斯（Joseph Margolis）在第12章里所要讨论的。通过关注大量讨论的图像"现实主义"的问题——这已被确认为图像知觉的核心问题，马戈利斯提出自己的主张："如果不去麻烦地解释绘画是什么**种类**的'事物'，就无法解释对一幅绘画的知觉；如果不去麻烦地解释绘画和它们的知觉是（或不是）固有地受历史的（或历史化的）变迁的支配的，就无法解释这一点。"后一问题被他描述为"几乎所有流行的艺术哲学都希望避开这个更令人惧怕的问题"。

在艺术哲学中从绘画过渡到"移动的绘画"看来是很自然的。这也正是我接下来所要采取的顺序，尽管马戈利斯集中关注绘画中的视觉，而贝利斯·高特（Berys Gaut）则在第13章中倾力研究电影叙事的问题。这并不令人惊讶，电影叙事的问题是一个在已被证实为20世纪最具影响力的艺术且主要是以其讲述故事的容量吸引我们的电影中显得突出的问题。这不是说绘画中的视觉对电影而言并非一个重大问题，毕竟在静止的摄影上人们曾就该问题进行过长期的思索。但是，电影叙事的性质在近年来已成为电影哲学家们的主要关注对象，特别是在电影"叙事者"的作用方面。高特在他精心论证的文章里面得出"两点结论：第一，有更多的理由相信小说中而不是电影中有暗含的叙事者；第二，这种差异要追溯到特定媒介差异，追溯到视听媒介和词汇媒介的不同本质"。

也许在20世纪，在哲学上受到最大忽视的两种主要艺术形式就是音乐和舞蹈。造成这种忽视的原因尚不明朗,尽管我们知道这两种艺术实践渗入了我们的生活,并且早在人类出现时就已如此。不过,它们现在都已经被纳入哲学的详细考察之下,在第 14 章中,菲利普·阿尔佩松(Philip Alperson)就概括评述了音乐哲学的一些近期著作。主要针对无歌词的音乐,即 19 世纪所谓的"纯粹音乐",阿尔佩松沿着这样一条轨迹前行:由形式主义(即认为"纯粹音乐"只应单一地按照纯粹音乐结构来理解),到允许"纯粹结构"具有"表现性"成分的所谓"扩大的形式主义",最后得出以下结论,说我们必须超越**两者**以获得对音乐经验的圆满理解。正如阿尔佩松所指出的:

> 这种种考虑体现了对于西方创作音乐的美的艺术传统的一个相当彻底的估价,而现代音乐的形式主义正是在这样一种传统中产生的。也许应该是这样:对音乐的一种有生命力的哲学理解,必须既要对美的艺术传统中的音乐做出一种理论理解,也要对音乐所发挥的众多功能做出一种理论理解。

虽然在学院哲学家听来,讨论"舞蹈哲学"是奇怪的事情,但是这样的事物现在确实存在,且促使其产生或复兴的大部分努力要归功于弗朗西斯·斯帕肖特(Francis Sparshott)。在第 15 章中,斯帕肖特以下面的评论开始,即"舞蹈美学的尴尬或者说矛盾则是在于此论题长期被美学研究者及学术刊物所忽略"。正是这一毫不顾及"舞蹈在传统上即被归于艺术活动的若干主要形式之中"的事实而对舞蹈作为哲学研究之主题的完全的忽略,被斯帕肖特确定为舞蹈哲学所必须从事的可能最为主要的议题。正如斯帕肖特所指出的:"它几乎从学院美学的日常关注中缺席,其原因属于舞蹈哲学自身的一个中心议题。"斯帕肖特还表明:"原因可能是舞蹈中有某种东西普遍抗拒了美学和哲学所偏爱的那些研究方法。""如果是这样的话,"他敦促说,"艺术哲学就需要考虑舞蹈中的这种东西可能是什么。"

将悲剧这一文艺类型遴选出来,作为唯一给予一些篇幅来单独审查的艺术类型,这并不会引起任何人的惊奇,因为它具有古老的历史,它在事实上又是我们学科的古代创建者们讨论最多的一种艺术形式,而且还因为它所博得的荣誉或许已经达到西方"严肃"艺术之成就的顶点。它的这种地位不仅由于我们所感知到的悲剧在道德上的重要性而获得,而且,悲剧以特别明显的形式唤起了自亚里士多德以来一个一直弥漫整个艺术哲学的问题。正如苏珊·菲金(Susan Feagin)在第 16 章中所说:"反复出现的主题还有悲剧反应中的快感与痛感的适当性,以及对于人在响应不愉快或痛苦的东西时所经验的那种明显矛盾的快感的无数说明方式。"在可喜的对传统的背离中,菲金决定集中关注当代电影艺术作品,而非古希腊、莎士比亚或者德国悲剧家们的悲剧作品等这些传统的例证。为了回应许多 20 世纪理论家的主张,即悲剧的概念"与现代生活的信仰和关心背道而驰,因此,试图改编悲剧使之适合现代生活将不再具有意义",菲金选择"讨论三部 20 世纪的美国电影",其中两部被其证明"具有完全符合地道的亚里士多德意义上的悲剧的标准的情节。第三部电影是一部 20 世纪后期的喜剧片,通过证明人们如何保持他们的幸福进而避免悲剧,这个片子可以证明悲剧与当代生活的相关性"。

这本《美学指南》以两篇文章作为全书的结束,由于不同的原因,它们所涉及的问题在读者看来似乎有些边缘化:关于"自然"的美学,艺术的宗教维度。但是两者在其早先历史的大部分时间里均占据着美学的核心位置。前者现在正经历着姗姗来迟的复兴。至于同样值得认真关注的后者,我将在这篇导言的结尾予以说明。

在第 17 章中,唐纳德·W. 克劳福德(Donald W. Crawford)集中关注自然与环境美学的两个至关紧要的问题。第一个问题非常简单:"我们在自然和自然物上发现的审美兴趣或愉悦是什么?"——其中,这一问题又涉及一个由来已久的辅助问题,即自然美学如何可能与艺术美学相关联:"我们发现自然是美的,是因为它像艺术,还是艺术是美的因为它像自然?"但是,具有同等甚至更强的重要性的问题是,准确地说,我们期望去研究其审美特征的"自然"是什么。如同克劳福德所说:"**纯粹的自然**的概念不允许任何人类对自然的改造,不管这种改变多么轻微,都会导致对象不再是自然的对象,而**无限制的自然**允许所有这种改变。纯粹的自然过于稀罕,而无限制的自然过于丰富。"

最后,对大多数读者来说,在一个很长的时期内,发现这一当代美学理论文选以关于艺术与美学的宗教维度的一章作为结束,这的确会带来惊奇。但是,对于世俗论者来说,做如下考虑将会是比较慎重的:如果将所有的宗教艺术作品从总数里抽出去,西方艺术中还将剩下些什么;并且对为数众多的人而言,对这些艺术作品的体验已经不可避免地与作品的宗教内容和目的融合在一起。此外,世俗论者可能想要考虑这样的建议:与他(或她)可能达到的"宗教经验"现象最接近的,正是对经典的伟大艺术作品的经验,无论这里的"宗教经验"可以做怎样的解释。正如尼古拉斯·沃尔特斯托夫(Nicholas Wolterstorff)在本文选的结束章里所尽力主张的那样:"根据……对艺术的现代宏大叙事,艺术在 18 世纪最终使它自己从宗教的仆从地位解放出来。可是,让那些贯彻对这种叙事的各种讲述的人感到震惊的是,被解放的艺术是多么经常用宗教术语来描述,宗教的希望和期待是多么经常寄寓于艺术之中。"一言以蔽之:"崇敬在我们对艺术的介入中从没有消失过。"果真如此,那么美学的世俗论者——我将自己也算作其中的一员——将从宗教体验中获得大量的研究内容,正如那些已经拥有它的人们所描述的那样。并且,如果对我们世俗论者来说,艺术已经承担起类似于宗教在生活中之位置的某种角色,那么,毫不惊奇的是,艺术家将会成为我们的大祭司,而艺术哲学则成为他们有时隐晦难解的话语的解释者。

参考书目

Hampshire, Stuart (1959). "Logic and Appreciation." In William Elton (ed.), *Aesthetics and Language*. Oxford: Blackwell: 161 – 169.

Kant, Immanuel (1950). *Critique of Pure Reason*, trans. Norman Kemp Smith. New York: Humanities Press.

——(1959). *Foundations of the Metaphysics of Morals*, trans. Lewis White Beck. Indianapolis, New York, Kansas City: Bobbs-Merrill.

Kristeller, Paul Oskar (1992). "The Modern System of the Arts: A Study in the History of Aesthetics," Part Ⅰ and Ⅱ. Reprinted in Peter Kivy (ed.), *Essays on the History of*

Aesthetics. Rochester: University of Rochester Press: 3 – 64.

Passmore, J. A. (1959). "The Dreariness of Aesthetics." In William Elton (ed.), *Aesthetics and Language*. Oxford: Blackwell: 36 – 55.

Russell, Bertrand (1951). "On Scientific Method in Philosophy." In Russell, *Mysticism and Logic and Other Essays*. London: George Allen and Unwin: 97 – 124.

Schilpp, Paul Arthur (1960). *Kant's Pre-Critical Ethics*, 2nd edn. Evanston: Northwestern University Press.

第一部分
核心问题

第1章
现代美学的缘起:1711—1735

保罗·盖耶 著

贾红雨 译

众所周知,美学作为一门公认的、通行的、哲学学术实践范围内的学科,于1735年获得了它的名称。这一年,在其博士论文《关于诗的哲学默想录》中,21岁的亚历山大·戈特利布·鲍姆加通引进这一术语来指称"一门关于事物是如何通过感官被认知的科学"(1735,§§ cxv – cxvi)。四年后,在《形而上学》(Metaphysica)中,鲍姆加通扩展了这个定义,从而使其包括关于低级认知能力的逻辑学、关于优雅及沉思的哲学、低级认识论、优美地思维的艺术、类理性艺术;又过了十年,在其不朽的未竟著作《美学》(Aesthetica)(第一部采用了这门新学科的名称的论著)中,他合并了他先前的两个定义,从而形成这门学科的最终定义:"美学(自由艺术理论、低级认识论、优美地思维的艺术、类理性艺术)是感性认知的科学。"(1739,§535;1750,§1)同样众所周知的是,尽管鲍姆加通是给这门新学科命名的第一人,或许也是在自己的讲座和著作中给予这门学科以正规位置的第一位德国哲学教授,但他绝没有发明这门学科本身。当然,自古以来的哲学家至少已偶尔地谈论了美的本性,以及我们现在将之归在一起作为艺术的那些事物的价值,比如文学、视觉艺术(如绘画和雕塑)和音乐。然而,18世纪初的那些年,在艺术和自然本身领域,兴起了一股关于美的特性、价值及其他属性(尤其是崇高)的著书大潮。这是一场一发不可收拾的大潮,专业哲学家及其他学者(当然,无一例外,这些作者都是男性)都投身其中。尤其在18世纪的第二和第三个十年里,有一种将成为现代美学起源之契机的真实呼声。这个契机的标志是,在第二个十年里出现了下列著作:1711年夏夫兹伯里伯爵三世安东尼·艾希雷·库珀(Anthony Ashley Cooper, third earl of Shaftesbury)的《论人、习俗、见解及时代的特征》;1712年6月和7月约瑟夫·艾迪生(Joseph Addison)在《瞭望者》(Spectator)上发表的11篇《论想象的快乐》的短文;以及最后艾伯·吉恩-巴普蒂斯特·杜博斯(abbé Jean-Baptiste Du Bos)1719年的《关于诗歌、绘画和音乐的批判性反思》。杜博斯的这本法文书在接下来的两个十年里至少修订了五次,并在1748年被译成英文之前的很长一段时间里在不列颠广为流传。第三个十年里,这个契机的标志是弗朗西斯·哈奇生于1725年发表的第一篇论文《对我们的美与德行观念之起源的探询》。除了哈奇生外,这些作者没有一个是哲学教授,但他们在这些著作中所提出的论题和采取的立场,为那个世纪余下的诸多年月及后来的世纪里更加专业化、哲学化的著作铺垫了道路。所以,现代美学不能被认为好像是在1735年从鲍姆加通那里一蹴而就的,而是在1711—1735年就已经差不多形成了它的最终纲目和情形。因此,这段时期乃是本章的关注焦点所在。

关于现代美学的这个奠基性时代的标志,是否有一个共同的看法呢?有些人认为,正是这个时代第一次目睹了这样一个想法的产生:我们如今几乎不知不觉就将之归在一起作为"艺术"或"美的艺术"的东西,比如杜博斯著作的标题"诗歌、绘画和音乐",构成了某种体系、某个为美学(作为艺术哲学)学科提供题材所必需的假设(Kristeller 1951)。而其他人的关注点要么集中于传统的美的观念之外的崇高观念上,[1]要么集中于作为人类心智的特殊形式的艺术天才的观念的出现上(Abrams 1953)。更近时期,有人宣称,正是在18世纪的美学著作中,现代的主体性和个体性观念第一次登台亮相,[2]而其他人则认为,在这个时期的美学中,现代意识形态的惯常策略(在虚假的普遍有效性的要求之下,掩盖着单个阶级统治社会的要求)首次出现(Eagleton 1990)。不过,用不着完全反驳任何一个此类论断(尽管我认为,最后一个看法告诉我们的东西,与其说是18世纪的偏见,不如说是20世纪晚期的偏见),我将寻求一条不同的策略。如我所见,18世纪美学中出现的核心观念是想象自由的观念,并且正是这一观念的吸引力,为同一时期美学理论的勃发提供了巨大的动力。

然而,无论是想象自由之概念还是任何其他事物的自由概念,都是出了名的模糊和模棱两可。18世纪晚期,康德在消极的自由概念与积极的自由概念之间做了一个著名的区分,即仅仅因为没有某种确定类型的统治或控制而构成的自由概念,与恰恰由某种确定的力量或行动者(而不是别的)所发出的行动的支配或控制而构成的自由概念相对照。当然,康德是在他的实践哲学中引进这一区分的。在其实践哲学中,康德将消极自由概念描述为意志独立于异于真正自我的促因的决定,尤其是独立于单纯感官冲动或禀好的决定,而将积极自由概念描述为通过纯粹理性立法的意志的自决(Kant 1785:iv,446)。于是,康德道德哲学的中心主题是,在人类道德中运用的并由人类道德赋予价值的自由,从来都不只是被消极地构想的自由,而是积极的自由,是通过纯粹理性——我们自身最与众不同的特性并且其律令是我们自身自律最纯粹的表达——的立法来自律地指导我们自己的自由。不过,我们也可以将康德的美学理论理解为由消极的想象自由概念与积极的想象自由概念之间的明显张势所支配并努力解决这种张势。

在有关他叫作美的审美判断——或者更准确的叫法是反思性的审美判断,而不是单纯感官的审美判断——的分析的起始阶段,康德以所谓的趣味判断的无利害性为开始。它一方面独立于对象的单纯感官上的舒适,另一方面独立于确定的概念对它进行的分类所带来的关于它作为善的认识。当然,这是一个审美反应和审美判断之本性的纯消极概念,在其直接的意义上,它告诉我们的是其所非,而并非其所是。康德接着给出了一个对审美反应的特征更有教益的描述:审美反应建基于想象力的认识能力与知性的认识能力之间的和谐或自由游戏上,在此和谐或自由游戏中,认识的主观条件独立于认识通常的客观条件——将一个对象归于一个确定的概念之下(例如,认三边接合的平面图形为三角形的认识,或者认带有一定牙齿排列模式的四足哺乳动物为一只狗的认识)——的满足而被满足。但是,这仍可以被视为审美反应中的消极的想象自由概念,因为它强调的是想象不受任何特定概念的支配和限制就满足了我们在所有认识中的一般目的——这里,康德十分宽泛地使用了关于某个概念自身的概念,以便将表象内容、预期目的和分类包括进来,就像在诸如**三角形或狗**之类的日常概念中那样。

然而,正如在他的道德理论中那样,康德并不满意于一个消极的人类意志的自由概念。他认为,人类自由只能作为理性自身立法的积极表达来加以充分理解。因此,在他的美学理论中,他从作为审美反应及审美愉悦之基础的消极概念,即想象力与知性的自由游戏,转向一个或实际上几个作为我们在自然美和艺术美中的愉悦的基础的积极概念——转向一个作为审美理念之表达的艺术概念,以及自身作为道德的象征,因而既作为想象力的自由的显现也作为通过想象力的作品而更宽泛地理解的自由的表象的美的经验概念。并且,正如康德的道德理论中的诀窍所表明的那样,消极的自由概念与积极的自由概念事实上并不是两个对立的人类自由概念,而更是一枚硬币的两面(因为独立于单纯禀好的支配的自由实际上只有反过来通过与纯粹理性律令一致的自治才能获得),³ 所以,康德美学的关键是他的消极的想象自由概念与积极的想象自由概念之间的协调。他的理论恰恰依赖于摆脱了通常知性概念之支配的审美反应中的想象自由,此审美反应自身又适合于充当道德的象征,因为这样它就能表现作为道德之本质的自由,除此之外,在我们的感觉世界里,这种自由对我们就不会是显明的。⁴

正如在他的道德哲学和就此而言一般的纯粹理性批判中,康德找到了一个将那些被以往哲学家分离开的东西连接起来的方法那样(康德在哲学上最常见的观点自然是,直觉与概念、感觉摄入与知性分类——以往的思想家据此建立了两个对立的哲学流派——只有牢牢地结合在一起时,才能为我们人类提供知识),在美学中,康德也找到了一种将美的及艺术的经验中那些对许多早先的作者(尽管,如我们将看到的,不是所有人)来说是非此即彼的和对立的想象自由的概念连接起来的方法。我们发现,18 世纪伊始,思想家们为想象自由的一种新意义所激动,但在许多情况下他们又将这种自由的两种竞争概念完全拆开。一方面,我们发现了一个无利害的、独立的审美判断概念,它独立于我们任何其他的实践的、认识的考虑,而最为紧密地与对象的纯感性形式相联系。将无利害概念引入审美讨论中的是夏夫兹伯里,但实际上,引入一个关于审美反应之本性的真正的消极概念的人并不是他,这个引入的任务在接下来的十年里留给了弗朗西斯·哈奇生。哈奇生借用了夏夫兹伯里的无利害概念,但用它来为一个十分不同于他老师(一般认为夏夫兹伯里是哈奇生的老师)的理论奠基。另一方面,我们发现了一个非常积极地乐于担当重要理念之象征的想象概念,即由艾迪生的这个主张所概括的一连串的思想:我们之所以欣赏庄严的形象,乃是因为想象乐于担当人类自由的象征。我们也发现了诸多像杜博斯的观点那样的复杂情形,他的理论看上去好像是以一个纯消极的审美反应概念(单纯地摆脱单调和无聊)开始的,但是他把这个纯消极的概念转变成一个对于我们的情感参与其中的愉悦的积极阐释。不过,尽管艾迪生和鲍姆加通似乎应该预见到了杜博斯的观点,但只有到了康德这里,我们才在专业哲学中发现了审美经验中(而且特别是在艺术经验中)消极的想象自由概念和积极的想象自由概念之间的一个卓有成效的综合。这是一个被证明十分脆弱的综合,并且这个综合在 19 世纪又被大大地分裂,就像这两个方面的对照所证实的那样:

一方面是叔本华的作为日常生存痛苦之解脱的审美静观的概念,另一方面是罗斯金(Ruskin)的作为每个人都参与其制作的自由之形象的哥特建筑概念。有关康德的综合的脆弱,有待另文讨论。这里,我的关注将限定在现代美学的头两个十年里,即已经提到的从1711年到1719年这段时期,以及随后的从1725年到1735年,这段时期将给我们带来哈奇生和鲍姆加通最初的著作。我将要论述的是,在此时期,我们发现了我已描述过的有关想象自由的对立概念的证据,这种对立最终被康德借用鲍姆加通的关于各类表象(尤其是艺术表象)之特性的思想加以调和,尽管鲍姆加通清楚地认识到审美对象及我们对其反应的复杂性,但他并没有用这个认识来调和与他最切近的先辈们所发展的两个想象自由的概念。

1.1 夏夫兹伯里和哈奇生

作为反对詹姆斯二世登位斗争中辉格党的领袖之孙,约翰·洛克的学生,自己祖父的医生、秘书及政治助手的夏夫兹伯里伯爵三世(1667—1713),被公认为是首先引进无利害性作为审美反应及判断的标准(Stolnitz 1961;Kneller 1998)的人。夏夫兹伯里实际上并没有使用与我们现在所认为的"审美现象"相关的"利害"或"无利害"的术语,使用这些术语的是弗朗西斯·哈奇生。他在1725年的《对我们的美与德行观念之起源的探询》的前言中用到了夏夫兹伯里的名字,他写道:

> 像其他感性观念一样,和谐与美的观念对我们必然地且直接地是愉悦的。我们自己的决定和任何关于有利或不利的**预期**,都不能改变一个对象的美或丑……在外部感觉中,对于这种感官来说,任何**有利**的看法都不会使一个对象变得令人愉快,任何**有害**的看法(不同于知觉上的直接**痛感**)也都不会使它变得令人厌恶。(Hutcheson 1725, 1738: sec. I, § xiii, 11)

哈奇生的论述似乎是在夏夫兹伯里道路上的自然进展——夏夫兹伯里认为,我们在某个美的事物中的愉悦不同于并独立于所有关于该对象的控制和使用以及(我们控制和使用一个对象的能力所依据的)占有的念头。这样,在对话集《道德家——一个哲学狂想》中(该书和早先的《对德行或美德的探询》一起构成了《特征》的精华部分),夏夫兹伯里的代言人泰奥克勒斯(Theocles)跟他的对话者费罗克勒斯(Philocles)论辩道:

> "可是,善良的费罗克勒斯,想象一下,如果也算上你远远地看见的海洋的美,你脑中想起寻求怎样去驾驭它,像某个强健的船长一样去做海洋的主人。这个幻想难道不是有些荒诞吗?……"
>
> "就让他们这么去认为吧,"泰奥克勒斯接着说,"而你将获得的是这样的愉悦,它大大不同于那种随着对海洋的美的静观而自然到来的愉悦……"
>
> "不过,让我们回家看看,使问题变得更熟悉些吧。设想一下,我的费罗克勒斯,

观看一片开阔的乡村大地,就像我们看见的脚下这美妙的山谷一样,为了享受这景色,你应该要求得到这片土地的所有权或者占有这片土地。"

"此类贪婪的幻想,"费罗克勒斯答道,"就像其他野心勃勃的幻想一样,将是十足荒谬的。"

"噢,费罗克勒斯!"他说道,"关于这一点,我可以走得再近些吗?并且你会再次跟随我吗?假设,我们在树下乘凉,被那些树的美所吸引——就像你看上去正是如此一样,你将只是渴望品尝它们的可口果实,就好像得到了自然的某种特别的调味品,通过这些调味品,这些树木的橡子和浆果变得像园子里的无花果或者桃子一样可口。后来,你就时常再次光顾这些小树林,通过让自己在这些新的愉快中的满足而寻求享用这些树林。"

"这种幻想,"费罗克勒斯答道,"在我看来,就像前面的任何一个幻想一样,将是贪婪的奢侈和荒诞的。"(Shaftesbury 1711:318-319)

所以,夏夫兹伯里一定会主张,我们对于对象(这里指自然对象及其风光)的美的愉悦,独立对那些对象的使用及消费的任何预期,而这种使用和消费反过来又依赖于对那些对象的占有。但是,如果认为夏夫兹伯里想要将自己限定在审美反应本性的一个消极的特征上,更不用说是限定在作为审美反应的基础的想象力的自由游戏的消极特征上,从而认为他想要将审美反应的根源从其他人类思想及行动的基础形式中分离出去,那就错了。相反,他的意图是坚决主张审美反应独立于个人使用和利益的许诺,从而将我们对美的反应联系到甚或等同于对其他价值的反应,最重要的是联系到或等同于对构成道德感的善的反应。夏夫兹伯里讨论美感,是为了引出他关于道德感的论述,但哈奇生的观点根本就不会是他的这种观点,即在美感与道德感之间存在一种足够的相似性,使得前者明显的直接性和必然性成为后者的直接性和必然性的一个很好的依据。更确切地说,夏夫兹伯里的观点是,我们的美感是对宇宙的奇妙秩序(此秩序也为道德感所显现)的完全同样的敏感性的一个例子。就像费罗克勒斯认识到的一样,"泰奥克勒斯,我觉得你的美……和善仍是一码事"(Shaftesbury 1711:320)。或者像泰奥克勒斯用夏夫兹伯里自己的那段黑体字所说的那样,"既然对我们大家来说,我们已经判定**美与善仍是一码事**,所以,费罗克勒斯,对我们而言,问题已妥善解决"(Shaftesbury 1711:327)。

因此,夏夫兹伯里无利害标准的引进并不是关于审美反应中独立于任何外在束缚的想象自由的论证的开端,而是对于在我们对美和德行的感受中显现的宇宙秩序的无利害愉悦的细致论证的开始。这种论证中的关键主张是,首先,我们在所有形式的摆脱了个人利害之束缚的美和德行中所喜爱的东西,是秩序和比例;其次,我们在令人崇拜的秩序及比例中所崇拜的东西,与其说是对象(秩序和比例在其中显现自身)中的秩序和比例,不如说是它们背后的创造性智慧,是躲藏于所有秩序和比例背后的终极的神圣智慧。即使其直接的显现可能产生于一个人类代理也是这样,因为后者自身无非就是背后的神圣智慧的产物。当夏夫兹伯里将我们对自然作品和艺术作品的美感对象定位在它们所显现出的秩序及比例上的时候,这个论证的第一阶段就得到了说明:

> 没有事物真的比秩序和比例的观念或感觉更强烈地印于我们的心灵，或更紧密地与我们的灵魂交织在一起。因此，那些有震撼力的艺术的所有力量皆以它们的编排和运用为基础！和谐与混乱、节拍与骚动之间是多么的不同啊！从容有序的与杂乱无章、偶然的运动之间，一排整齐划一而高贵的建筑与一堆沙石之间，一个有机体与一堆随风飘转的云雾之间，是多么的不同啊！

他使这一点变得清楚，即我们对此类秩序有直接的感觉，而且它与在我们对艺术与自然的欣赏中发挥作用的是同一种感觉：

> 现在，既然这种差异被普通的内感官直接感知，因此在理性中又有这样一个关于它的说法：无论什么事物，只要具有秩序，同样地具有设计的统一性并同时作为一个整体发生，它们就都是一个整体的组成部分，或者自身就是一个完整的系统。这就好比树有枝丫，动物有肢体，大厦有内、外装饰。除了是一种符合比例的声音系统之外，一个音调或一首交响乐或任何精彩的音乐片断又还能是别的什么吗？（Shaftesbury 1711：272-274）

由于在这最后一段中将秩序与设计等同起来，所以夏夫兹伯里继续论述道，我们在可爱的秩序中真正喜爱的是设计者，是我们将其当作此类秩序之根源的心灵或智慧：

> 美丽、漂亮、好看，从来不在材料中，而在艺术和设计中；从来不在事物自身中，而在形式或赋形的力量中。美的形式，无论它何时打动你，难道没有表明这一点吗？没有言及设计的美吗？打动人的如果不是设计又是什么呢？你所崇拜的如果不是心灵或心灵的作用，又是什么呢？赋形的，唯有心灵。所有无心灵的，都是令人讨厌的，无形式的材料自身即是丑。（Shaftesbury 1711：322）

夏夫兹伯里实际上并没有解释，如果我们为设计的美所打动，为什么我们也必定乃至最终无一例外地爱上设计者，不过，或许这一点对他是一个自然而然的且不可避免的、从结果到原因的心灵过渡。无论如何，在其论证的夸张性结论中存在着同样的假设，即我们的美感自然地遵循因果之链，其中，泰奥克勒斯主张，这儿实际上存在着"三种层次和等级的美"。首先是"**死的形式……它具有某种样式，由人类或自然赋形，但不具有赋形的力量，没有活动或智慧**"；其次是"**赋形的形式，即具有智慧、活动和操作的形式**"；最后是"**美的第三个等级，它不仅赋予那些我们称作纯粹形式的东西以形式，而且甚至赋予那些赋形的形式以形式**"。夏夫兹伯里为第三种等级的美所做的辩护，恰恰就是他的这个假设：我们对美的情感的每一个或远或近的原因，其自身就是美的一个等级，即我们崇拜的对象——"就连那种塑造心灵自身的东西，本身也包含了所有在那些心灵中塑造的美，因而是美的原理、根源和基础"。而面对所有这些论断，费罗克勒斯像苏格拉底的一个对话者那样，只能温顺地答道："似乎是这样的。"（Shaftesbury 1711：323-324）

因此夏夫兹伯里的美感无利害性概念还不是一个现代的审美反应中的想象自由概念；它不但不是现代美学概念，而且是通向他那传统久远的新柏拉图主义的美善（外加插入的真）同一的一个步骤（Shaftesbury 1711：65）。然而，在弗朗西斯·哈奇生那里，夏夫兹伯里的概念被转换成一个现代审美反应概念，这种审美反应存在于知觉形式中的一个直接的满足中，独立于所有其他形式的思想及价值的影响。哈奇生因此在审美反应里引入了一个明确的消极的想象自由概念。

哈奇生将自己装扮为夏夫兹伯里的一个追随者——的确，在他的《探询》第一版中，扉页标题为"解释和辩护前任夏夫兹伯里伯爵的诸原理"，尽管第四版中这句话不见了。[5] 不过，他和夏夫兹伯里之间的区别与相似一样大。夏夫兹伯里假设了美与善在根基上的同一，哈奇生却将美与善从根本上区别开来，尽管美善之间是十分相似的，即对于美的天然敏感的无可争辩的天性能够用来引入有关道德感的更可争议的理念，这种道德感并不是基于自我利害得失的理性算计：

> 在第一篇论文中，作者也许在某些情况下走得太远了，他假设人类心灵在其美感中存在一个更大的一致性，这一点并不能得到经验的确认；不过，他所热切期望的东西是要表明："存在某种对人而言的天生的美感；我们同样也发现人们在各种形式的口味上存在极大的一致性，这些形式的口味都是天生的；愉快或痛苦、喜悦或厌恶，都是天生地与人们的知觉相连的。"如果读者对此感到信服的话，那么去理解另一个对人而言同样是天生的超感觉的东西——决定着人们对某些行动、特征、情感的喜爱——就不是难事。这就是道德感，它是第二篇论文的主题。（Hutcheson 1738：xv - xvi）

哈奇生将他的著作分成两部独立的论文集——第一部分"有关美、秩序、和谐、设计"和第二部分"有关道德的善与恶"（Hutcheson 1738：i），这一事实已表明他与夏夫兹伯里的观点之间的一个不同之处：将一体的美与善的主题分成两个独立的论文集，这种分割从未发生在夏夫兹伯里那里。

实际上，通过推断审美反应恰恰因为与任何其他形式的认识或意志的区分而只能是某种感觉，哈奇生以一种夏夫兹伯里不可能有的方式开始着手证明我们对美的反应应当被设想成一种感觉。首先，他认为审美反应不是某种认识："由于它在这一点上（即愉悦不同于任何关于原理、比例、原因或对象的用途的**知识**）与其他感觉的亲缘关系，所以这种超级的知觉力量就应当被称作**一种感觉**；我们最先为美所打动；最精确的**知识**也不能增加对美的愉悦。"（1738：11）接着，在已被部分引用过的一段文字中，哈奇生将关于美的反应同必然支配意志去行动的所有形式的意欲区分开来：

> 进一步而言，像其他感觉观念一样，和谐与美的观念对我们必然地且直接地是愉悦的。我们自己的决定以及任何关于有利或不利的预期，都不能改变一个对象的美或丑；因为就像在外部感觉中一样，对于这个感官来说，任何有利的看法都不会使一个对象变得令人愉快，任何有害的看法（不同于知觉上的直接痛感）也都不会使它变得令人厌恶。因此，假设把整个世界说成是因为回报或者极大罪恶的威慑，从而使我们去欣赏丑的对象或厌恶美的对象，那么即使回报或威慑可以使这样的糊涂得逞，或

者我们在外部行为中可以弃绝任何对美的追求,而去追求丑;但我们对形式的敏感,以及我们的知觉,仍将毫无改变地一如从前。(1738:11-12)

现在,哈奇生通过这一点并非表明审美反应必定不带有对意志的任何影响。事实上,在比较靠后的地方他认为,既然美感在满足我们基本的"外部的"或物质的需求(比如我们对食物和住所的需求)上发挥的作用是如此之少,那么它实际上想要的是诸如"拥有建筑、音乐、园艺、绘画、服装、用具、家私"之类的东西所能够提供的那种愉悦;"若**无财产**,我们就不能获得此种愉悦的**充分享受**",财产"是我们追求更高层次的福利的最终动因"(1738:94-95)。更准确地说,他的出发点只是这样一个观点:我们对美的事物的愉悦对意志并没有一个必然的和直接的影响,因为它可能具有的任何影响都被有关行动的利与弊的考虑所阻止;因此,对美的反应就不能等同于意志,也不能等同于认知,无论是关于其对象是否值得选取的认识,还是关于对象的任何其他属性的认识。于是哈奇生推断,我们对美的反应应该根据排除法来构想为一种美感:认识和意志一旦被排除,感觉就是此反应仅剩的寓所。当然,美感并不被限定为通常所承认的五种感觉之一,美感也没有任何明确的器官。所以,由于这些原因,哈奇生把美感归类为某种内感觉而不是外感觉。毫无疑问,它并不是这个类别中的唯一成员:道德感也将被描述为一个内感觉而不是外感觉。

因此,哈奇生关于审美反应的基本描述是这样一个消极的描述:审美反应按照"它不是什么"而被归类为一种感觉。接下来,哈奇生认为,关于这种感觉,存在着三种主要的对象:知觉形式中的多样统一,它是"源初美或绝对美"的根源(1738:16);概念内容中的多样统一,它是"公理的美"的根源(1738:30);相对的或比较的美,它是"在任何**对象**中被把握的、通常被视为某个源初美的**模仿**"的美,我们对这种美的愉悦也同样"以源初与复本之间的某种**一致性**或统一性为基础"(1738:39)。然而,哈奇生并没有将美的这三种对象设想为提供了一个关于对美本身的情感或感觉的更加积极的描述,而是把它们设想为美的观念的三种不同的原因,这是通过经验的和归纳的论证而被认识的。在其著作的整个这部分中,他明确地依靠实例来确立他的论点(1738:17,19,73)。因此,哈奇生的观点是,关于美感对象,我们能够说出某种特别的东西,但感觉或情感自身的本质特征仍由它不是什么来描述——它不是某种认识或意志。

因此,即使在为公理的美谋得一席之地的时候,哈奇生也强调美感的非认知的特性,强调我们对这种美的愉悦与组成公理的命题的真实内容无关,而只与一个公理中的"无数的个别真理之间的最严密的一致性"相关(1738:30)。在他那总结性的章节"论生活中**内感觉**的**重要性**及其**终极原因**"中(1738:93),他也明确了自己对夏夫兹伯里的新柏拉图主义的背离。哈奇生是个虔诚的基督徒,极可能比夏夫兹伯里还要虔诚,但他的虔诚并没有使他采取后者的立场:我们关于美的感受是对由其智慧的造物主建造的宇宙的圆拱形等级秩序的一个直接知觉。相反,哈奇生认为,恰恰是两者——一方面是美感,另一方面是认识和意志——之间的区别使上帝的仁慈有了依据:上帝并非不得不创造我们,以便在多样统一中去享受一个直接的愉悦,尽管这愉悦对我们实际的思想及行为而言无疑是非常重要的。所以,上帝创造人类的事实是上帝之善的另一个证据:

因而我们看到,"我们假设上帝身上的睿智的恩赐是多么适合于按照我们内感官所是的方式来组建我们的内感官啊;通过此恩赐,愉悦与对那些对象的静观联系起来,在那些对象上,一个有限的心灵能够最集中地将这种观念最好地铭刻和保留在那些在效果上卓有成效的活动上;愉悦与那些极大地扩展我们心灵的公理联系起来"(1738:101)。

哈奇生绝不是一个世俗思想家,即休谟在少许年后成为的那种世俗思想家。尽管如此,他的美学理论的内核却是世俗的和现代的:审美反应的对象并非以神学的术语加以描述,虽然我们具有的对审美做出反应的能力可以被给予一个神学的解释。

我已强调过,哈奇生通过审美反应与认识、意志的对比,以消极的术语来描述审美反应,这难道不表明他有了一个审美反应中的消极的想象自由的概念吗?这种说法似乎有些牵强,因为哈奇生根本就不重视想象概念。不过,实际上他确实思考了两种心智活动形式,这就是后来康德归类在想象力这一标题下的在场对象的感知和缺席对象的表象(通过对在场对象的模仿)。并且,就这两种心智活动中的任何一种而言,哈奇生关于我们在此类对象中的愉悦之基础的描述,最起码也是某种最低限度的描述,并且也可以用来暗示,我们愉悦的精华部分地存在于我们心智活动独立于外部限制的自由里。就源初美而言,我们欣赏的是未被其他认知的或实践的考虑所阻碍的知觉形式中的多样统一。就相对美、模仿美而言,我们欣赏的是摹本与原本之间的一致或相应关系,而不涉及所要模仿的任何内容或意义。在解释我们如何能够欣赏一个原本自身是丑的东西的美的再现时,哈奇生的确强调了这一点:"通过相似性,**类似、隐喻和寓言就变得美了**,无论与其相比较的对象或事物是否具有美。"(1738:41)在欣赏相似性时,想象力欣赏某些仅对其自身而言重要的东西,而独立于对被再现的内容或价值的任何其他考虑。我认为,在这个意义上,说哈奇生引进了一个消极的想象自由概念,乃是公正的。

1.2 杜博斯

吉恩-巴普蒂斯特·杜博斯(1670—1742),外交家和历史学家,也是批评家和美学家,创作了18世纪广为流传的美学著作之一,即《关于诗歌、绘画和音乐的批判性反思》。此书的法文本修订了五次,并且在托马斯·努根特(Thomas Nugent) 1748年的英译本之前很长的一段时间里在不列颠广为流传。表面上,杜博斯似乎是把审美经验的纯消极概念当作任何一种对厌倦的解脱,无论是通过在体育场观看格斗还是在戏院观看悲剧。但事实上,他引进了一个积极的想象概念作为某种强大的机能,以便通过再现或模仿(他把再现称为模仿)而不是通过被信以为真的信念来激发真情实感。杜博斯的审美反应概念因此与哈奇生的完全相反:杜博斯并没有将我们对美的愉悦设想为对知觉形式的一种自律的甚至反常的反应,与我们其他认知的和实践的事务无涉;而是将想象和它的典型对象即艺术模仿品看作介入相同情感的特殊手段,这种情感在我们所有其他的活动和行为中都是相关的,尽管此种感情在日常生活中很少发生并以巨大的代价为前提。甚至在那些似乎是哈奇生形式主义的论述中,比如在有关平庸的或丑陋的对象的美丽再现的论述中，杜博斯的策略也都是要去寻求一个由想象的参与来产生的真情实感。尽管他写作的风格、参考的文献都是古代的，但他关于想象力量的积极概念是后来浪漫主义的一个重要的先兆。

杜博斯的著作以这样一个主张开始，即无聊或心智停滞是最不愉快的人类状态之一，而激情的产生是消除无聊最有效的办法之一。首先，他认为：

> 灵魂的需求和身体的需求一样多，人最大的需求之一便是使他的心灵不间断地忙碌。那种迅速招致心灵停滞的沉闷，对人而言是一种如此不愉快的状态，以至于他时常让自己去遭受最痛苦的劳作，而不愿被沉闷所困扰。（1748：Ⅰ，5）

接着，他说道：

> 实际上，我们的激情使我们处于其中的忙碌、焦虑乃至孤独的状态，是如此生气勃勃的一种本性，以至于其他状态与这种运动相比都是无生气的和沉闷的。因此，我们在追逐能够点燃我们的激情的对象时，为本能所驱使，尽管那些对象给我们留下经常伴随日日夜夜的灾难和痛苦的印象；而如果人免去了激情，那么他通常会使自己遭受比激情本身能使他遭受的不幸更大的不幸。（1748：Ⅰ，9）

因此，各种"恐怖的场景"，从公开的处决、格斗到斗牛和诸如赌博之类的无血性的娱乐，能牵引着大批的人渴望逃避无聊和倦怠（1748：Ⅰ，10，18-19）。但此类刺激的产生是以巨大的痛苦为代价的，这种痛苦即使不是直接指向我们，也通过天生的同情机制而指向我们与其相关联的其他人。[6]而且，不管怎样，如此强烈的激情刺激在日常生活中是很少见的。所以，人类想出了艺术中模仿品的用处，来无须付出代价地参与激情和逃避厌倦，如若不然我们就得付出代价了：

> 既然我们的真实激情能为我们提供的最令人愉快的感觉，被跟在愉悦之后的大量不愉快的时间所抵消，那么尽力将激情的悲哀结果从令人沉醉的愉悦（我们在放纵激情中获得的）中分离出去，难道不是一个高贵的艺术尝试吗？难道不是可以说在艺术的力量中创造了一个新的自然万物吗？艺术难道不能设法创造出将点燃"人工的"激情（当我们真的被它影响时，它能充分占有我们，且过后并不带来任何真正的痛苦和不幸）的对象吗？（1748：Ⅰ，21）

但是你必须明白，通过把由艺术模仿的作品所唤起的激情称作"人工的"而不是"真正的"，杜博斯并非想把这些激情从处决、斗牛、赌博或日常生活中任何更加常见的事件（包括我们在爱情、事业和所有其他事情上的成功和失败）所引起的那些情感中分离出去，或者暗示，艺术作品唤起了一种与我们其他情感无关的不同情感，比如一种对美的情感。相反，他的意思或许更明白地表达于对那一章（其开头的段落我们刚刚引用过）的内容的叙述中："诗和画的首要优点在于对将激起真实激情的那类对象的模仿。而这些模仿品所产生的激情只是表面的。"这就是说，比起对象的或被描述事件的真实存在所产生的印象，艺术模仿品产生的印象是一个"次等的力量",⁷它并不具有前者那样的持久时间,它"因此很快被抹去,不留任何永久性的痕迹,就像画家或诗人所模仿的对象自身的印象可能会留下的痕迹那样"(1748:Ⅰ,23)。——无论那些永久性的痕迹仅仅是有关过度情感的不愉快的记忆,还是其他种类伤害(在激情的追求中可能遭受的,比如身体的伤害或赌桌上某人时运的不济)的不愉快的记忆。"我们在静观画家和诗人创造的、对可能引起我们真正痛感的激情的对象的模仿中所感到的愉快,是一种摆脱了所有的混合不纯的愉悦。它从不与那些不愉快的结果(产生于由对象自身导致的危险的情感中)相掺杂。"(1748:Ⅰ,24)然而,尽管有了这些限制条件,它们使得艺术唤起的情感比现实生活中由意外事件引起的情感更易于接近且更适人,但是对杜博斯整个论述至关重要的是,这些情感是真实的,是关于爱和恨、恐惧和欢乐的真情实感,它们可以无需通常的代价就可体验到。如果不是这样的话,他对于艺术如何消除日常生活的单调就没有任何说明。

这一点在杜博斯的论证的更后面的部分中变得非常明显,他反驳戏剧的效果依赖于幻觉的理论,即由于戏剧表演的诱导而去相信实际上是错误的事物为真。他说,在戏剧中发生的每一件事情"将自身呈现在那儿,具有复制的性质……成千的事物相继出现在我们眼前,使我们不断地想起带有地点和情境的真实场景",以至于就连最缺乏经验的看戏者也不会被蒙骗而相信某种并非所是的事情正在真实地发生(1748:Ⅰ,350)。尽管如此,看戏者"被几乎就像他将要身处的某种生动方式触动,以至于他好像真的看见罗德里格(Roderigue)在弑杀其情妇的父亲之后跪在她的脚下"(1748:Ⅰ,351)。看戏的愉悦恰恰依赖于这个事实:如果我们自己的生活不那么单调的话,我们就能够在那里体验到那种相同的情感,即使无须付出(否则我们将不得不付出的)巨大的代价。而这种愉悦只有当想象对认识是一个强有力的替代时才会发生,但它是一种参与涉及真实信仰并导向真实行动的同一种情感的愉悦,而不是某种对诸如多样统一的美感那样的无关的情感。⁸我在这个意义上认为,杜博斯引进了一个积极的想象及其自由的概念:按照他的观点,我们对模仿——我或许有些不合时宜地将其称作想象——的反应能力独立于日常认识及行动的束缚,但具有一种它自己的介入我们最为基础的情感的力量。

杜博斯从他的艺术功能的基本概念中得出了种种批判性结论。恰恰因为艺术作品通过想象介入了我们的情感,而其强度又比真实事件将有的情感强度要低得多,所以艺术家必须在其作品天然的局限内使之尽可能地介入情感。而这通常是通过为模仿选取最大限度地介入的题材或材料来实现的。因此,像普桑(Poussin)和鲁本斯(Rubens)这样的大师并"不满意于在自己的风景画中给出这样一个画面:一个沿着大路行走的男人或一个运水果去集市的女人;他们通常表现给我们正在思考的形象,以便使我们思考;他们描绘激情燃烧的人,是为了让我们的激情有可能被唤起"(1748:Ⅰ,45)。一个艺术作品,其效果力量并不依赖于形式属性,诸如模仿与被模仿者之间的一致性的程度,而依赖于被模仿者的情感力量,依赖于它影响想象的力度。而且,甚至在这种情况下,其中某种形式性的关系看起来似乎必定是某个特殊美感的对象,例如在一幅描绘某个情感冷漠的主体的绘画中,杜博斯反对哈奇生的那种方法。不像哈奇生,在解释我们对静物的赞美时,他没有求助于对象与再现之间的一致性,而是求助于艺术家的技巧,它显现在这样一种运用中:"当我们好奇地静观任何此类图画时,我们首要的注意力并不集中在被模仿的对象上,而是集中在模仿者的艺术上。"(1748:Ⅰ,57)这是因为人类的技艺或艺术才能的运用是某种能够以这种方式介入我们情感的东西：它既不是死兔和铜壶，也不是此类事物与它们的形象之间的形式上的相似关系能够做到的。

既然艺术的功能是通过模仿的表象来介入我们的情感的，那么提供不同的媒介和风格的模仿的不同可能性，就决定了什么种类的题材和表现它们的手段可以最好地达到这个目的。这就是杜博斯为之耗费最多笔墨的论题，并且，他的著作在这里也对未来做了展望。这本著作的很大篇幅致力于绘画及诗歌的再现潜能与那些不同的情感效果之间的对照，其背后的原理是，"如果打算画画，模仿的题材就不仅应该考虑它自己的本性，还应该要适合于绘画；如果打算写诗，就应该适合于诗歌"（1748：Ⅰ，69）。杜博斯看到，"诗人能告诉我们一些画家将发现他们不可能展示的事情"，因为画家只能表现那些"在我们的态度中被特别标示的或者在我们的面容上被精确刻画的"情感；因此绘画必须旨在介入观察者身上的那种情感，而诗歌却能旨在激起其他情感。此外，杜博斯差不多在半个世纪前就至少部分地预见到了莱辛《拉奥孔》中的那个著名的论证，他注意到，由于诗人能够描绘一个行动在一段时期内的演化或一个行动的续列，因而"他可以用好几个动作来表现他的某个角色的某种情绪和感受"，并因此而介入我们的情感（1748：Ⅰ，75）；而画家的媒介则将他限定在对动作的单个瞬间的表现上，因此"在表现脸部（他打算表现这情感的地方）每一个特征上的情感时，他只能利用单独的一笔"，同样他必须凭借此单独一笔去介入观察者的情感（1748：Ⅰ，76）。

杜博斯甚至走得更远，从而将凭借模仿手段的情感介入理论拓展到了音乐中（1748：Ⅰ，ch. XLV，360-375）。他并没有因为声乐能而器乐不能表现人的情感，而单纯地反对后者，赞赏前者；相反，他认为，非语言的音乐或者音乐的非语言方面能够模仿那些不可言传的人类情感，而不是可以言传的人类情感；不过，在两种情形中，无论是模仿自然的形迹还是人工的形迹，音乐都是通过在它的听众身上介入想象并唤起被表现的情感而发挥作用的。

杜博斯理论的局限也许恰恰在应用于音乐的时候变得明显了，此局限迫切要求将哈奇生的由形式关系引起的特别愉快感的理论与杜博斯的由唤起我们的激情引起的愉快理论综合起来。这种综合的一个精致版本将不得不有待于康德在18世纪末的著作。但在杜博斯论文出版的几年前，在现代美学的开端处，至少这个更为精致的理论的一个草案已被约瑟夫·艾迪生在论述多种多样的"想象的快乐"的通俗短文中提及了。

1.3　艾迪生

艾迪生明确采用了想象概念，并认为想象活动为我们提供了愉悦的多重可能性。想象提供给我们的不同种类的愉悦，既包括了那些独特的、独立于我们其他认知器官和情感器官的愉悦，也包括那些与我们在知识及行动上的最浓厚的兴趣紧密相连的愉悦。此外，想象愉悦既包括那些主要依赖于摆脱了想象之外的任何事物之束缚的自由的愉快，也包括那些在想象自身之外的领域中的自由之形象所产生的愉快，这大概就是我们在道德及政治舞台中的行动自由了。我们可以将这些自由视为消极意义上的想象自由和积极意义上的想象自由。因此，在其有关想象愉快的复合概念中,艾迪生以某种方式将消极的想象自由概念与积极的想象自由概念连接了起来。在康德于那个世纪末所做的综合之前,在更加专业化的哲学领域内,再没有其他人以这种方式做过这种连接。

在艾迪生于1712年6月21日(星期六)到7月3日(星期四)发表在《瞭望者》上的11篇《论想象的快乐》的系列论文初期,他以一种与夏夫兹伯里一年前出版的著作十分相似的遣词说,想象能够为我们提供独立于对对象的占有,因而也独立于对对象的使用的愉快:

> 一个有着优美的想象力的人能够被引起大量的愉快,这是平庸之辈无法获得的。他能与一幅画交谈,也能在一尊雕像中找到一个快乐的伙伴。他在描述中经历神奇的精神振作,并经常在田园或草地的风景中感到比占有的满足更大的满足。在他看到的每件事物中,想象力的确赋予他某种财富,并使得自然中最粗野的未开化的事物也能给予他愉悦。(Spectator, 411; in Chalmers 1869:Ⅵ, 123-124)

艾迪生主张,观赏风景能够给予一个健全而敏感的人一种独立于任何因风景的占有而产生的并且比任何因风景的占有而产生的愉快都更大的愉快,这种看法可以被当作早期对无利害观念的另一个吁求。不过,与夏夫兹伯里的情况一样,他心目中的这种无利害性并没有被设定去赋予想象愉悦以独立于我们生活中所有其他来源的愉悦的独立性地位。如果有什么不同的话,艾迪生心里的想法是,想象力是一个能拓展我们生活中愉悦的其他来源的力量,它为我们提供了无须付出占有的代价或日常生活经验中的其他代价的愉悦。就此而言,他的观点也近似于杜博斯的观点。

艾迪生明确地让自己去开辟一个有关想象力的论述的新基础,并因此在着手建立自己的理论之前暂停了对有关幻想和想象的观念的"固定和裁决"。他说,他通过想象的愉悦所指称的"只是诸如源初地产生于视觉的愉悦之类的愉悦",这类愉悦又分为两种:"首要的想象愉悦,完全由诸如在我们眼前的对象之类的对象引起";"第二性的想象愉悦,源自可见对象的观念,当对象实际上不在眼前,而在我们记忆中招致对象,或者形成要么缺席要么虚幻的事物的惬意幻象的时候,就是这样"(Spectator, 411[6]:122-123)。因而,想象的愉悦是我们在事物的视觉显现中和由非视觉媒介所传达的关于视觉显现的观念中获得的。在艾迪生接着给出的关于由各种艺术提供的愉悦的说明中,他主要涉及的是视觉媒介的艺术,比如,绘画、雕塑、建筑、园林风景以及他视为采用文学手段去唤起视觉形象的所有形式的文学。在有关艺术的论述中他并没有将音乐包括在内,尽管他本可以像杜博斯几年后将做的那样,给出一个有关音乐的联想主义的说明。

在讨论由不同的艺术所提供的愉悦之前,艾迪生将基本的想象愉悦划分成三个基本种类。这是一个在以后的几十年中都保有影响力的划分。三个基本的想象愉悦是对于庄严、新奇和优美的愉悦。我将以与艾迪生对它们的讨论相反的顺序来讨论它们。我们首先讨论对于优美的愉悦,因为至少在它的某个形式中,即最少与任何其他的认知的或意欲的兴趣相关联的那种形式中,它似乎是最自律的想象愉悦。这就是那种美,"它通过想象迅即传播一个神妙的满足和赞赏,并最终使任何巨大非凡的事物……都显得相形见绌,心灵在第一眼就不假思索地将其宣称为美"(*Spectator*,412[6]:129)。艾迪生以一个在求爱中可能由羽毛的独特纹理色泽决定其成败的雄鸟的例子来阐释这种美。这个例子似乎主张,对于这种美的愉悦的根源在于性欲的满足——毋庸置疑,这是一个关于美的极为常见的理论(参见 Burke 1759:part Ⅲ,secs xiii – xv)。但他并非打算从性本能中抽绎出美感。相反,他的观点是,在其最基本的形式中,我们对于美的愉悦只不过是对视觉辨别的属性的一种自发的反应,毫无疑问,依据我们个体中的或基因生理学中的某种东西,这种愉悦原则上是可以得到解释的,尽管这种东西能够影响由其他本能冲动和兴趣所决定的选择和行动的方向,但它独立于我们可能具有的任何其他本能冲动或兴趣之外。根据这种说明,雄鸟对寻求一个雌性伴侣的兴趣不应被归为美的现象,尽管它关于一个特殊伴侣的选择可能被它自己的或鸟类的美的概念所影响。

艾迪生认可"一种我们在某些艺术和自然的产品中发现的第二性的美",它"要么存在于颜色的华美或多样性中,存在于部分之间的对称和比例中,存在于机体的编排布置中;要么存在于所有这些东西的混合与共现中"。没有经过任何论证,艾迪生就宣称"这种美在想象中并不是像以我们的适当种类显现的美那样的温馨和强度而起作用"。但接下来他认为,自然和艺术中的美的那些典型例子就是这种形式的美,接着他又顺便阐释了关于语言媒介的美而不是视觉媒介的美的联想主义观念:

> 大自然中没有地方能遇到比在日出或日落时的天空中所出现的东西更辉煌灿烂或更令人愉快的景致了,它完全由那些以不同的云彩形状展现自身的不同种类的光构成。因此,我们发现,总是忙于想象的诗人们,更多地从云彩而不是从其他主题借来他们的形容词。(*Spectator*,412[6]:130)

按照艾迪生关于美的首要的视觉本性之理论,诗人所有的"形容词"最终必定都是"借来的"。然而,这里需要注意的要点是,按艾迪生的论述,这种美在某种解释顺序中或许是第二性的,但至少从它在艺术中的重要性上说似乎是首要的,就像哈奇生将关于美的解释归因于多样统一一样,这种美也类似于但不依赖于认识的原理。对美的知觉不是某种形式的认识,尽管它对对称和比例、编排和部署的反应在认识中或许同样是重要的。无论在其更为简单或更为复杂的形式中,对美的知觉都是一种自律的想象力量。

艾迪生所承认的下一个想象的愉悦是对新奇的愉悦。他在这里说道:"每一个新的或不同寻常的事物都在想象中引发一个愉悦,因为它给灵魂填入了一个怡人的惊奇,满足了灵魂的好奇,并赋予灵魂一个此前从未拥有过的概念。"(*Spectator*,412[6]:127)这些话似乎像是积极的描述,但艾迪生接着所要说的大量内容暗示了一个关于对新奇的愉悦的消极论述,一个像杜博斯的论述一样,强调我们需要从单调中解脱的论述:

> 我们的确如此频繁地与某组对象打交道,并对同一事物如此频繁地重复出现感到厌倦,以至于任何无论新的或不同寻常的事物在改变人类生活并以其外表的异样来暂时取悦我们的心灵方面都有所贡献。在我们日常平凡的消遣中,它为我们充当某种精神恢复,并消除我们易于抱怨的腻烦。(*Spectator*,412[6]:127 – 128)

我们单调或倦怠的根源,可能来自我们生活中别的地方,"我们日常平凡的消遣"中或许就包含了许多这样的根源,但想象力的作品具有一种把我们从那些在别处产生的病痛中解脱出来的独特力量,一种不依赖于其他利害关系而只为想象所独有的力量。对此目的而言,想象力的作品的形式和内容是怎样的并不重要,只要它们新就行。然而,这种想象的力量总是相反地运作,它似乎既不需要也不产生任何独有的或独特的形式或内容——这就是我通过把它称作想象或其自由的一个消极概念所意味的东西。它是一个仅作为摆脱我们日常平凡消遣之束缚的想象概念,或作为一个把我们从这些消遣中解脱出来的能力的想象概念。

不过,艾迪生也承认了第三个基本的想象愉悦,即对伟大或庄严的想象愉悦。当然,这就成了后来18世纪几乎所有冠以崇高之名的理论的两大支柱之一。关于我们对伟大或崇高的愉悦,艾迪生也确实有两种论述。在第一种论述中,他列举了通常的关于风景的想象——"一片开阔的平原,一片宽阔而荒芜的沙漠,连绵的山脉,危石,绝壁或一条宽广的瀑布等风景"——并用下面的话来解释我们对此类风景的愉悦:"在如此广袤的风景中,我们被抛进一种令人愉悦的震惊中",因为"人的心灵天生就憎恨每一件对它似乎是一种束缚的事物,并且,当视线被限定在一个狭窄的范围内时,人心就易于在某种束缚之下想入非非。"(Spectator,412[6]:126-127)这看上去又像是一个有关想象自由的消极论述:我们对束缚的憎恨差不多就像我们对单调的憎恨一样(也许单调就是由熟悉导致的束缚),因此,我们喜爱任何将我们从束缚中解放出来的事物。不过,当艾迪生接着论述的时候,其言辞有了一个微妙的转变:他说开阔的视阈是一个自由的形象,在那里眼睛有余地,可以到处巡视,在其浩瀚的视阈中不受控制地漫游,并迷失于种种将自身呈现给眼光观赏的对象之中。如此开阔无限的风光对想象而言是令人愉快的,就像关于永恒或无限的沉思对知性而言是令人愉快的一样。(Spectator,412[6]:127)

艾迪生将崇高体验中的想象与某种知性或认识进行比较,但并没有将前者还原为后者。因此,他心目中似乎持有的观点乃是,我们欣赏一个对我们而言重要的理念,即自由自身之理念的某种感性的(或者我们也可以说象征性的)再现。这里,想象不只是一个把我们从束缚中解放出来的消极能力,也是一个表现我们的自由自身的事实或可能性的积极能力。在庄严或崇高的体验中,想象及其作品最终获得了一个它们自己的特殊内容。

当艾迪生在第十篇文章后写下下面这段话时,他至少是默认了对伟大有一种第二形式的愉悦:

> 当想象将人的身体与整个地球的面积,将地球与其绕行太阳的圆形轨迹,将此轨迹与恒星的面积相比时,在它关于这些想象对象彼此具有的不同比例的沉思中,对想象而言,没有比在程度上扩展自身更愉快的事情了……(Spectator,420[6]:171)

于是,当艾迪生沿此思路继续前进时,他开始言及"想象的适当局限与缺点"。他指出,"知性在我们的各个方面确实打开了一个无限的空间",尽管"在少许微弱的努力之后,想象立刻陷入停滞中";"我们的理性能够通过无穷多样的切分来追求物质微粒;而想象不久便想象不了物质微粒了"(Spectator,420[6]:172)。但他并没有说,想象就此受挫于自己相对于知性或理性的局限,或因发现其局限,我们遭受的痛苦就多于欢乐。相反,他继续将有关无限的想象当作想象愉悦的源泉。这里,他的观点或许是,想象的这种活动对我们来说是令人愉快的,恰恰是因为它把我们置于一条需要由知识或理性来加以完善的道路上,但是如果不是因为想象的力量的话,我们在此道路上就根本不会起步。既然如此,想象就并非完全独立于我们的其他认知能力而使我们愉悦,而是在介入那些其他能力中发挥了一个独特的作用。

在对伟大的这两种形式的想象愉悦中,即在其中享受一个自由的形象,以及想象让我们开始踏上通向对无限的沉思之路(除非作为后来康德的有关力学的和数学的崇高之间的划分的预想,否则这是很难理解的),艾迪生将想象描述成在与我们的其他能力的联结中发挥作用,而不是完全独立地发挥作用。不过它在此类协作中发挥着一种特殊的作用,就好像它凭借知性和理性而使我们的愉悦加倍了似的。这在他关于第二性的想象愉悦的论述中同样是真的。"这个第二性的想象愉悦产生于心灵的这种活动,它将产生于源初对象的观念与我们从表现它们的雕像、图画、描述或声音中获得的观念进行比较。"同样,艾迪生并没有将再现或模仿中的愉悦还原为认识中的一个直接的满足,而是将它视为自律想象的一个独立结果:"至于心灵的这种活动为什么带有如此之多的愉悦,我们不可能给出一个必然的理由……但是我们发现了许多不同的消遣来源于这个单一的原理。"(*Spectator*,416[6]:151)同时,艾迪生明确地预见到,当这个愉悦的原理与源初的想象愉悦一同发挥作用时,就会产生对对象的复杂反应并强化对于它们的愉悦,对它们的反应既形成了我们对所描述或所模仿的事物感到的源初愉悦,又形成了我们对其描述或形象感到的第二性的愉悦。因此,通过比较荷马、维吉尔和奥维德,艾迪生说,"要极好地打动想象,最先用的是伟大的事物,其次用的是美的事物,最后用的是奇异的事物"(*Spectator*,417[6]:156-157)。所有这三种情形,都把那种来自其在描绘方面的技巧的第二性的想象愉悦与所描绘的东西中的一个不同的初级愉悦联结了起来。

同样的联结原理也在艾迪生关于自然与艺术之关系的论述中发挥作用。他至少描述了一个这样的维度,在此维度中,自然和艺术中的每一个都会比另一个提供一个更大的愉悦,因此:

> 如果我们认为自然作品或艺术作品具有娱乐想象的资格,我们会发现,同前者相比,后者很有缺陷;因为尽管艺术作品或许有时也显现为美的或奇异的,但它们自身中不能具有为观赏者的心灵提供极大乐趣的巨大或浩瀚。艺术作品或许像自然作品一样优雅而精致,但它们在设计上绝不能使自身展现得如此威严和辉煌。大自然的粗野的、无所用心的笔触中有着某种比艺术的精细刻画或润色更为奔放、手法更加纯熟的东西。

这似乎就是在说,自然比艺术更崇高。但当艾迪生继续论述时,他的观点又似乎是这样的:自然的庞大与多样意味着它是作为所有源初的想象愉悦之源泉而胜过艺术的。

> 最富丽的花园或宫殿的美存在于一个狭窄的范围内,想象迅即蹩过它们并寻求别的事物来满足自己;而在大自然的广阔原野中,目光无所拘限地游移,满目充斥着无限多样的形象,没有限量,不可穷计。(*Spectator*,414[6]:138-139)

然而,通过各种方式去联结形象的想象机能是自然所没有的,所以,至少某些种类的艺术,比如狂想的艺术或艾迪生引用约翰·德莱顿(John Dryden)称作"精灵的写作方式"的艺术

(*Spectator*,419[6]：165),能够为我们提供自然中所没有的愉悦的可能性。

因此我们看到,诗歌致力于想象的方式是如此之多,因为它不仅将整个自然界纳入自己的范围之内,而且创造了它自己的新世界。它向我们展现人类中所没有的人,并且甚至以一个感性的外形和特征来表现那带有一些优缺点的灵魂的全部能力。
(*Spectator*,419[6]：168)

因此,至少就对于新奇的想象愉悦之潜能方面而言,艺术胜过自然。然而,艾迪生最终认识到,当自然的和艺术的特殊力量都被充分利用时,就存在着对于愉悦的最大的潜能：

尽管有好些比任何人工的景致更喜人的野生风景,但我们仍旧发现,自然作品越是令人愉快的,它们就越像艺术作品;因为,在这种情况下,我们的愉悦源于一个双重的原理：源于对象对于眼睛的舒适,也源于它们与其他对象的相似。就像通过统观它们所感到的那样,通过比较它们的美,我们也会感到愉悦,并且我们能将它们作为复本或原本再现给我们的心灵。(*Spectator*,414[6]：139-140)

在观赏自然、创造及回应艺术的活动中,第一性的及第二性的想象愉快都是可以被连接起来的。

同时期及接下来的十年中的更多专业哲学家分开对待的东西,艾迪生这个受人欢迎的短文作家将之接合起来。他提供了想象力的一个复合形象：想象作为一种心灵能力,既能在直接呈现给感官的对象的质料及形式中获得愉悦,也能在并不直接呈现的对象之形象的形式及内容中获得愉悦。想象还被描述为具有这样的特性,即享有摆脱无论是由外在于我们的自然或其他内在于我们的利害所导致的束缚的自由,但同时它又是一个创造和欣赏我们自己的自由之形象的积极力量。只有等到18世纪余下的岁月大部分都过去之后,某个专业哲学家,即康德,才能够取得一个像艾迪生在这里如此优雅地取得的综合那样复杂的综合。

1.4 鲍姆加通

为了以其更专业的术语来重构八年前艾迪生在其通俗的短文中已取得的那个综合,康德需要的东西将是这样一个关于想象的说明：它在容许想象带有象征性及观念化内容的同时,保持想象与知性游戏的自由,保持它免于确定概念之束缚的自由。这个思想是由亚历山大·戈特利布·鲍姆加通(1714—1762)提供的。他在1735年的《哲学沉思》、1739年的《形而上学》及1750年的《美学》中,不仅铸造了"美学"这一术语,而且提供了一个作为某种认知能力的想象概念,其产品的标志是其内容的丰富和密度,而不是诸如精、简之类的逻辑标准。这里很容易用康德后期的语言来描述鲍姆加通的逻辑的表象与审美的表象之间的区别,即把它们作为确定的和不确定的来进行对照。但这里我们必须留意：鲍姆加通的观点实际上是,为了达到概念中的确定性(这是逻辑思维最终追求的东西),概念必须保持为空泛的和普遍的,这意味着概念可以不确定地应用于许多个体;而要获得一个确定的个体的表象(这是审美思维的目标),

则对象完满的确定性只能通过一个丰富的、密集的及某种意义上不确定的形象来获得。这就是康德的审美理念学说的来源，所谓审美理念即一种这样的想象产品，它具有真正的认识内容，典型地表现一个理性理念，否则它就无法有直接的感觉表象；但同时这个想象的产品是如此丰富和不确定，以至于它保持了我们独立于知性束缚的想象自由的意义。

鲍姆加通最初是通过将诗概括为一种"感性上完善的话语方式"来提出他的思想的。[9]感性的完善在于对对象属性最大量的表现，此表现即相当于那种使对象根本区别于其他对象的明晰表现。因此，"事物越多地被确定，它们的表象就越多地被理解；在混乱的表象中积累起来的东西越多，它就越是普遍地明晰，它就越具有诗意。因此，**诗意就是尽可能多地去确定一首诗中所表现的事物**"（1735：§xviii）。但是，与看起来的相反，获取一个最大限度地确定的或具体的事物的表象并不是一个纯粹的认知目的。更准确地说，鲍姆加通的观点是，诗歌的最终目的是激发情感（这里他站在杜博斯的传统上），而打动人的事物的表象越多，情感就越多地被激起。因而，他写道："由于情感是程度明显的愉悦和不愉悦，所以它们的感觉就是将某物混乱地表现为好或坏的那些感觉；因此它们决定着诗意的表象；因此**诗歌就是要激发情感**。"（1735：§xxv）于是，他得出结论："**更强烈的感觉**也是更清晰的，因而它们比那些缺乏清晰度和**力度**的感觉**更具有诗意**……因此激发更强烈的情感比激发缺少力量的情感更富有诗意。"（1735：§xxvii）因此，鲍姆加通的观点是，诗歌的目的是激起情感，这是一个意欲的目的而不是一个客观认知的目的，但要达到这个目的需要通过一种特定认知形式，即通过丰富的、密集的、"混乱的"想象形象而不是空泛的、普遍的和"明确的"科学概念。

在其关于诗歌的博士论文完成后的四年后，25岁的鲍姆加通出版了他的《形而上学》的初版，半个世纪后康德仍将此书用作课堂教材。当然，这本著作的大部分内容并没有涉及新的美学学科，但在论述心理学的那章中鲍姆加通论及了他的美学理论。[10]这里，他将以前就诗歌所说的东西普遍化为一种关于感觉表象之完善的一般理论。他认为，存在着两种主要的表象，即理性表象和感性的表象，并认为在每一种表象中呈现出的完善或终极目的即明晰性，是不同的。他认为，明晰的理性表象的主要优点是作为其组成部分的"标志"（即特征或属性）的明晰性，并认为此类明晰性有助于表象的"内涵的"明晰性；而感性表象的主要优点是由标志的数量而来的明晰性或"外延的"明晰性。于是他认为外延的明晰性产生生动性："外延上更清晰的表象是生动的。"这是审美表象的或想象作品的特有特征："表象或语言的生动性是鲜明（华丽），它的对立面是枯燥（以琐碎的方式思考和说话）。这两种明晰性都具有可理解性的意思，因此可理解性对知性而言要么是活泼的，要么是适合的，或者既是活泼的又是适当的。"（1739：§531）这一段话很有意思，因为它表明，鲍姆加通首先在一般性的认知框架内区分了想象和日常认识；其次他以对情感的影响来标明想象活动，因此打破了对审美反应的认知性分析与意志性分析之间的任何过分简单化的界线；再次，他认为，甚至在对单个作品的反应中，也包含多种认识，更包含认知的影响和意欲的影响。像那个更受欢迎的作者艾迪生一样，[11]鲍姆加通避免了关于想象愉悦的一个还原主义的描述，并在这方面毋庸置疑地为康德提供了一个范型。

鲍姆加通最后在其以"美学"为题的杰作的第一卷中回到了美学上来，该书出版于1750年。[12]这里，我无法描述作者针对这部著作的雄心勃勃的计划或者甚至是这个完成了的片段中所涵盖的广泛论题,我只是把我的评述限定在那个日后将使得康德能够去完成他的美学综合的关键点上。鲍姆加通以下面的陈述总结了在其早先的著作中已获发展的有关审美对象的密集性的概念:

> 每种认识的完善都产生于认识的丰富、重大、真理、明晰和确定以及生动,只要这些在单个表象中和谐相处,只要它们互相和谐,例如,丰富、重大与明晰之间的和谐,真理、明晰与确定之间的和谐,生动与所有剩下的因素之间的和谐……当认识的所有这些完善在感性表象中一起出现时,它们便产生了普遍的美。(1750;§22)

鲍姆加通在这里没有使用他早先的、带有隐含的消极意义的"混乱的"一词;他只是强调,当一个易为感官接受的表象具有足够的丰富性和复杂性而仍可以被清晰地理解的时候,我们便获得了美的基础。

在《美学》中,鲍姆加通还强调,一个美的感性表象中存在着三个维度上的复合。这三个维度为将这整本书划分为"启发性研究""方法论"和"符号学"提供了依据(1750;§13)。按照鲍姆加通的说法,"普遍的感性认识之美"存在于三个方面,首先是"思想的和谐,这是就此而言:我们从思想的秩序及其表达方式(即思想自身中的一致性)中提炼出一个在显现中呈现自身的统一体,即事物和思想的美"(1750;§18);其次,"在于秩序和序列的和谐(在其中,我们思考被优美地设想的事物),在于秩序与自身的内在和谐,以及在于秩序与其他事物的和谐,因为没有秩序,完善是不可设想的"(1750;§19);最后,"在于表达方式自身之间的一致,以及表达方式与秩序的一致,表达方式与事物的一致,只要它们显现,因为没有指称符号,被指称者就不能被把握"(1750;§20)。换句话说,一个审美表象或想象的作品的美,在于被再现的对象的丰富性,这种丰富性既体现在表象的句法上,也体现在表象的语义上(也就是说,复合表象既与自身一致,也与被再现的对象一致,还与表象的其他维度上的丰富性一致,比如它的措辞及风格[dictio et elocutio])(1750;§20)。在这一点上,我们必须要指出的是,鲍姆加通的美学是建立在文学作品上的,而且最明显地可应用于文学作品,而纯粹视觉媒介或其他非语言艺术如音乐也将适合于他的论述,则绝不是显而易见的。我们同样也可以认为康德在《审美判断力批判》的后面几节中充分发展的美的艺术概念也属于这种情况。

最后,鲍姆加通清楚地表明了他的说明的基本含义:"感性认识的美及其对象的优美都是复合性的完善。"(perfectiones compositae)(1750;§24) 鲍姆加通绝没有试图将美还原为某个单一的维度——无论是知觉形式还是意义内容,他坚持认为成功的艺术作品(完善的感性认识的优美对象)总是复合性的,它们通过其形式、内容、材料或表达方式来使我们愉悦。在最后这个范畴即表达方式这里,他显然意指的是语言的表达方式,在此方式中,风格和措辞能增添被表达思想的趣味和连贯性;但亦可以将此范畴应用于许多其他的媒介,在这些媒介中,对象的材料能增添它其他方面的美,就像建筑中材料的选择、绘画中颜料的处理或音乐中乐器的使用等所起的作用一样。

1.5 预先的一瞥：康德

尽管现代美学头两个十年的历史已经从着眼于康德的角度而被清楚地叙述过了，但这里还不是详细讨论康德的审美判断概念和艺术概念的地方。不过，有关康德的一个更切近的评述是必要的，因为我已强调过，哈奇生和杜博斯等人各自预见过一些被康德连接在一起的观念，并且，像艾迪生和鲍姆加通这样的作者也预见过康德将这些观念综合起来那样的复合，所有这些都会让人感到奇怪，因为关于康德人们通常给出一幅这样的漫画：他的目的在于将审美反应——无论是就自然作品还是就艺术作品来说——还原为独立于任何内容和意义的知觉形式。当然，像漫画通常具有事实依据一样，这幅漫画也有一个事实依据：不可否认，在康德最初的关于审美反应和判断的分析中，即在"美的分析"中，他将纯粹审美反应和判断的典型例子描述为仅仅对知觉形式的反应及判断。一个"纯粹的趣味判断"是"媚惑和情感对其都没有影响……因而仅以形式的合目的性为其决定性的基础"的判断(1790：§13,5：223)。因此，"花儿、自由的图案、卷叶饰中无目的地相互交织的纹线，其本身并无含义，也不依赖于任何确定的概念，却令人愉悦"(1790：§4,5：207)；"希腊式的线描，镶嵌的或墙纸上的卷叶饰，等等，它们本身并无含义；它们不表现任何事物，没有在确定概念下的对象"(1790：§16,5：229)；而且，比如，"在绘画和雕塑中，实际上在所有的图像艺术中，在建筑和园艺(就其作为艺术而言)中，**素描**都是本质之物，在素描中，构成为趣味所做的所有安排之基础的，并不是在感觉上满足我们的东西，而仅仅是以其形式使我们满足的东西"(1790：§14,5：225)。但像那些继续推进"美的分析"的人必将发现的一样，此类论述或许可以代表康德关于纯粹趣味判断或其对象即"自由美"的分析(1790：§16,5：229)，但它们不能代表他关于典型的艺术作品及我们对艺术作品的反应之分析。相反，在康德看来，艺术作品是多维度的，我们对它们的反应是多重的，这一点差不多像艾迪生和鲍姆加通先前已讨论过的那样。

正如康德在"美的分析"的总结中所说的那样，所有的审美反应都是想象力的自由的一个表达，"结果，一切都归结到趣味——作为一个在与想象力的**自由合规律性**的关系中去评判对象的能力——的概念上"(1790：§2,5：240)。也就是说，一个由想象力呈现的复合表象的感觉，在一致性或合规律性中满足了知性通常的兴趣，却不受任何确定的知性概念的束缚。但当康德着手对艺术进行明确讨论(隐含在接着"崇高的分析"和"纯粹审美判断演绎"的小节中，没有自己的标题)时，这一点就变得更加清楚了，即想象的自由游戏或"自由合规律性"并不是由知觉形式单独引起的，正如在第三批判的40年前鲍姆加通已说过的那样，它也是由艺术作品的内容或意义，由表达媒介的物质材料，尤其是由所有这些要素之间的和谐关系引起的。这一点是康德有关艺术和天才作品(作为"审美理念"之表达)思想的入口。康德把审美理念描述为艺术天才的作品内容，描述为"那种想象的表象：它既引起大量的思考又不为任何确定的思想(即概念)将与其相适配留下可能性，没有什么语言能完满地达到它或使它变得可以理解"(1790：§49,5：314)。在艺术天才的作品中：

> 我们为概念添加一个作为其体现的想象的表象,而此表象凭借自身就促发了如此之多的思考,以至于它永远不可能在一个确定的概念中被把握,因此以某种不受限制的方式审美地扩展了概念自身……在此情况下,想象是创造性的,并且将智性观念(理性)之机能置入运动之中。(1790:§49,5:315)

换句话说,就审美理念而言,有一个想象与内容而不是与形式的自由游戏,与理念而不是与形状或模式的自由游戏。内容终究没有被排除在艺术作品与审美有关的方面之外。被排除的乃是由确定概念——作为艺术品创作及对艺术品的反应之规律而发挥作用——所导致的在内容和形式方面的束缚。最后,康德强调,艺术天才既表现在艺术作品内容的创造上,也表现在其形式和材料的创造上,还表现在对艺术作品的这些维度之间的和谐的创造上:

> 在这些分析之后,如果我们回顾上面给出的关于什么叫作天才的解释,那么我们将发现,它首先是艺术天赋……其次,作为艺术天赋,它预设了作品的一个确定概念作为目的,因此它预设了知性,而同时也预设了一个作为此概念之体现的材料的(即直观的)表象(尽管是不确定的),故又预设了想象力对知性的一个关系;再次,与其说它是通过体现一个确定概念来实现此预设目的而体现自身,不如说它在为此目的而包含丰富材料的审美理念的展示或表达中体现自身,因此,摆脱一切规则督导的想象对给定概念的体现又能表现为是合目的的。(1790:§49,5:317)

天才在于审美理念的创造,此创造是想象的一个自由表达;天才在于在直观中为这些理念的表达创造途径,它反过来涉及形式和材料、素描和色彩、乐曲和乐器、秩序,但也涉及措辞和风格。这就是康德对鲍姆加通这个说法的发展:"感性认识的美及认识对象的优美展现了复合性的完善……此种现象不提供单纯性的完善。"(Baumgarten 1750:§24)

最后,我们可以解释康德的作为复合的想象自由概念的艺术概念了。[13] 在关于审美反应及判断的最初分析中,康德像他之前的哈奇生一样,以消极的词语来描述审美反应:对审美反应而言,想象与形式之间的自由游戏中的想象自由(摆脱了确定的知性概念之束缚)乃是其本质所在。审美反应之愉悦:

> 无非表达了对象对那些在反思判断力中起作用的认识能力的相适性,就这些认识能力在这里起作用而言,此愉悦仅表达了对象的一个主观形式上的合目的性……这样的一个判断就是关于对象的合目的性的审美判断,它并不建基于任何现成的对象概念之上,也不提供这样的一个概念。(1790:introduction, sec. vii, 5:189-190)

或者,一个美的对象为想象力提供了"正好包含这样一个多样复合的形式,就像如果想象力给自己自由的话,就会在与一般**知性合规律性**的和谐中构设那种多样复合一样"(1790:§22,5:240-241)。康德给他的最初分析的框架填充内容时,对想象的自由既提供了一个消极的描述也提供了一个积极的描述。实际上,他提供了好几个积极的想象自由的概念。首先,如我们刚刚看到的那样,在其审美理念的学说中,康德使这一点变得清楚:艺术想象和审美反应既能与形式也能与内容自由游戏。尤其是,康德强调,审美理念的典型内容是**理性理念**(1790:§49,

5:314),理性理念转而又是道德理念。但是对康德来说,道德理念最终是人类自由及其条件与结果的理念;因而,审美理念的内容最终就是人类自由的理念。所以,用不着牺牲它的消极的自由——它的在其自由游戏中摆脱确定知性概念之束缚的自由——想象力的作品就具有在其范围与局限内的人类自由作为其典型的内容理念。其次,康德以这样的看法来总结《审美判断力批判》:由于审美反应本身是一个有关想象自由(摆脱了任何外在于它的事物之束缚)的体验,所以审美经验自身以及连带地引起审美经验的对象,都可以被当作道德善的一个象征,因为道德的本质同样在于自由,尽管是一个受自身给予的规律而不是受与知性的单纯不确定的和谐所规范的自由。康德的美是道德善的象征这个主张的关键是,"审美判断中的……想象**自由**"与"被认为是意志按照普遍的理性规律与自身的一致性的……意志自由"之间的相似性(1790:§59,5:354)。这也可被当作一个积极的而不是消极的关于想象自由的描述。

因此,康德关于美的经验中的想象自由的复杂而精细的阐释,可以被看作18世纪头两个十年现代美学花季伊始时产生的诸观念的总结与综合。康德将审美反应自律的思想(哈奇生从夏夫兹伯里的有着诸多局限的趣味判断无利害之概念中引出的)转变成他的根本性的想象自由游戏的概念。同时,他把鲍姆加通的关于审美表象的复合之概念发展成一个精致的关于艺术内容的概念,把审美反应自身的象征意义发展成一个结构——此结构能为杜博斯的通过想象的情感介入之思想和艾迪生的我们对自由形象的喜爱之思想留有地盘,而无须牺牲康德自己的纲领性的想象自由游戏之概念。康德的复合理论在其后很长的一段美学历史中将时常被重新拆解。但这一点说来话长,有待另文叙述。

[注 释]

1 见 Monk(1935);近期的有关18世纪崇高的代表作,见 Ashfield and de Bolla(1996)。

2 见 Ferry(1993)。强调个体性是18世纪美学思想之关键的一本较旧的书是 Bäumler(1923),尽管这个后来成了臭名昭著的纳粹代言人的博勒(Bäumler)将个体性与非理性主义挂钩,并因而将美学的发展视为对理性普遍主义的一个反动,而不是像费里(Ferry)那样,将它与现代自由主义的起源挂钩。

3 见 Guyer(2000),尤其是第9章"道德的价值、效力与回报"。

4 我在拙著 Guyer(1993)中,尤其是在第3章中,对康德美学的这个阐释已做过评论。

5 对照 Hutcheson(1725:3)和 Hutcheson(1738:title-page)。

6 见 Du Bos(1748:Ⅰ,32)。不久前,佩特·琼斯(Petter Jones)讨论了杜博斯对休谟怀疑主义及其趣味标准之思想的影响;我认为,他原本还可以讨论杜博斯对休谟道德心理学中更为普遍的同情概念的影响。见 Petter Jones(1982:93-106)。

7 Du Bos(1748:Ⅰ,22)。这里似乎同样是休谟最核心的思想的另一个预备。

8 杜博斯的理论因而必须与似乎是其当今的相对者即肯德尔·瓦尔顿(Kendall Walton)的"假装"(make-believe)的模拟理论区别开来。瓦尔顿的理论是,我们通过投身假装游戏,将艺术品作为道具来使用,从而回应艺术作品,并因而体验日常情感的"虚拟的"相似性,而不是真实地体验情感。例见 Walton(1990:271)。杜博斯的理论是,就像我们在观赏或经受被描述的事件中将体验到的那样,我们在艺术作品的观赏中真实地体验了同样的情感,尽管它是以一个更适人和更少代价的形式,并且尽管只有此事实即我们在艺术中的确体验了如此真实的情感才解释了我们在它那里的兴趣。

9　Baumgarten (1735：§ vii). 鲍姆加通的术语 sensitiva，译成德语为 sinnlich，很容易被译成英语 sensitive 或 sensitively。但是，由于现代英语中，sensitive 或 sensitively 可以暗含某种特别程度的精致识别力，所以我用 sensory 或 sensorily 来翻译，这样就没有那种含义了。

10　这一章后来将成为康德关于人类学讲座的基础，因而事实上康德在其讲座中处理美学理论的唯一场所就是他关于人类学的讲演。

11　鲍姆加通本人曾短期在《阿勒塞奥费鲁斯的哲学通讯》(*Philosophical Letters of Aletheophilus*)——一本想按《瞭望者》的路数而变得流行的道德杂志——上试了一下身手，尽管这是一次失败的学术实践。唯一让人惊奇的是，这样一个名字的杂志在 1741 年居然持续了 26 期。

12　有两卷分别出版于 1750 年和 1758 年。这两卷是一种"启发性的"不完全的表述，而这种"启发性的"部分本身又是计划中的著作的三个部分之一。因此，我们现在拥有的这个大规模的文本只是鲍姆加通计划著述的一个片段。不幸的是，鲍姆加通从不那么健康，他于 1762 年逝世，享年 48 岁，仅留下目前的这个片段。

13　有关康德的艺术思想的一个充分讨论，见 Guyer (1997：ch. 12)。

参考书目

Abrams, M. H. (1953). *The Mirror and the Lamp: Romantic Theory and the Critical Tradition*. Oxford: Oxford University Press.

Ashfield, Andrew and de Bolla, Peter (eds) (1996). *The Sublime: A Reader Eighteenth-Century Aesthetic Theory*. Cambridge: Cambridge University Press.

Baumgarten, Alexander Gottlieb (1735). *Meditationes philosophicae de nonnullis ad poema pertinentibus / Philosophische Betrachtungen über einige Bedingungen des Gedichtes*. Parallel Latin and German texts ed. Heinz Paetzold. Hamburg: Felix Meiner, 1983.

——(1739). *Metaphysica*. Parallel Latin and German passages in *Texte zur Grundlegung der Ästhetik* ed. Hans Rudolf Schweizer. Hamburg: Felix Meiner, 1983.

——(1750). *Aesthetica*. Frankfurt an der Oder, 1750‐1758. Reprint, Hildesheim: Georg Olms, 1961. Modern edn, ed. B. Croce, Bari: Laterza, 1936. Selections, with intro. and parallel German translations, in Hans Rudolf Schweizer, *Ästhetik als Philosophie der sinnlichen Erkenntnis*. Basel and Stuttgart: Schwabe, 1973.

Bäumler, Alfred (1923). Das *Irrationalitätsproblem in der Ästhetik und Logik des 18. Jahrhunderts bis zur Kritik der Urteilskraft*. 2nd edn. Tübingen: Max Miemeyer, 1967.

Burke, Edmund (1759). *A Philosophical Enquiry into the Origin of Our Ideas of the Sublime and Beautiful*. 2nd edn. with Introduction on Taste. London: Robert and James Dodsley. Moodern edns by J. T. Boulton (London: Routledge and Kegan Paul, 1958) and Adam Phillips (Oxford: Oxford University Press, 1990).

Chalmers, A. (ed.) (1869). *The Spectator, with a Historical and Biographical Preface*. 8 vols. Boston: Little, Brown.

Du Bos, [Jean-Baptiste], abbé (1748). *Critical Reflections on Poetry, Painting and Music*. Trans. Thomas Nugent, from the 5th edn. London: John Nourse.

Eagleton, Terry (1990). *The Ideology of the Aesthetic*. Oxford: Blackwell.

Ferry, Luc (1993). *Homo Aestheticus: The Invention of Taste in the Democratic Age*. Trans. Robert de Loaiza. Chicago: University of Chicago Press.

Guyer, Paul (1993). *Kant and the Experience of Freedom*. Cambridge: Cambridge University Press.

——(1997). *Kant and the Claims of Taste*. 2nd edn. Cambridge: Cambridge University Press.

——(2000). *Kant on Freedom, Law, and Happiness*. Cambridge: Cambridge University Press.

Hutcheson, Francis (1725). *An Inquiry into the Original of Our Ideas of Beauty and Virtue*. London: J. Darby et al. Ed. with intro. and notes Peter Kivy. The Hague: Martinus Nijhoff, 1973.

——(1738). *An Inquiry into the Original of Our Ideas of Beauty and Virtue*. 4th edn. London: D. Midwinter et al.

Jones, Peter (1982). *Hume's Sentiments: Their Ciceronian and French Context*. Edinburgh: Edinburgh University Press.

Kant, Immanuel (1785). *The Groundwork for the Metaphysics of Morals*. In Immanuel Kant, *Practical Philosophy*, ed. and trans. Mary J. Gregor. Cambridge: Cambridge University Press, 1996.

——(1790). *Critique of the Power of Judgment*. Ed. Paul Guyer, trans. Paul Guyer and Eric Matthews. Cambridge: Cambridge University Press, 2000.

Kneller, Jane (1998). "Disinterestedness." In Michael Kelly (ed.), *Encyclopedia of Aesthetics*. New York: Oxford University Press: II, 59–64.

Kristeller, Paul O. (1951–1952) "The Modern System of the Arts." *Journal of the History of Ideas*, 12: 496–527 and 13: 17–46. Reprinted in Kristeller (1965), *Renaissance Thought* II: *Papers on Humanism and the Arts*. New York: Harper Torchbooks: 163–227.

Monk, Samuel H. (1935). *The Sublime: A Study of Critical Theories in XVIII-Century England*. 2nd edn, with a new preface. Ann Arbor: University of Michigan Press, 1960.

Shaftesbury, Anthony Ashley Cooper, third earl of (1711). *Characteristics of Men, Manners, Opinions, Times*. Ed. Lawrence F. Klein. Cambridge: Cambridge University Press, 1999.

Stolnitz, Jerome (1961). "On the Origins of 'Aesthetic Disinterest'." *Journal of Aesthetics and Art Criticism*, 20: 131–143.

Walton, Kendall (1990). *Mimesis as Make-Believe: On the Foundations of the Representational Arts*. Cambridge, MA: Harvard University Press.

第 2 章
定义艺术：内涵和外延

乔治·迪基 著

徐 陶 译

2.1

哲学的理论研究——至少在西方——出现于古希腊时期。当时，为了解释我们经验到的秩序，主要是原子论者和柏拉图主义者之间展开了相互竞争。原子论者把秩序解释为个体事物微观结构的结果——金有不同于铁的微观结构，老虎有不同于狮子的微观结构，等等。原子论者通过探讨时空的、物理的微观结构来研究事物的本质。柏拉图主义者也解释我们在世界中经验到的秩序，但是他们认为，个体事物由于**分有**（participate）各种作为非空间、非时间的抽象存在的形式而被归属于不同种类。对于柏拉图主义者来说，事物的本质位于形式之中。原子论者和柏拉图主义者的区别在于关于事物本质的性质的不同解释，他们的区别还在于解释我们经验到的秩序是如何由这些本质来引起的：对于原子论者来说是**因果性**，[1]然而对于柏拉图主义者来说是**分有**。[2]这样，在理论研究的开始阶段，对于理论是关于什么的研究——关于什么是**实在**——就有严重的分歧。

一旦原子论者阐明了他们的论点，即事物的微观结构相互不同，那么他们关于那些结构就没有什么别的可说了。他们谈论不可见的微观结构，并且尽管也对原子的运动和重量做过探究，但是他们没有办法知道关于这些本质的任何事情。他们是如此超前于他们的时代，以至于他们无话可说；由于缺乏技术和发达的理论，他们也不能对被他们认为是实在的东西进行探究。然而柏拉图主义者却能够谈论很多，除了对事物的秩序和本质做理论研究外，他们还关注词和词的意义，这些都是大量可供利用的。他们有原子论者所缺少的语言哲学。原子论者无法谈论词，就像他们无法谈论不可见的微观结构一样。柏拉图主义者也谈论不可见的事物，但是他们认为，词的意义是由不可见的形式所构成，我们理解了词，所以就能够知道那些不可见的事物。因此，形式被认为不仅产生事物的秩序，而且产生词的意义。理解一个词就表明知道一个形式;成功地获得对一个词("形状""公正"或类似的词)的恰当定义,据说就表明完全知道一个形式。

健谈的柏拉图主义者由于拥有以形而上学为之提供保证并与之结合的语言哲学,轻易地战胜了难于言论的原子论者,并且主导了后来的哲学研究。实在被理解为非空间、非时间之形式的具有等级秩序的理性结构,而这种形式的理性结构被认为是给予经验世界以秩序和构成语言中词的内涵的东西。在这种关于语言和实在的柏拉图主义视野里,对事物的本质和词的定义(包括艺术和"艺术")的理论研究有其发展。在以下意义上这种形而上学的结构是理性的:它所拥有的形式可能是被某个理性安排者给予的,尽管在这个系统内并没有设想任何安排者。形式的结构被理解为在每个内涵中都内在地具有种属联系。在此视野里,所有种类的不同事物——金、水、老虎、公正、艺术,无论什么——的本质都被当作同类的,并且本质自身要受到辩证分析以产生词的内涵,即必要和充分条件,而词的内涵则将本质运用于事物。对于柏拉图主义者来说,探究什么是实在被设想为在形式的理智范围中寻求本质和意义或内涵;经验性的研究被看作对感官幻象的研究。这种理智性的讨论计划由此被柏拉图主义者所设立,哲学研究变成了产生事物的本质和词的内涵的一种努力。直到今天,哲学研究仍然继续保留有某些柏拉图主义的味道。

相对于原子论者,柏拉图主义者的方法有一个显著的优势,即虽然原子论者原则上有一种解释物理现象的方法,但他们没有明显的办法来解释由原子结构产生的非物理(语言、道德、文化和诸如此类)的性质。而另一方面,柏拉图主义者的形而上学和语言哲学被设想为能处理从物理到道德的所有现象。

众所周知,在最近的时期里,对艺术和其他概念的本质的寻求受到了以下观点的挑战,即宣称这些本质并不存在,"艺术"和其他词凭借内涵运用于事物,而它们的内涵只是关注那些事物中的重叠的相似性。这对哲学中柏拉图主义传统所延续下来的任何东西都是一个挑战。这种非传统的理论发展面临三个主要困难。首先,相似性如何被规定尚不明确——两个性质必须是怎样的相似才能把两个艺术作品连接起来并放到"艺术"这个词之下(或把任何两个对象放到同一个词之下),另外,需要多少相似性才能使两个物体归到"艺术"这个词(或任一词)之下? 其次,对相似性的依赖面临这样的危险,即宇宙中的任何物体都被划入艺术这个类里面,或用相似性规定的任何其他概念里面,因为任何东西总以某些方式相似于其他任何东西。再次,现在仅就艺术而言,如果有人试图通过指明相似性而进行归类,必须诉诸已经在先确立的艺术作品,使对相似性的界定具有某种倾向性,那么在先确立的艺术作品就会产生一种无限后退的现象,以至于不再有一个在先的艺术作品,因此也就没有当前的艺术作品。但是艺术作品确实存在,所以相似性概念整个来说是错误的,必须有某些非相似的最早的作品或最早的艺术作品优先于"相似"的艺术。这样,从相似性理论来看,也需要某种非相似性的基础。

原子论者、柏拉图主义者和相似性理论者都通过关注他们在事物中观察到的秩序来入手:柏拉图主义者对形式做进一步推论,来解释经验中的同一性并把形式当作各种词的内涵,而词的内涵被认为在种-属联系中得到显示;原子论者对关于微观结构的结论做进一步推论,来解释经验中物理现象的同一性,关于内涵却没有说什么;相似性理论者抛弃推论,而只关注经验到的相似性,并且他们想从其中构建内涵。我将不再讨论相似性理论。

2.2

最近,一些语言哲学家试图设计出一种方法,来吸纳难于言论的希腊原子论者关于事物本质的洞见,以解决词运用于物的问题。使这些哲学家试图做原子论者并不尝试去做的事情的原因之一是,现在已经有了成熟的、公认的关于事物微观结构的研究理论,而这些理论是原子论者所利用不到的。一般说来,按照发展这种新技术的人的观点,新技术是通过词的**外延**而不是内涵来解决词运用于物的问题的。[3] 这种新方法可能会与传统的、柏拉图主义色彩的对待意义的方法发生尖锐的冲突。一个运用这种新方法的人,首先从事物特征的摹状词(descriptions)开始着手,特征的摹状词多少像内涵一样,起确定某组事物(外延)的作用;然后在自然种类的情况下,这个人在进行发现活动或着手研究时,就伴随着这样的信念:该组事物的成员(外延)的一个本质的、起基础性作用的属性是能被发现的,并且这种本质的和起基础性作用的属性能够独立地识别出该组事物,或该组事物的某一重要子类。这种起基础性作用的属性,如果已被发现或是可被发现,那么就能够在那种事物存在于其中的所有可能世界中,识别出该种事物。随后,一些艺术哲学家尝试把这种新技术运用到艺术哲学中。

柏拉图主义者的方法是一种**从上到下**的方法,对他们来说,同内涵一样起作用的形式是被给予的和完满的,因此内涵作为现成物首先出现并决定外延,而外延的成员仅是现象。另一方面,新近语言哲学家采用的是一种**从下到上**的方法,对他们来说,一个外延的成员的已被发现或可被发现的本质属性构成它的本质。

这些语言哲学家一开始并不是讨论自然种类(natural kinds),而是讨论专名作为**严格指示词**(rigid designators)。按照这种观点,例如像"亚里士多德"这样的专名是一个严格指示词,严格指示词能够在某一物体存在于其中的所有可能世界里识别出该物体;并且按照这种观点,专名是通过命名仪式或授名活动引入的,我们可以通过历史的因果链条穿越世界回溯到专名的指称物。在这种观点看来,专名是通过指称或外延而不是内涵来起作用的。我们这些出生在较晚年代的人,慢慢地相信了关于亚里士多德的不同命题,早期的语言哲学家试图以某种方式把这些信念当作同内涵一样,在所有可能世界中识别出亚里士多德。但是,几乎所有我们关于亚里士多德的信念都可能是错的,而严格指示词的方法则以某种方式避免用到这些信念。

这些语言哲学家于是进一步把严格指示词的方法运用于表示**自然种类**的词。例如在金这个元素的情况中,不同的属性例如黄色的、很软等用来确定出一组物体(外延);后来发现所有或许多(一个重要的子类)该种物体都有一特殊的原子序数,因此这个特殊的原子序数被当作本质的、起基础性作用的属性来识别出金这种物体的群体。金的本质属性是原子序数为 79 的元素,这意味着金和原子序数为 79 的元素是同一的,也意味着金必然是原子序数为 79 的元素。对于水这种化合物来说,其本质的、起基础性作用的属性转变为元素的某一特殊的分子组合,即 H_2O;因此水必然是 H_2O。对于植物和动物的物种而言,本质的、起基础性作用的属性也许就转变为诸如特殊的 DNA 截面的某种东西，或者任何其他对于物种来说是起基础性作用的恰当属性。这些起基础性作用的属性用来在例如金、水这些物质存在于其中的可能世界中识别出这些物质。对于元素、化合物和物种来说，这些本质属性由于是微观结构，因而起着基础性的作用。自然种类例如"金""水"等，其本质的发现是通过外延来进行的。这些语言哲学家大大地发展了希腊原子论者的洞见。

2.3

詹姆斯·卡利（James Carney 1975，1982）试图将语言哲学家们的这个洞见做进一步的发挥，他将严格指示词的方法应用于"艺术"的定义在过去具有怎样的特征这个问题。按照卡利的观点，这种应用必须在以下情况下才是可能的，即物体的一套范例被授以"艺术"的称号，并且授名者相信这些物体都分有作为**本性**的普遍属性，就像所有金块都分有原子序数为 79 的本性一样。对卡利来说，正如金必然是原子序数为 79 的元素一样，艺术也必然会有普遍的性质。卡利表示，不相信艺术作品有这样一个决定外延的本性是违反直觉的。随后卡利说：

> 并不是没有理由来做这样的假设，丹托（Danto）、迪基和其他人所称作的"艺术界"，是决定[艺术的]普遍性质的一个社会的子类，而且他们依靠艺术理论来做这种决定。艺术界相似于有关"金"的冶金学家，而艺术理论会发挥一种相似于有关"金"的科学理论的作用，因为艺术理论被认为是假定了艺术的决定外延的属性。（1975：200）

几行之后卡利写道："许多理论例如模仿理论或表现理论，可能是恰当的，因为它们为范例假定了一个普遍的属性。"（1975：201）

卡利所说的是，任何宣称艺术作品有一个本质属性的艺术理论——当然除了相似性理论之外的每一种传统艺术理论都是如此——都可以作为适用于严格指示词方法的候选理论。随着所有历史上的艺术理论被提出，卡利最后在这个问题上所说的只能是假设性的："如果（艺术的）范例有一个普遍的属性，那么就有一种可靠的方式来决定 x 是否是艺术：如果 x 有那种普遍属性，则 x 是艺术。"（1975：200）

如果我们暂时采用卡利所设想的那种对艺术界的理解，那么这个假设留下了这样的可能性：不同的普遍属性可能由艺术界的不同成员来决定。按照卡利的观点，根据仅有的两种可能性的性质，这个明显的困难是可以得到解决的。如果关于艺术作品共同本质的争执在艺术界的成员中产生，那么艺术界的成员们就可以做出决定：并不是所有以前的艺术范例都分有一个单独的、起基础性作用的性质，结果，以前的范例分成两个或更多的外延，每一个外延都有各自的起基础性作用的性质，于是将会有两种或两种以上的艺术。或者另一方面，如果关于艺术作品共同本质的争执在艺术界里产生，比如说关于一种新的事物是否是艺术的争执，一方引用一种性质而另一方引用别种性质用作决定艺术的标准，或者双方接受刚才讨论过的有两种或两种以上的艺术的解决方案,或者双方可以赞成同一种性质,于是便只有一种艺术。如此,艺术界的成员如果不一致,将有一种以上的艺术;或者达成一致,将只有一种艺术。

卡利的看法引发了三个问题。第一,艺术理论能以科学理论把严格指示词的方法运用于自然种类的那种方式来起作用吗?卡利的回答是"能,只要艺术理论断定了范例的普遍属性"。这个回答引发了第二个问题:"哪一种艺术理论类似于得出金为原子序数 79 的结论的原子理论、描述水的分子结构的分子理论或者说明 DNA 截面的生物学理论?"他的回答是,那种(或多种)包含有艺术界成员所规定的普遍性质(或多种性质)的理论。这个回答又引发了第三个问题:"艺术界是同卡利设想的那样起作用的吗?"他没有回答第三个问题,而是说:"并不是没有理由来假设"它是这样起作用的(1975:200)。

彼得·基维第一个抨击了卡利提出的研究艺术的方法(1979)。基维没有评论卡利关于艺术界成员的行动的主张,而仅仅关注卡利的认为艺术理论和科学理论非常相似的观点。在卡利看到相似的地方,基维看到了不同。基维说,我们并没有以"准备好接受对自然种类的内部结构进行解释的科学理论"那样的方式,来准备去接受一种艺术理论(1979:430)。他同意在科学领域里有一个发现以前的理论是错的和旧理论被新理论取代的历史,这和艺术理论被后来的艺术理论所取代有些类似。但是他说,科学理论在处理资料的范围和能力方面是不断增长的,在这点上科学理论的连续性是不同于艺术理论的。科学领域里的这种相续性激发出了一种不能在研究艺术的哲学家那里找到的自信。

托马斯·勒迪(Thomas Leddy)第二个抨击了卡利的观点(1987)。他看来接受了基维关于艺术理论和科学理论之间不相似的观点,但是他关注的是卡利提出的一个逻辑上在先的相似——卡利认为艺术界规定艺术的普遍性质的方式相似于冶金学家规定金的性质。卡利通过讨论艺术界成员"假设"艺术的普遍性质入手。然而勒迪注意到,按照卡利的观点似乎会有这样的结果:艺术界成员通过**决定**某个普遍性质来**规定**艺术的属性。这和冶金学家如何规定金的性质形成鲜明对比;冶金学家是**发现**金的一般属性(1987:264)。这样,勒迪在卡利的观点需要相似性的地方发现了另一个区别。

基维和勒迪都没有谈论卡利的一个观点,即认为艺术界成员所起到的规定(即使仅仅决定)艺术的性质的作用意味着什么。卡利说丹托、我和其他人所称作艺术界的成员的人们规定了艺术的普遍属性。这就使艺术界变成了某种像立法团体一样的东西,商议并发布对社会其他成员起约束作用的指示。首先,"其他人"是谁并没有得到暗示,但是丹托和我关于艺术界的阐释是很不一样的,尽管这点在 20 世纪 70 年代中期(卡利发表了他的观点的时候)还不如现在这么明显。卡利写道,丹托的"理论把它(布里洛盒子)带入艺术界"的论述意味着,我们可以将这个论述当作暗示了"'艺术'这个词的外延是被艺术界所持的艺术理论所规定的"(1975:201)。也许丹托在他的《艺术界》这篇论文里的阐释可以被构造成适用于卡利所说的严格指示词的方法,但是我不认为这是丹托的观点,并且就个人而言,我也不认为艺术界像一个立法团体那样起作用。

理查德·沃尔海姆(Richard Wollheim)把艺术界作为立法团体的观点归到我头上,而后又进一步嘲笑了这个观点(1987:14-15)。这种对艺术的制度性理论的理解应该被嘲笑,因为根本没有理由来认为艺术界或它的任何方面像一个立法团体那样行动——伴随着会见和决议、公告和声明。幸好,沃尔海姆归到我头上的这个观点是我从来不曾持有的(Dickie 1993:69-71),尽管他和其他许多人似乎都认为我持有这个观点。我一直把艺术界理解为创造和体验艺术的实践的一个背景——作为实践的一个本质部分的背景。

因此,看来除了对卡利的观点有两个冲击——基维的和勒迪的——之外,或许还有反对他对艺术界性质的理解的第三个冲击。

我的确认为严格指示词的方法能够适用于艺术模仿理论和某些版本的艺术表现理论,但不是因为这些理论可能会被艺术界的成员所持有。这两种理论之所以适用于严格指示词的方法,是因为它们是我在别的地方称作"自然种类理论"的那种理论(1997a:25-28)。支持这两种理论的哲学家试图把艺术**等同**于一种**唯一的、单个的、特殊的**人类活动——模仿或情感的表现——它能够被很合理地看作是艺术的**本性的**,或今天被认为是与艺术紧密联系的东西。这里请注意同金、水和物种的相似性。在金和其他元素中,会发现存在相当少(一百多个)的元素,并且物理学家发现每一元素都有一个可以把它单独识别出来的独特的原子序数。(很显然,同位素可以被忽略。)在水和其他化合物中,会发现存在相当多的化合物,但是即使这样,物理学家和化学家还是发现每一化合物都有**一个**可以把它单独识别出来的独特的分子结构。也许物种的情况也类似。可以很合理地假设,模仿或情感表现行为的现在还隐藏着的、起基础性作用的性质将在某天被一个科学家——某种心理学家/生物学家——发现。这两种行动方式将会是自然种类存在物的自然种类行为。在这里我将这样来谈论模仿和表现:这种模仿和表现是如何被构造和指引以及如何具有文化差异性的。顺便指出,这些行为并不局限于人类。

不幸的是,对于模仿理论和表现理论来说,并没有很好的理由来认为这些行为的任何一种能够**等同**于艺术——许多艺术作品不是模仿或者情感的表现,而许多模仿和情感的表现又不是艺术——这就是这些理论几乎被所有人拒绝的原因。因此,尽管有理由认为模仿和情感的表现有起基础性作用的本质,因而模仿理论和表现理论是那种可以适用于严格指示词的理论,但是由于那些行为并不能适合于我们所有的艺术作品,所以这种应用是一个错误。它们是我们采用的错误理论。

2.4

也许有一种方式可以把严格指示词方法的某些方面应用于艺术,即通过一个外延来寻求一个起基础性作用的属性,虽然这个属性不是完全像 H_2O 那样来起作用。考虑一下卡利的步骤。他关于把严格指示词的方法运用于自然种类的阐释可以概括为描绘下列的配对:**金/物理学家、水/物理学家和化学家,**以及**种/分子生物学家**。然后卡利试图通过规定艺术的本质来运用严格指示词的方法,并且把**艺术和艺术界的成员**进行配对。实际上,基维和勒迪以不同的方式指出卡利的那种配对不同于前面所有包含**科学家**的配对。为了扩展我打算使用的严格指示词方法的那些方面,在**艺术/_____**这个配对的第二个位置应该填上某种科学家的名称。在前面关于把模仿和表现理论适应于严格指示词方法的讨论中,配对的第二个位置被填上心理学家/生物学家,他们很有可能会关注这两种旧的艺术理论所规定的行为。但是我在这里设想的是直接关注我们的文化或其他文化的艺术的科学家。

在尝试把我打算使用的严格指示词方法的这些方面应用于**艺术**的复杂概念之前,先考虑它如何适应于一个较简单的文化概念。比如说,假设在 20 世纪 20 年代,一个人类学家去研究南太平洋岛屿上的一个特定文化。在登陆这个岛屿的过程中,她的本地翻译被淹死了,因此她必须在得不到了解岛上居民语言的人的帮助下开展她的研究。她的其中一个发现是许多(但不是全部)人被称作 pukas。随后她观察到只有男性是 pukas,尽管他们中有胖有瘦,有矮有高,等等。那么什么是 pukas? 在她对岛上居民的文化结构的进一步观察中,我们的这个人类学家发现十几岁的男孩和女孩有规律地进行性交而没有任何人反对,但是在他们满 16 岁的夏至日那天,该社会中每一个人都强制他们停止这种行为。这些满 16 岁的人可以选择参加一个复杂仪式,在此仪式中一个男性和一个女性被配对并且以后维持夫妻关系。那些选择不参加此仪式的人以后不允许和同伴发生性行为,否则要受到社会的反对。不参加此仪式的男性后来就成为 pukas。因此,对我们的人类学家来说,尽管这刚开始还不明显:对于 pukas 来说,"起基础性作用"的特征是该文化的成员对待这样一个 16 岁或 16 岁以上的男性的实践,他拒绝参加以一种确定方式规范满 16 岁的人的性活动的仪式。我们的人类学家观察到的这个实践,它并不是像金、水和物种的普遍属性那样起基础性作用或隐藏起来,但它也不是像岛上居民的衣服的颜色那样显而易见。需要一些观察、推论和理论化研究来得到对这个文化实践的理解,但是这个实践在某种程度上是显明的。这个文化实践是起基础性作用的,但是也需要观察。

我们的人类学家在记录她对于这个岛屿文化的观察时,把"pukas"翻译为"单身汉"。当她在岛上待了快到一年时,另一个本地翻译到了,他说这个翻译是相近的但是并不正确,并且"pukas"在英语里没有确切的对应。我们的人类学家可能已经发现了 pukas 的起基础性作用的性质,但是她仍然可能会把"pukas"这个词翻译错。美国和欧洲的社会的确没有 pukas,因为我们不必强制进行前面描述过的这种仪式和行为。即使事实上只有这个岛屿才有这种实践,不过理论上,任何确实强制进行这种仪式和行为的社会都会有 pukas。pukas 是如同已经描述过的那样被强制和被规范的个体,他们在他们存在于其中的所有可能世界中都会是这样。我们的人类学家虽然没有得到了解岛上语言的内涵性内容的帮助,她可能也建立了关于该岛屿文化一个方面的正确的本质理论,尽管在她的说明中对"单身汉"的使用并不十分正确。pukas 和单身汉在某一核心的方面是相近的,但是它们也在一些重要的、核心的方面有差别,因此我们不能说它们有相同的起基础性作用的性质。

单身汉所拥有的起基础性作用的性质和 pukas 可能拥有的起基础性作用的性质,并不是金、水和物种拥有的**物理性**实在,而是**文化性**实在(参见 Searle 1997)。这种文化的性质是(或者可能是)一个更大的实在的一小部分,这个更大的实在是由(或许可能是由)人的社会所建立的关系之网来建构的。

2.5

关于艺术的理论研究在柏拉图主义的模式中开始,并且此模式几乎贯穿于它的所有历史发展,即关注于发掘我们的语词的内涵。即使哲学家们抛弃了形式,他们还是继续使用**从上到下**的方法,在概念分析、日常语言或者在寻求定义中(但并不说明他们如何进行)来寻求内涵。关注于语言的"内涵性"方法,不适用于例如"金""水"这样的词及类似的词,但是看起来适用于像"单身汉"这样的词。卡利自己提到:不像"金"那样,"单身汉"有一个能阐明的内涵。他写道,"一个像'单身汉'的词在它的准确、成熟的使用中是作为'没有结过婚的成年男性'的同义词而被引入的"(1975:199)。卡利说"单身汉"是"作为同义词而被引入",这使得这个词听起来好像是以哲学家或逻辑学家引入一个技术性的词的那种方式被放入语言中,但是他当然没有这样认为。"单身汉"作为一个与"结婚"相互联系的词进入语言中,并且这两个词(和其他许多词)依靠于我们作为一个文化群体所建立起来的实践。因此,不像"金"一样,"单身汉"有一个内涵,但是在另一个方面,"单身汉"像"金"一样,能够通过它的外延来探究;尽管在一个像"单身汉"这样的英语词的情况下,我们不需要这样做,这是因为我们这些把英语作为母语使用的人可以通过内涵来了解其意义。在设想的 pukas 的情况下,脱离语言的人类学家被迫通过一个外延来进行研究,因为她缺乏内涵性的方式来了解岛上居民的语言。

不像**金、水和老虎**这些概念那样,**单身汉**和 pukas 的概念是显明的,这就是说,只要一个人了解那个概念于其中起作用的文化,也就了解了那个概念。我们不能只是观看一个人就知道他是一个单身汉或是一个 pukas,在这个意义上,单身汉和 pukas 的性质是起基础性作用的;我们必须知道那个人是否被织入相关的文化性联系之网中。

单身汉的性质和金的性质都能通过经验性研究来发现,在这点上它们是相似的。不同之处在于单身汉的性质依靠文化的发展(决定和诸如此类),但是金的性质则不。因此,有人试图说金的性质不能改变,这是对的;但是说单身汉的性质可以改变,这就是误导。"单身汉"一词的用法可以以几种不同的方式发生变化。假定在一个特定时期里这个词有一个意义。这个词可能在完全改变它的意义的同时却仍然只有一个意义。这个词也可能完全改变并且拥有完全新的两个意义。这个词可能获得一个附属意义而保持原来的意义不变,等等。但是,即使"单身汉"一词以这些方式中的一种改变了意义,或者即使这个词停止了作为一个词在语言中存在,作为一个未婚成年男性的条件和为这样的个人进行分类的文化实践并不需要改变。即使"单身汉"停止在语言中存在,并且每个人事实上都结了婚或者结过婚,但是这种条件和实践的存在仍然保持一种逻辑可能性。

我相信**艺术**概念与**单身汉**概念(和 pukas 概念)相似,"艺术"一词与"单身汉"一词(和"pukas"一词)相似。当然,没有人曾想要提出一个关于单身汉的理论。柏拉图看来也不想同虔敬、友谊和公正那样,写一个关于单身汉的对话,或者像对待艺术那样把单身汉作为形而上学上的低等和心理上的危险来进行抨击。为什么没有人曾想要提出单身汉理论呢? 也许是因为"单身汉"不像艺术那样作为一个有价值的争议语词（weapon-word）来起作用，并且由于其他原因，的确如此。但是也许没有人想要提出单身汉理论，这是因为我们可以非常轻易和毫无争议地从内涵上来了解它的意义。无论如何，柏拉图确实研究了艺术，并在形而上学和心理学基础上抨击了艺术，从那以后，哲学家们也一直在试图对艺术进行研究。从内涵上了解"艺术"明显要比从内涵上了解"单身汉"困难得多，而且有争议得多。我们似乎不需要把所谓的"外延方法"应用于"单身汉"，但是也许可以通过使用外延方法来避免艺术所涉及的困难和争议。

前面我曾经指出，为了把外延方法应用于艺术，在**艺术/_____**配对的第二个位置应该填上某种科学家的名称。遵循由单身汉和 pukas 的事例所建立起来的模式，我认为这个配对应该是**艺术/文化人类学家**。我一直相信，艺术是一个文化概念，文化人类学家是研究人类现象的科学家。我自己的关于艺术作为一个文化现象的信念可以通过艺术的制度性理论显然是一个文化理论这个事实来得到阐明，并且长期以来我一直以某种形式来为艺术的制度性理论做辩护。也许值得注意的是，在我前面讨论过的勒迪写于 1987 年的那篇文章里，他两次通过对比艺术和他称作自然科学概念的那些东西来暗示艺术是一个文化概念，不过他仅仅是提到这点。

当我说艺术是一个文化概念时，我是指艺术是文化群体创造发明出来的现象，而不是像交配、进食等那些受遗传决定的行为。[4]这样说，并不表示我认为只有我们或者少数一些社会才有艺术或我们的**艺术**概念。我认为丹尼斯·杜通（Denis Dutton）认为所有人类社会都有艺术的观点可能是正确的（2000）。当然，可能存在或者以后将会存在一个事实上还没有艺术的社会，我只是想说在每一个拥有艺术的社会中，艺术是在过去某个时刻被创造出来的。当然也可能在某个特定的社会中，艺术是在本土创造出来以前，就已从别的文化那里引入了，因此在这种情况下，所指的过去某时刻将会是另一个社会的过去某时刻。

通过使用**艺术/文化人类学家**的配对把外延方法应用于艺术概念，这种应用的一般特征会是什么？我们要寻找一个被所有文化所共有的文化现象，或至少是被许多文化所共有的文化现象（因为正如已经注意到的那样，某个特定文化可能还没有艺术）。这个现象必须是文化性质的，其文化性质在所有拥有这个性质的社会中都是相同的。如果存在着有很大差别的不同艺术种类，那么这个性质还必须是相当抽象的。并且可能会有非常相似于艺术而不是艺术的事物，也就是说，关于一事物是艺术而另一相似于艺术的事物不是艺术，在这点上存在着任意性。这种任意性在涉及文化性事实的地方是不可避免的，因为文化性事实是作为一个文化在某个时间或过去某段时间内如何"创建起事物"的结果而存在的。

也许最好是从观察我们自己的文化入手。除了有使用母语这个便利外，我们可以像设想的那个人类学家研究岛屿那样来研究我们自己的文化。当然，语言的种种方面可能会成为阻碍，会把使用母语者引入迷途。词在字典义中会代表性地有很多可能混淆的不同意义。而且我们（即任何自然语言的母语使用者）能通过使用词形变化、反语、手势、并置等方法使一个词可以意指几乎任何东西，这也会使我们对一些词的意义产生迷惑。所有这些语言的灵活性，可能会遮盖住我们认为**实践**是一些词的特定意义的基础的观点。如果我们是脱离语言的观察者，像设想的那个人类学家那样，我们也许能更好地分离出这些依赖于实践的词的特定意义。

当然,脱离语言的观察者却可能会犯设想的那种翻译错误。

从设想的那个脱离语言的人类学家的错误翻译这个事例中得到的第一个启发是,为了理解文化性规定的词的意义,了解相关文化成员的语言的内涵性内容是有益的。从那个脱离语言的人类学家的事例中(这个事例被采用纯粹内涵方法的艺术历史哲学家所忽略)得到的第二个启发是,对某些概念和与之相伴的词而言,了解作为这些概念和词的基础的实践,对获知它们的意义是十分关键的。运用这两个启发,关于艺术的研究有可能会取得一些进展。

使用**艺术/文化人类学家**的配对,把外延方法运用于艺术概念,需要寻找与文化实践相结合的语言用法,这两者的结合类似于岛上居民对"pukas"的使用和他们组织有关 pukas 的文化实践的结合,也类似于我们对"单身汉"的使用和我们组织有关单身汉的文化实践的结合。

如果我们像人类学家那样开始研究,并采用我们自己的语言方式,那么"艺术"的用法将必定会联系到一个暂定性描述,就像"金"的用法会联系到作为暂定性描述的黄色、柔软这些属性一样。采用这种方法的物理学家关注黄色、柔软的对象,并最终发现金的原子序数,文化人类学家也必须从关注满足暂定性描述的对象开始研究。然而,由于我们语言的灵活性,我们会发现"艺术"到处都在使用。不过我们注意到"金"的用法也是这样:想想看,"你撞到了金子"这句话可以对那些很早就买了施乐复印机公司股票的人说,也可以对那些发现了一个重要科学真理的人说。尽管"金"有如此多不同的用法,但是对于"金"我们还是总能以某种方式确定出一个初步的外延:黄色的、柔软的物体,并进一步研究其原子序数。对于"艺术"我们也只能首先确定出一个合理的初步外延,然后寻找作为这个初步外延或其重要子类的基础的文化实践。

我们可以将从柏拉图到丹托艺术哲学的历史,设想为一种对"艺术作品"的初步描述的甄别,尽管我们将会看到,这个进程并不总是从艺术品的外延中去掉某项,有时候是增加一些东西。

即使一些别的古希腊人曾说过类似于"浮木是一个可爱的雕塑"的话——这预示了莫里斯·韦兹(Morris Weitz)和其他许多 20 世纪哲学家的观点,但最早的模仿理论者也不会想到要把浮木当成艺术。模仿理论者不会把浮木列入艺术的外延之内,不仅是因为浮木不是模仿物,也因为它不是人造品,即人类的产品。某些引领哲学潮流的人会认为,一块浮木因其自身而成为艺术品,因为它已经被作为一个可爱的雕塑来对待。由此,根据某种类似于常识观点的东西,应该将非人造性从"艺术品"的外延中排除出去(也许应该说它从来就没有进入)。

但是,由于另一种情况,即某些事物明显不是模仿物却看起来像艺术品,这使得模仿理论者最终还是改变了他们的观点。受此情况的困扰,模仿理论者被迫扩充他们关于艺术品内涵的概念,并因此不再是模仿理论者。通过其他人有意识提出的或者只是注意到了的反例,来使艺术品的内涵得到扩充,这一直是艺术研究的标准特征。请注意,作为针对某些人的理论提出的反例,尽管**缺少**那个理论者所理解的某个词项的内涵的所有部分或某些部分,却必定能被完全合乎情理地归入该词项的外延之中。这种哲学变动,不是使某些特征从"艺术作品"的初步描述中分离出去,而是增加某些特性。这种变动排除了某些理论——例如模仿理论,我认为同样排除了表现理论。

我认为事实上所有的艺术哲学家——现在的和过去的——都同意并且一直以来都同意:

诗歌、绘画、戏剧、奏鸣曲、十四行诗、雕塑等这些熟悉的东西是艺术作品,也是他们从事或一直以来都从事的研究对象的外延;而研究的目的是试图阐明适应于这个外延的内涵。当然,关于达达主义的物品及其类似物是否是艺术作品,还存在着一些争论,但这只是没有太大意义的争执。我曾经提出:达达主义的物品对理论研究是有帮助的,因为它们或者是艺术作品,或者不是艺术作品却被一些人误认为是艺术作品,这都会帮助我们对艺术作品被置于其中并得以产生的背景获得更深的理解。不管怎样,让我们不考虑这个争论,而关注那些大家一致认可的众多的艺术作品。

组成艺术作品外延的成员的巨大数量总伴随着这样的哲学难题:如何看待外延成员的巨大差异性?这种杂多性总是严重地阻碍用传统的方法从这些作品外显的特征中抽取出内涵。[5] 我用"外显的特征"指的是通过对艺术作品的直接经验能注意到的艺术作品的特性——例如再现的、表现的、优雅的,等等。我们可以在所有这些多样的艺术作品中找到哪些外显特征来作为示例呢?并且同样的多样性可以用哪种现成的反例资源去反驳所有那些模仿主义者、表现主义者等——他们都试图从艺术作品的那些外显特征中获得艺术的部分或完全的规定性?

现在来关注当前的艺术理论。我认为丹托试图根据**相关性**(aboutness)来界定艺术的做法,是从外显的特征中寻找"艺术作品"内涵意义的传统方法的一个例子,并且我相信他的理论容易受到那种传统式的来自反例的反驳(参见 Dickie 1993:76-77;Carroll 1993)。比尔兹利(Beardsley)根据审美性质来界定艺术的做法,同样是这种传统方法的一个例子,因此也容易遭受同样的反驳(1979:729,1983:299)。而另一方面,我认为列维森(Levinson)的历史性理论和我的制度性理论不同于传统的方法,而可以被理解为试图发现艺术作品外延的基础性质——这种基础性质是把艺术作品连接起来的深层的、非外显的性质。我将不讨论列维森的理论,因为我已经在别的地方讨论过其理论困难(1997a:22-24)。

在关于"我们如何对待"艺术作品的研究中,人类学家通过调查将会发现什么?我相信这样的调查将揭示出如同艺术的制度性理论所设想的那种起基础性作用的文化结构。制度性理论阐述了艺术作品在其中被创造出来并发挥作用的文化结构,这种文化结构本身是依据多种文化功能而被阐明的。

不管怎样,即使文化人类学家不能找到制度性理论描述的那种文化结构,我相信他们也会找到很相似的一个结构。就是说,他们将找到那种普遍的结构:我在《艺术圈》中作为定义给出的五条声明可以用作对这个结构的一个概述。这五条声明如下所述:

1. 艺术家是理解性地参与制作艺术作品的人。
2. 艺术品是创造出来展现给艺术界公众的人工制品。
3. 公众是这样一类人,其成员在某种程度上准备着去理解展现给他们的对象。
4. 艺术界是所有艺术界系统的整体。
5. 艺术界系统是一个框架结构,以便艺术家能把艺术作品展现给艺术界公众。(1997b:80-82)

由这五条声明描述出的结构将构成艺术存在于其中的艺术制度的文化本质。第二条声明（定义）可以被当作对艺术作品的文化本质的一个陈述，也就是说，它陈述了艺术等同于创造出来展现给艺术界公众的人工制品这样的复杂规定。

2.6

为了论证的目的，我们可以假定，"艺术作品是一种创造出来展现给艺术界公众的人工制品"这个陈述是人类学家通过研究文化结构得出的，因此这个陈述抓住了艺术的本质。这意味着它陈述出了"艺术作品"的内涵吗？当卡利把严格指示词方法运用于"艺术作品"时，他断定"艺术作品"没有内涵。但是请回想一下卡利关于"单身汉"所说的，他说"单身汉"有内涵。因此卡利以不同于对待"金"这样的词的方式来对待"单身汉"这样的词。他没有解释为什么"单身汉"不同于"金"，不过他的那篇文章也不需要他那样做。但是我主张我所称的"外延方法"能被运用于"艺术作品"，并且我也试图将其运用于"单身汉"。因此，我至少需要解释如果外延方法能运用于"单身汉"，那么"单身汉"是如何有一个内涵的。

实际上我同意卡利的观点："单身汉"意指"没有结过婚的成年男子"，并且我做了如下补充：**作为没有结过婚的成年男子，这是单身汉的基础性的文化性质**。通过外延方法得到的单身汉的性质是如何不同于通过严格指示词方法得到的金的性质的？并且"单身汉"如何不同于"金"，以至于"单身汉"有内涵而"金"却没有？

考虑一下单身汉的性质如何不同于金的性质这个问题。首先，单身汉的性质是文化性质，它是文化状况。作为一个单身汉，这本身当然不是法律状况，但是它联系到并来源于婚姻，而婚姻是一种法律事实——法律是官方的文化现象。婚姻以文化（法律）的方式来组织人类生活的各种主要方面。作为单身汉，这是以文化（不是法律）的方式来组织一些男性生活的某些方面——例如，在什么情况下某些男性怎样被邀请共进晚餐。另一方面，金的性质不是文化的，而是物理的。如果没有文化，还会有金。如果没有文化就不会有单身汉，事实上没有包含婚姻的文化就不会有单身汉。我们不能控制金的性质，但是我们确实可以控制文化性事物的性质，尽管它是很复杂的东西。

金的性质和单身汉的性质还有另一个重要区别。在现实世界中一块金的样品（原子序数为79的元素）在所有可能世界中都将是金，就是说一块金的样品必定是原子序数为79的元素。与之形成对比的是，现实世界中的一个单身汉亚当（Adam）在某些可能世界中可能会是已婚男子，因此他不会在所有可能世界中都是单身汉，也就是说，单身汉亚当不是必然为单身汉。是金子，这可以被称作是一个内在的性质；而是单身汉，这是一个人由于被安置入文化背景中才获得的性质。值得注意的是，特定的艺术作品在这方面与单身汉相似。例如某一特定的物理对象在现实世界中是一件再现性的艺术作品，而在某些缺乏艺术文化制度的可能世界中却可能不是艺术作品，从而这个物理对象将仅仅是再现物，因此现实世界中一个特定艺术作品不是必然为艺术作品。

其次，发现（或仅是知道）单身汉性质的过程中并不存在像金那样需要专家去发现其性质的智力的劳动分工。金的性质是隐藏起来的，需要高度专业化的人——物理学家、化学家等——去发现其性质。而单身汉的性质，尽管对于一种文化上建立起来的现象来说是起基础性作用的，但实际上是被每个人所了解的；它的性质是显明的而不是隐藏的。

现在来考虑一下"单身汉"一词是如何区别于"金"一词的。首先，"单身汉"是一个文化词项，它部分地来源于文化词项"已婚"，尽管它当然也涉及生物词项"成年"（通过严格规定年龄段的划分也可以给词项"成年"一些文化内容）和"男性"。"金"不是一个文化词项而是一个物理词项，即它指向一个有物理性质的对象。

其次，"单身汉"与被规定为具有某种确定含义的专门术语有些相似。就专门术语来说，它是典型地由个人来做规定；而就诸如"单身汉"之类的词来说，它是由文化进行"规定"，或者某种可以被称作文化决定的类似于规定的东西。这种决定的确切性质是不明确的，并且对于不同文化词项来说，各种决定的过程可能也不相同。对文化词语的含义的文化性规定，当然是与这个事实有紧密联系的：我们对文化性事物的本性可以做出某些控制。

"单身汉"和单身汉的性质之间有着密切联系——一种一致性，体现为"单身汉"的内涵和"单身汉"外延成员的性质，两者是以逻辑承继的方式被我们的文化所规定的。"单身汉"一词（和它的定义）和单身汉的性质是同种东西，即它们都是文化产物，两者都是在我们组建起语言和行为生活的交错轨迹的活动中，形成的相互定位和相互反映的产物。"金"和金的性质缺少这种紧密的、相互反映的联系。我们参与创造并维持这类事物的文化性质的活动，单身汉的性质是其中最好的例子；这些都是文化种类的东西。与之形成鲜明对比的是，我们与自然种类的性质没有这种"内在联系"。

难于言说的希腊原子论者走在研究金的性质的正确道路上，在某种程度上而言，如果柏拉图主义者把他们的注意力转到像"单身汉"这样的显明词项上来，他们也会走上正路。但是他们必须不是关注于对假定每种事物都会分有的形式进行理性直观，而是去理解我们在文化实践中的参与性，这种参与是那些显明词项都会涉及的。

我相信，文化词项"艺术作品"与文化词项"单身汉"相似，而不是与物理词项"金"相似。在"艺术作品"和艺术作品的性质之间，存在着密切的文化上的联系，我们的文化人类学家们能够发现这种联系，使得艺术作品的性质能被转化为"艺术作品"的定义。我希望人们将会发现，这个定义正是我的制度性定义。

[注　释]

感谢苏珊·康宁安（Suzanne Cunningham）和鲁思·马库斯（Ruth Marcus）阅读本文初稿并做评论。

1　在古希腊时期这也许被称为效果的因果性。

2　在古希腊时期这也许被称作形式的因果性。

3　这种方法来自索尔·克里普克（Saul Kripke）和希拉里·普特南（Hilary Putnam）的有名的著作。

4　关于艺术的文化种类理论和自然种类理论的讨论，参见 Dickie（1997a：25-28）。

5　艺术作品的显明特征和非显明特征之间的区分，由莫里斯·曼德尔鲍姆（Maurice Mandelbaum）（1965）首先做出并使用。

参考书目

Beardsley, M. (1979). "In Defense of Aesthetic Value." In *Proceedings and Addresses of the American Philosophical Association*. Newark, DE: American Philosophical Association.

——(1983). "Redefining Art." In M. J. Wreen and D. M. Callen (eds), *The Aesthetic Point of View: Selected Eassys*. Cornell University Press.

Carney, J. (1975). "Defining Art." *British Journal of Aesthetics*, 15: 191–206.

——(1982). "A Kripkean Approach to Aesthetic Theories." *British Journal of Aesthetics*, 22: 150–157.

Carroll, N. (1993). "Essence, Expression and History." In Rollins (1993): 79–106.

——(ed.)(2000). *Theories of Art Today*. Madison: University of Wisconsin Press.

Dickie, G. (1993). "An Artistic Misunderstanding." *Journal of Aesthetics and Art Criticism*, 51: 69–71.

——(1993). "Tale of Two Artwords." In Rollins (1993): 76–77.

——(1997a). "Art: Function or Procedure – Nature or Culture?" *Journal of Aesthetics and Art Criticism*, 55: 25–28.

——(1997b). *The Art Circle*. Evanston: Chicago Spectrum Press. Originally pub. 1984.

Dutton, D. (2000). "But They Don't Have Our Concept of Art." In Carroll (2000): 217–238.

Kivy, P. (1979). "Aesthetic Concepts: Some Fresh Considerations." *Journal of Aesthetics and Art Criticism*, 37: 423–432.

Leddy, T. (1987). "Rigid Designation in Defining Art." *Journal of Aesthetics and Art Criticism*, 45: 263–272.

Mandelbaum, M. (1965). "Family Resemblances and Generalization Concerning the Arts." *American Philosophical Quarterly*, 2: 219–228.

Rollins, M. (ed.) (1993). *Danto and His Critics*. Oxford: Blackwell.

Searle, J. (1997). *The Construction of Social Reality*. New York: Simom & Schuster.

Wollheim, R. (1987). *Painting as an Art*. Princeton, NJ: Princeton University Press.

第 3 章
艺术与审美

玛西娅·缪尔德·伊顿 著

贾红雨 译

"艺术的"和"审美的"这两个术语具有很长的历史,但有关它们究竟指的是什么,人们意见并不统一。有关这一点,我将在后面详谈,而我现在想以这样一个请求开始:请读者信赖自己对这两个词的直觉理解,并思考审美对象这个类和艺术对象这个类,两者是什么关系。这里存在着几种可能性。它们可能是等同的:每一个审美对象都将是艺术对象,反之亦然;或者它们可能是完全分离的;或者,一类内含于另一类中,即作为另一类的子集。最通常的也是我所同意的看法,主张的是最后一种可能性:艺术对象这个类包含于审美对象这个类之中,但后一个类包括比艺术对象更多的东西。绘画、歌曲、诗歌、舞蹈等,全都是审美对象。但也存在某些是审美对象却不是艺术作品的事物,例如,黄昏、森林、海贝、孩子的欢笑或一只飞鸟。这一点可以换句话说:任何事物都能被审美地看待,而其中只有某些事物才能被艺术地看待。虽然我相信这一点是正确的,但考虑其他的可能性也相当重要,因为每一种可能性都有一些美学理论家认为它是正确的。

  1. **艺术对象这个类与审美对象这个类是相等的。** 不仅绘画、诗歌及其他被典型地归结为艺术作品的事物都被认为是审美的,而且任何被审美地看待的事物都将自动地是艺术作品。因而按此观点,黄昏或一个孩子的欢笑就是艺术。某些人的确就是以这种方式来谈论的。站在山顶凝望时,有些人的确把他们所看到的风景描述为"艺术"。但我认为这是对语言的一种不准确的使用。以这种方式来谈论的人是在比喻性地说话。并且,正如我们将看到的,一些哲学家认为,如果抠字眼的话,这种谈论方式甚至是很危险的。

  2. **艺术对象这个类与审美对象这个类是不相等的,但它们相交。** 持这种观点的人认为,有些审美对象(黄昏,海贝,等等)不是艺术作品。他们也相信,有些艺术作品不是审美对象——人们并不(不能或甚至不应该)审美地看待它们(后面我会讨论某些例子)。但仍有许多艺术作品是审美对象,反之亦然。

  3. **艺术对象这个类严格地被包括在审美对象这个类之中,但不等同于审美对象这个类。** 所有的艺术作品都是审美对象,但并非所有的审美对象都是艺术作品。像我上面所说的,这是我认为正确的观点。

4. 当然,从逻辑上讲,审美对象这个类与艺术对象这个类有可能是完全不相干的。按照这种可能性,没有艺术作品被或应该被审美地看待,也没有审美对象被或应该被当成艺术作品。我知道没人相信这种观点。即使在艺术与审美之间坚持严格区分的理论家们也承认,审美思考至少在一定范围内与一些艺术作品相联系。

"艺术"和"艺术的"这两个术语的历史比"审美的"或"审美对象"的历史要长得多。即使在古代文化中(其中我们找不到可直接翻译成英语"艺术"的词),也存在着一些至少可间接地翻译成"艺术"一词的实践和概念(有时其他的术语可能是更准确的翻译,比如"手工艺"[craft])。而且,有关某些被娴熟地创造出来的对象的态度和观念之间的相似性,仍旧使得谈论比如说史前的或希腊的艺术是很自然的事情。我们不可能精确指出"艺术"一词的引入情况及其在其他语言中的对应词,但我们知道它由来已久。英语中这个词最初似乎是用来指称技艺的,后来被拓宽,包括具备此类技艺的活动,再渐渐被拓宽从而包括了此类手工艺品。[1]

我们可以精确地指出"审美的"一词的引入情况。18世纪中叶,哲学家鲍姆加通引入了这个术语,用它指称一门他希望变成与逻辑的或概念的科学相类似的关于感官知觉的"科学"(Baumgarten 1961)。由于知觉为有关美的经验所要求,所以鲍姆加通推断,美学将为人们解释和辩护什么是美的、什么不是美的的判断提供一个基础。其他哲学家很快做出回应,并开始更多地谈论"审美"的独特之处。其中之一是康德,他的著名的诸批判之一的《判断力批判》就致力于有关审美本性的讨论。在这本著作中,康德将审美与科学、道德,也与艺术区分开来。康德的著作极具影响力。

康德认识到人有各种不同种类的经验和考虑。我们试图按科学的方法使世界变得有意义。我们留心怎样对待彼此,重视世界看起来和听起来的样子。[2] 我们留意的这每一个领域都有自己的原理和结构。康德相信,"审美的"指的是那种有时候我们周游世界时感觉到的愉悦(或痛苦)对象。作为人的感觉方式的这些反应不在世界中,而在个体中。它们不是"客观的"(在被经验的客体中),而是"主观的"(在经验着的主体中)。[3] 如果一个人感觉到那种他或她将之与美相联系的愉悦,那么此愉悦就是"自由的",它并不受缚于或依赖于人所具有的任何信仰或道德考虑。人并不在意自己视之为美的事物是否是真实的。比如,如果我喜欢壁纸中铺展开来的图案,那么我的愉悦不会被这个念头——在看上去那个样子的世界中其实空无一物——所打消。事实上,如果我产生一个令人愉悦的关于图案的幻觉,则我的愉悦是真实的,并且从**美学的**角度上讲,它与图案是否为真无关。此种愉悦本身就是善的。

康德说,"审美的"或美的事物的典型例子是自然对象。夜幕将至,当我从窗口放眼西望感到愉悦时,则此愉悦归因于我经验到的形式——我知觉到的颜色[4]和形状。此愉悦不依赖于我可能有也可能没有的、关于黄昏看上去为什么是那个样子的任何知识;并且,当我想到,最美的黄昏出现于空气污染最严重的日子时,我的审美愉悦并未消失。这里,科学及道德是不相关的。[5]

但人们肯定不会反对这一点:如果我有一个关于十四行诗或奏鸣曲的审美经验,则我必定具有某种知识。我必须知道,十四行诗是什么,或者知道一首奏鸣曲就是声音的一种特殊编排,而不是杂乱的噪音。这一点康德也会同意,并且,正是由此之故,康德把审美从艺术中区分出来。艺术性的欣赏的确包含了知识,极为重要的是包含了这样的知识:我们正在欣赏的对象或事件是人有意图地、娴熟地创造出来的。康德给出了一个著名的例子:

> 因为,尽管我们喜欢将蜜蜂制造的产品(有规则地建造出的蜂房)叫作艺术作品,但我们只是因为它与艺术的相似才这么叫的;因为,一旦我们想到它们的劳动并不是建基于它们对自己职责的任何理性考虑之上,我们就立即说这是它们本性的(即本能的)一个产物,然而一个产品作为艺术则只被归因于艺术的创造者。(Kant 1987:170)

实际上,一个并不知道蜂房是怎样建造的人,一个不知道或很可能根本不关心蜂房之事的人,在这些形状和设计中仍能获得愉悦。这将是一个纯粹的审美愉悦。现在,假设某人将一些材料做成一个在外表上与蜂房相同的对象。同样,如果人们并不知道它是怎样做成的,则其愉悦就将是纯粹审美的。但只有当我们将有意图的人类活动赋予产品时,这个对象才会被从艺术角度来欣赏——就好像它是一件艺术作品似的。我们经验艺术作品时所感到的愉悦包含了某些与审美愉悦相似的东西。但这愉悦并不纯粹,也不自由。它是一个依赖性的愉悦,依赖于我们对导致愉悦产生的创造性活动的看法。

严格地讲,也许康德持有一个属于我上面提到的第四种可能性的理论——一个我说没人持有过的理论。即是说,有时候他论述起来,就好像审美对象这个类与艺术对象这个类是完全不相干似的。然而,由于他确实承认了,当我们在艺术对象的形式中享有愉悦时,我们感受到了某个十分类似于我们经历自由或自然美时所感到的愉悦的东西,所以或许最好的解释是,他坚持第二种或第三种可能性。这里,最重要的是,康德好像为了把审美从艺术中区分出来而设置了一个平台。

近来,在试图确定环境美学(这是一个在哲学及公共政策方面不断增长的关切)的特殊性时,人们用到了(审美与艺术之间的)这种区分。康德提供了另一个例子,这次的例子表达的是在艺术欣赏与审美欣赏之间的区别问题上的一个被广泛持有的直觉认识。如果两种欣赏在某些时候都是审美的而又有所不同的话,那么艺术和审美不相等的观点就有了更大的支持。

> 比起在一个月光柔和的寂静夏夜,在一片隐秘的灌木丛中夜莺那销魂的美妙歌唱,还有什么事情使诗人更为赞赏呢?然而存在着这样一些情形:其中并没有这样一个唱歌的鸟儿。某个生性快活的旅店老板,为了使那些为享受乡村的空气而下榻在他旅馆里的客人获得最大的满足,要了一个花招。他让某个顽皮的少年(口中含有一根芦苇或笛子)藏在一丛灌木中,少年懂得怎样通过某种与自然非常相似的方式模仿夜莺的歌唱。不过一旦人们发觉这整个儿是一个骗局,就再也不会渴望倾听这个他们先前认为是如此迷人的歌唱了。(Kant 1987:169)

康德断定,这里,关于某事物被有意地(尽管也是被娴熟地)造成的知识,即有关某事物是艺术的信念,的确阻碍了我们获有一个审美经验。当我们得知被我们认为是一只鸟的歌声的事物乃是一段模仿或录音时,我们将感到的愉悦就会减少,或者是一种不同的愉悦。

当代哲学家艾伦·卡尔松(Allen Carlson)在这一点上与康德一致,认为艺术欣赏与自然欣赏之间有一个本质的区别。但是,与康德不同的是,卡尔松并不赞同此区别在于后者中不涉及知识。恰恰相反,卡尔松强调,这两类欣赏的认知模式都是正确的;区别在于,与两种情况相关的是不同的诸认识或一组认识。他说,当我们欣赏艺术时,我们必须知晓很多东西,不仅要知道包含于其中的意图和技巧,还要知道一个对象属于某个种属而不是别的种属;知道它是在某个时间和空间而不是别的时间和空间中被创造的;知道它是由某种材料而不是由别的材料制成的。简言之,一个人必须知道对象所属的**范畴**(Carlson 1979:269;Walton 1970)。[6]对自然的审美欣赏也是这样。正如我们认识到的这个相关事实——我们正在欣赏的是一个长笛吹奏而不是一场探戈舞表演——一样,如果我们打算充分而完满地欣赏我们的所见、所闻、所听等的话,则我们必须知道我们是在一片沙漠中而不是在一片森林中。"如果要审美地欣赏艺术,则我们要有关于艺术传统及其中的风格的知识;要审美地欣赏自然,则我们要有关于不同的自然环境及其中的诸系统、诸要素的知识。"(Carlson 1979:273)

欣赏艺术作品和欣赏自然风光都需要知识,两者也都是真正审美的。但是,由于所需的知识不同,所以对艺术的审美欣赏,不能还原为对自然的审美欣赏或由后者来界定。反之亦然。所以,构成审美的东西,就不能完全由艺术来界定或完全从艺术的角度来理解。实际上,卡尔松认为,把自然当作艺术是一个严重的甚至是危险的错误。倘若一个人坚持将一片风景当作一幅画来看待,那么这不仅是十分错误或无知的,而且,对自然而言的"自然的"东西可能就被减到最小的程度了,生命系统的真实性也就可能被取消了。其后果就是过于频繁的对自然的编排,这种编排损害或摧毁着可贵的自然因素。

按照像卡尔松这样的观点,对自然的审美欣赏与对艺术的审美欣赏之间的区别,与上面给出的第二、第三种可能性是一致的。有可能的是,并非所有就自身而言与一个艺术评价相关的事物都是审美的,尽管卡尔松在这一点上并不明确(并且实际上他有可能反对这一点)。一件艺术作品对某人重要,或许并不是因为它的颜色与形状,而是因为,比如说,它值很多钱。卡尔松在这个事实上是明确的:人们审美地欣赏自然并非为了艺术上的特性而是为了别的什么东西。对自然和对艺术的审美考量,两者之间的确共有许多特征——有些艺术作品,像某些风景一样,因为其图案、色彩、样式、体积大小、轮廓的起伏等而带来愉悦。所以,艺术与审美必定相交。按照像卡尔松这样的观点,艺术甚或完全包括在审美中。有人可能认为,至少就审美价值(不包括比如像经济价值之类的东西)而言,一个人审美地关注艺术时所具有的经验与他审美地关注自然时所具有的经验是同一种经验。审美对象这个类大于艺术对象这个类,而艺术对象完全包含在前面那个更大的类中。

回顾一下我们至此所讨论的,康德说,审美与艺术不同,因为前者独立于任何信仰上的或道德上的考虑。卡尔松依据对艺术的和对自然的审美欣赏所要求的两种不同知识,将两者区分开来。注意,卡尔松的立场意味着,就**审美**经验而言,对艺术的审美欣赏与对非艺术的审美欣赏(比如对树木、对一个孩子的欢笑或对一座水电大坝的审美欣赏)是相同的。后面我将回到他的这个观点上来。而首先,至于什么叫作"艺术的非审美理论"(non-aesthetic theories of art),我们有必要做进一步的探讨。因为,像我上面说过的,坚持以上任何一种观点的理论家必定会区分审美与艺术。

"艺术的非审美理论"这个短语乍看上去似乎是令人迷惑的甚至是自相矛盾的。艺术怎能是非审美的（non-aesthetic）或不审美的（un-aesthetic）呢？当然，如果任何事物都被典型地当作是对审美思考和审美评价开放的，那么艺术也就同样是对它们开放的。我想，所有人（或几乎所有人）都会同意这一点。人们把获有一个审美经验与艺术相联系，事实仅此而已。但这意味着什么呢？一个回答，一个我前面只委婉地提到的回答，再次来自康德的**审美分析**：我们在那些我们认作"审美的"经验中所感到的愉悦归因于事物的形式，归因于——遵照康德——将被称作事物的**形式性属性**。一个怡人的图案或图案部分之间的关系导致愉悦。康德将此类愉悦与科学的或道德的概念分开。"花儿，自由的图案，无目的地相互交织的线条……它们没有含义，也不依赖于任何确定的概念，但我们喜欢它们。"（Kant 1987：49）康德自己的观点十分微妙，而关于这一点的充分讨论，已超出本章的范围。从历史的角度看，审美理论上的康德主义者或形式主义者坚持认为，使得审美经验非凡而独特的是某种特殊的愉悦，使得愉悦特殊的是愉悦的来源，即一个对象或事件的某些内在属性——这些内在属性对一个观者或听者直接显现自身。某些知觉上的特征及其编排只是使人愉悦而已，并不带有任何外在的知识，且独立于日常的目的和考虑。形式主义的审美艺术理论的一个现代版本是比尔兹利的理论。他主张，有些审美对象不是艺术作品。他认为，任何事物如果真的是艺术作品，那么它们便履行了一种审美功能，即一种在他称作"区域属性"（regional properties）的东西及其统一的方式的静观（contemplat）中唤起一种愉快经验的功能（Beardsley 1958）。[7]在艺术中，这种功能由某种被认作人工制品的东西履行。在这种情形下，艺术的某些属性（比如，讽刺性）不能被归属于那些在审美上可能使人愉悦但并非人类创造的事物（比如，一棵树不可能是"讽刺性的"，除非比喻的意义上说）。

假如形式主义者是对的，并且"审美的"指的是那些仅仅包含对形式性的、直接可知觉的属性的观照的经验，那么有些理论家就会认为，艺术必定包含比审美更多的东西，单单从人工性的角度来区分两者是不够的。实际上，有人已经声称，如果"审美的"指的是个人反应，那么就主要方面来说，艺术的本性与价值就甚至可能不包含审美价值。列夫·托尔斯泰（Leo Tolstoy）就是这样的一个理论家。他认为，将审美限定为对某些种类的愉悦的经验，认为艺术的功能在于激起审美经验，将导向一个严重的错误。像混淆食物的价值与吃的愉悦（营养品的真正功能）一样，混淆艺术价值与伴随它的愉悦，将使关于它为什么具有对个人及社会而言的重要性的解释失效。这就是说，我们不能单以"愉悦"一词来解释艺术所发挥的重要作用。那样做会将艺术置于像咀嚼巧克力或享受一次按摩那样的水准。托尔斯泰认为，艺术之所以重要是因为它使人们能带有情感地与他人交流，结果，这些人就这样被维系在一起，所以他们能更好地，比如，带着更多的友善或敬意，对待彼此。因此，托尔斯泰以一个**道德性**的艺术理论取代了一个**审美性**的艺术理论。

其他理论家则赋予人类经验的其他方面以首要地位。这些理论中的某些理论是十分普遍的。它们关注艺术的表现功能或模仿能力。其他一些理论则更为特别，聚焦于艺术在政治、社会、经济或宗教方面的作用，或者强调某些甚至更为特殊的功能，比如精神上、心理上或生理上的治疗功能。[8]所有这些理论家都接受形式主义的理论：**审美**在本质上具有一种可能性，即单独地或在某种关联中，于某种直接可知觉的属性之表象的显现中唤起愉悦。由于他们认为，艺术具有的功能不只这一种，因此他们在审美与艺术之间做出了区分。大多数人承认艺术的确具有审美价值，但又将审美降级为艺术的次等功能。所以，此类理论落在我开始所描述的第二种可能性上，即审美与艺术不相等但往往相交。注意，在这个意义上，某事物可能是一个模仿的或政治性的成果而不必是一个审美上的成果，因为无须激发任何一种愉悦的形式性属性，它就可以达到这样一个目的。因此，审美对象这个类与艺术对象这个类不是相等的，其中一个类也不是另一个类的子集。

阿瑟·丹托使用了一个不同的策略来区分审美与艺术，并开启了另一条降低审美重要性的道路之门——这种降低了的审美就是像康德及最近的比尔兹利所理解的那样的审美。将审美再细分为艺术的审美与非艺术的审美——尽管按照丹托，后者只是间接地包含于前者中——从本质上讲，并不是意图性或人工性；相反，是特定对象在社会中如何被看待的问题。艺术历史的发展，比如，20世纪被当作"艺术"在美术馆里展出的小便池、被当作音乐作品在音乐厅里"演奏"的哑乐这类事物的出现，极大地影响了丹托的研究。两个对象或两个事件，在审美上可以是无分别的（它们或许具有相同的明显属性，并在关注它们相同的内在属性的人身上激起同等强度的愉悦或痛苦）。什么使一个事物成为艺术而阻止另一个事物取得艺术的身份，这依赖于前一个事物在艺术界（artworld）中的定位，这个定位使得前一个事物而不是它的类似者成为艺术作品有了可能。你可以想象两棵树，一棵在森林里，另一棵在美术馆里，具有相同的外表。后一棵树，而不是前一棵，可以被描述为"讥讽性的"，因为只有它才传达了一个人类的理念（Danto 1986）。只有找到进入艺术界之路的树才能成为艺术。形式性属性没有从艺术界里的理论和实践中产生的那些属性重要。

被称为"概念艺术"（conceptual art）的东西，进一步强调了审美与艺术之间的差别。概念艺术就是那种"产生"于各种各样的"偶发事件"中的事物。在地上挖一个洞，然后填上；有人擦掉词语或在一个著名的肖像上画上胡须；从高楼上将一块砖头砸向街道下面的老鼠。在这些事例中，尽管有东西被看见，但"可见的"东西无甚重要或根本不重要。观者，或更准确地讲，**经验者**，被邀请与事物和事件互动——在对象中游移、对之采取行动（例如，启动某个设备上能影响物体的光电管），对象也对我们采取行动。甚至更极端的，是纯概念性的而毫无知觉性的所谓艺术。一个"艺术家"琢磨拿混凝土块砸老鼠，或只是告诉别人自己要摧毁某个人工制造物的念头。这个意义上的艺术彻底地被"非物质化"（dematerialized）了，因而这里无物可见。概念艺术对象实际上典型地包括了那些可觉知、可亲证的艺术对象和艺术事件。但"知觉的"远没有"概念的"重要。始终最重要的是思想及其所激起的讨论。比如，为了让人们思考文本隐藏了什么和揭示了什么，或者让人们思考永恒相对于短暂的本性，人们便实施擦除。如果概念艺术真的是艺术，如果审美在本质上是维系于知觉的，那么，审美与艺术肯定是不同的。至少对概念艺术而言，审美与艺术似乎是完全不相干的，两者之间甚至也不会有交叉。

但是，概念艺术真的是艺术吗？如果答案是"不"，那么，我们就失去了审美与艺术彻底分离的依据。有关这个问题，我将采取一个极强的而又明显有争议的立场，即主张概念艺术不是艺术,"概念艺术家"充其量只是比喻意义上的艺术家。在陈述我的观点的过程中,我将解释我所认为的艺术与审美之间的关系。

我们必须以这样的发问开始,即关于概念艺术,究竟是什么东西使之在根本上成为"艺术"的候选者?你如何把一个概念艺术作品与一篇哲学论文或一个政治演讲区别开来?你如何去判断,某人当下是否真的具有一个关于概念艺术作品的审美经验?概念艺术家或许会答道,他们并不关心是否激发审美经验。但是,如果你想激起的是一个哲理性的经验,即对某事物进行概念化或理论化活动的经验,那么,你为什么要坚持认为你竟也是在创造艺术呢?何不只是说,你在表达一个思想观念呢?唯一的答案必然是,你是在表现那种我们过去通常称之为"审美艺术"的事物,但如今我们必须使用"概念艺术"这一新术语,以便使概念性属性比形式性属性更为重要这一点变得清楚明白。但是,我们已经看到,许多理论家反对纯粹建基于形式主义观念之上的艺术观。比如,坚持道德性的或政治性的艺术观的人,总是既指向艺术作品的概念方面也指向其知觉方面。图书馆里(如今是互联网)装满了讨论艺术作品的书籍,包括那些早在所谓的概念艺术运动很久之前就写好了的、讨论知觉属性之外的更多属性比如道德、政治或哲理方面的书籍。只有最狭隘、最严格的形式主义者才认为,所有此类关于艺术的书籍都与真正的或纯粹的审美经验无关。

我自己的观点是,要么不存在概念艺术,要么所有艺术都是概念性的。"纯粹概念艺术"是一个矛盾的措辞,因为如果艺术想激发的是艺术讨论本身,那么它就必须是知觉性的(不论此知觉持续的时间多么短暂)。如果某个事物不具有知觉维度而单单激发政治的或哲学的(或其他一些非审美的)讨论,那么我们就没有理由把它叫作艺术而不是叫作政治学或哲学。尽管如此,任何被正当地称作艺术的事物,都是向各种形式的讨论和概念化开放的。使艺术成为艺术而不是成为别的什么(比如哲学论文或政治论文)的东西,并不是人们所想、所见或所闻的事实。使艺术显得特殊的东西是这种事实:概念直接维系于或依赖于知觉。鲍姆加通从知觉方面来思考审美的做法是正确的。但是,他以及那些深受其影响的人,比如康德和20世纪的形式主义者们,仅仅从知觉方面来思考审美经验又是错误的。

我们将如何描述这样的人类活动和产品,我们将其中一些或多数事物典型地与艺术相联系,但它们并不引起审美关注或审美评价?在我看来,此类事物有这样一些:

作为表演者或旁观者参与礼仪活动;
创造那些被保存在专门地方的对象;
创造那些用来传达信息和情感的对象;
从事在社区中得到赞许的活动;
从事在社区中重复进行的活动。

无须对通常被认为是倾注审美注意的东西做任何关注,我们就可以做以上所有的事情。诺埃尔·卡罗尔将"典型的审美关注"恰当地描述为这样的关注:它包括"追溯艺术作品形式结构,我们可以称之为对设计的欣赏,以及探测……表现性属性……并且或许还包括对那些属性从我们称作事物的基础属性的东西中产生出来的方式的关注"(Carroll 2000a:206-207)。

观看一场庆典，或为一个活动喝彩，或做上面所列出的任何其他事情，而不带有对诸如设计或表现性特征的注意，这在理论上是可能的（尽管我认为，这实际上是十分罕见的）。但我并不清楚，在这种情况下，我们究竟是如何以及为何会将对象或事件当作"艺术"来谈论。这就是我为什么主张艺术这个类是审美这个类的一个子集、前者完全被包括在后者中但并不等同于后者的原因所在。如果我们一点也不关心某个事物的内在属性，那么我们为何赞赏它或保护它或要求重复它呢？当然，我们或许可以关心它的效果，比如，它是如何治疗公众或使公众维系在一起的。但如果这就是我们所关心的一切，那么我们可能不会反对一个同等有效力的对象或事件去取代另外一个对象或事件。但艺术作品的情况并非如此。并非任何诗歌都可以适合某个特定的场合。纵然我们自己不能立即说出其中的不同，但我们也会在意，某事物真的是，比如，伦勃朗（Rembrandt）创造的，而不只是他的某个学生创造的。（有关这个现象，后面我会谈得更多。）某事物如果是一件艺术作品，那么它就能完成列表上的任何一件事情。但艺术之为艺术，是因为艺术是凭借可知觉的属性来做这些事情的，是因为观者对特殊对象的独特的内在属性确实给予了些微（通常远甚于些微）关注。

当我们具有审美经验时，此经验的一个必要条件是，关注对象的或事件的内在属性——能够被直接知觉到的属性。为了使知觉成为可能的或完善的，专业知识可能是必需的。例如，在你能辨别一首音乐作品是一首赋格曲（fugue）而不是一首塔兰台拉舞曲（tarantella）之前，你需要知道什么是赋格曲。所需的关注就是审美所具有的特征，这种关注可以被给予任何可知觉的事物，因为所有可知觉的事物都有设计、形状、颜色，等等（尽管这些东西可能是令人厌烦的或杂乱的，灵巧的或沉闷的，富于激情的或毫无生气的）。当关注被给予某个对象或事件的独特属性时，这个对象或事件就是一个审美对象或事件。当这个关注被给予人工制品（人有意图地创造的事物或事件）时，这个人工制品就开始变成艺术作品。

为了更充分地理解理论家们如何看待审美欣赏的概念与艺术欣赏的概念之间的联系（或无联系），再次回到康德是有帮助的。我们看到，康德将愉悦置于审美经验的中心地位，但这是一种特殊的愉悦。康德认为，此愉悦的独特性在于，它是**何时**产生的。如康德所说，当我们的想象进行"自由游戏"时，我们便感到这种愉悦（区别于我们吃巧克力或做一件善事或解答一道数学题时所感到的愉悦）。我们经验到我们认识能力的一个"振奋"（quickening）。康德以此意指的是一个已有很多讨论和争辩的话题。我相信，对康德理论的这个部分的最清晰的解释，所遵照的就是这样一些思路。在道德判断和科学判断中，我们试图使我们的知觉经验适应于我们的概念理论。我们试图判断，比如说，某个东西是一头家牛还是一头野牛，是波还是粒子。或者我们试图判定，在对待他人方面，我们有什么义务。如果我们搞清楚了这些事情，我们就会感到愉悦。但这是一种维系于特定概念的愉悦。而在审美经验中，我们的愉悦并不维系于特定概念。[9] 我们的想象与概念一道自由地游戏：将某个东西想成一头家牛或野牛，或者同时想成家牛和野牛。我们自由地将墙纸上的图案想成一群鱼，然后想成一束花，再想成只是一串线条、一系列颜色，又想成一群鱼，想成某种完全不同的东西，等等。这个自由，这个"游戏"，是令人愉快的。而当涉及特定概念时，比如，就艺术而言，我们就被迫从意图概念和技巧概念的角度来思考，游戏便受到限制，游戏的愉悦似乎也就因此消减了。这是一种不同的愉悦——它是依赖性的,而不是独立的。

按照对康德的这种解释,那么知觉和概念就都涉及了。但康德担心,概念成分太多(至少就涉及特定概念而言),也许会抹杀审美愉悦。其他理论家倾向于赞同他,并强调在关于审美本性的阐释中知觉的作用。例如,弗兰克·希布里(Frank Sibley)竟然以期用人们具有的特殊感性(它使人们感知像优美、均衡、和谐、节奏之类的属性)这一术语来界定"审美"(Sibley 1959)。对审美经验来说,具有作为这种特殊感性的"趣味"是必需的。[10] 概念具有某种作用,即批评家用概念来将观者的注意力吸引到形式性属性上。但是在鲍姆加通那里,审美主要是从知觉经验方面来加以理解和分析的。希布里认为,艺术作品是审美的显著例子。他或许还将认同,艺术是审美的一个子集。最起码他会认同,这两个集合是相交的。

概念艺术家及另一些当代艺术家企图使艺术与审美分离的原因之一,是他们担心"审美"主要指向了"美"。当然,在阐释人类经验的审美领域时,康德选用了依附美这一术语。在哲学美学(philosophical aesthetics)的历史中,直到最近,"美"还处于关注的中心位置。在日常话语中,人们经常说到某人的"审美",以此意指的是这个人关于美是什么的理论或定义。20 世纪,至少在工业社会中,"美"开始退出中心,或至少也是与一些其他性质来共享此中心地位。比如,"有趣的""戏剧性的""挑战性的""激发性的""动人的"越发频繁地用在艺术作品身上。我们很难,比如用"它们的美"这样的话来谈论小便池、话语重复或哑乐表演。尤其是当艺术家自己主张美不是他们所关注的东西时,如果我们再用某事物的美这样的话来阐释审美,艺术与审美就分道扬镳了。由于目睹了战争的恐怖及他们那个时代的大屠杀,有些理论家就认为,美的愉悦太"安逸"了。经常有人说道,如果艺术家想具有任何与人类经验的真实的相关性,那么他们就应该带给我们比"漂亮的图画"更多的东西。美学与美的深远联系再一次解释了为什么某些理论家想把艺术从审美中分离出去。

然而,我认为,用不着抛弃审美,一个更好的策略可以拓展这个观念,去包括那些确实与美共享舞台的性质。实际上,我认为,保留审美与艺术之间的关联是阐释艺术作品与哲学论文或政治论文之类的事物之间的区别的唯一途径。我们享有的美和愉悦典型地是审美的,但它们并未穷尽所有的审美。我提议如下对"审美属性"的界定,以及直接由此界定而来的对"审美经验"和"审美相关性"的界定或描述:

A 是 X 的一个审美属性,当且仅当 A 是在文化 C 中被认为是值得去关注(知觉和/或反思)的 X 的一个内在属性。

一个标记或姿势 A 是审美上相关的,当且仅当它将注意力吸引到对象或事件的审美属性上。

某人具有关于 X 的一个审美经验,当且仅当他对对象的某个审美属性发生反应,且知道文化 C 视此属性为审美属性。

注意,这种思考审美的方式,保留了作为核心成分的、康德及受康德影响的形式主义者所强调的知觉因素,而又为认知因素或概念因素留有地盘。我认为,这两种因素至少在我们大多数的审美经验中同样发挥着至关重要的作用。事实上,我发现,很难想象获得一个像我们在无任何概念的情况下（比如，连关于我们正在观看一个图案这样的认识都不能有）对某个图案所感到的那种纯知觉性的审美经验。审美经验的一个必要条件是，你必须去看、去听、去触摸、去感受或去品味，以便知道某事物事实上是否真的具有一个独特的内在属性。其他人的报告可以给我们某种理由去认为某对象是编排匀称的，但要证实我们的这个看法，我们则必须求诸自身。

如果我们要把艺术作品从其他有意图地、技巧性地制造出来的事物中区分出来，那么审美的这个必要条件就必定也是艺术的必要条件。因而，我对艺术的定义如下：

> X 是一个艺术作品，当且仅当 X 是一个人工制品并以这样一种方式被看待：某个通晓某种文化的人被引向对 X 的审美属性的直接关注（知觉和/或反思）。

这些关于艺术和审美的定义并不排斥概念艺术家想要引起的那种讨论。将注意力引向在某个社群中被认为有审美价值的那些对象和事件的内在属性的最佳方法之一，恰恰就是去谈论它们。如果被引起的讨论并不是维系于或建基于对象或事件的独特的内在属性，那么，促成那种讨论的任何东西就都可以作为一个适当替代。但概念艺术家最终应该同意，他们从事或制造或谈论的任何事情，只要使得人们谈论的是正当的问题，就与其他任何事情一样好。

当然，我们的确用不同于我们谈论非艺术的审美对象——无目的地和偶然地产生的事物或事件，却具有那些被认为值得去知觉、去反思的内在属性——的方式来谈论艺术作品。我的艺术定义包含一个对**人工性**的关键指称。我认为此理论的这个关键点即人工性反映了这一事实：我们指向的是艺术作品。这就强调了那些即将成为艺术的产品中的知觉和概念这两方面的考虑和兴趣。康德用夜莺的例子来描述人在自然对象上的愉悦方式不同于人在艺术对象上的愉悦方式。毫无疑问的是，如果我们以为自己正在聆听一只真正的夜莺，而后得知事实上自己听到的是某个灵巧的吹笛手或某个机械的录音，那么我们的良宵就将被败坏。但是难道不可以出现刚好相反的情况吗？实际上为什么不可以是我们获得了更多的愉悦——此愉悦源于意识到一个如此天才的音乐家和极好的录音设备的存在？引起审美愉悦的事物有许许多多，不同的人在不同的层次上对不同的事物发生反应。

然而，我们确实关心，在一串有序的声音、图像和运动是怎样产生的问题上究竟是什么东西负有责任，这样一个事实维系于我们最后的论题：伪造和伪造品。有些人可能认为，艺术，而不是自然，可以被"伪造"，并且可能认为此点必定标志了审美与艺术之间的一个重要区别。但，真是这样的吗？

首先，我们需要看看，伪造艺术作品的可能性与对这些事物的审美经验或艺术经验之间的相关性。让我们再稍稍回顾一下康德的夜莺的例子。假设，你正在参加一个晚宴，主人宣布著名的笛手克里斯蒂娜·凡·格特芬格丝（Christina van Goedvingers）将在大家品味咖啡的时候演奏。演奏者的手指沿着乐器上的音节来回飞动，你靠在椅子上，对那音乐和惊人的技法感到陶醉。但是在某个特别精彩的乐章中途，你的邻座悄悄告诉你，他听说正在进行的是一个骗局，音乐实际上是由克里斯蒂娜椅子底下的夜莺发出的。像上面我说过的那样，人们将依据自己的关注对象而做出不同的反应。"整个"事件——主人的聪明，夜莺的调子，克里斯蒂娜对笛子演奏的卓绝模仿——的确是审美满足的一个可能的源泉。但至少有一些人可能感到失望,并且他们的享受感即使并非消失殆尽,也可能会消减。有人可能会反抗说:"她是个骗子!"

这只是一个被设想出来的例子。但现实生活中确实存在此类情况。某个人认为自己买到了一幅伦勃朗的画,随后得知它是一件伪造品;或者当某人知道某些场景中是那个影星的特技替身在表演时就不怎么喜欢这部电影了;或者某人以为某作品是16世纪创作的,而后却发现它是上个星期才制成的,因而感到上当受骗。有些理论家认为,如果人辨别不出一个作品与其复制品之间的差别(此差别给观者造成的无论如何也不可能是一个审美上的差别),那么经验的审美成分就是牢靠的。其他的理论家则认为,关于某事物是一种伪造或是一个伪造物的知识确实造成了区别,而且是一个审美上的区别。对艺术作品的审美欣赏具有一个作为本质因素的信念:在作品中,有某种东西被实现,即它是一种人类的成就。他们认为,这就是为什么意图和技巧事关重大的原因。艺术是一种人类活动,艺术欣赏是对那些被理解为和被经验为人类勤劳成果的欣赏。[11]

姑且假定,艺术欣赏在某种程度上包含了对人类成就的意识与崇拜,并姑且假定这就是为什么人们在意某种东西是真品还是伪造品的原因。但这就构成了艺术与自然(非艺术)之间的一个重要区别并相应构成了艺术与审美之间的一个区别吗?要回答这个问题,只需问问我们自己:说一个自然对象或事件被"伪造"究竟有没有意义?对自然的机械复制(比如,夜莺的或鲸鱼的歌声的录音)或许能作为"真实之物"来蒙骗人,但一个自然对象本身竟能是一个伪造或伪造品吗?

我想我们可以设想这样一些例子。假如,我丈夫知道我数年来一直在明尼苏达森林中寻找一种稀有的兰花。想到那会使我高兴,他就在花店里买了某个品种的兰花,并沿着他知道我要走的小路"种"下。在这个事例中,的确有与伪造或伪装十分类似的事情。自然也包括欺骗(无论它的意图是怎样的好)在内。如果我得知这些兰花出自花店,我难道不会失望吗?就像如果我得知我的"伦勃朗"不是真的的话我会感到失望一样。关于来源的知识,对自然而言的重要性也能像它对艺术而言的重要性一样重大。一些木材公司在某条高速公路旁边留下足够的树,以掩蔽几码外的光秃秃的土地(灭绝性砍伐导致的后果)。这也是某种伪造,有关于此的知识当然也能消减人们起初感到的审美愉悦。对人类功绩的欣赏确实不包含在对自然的审美欣赏中,但尽管如此知识与对自然的审美欣赏依然是相关的。这样我们就回到卡尔松的立场:在对自然和对艺术的审美欣赏中,知识都是处于核心地位的;我们再次找到区分但不是彻底分开艺术与审美的依据。

[注 释]

1 有关"艺术"一词的使用史,见 *The Oxford English Dictionary*。

2 获得一个包含任一此种感觉的审美经验自然是可能的。由于历史上艺术将优先权给了视觉及听觉愉悦,所以,这里我将把我的讨论限定在此范围内。读者可以在适当的地方讨论其他感觉。

3 康德认为,审美经验尽管是主观的,却是普遍有效的。当我说某事物是美的时候,我不仅是在谈论我自己所感到的愉悦,同时还声称了,对此事物任何一个其他人都将有同样的感受。见《判断力批判》,1979,第一部分，第一卷。康德的第三批判有好几个版本和译本。我的引文出自 Kant (1987：53－64)。

4 颜色是否是审美属性？对此美学家们意见不一。说不是的某些原因，在后面将变得更清楚，而我认为是。不管怎样，颜色的样式及相互间的关系被普遍认为是审美的，因此在我的讨论中，我将论及形状，也论及颜色。

5 这是对康德观点的简单化陈述。关于康德美学的卓越论述，见 Cohen and Guyer (1982)；Crawford (1974)；Guyer (1997) 及 Kemal (1993)。

6 卡尔松认为肯德尔·瓦尔顿 (Kendall Walton) 富有影响的文章是对他的观点的发展。

7 尤其见他的第一章。

8 有关艺术定义的一个精彩讨论，见 Davies (1999)，尤其是这样的讨论：为什么有些理论家说具有审美属性并不是某事物成为艺术作品的一个充分条件，见 pp. 67－71。同时见 Anderson (2000：65－92)。

9 康德有时叙述起来就好像审美愉悦根本不包含概念似的，有时又好像它只是不包含特定的概念似的。我持后一种看法，而康德本人在这一点上并不这样简单明了。

10 希布里经常被指责为精英主义者：他认为只有某些人，才被赐予使审美经验成为可能的特殊感性。我认为这些指责也是有些依据的。在下面这一点上我赞同希布里，即知觉对审美而言是必需的。但我认为，所有正常人都能获得那相关的感觉。其中有些感觉可能需要在个人感观方面的专门训练或发展；可能也有一些经验是有些人不能具有的，比如，一个瞎子不能经验颜色配置，但他凭借触觉可以经验到雕塑品，并且可能获得一个比能看之人的经验更丰富的审美经验。使希布里的观点遭受精英主义这一指责的是对一个普遍的"特殊"感性的要求。

11 有关伪造和赝品的讨论，见 Goodman (1976)；Dutton (1979) 和 Lessing (1965)。围绕艺术中伪造和赝品问题的争论中，有一些是这样的争论：是否只有某些种类的艺术才能被伪造，比如绘画，而不是戏剧。这一点维系于这个事实：蒙娜丽莎只有一个，即巴黎卢浮宫里的那一个，而比如哈姆雷特，却有好几个复本。文学作品或音乐作品，无论能否被伪造，以及如果能，如何伪造，这些问题仍是可以争论的。

参考书目

Anderson, J. (2000). "Aesthetic Concepts of Art." In Carroll (2000b): 65－92.

Baumgarten, A. G. (1961). *Aesthetica*. Hildesheim: George Holms Verlagsbuchhandlung. Originally pub. 1750－1758.

Beardsley, M. (1958). *Aesthetics*. New York: Harcourt Brace.

Carlson, A. (1979). "Appreciation and the Natural Environment." *Journal of Aesthetics and Art Criticism*. Spring: 269.

Carroll, N. (2000a). "Art and the Domain of the Aesthetic." *British Journal of Aesthetics*, 40(2): 206－207.

——(2000b). *Theories of Art Today*. Madison: University of Wisconsin Press.

Cohen, T. and Guyer, P. (eds) (1982). *Essay in Kant's Aesthetics*. Chicago: University of Chicago Press.

Crawford, D. (1974). *Kant's Aesthetic Theory*. Madison: University of Wisconsin Press.

Danto, A. (1986). *The Transfiguration of the Commonplace*. New York: Columbia

University Press.

Davies, S. (1999). *Definitions of Art*. Ithaca, NY: Cornell University Press.

Dutton, D. (1979). "Artistic Crimes: The Problem of Forgery in the Arts." *British Journal of Aesthetics*.

Goodman, N. (1976). *Languages of Art*. Indianapolis: Hackett.

Guyer, P. (1997). *Kant and the Claims of Taste*. 2nd edn. Cambridge: Cambridge University Press.

Kant, I. (1987). *The Critique of Judgment*. Trans. Werner S. Pluhar. Indianapolis: Hackett: 53-64.

Kemal, S. (1993). *Kant's Aesthetic Theory*. New York: St Martin's Press.

Lessing, A. (1965). "What Is Wrong with a Forgery?" *Journal of Aesthetics and Art Criticism*, 23.

Sibley, F. (1959). "Aesthetic Concepts." *Philosophical Review*, 68: 421-450.

Walton, K. (1970). "Categories of Art." *Philosophical Review*, 334-367.

第4章
艺术本体论

爱米·L.托马森 著

徐 陶 译

艺术本体论研究的主要问题有：艺术作品是哪种实体？它们是物理对象、理念种类、想象性实体或别的什么吗？各种艺术作品如何与艺术家或观赏者的内心状态，与物理对象，或者与抽象的视觉性、听觉性或语言性结构相联系？在什么条件下艺术作品开始存在、继续存在或者停止存在？

这个问题截然不同于艺术是否能被定义或如何被定义的问题，指出这一点非常重要。本体论问题不是问一个东西要成为艺术作品必须满足什么条件，而是针对不同类型艺术作品的范例（例如《格尔尼卡》《月光》或者《爱玛》）提问：这是哪种实体，以及一般说来绘画作品、音乐作品、小说等究竟是哪种实体？即使对这个问题最好的回答也不可能提供出类似于"定义"的东西，以区分艺术与非艺术，因为与某种艺术作品相关的本体论状态可以被很多其他事物分有，并且不同种类的艺术作品也会有不同的本体论状态。

尽管看起来人们对艺术的本体论状态很少有一个现成的答案，但是在对艺术作品的常识理解和处理艺术品的实践中，我们还是形成了一些相关想法。我们通常认为艺术作品是通过艺术家、作曲家或作家的想象性、创造性活动，在某一时间内和特定的文化及历史环境中被创造出来的。一旦被创造出来，艺术作品通常被认为是相对稳定和持久的公众性存在物，可供那些至少对关于艺术作品的某些特征能合乎法则地发表意见的不同的人们来观赏、聆听或阅读。尽管上述这些特征概括了我们对各种艺术作品的理解的一般特征，但是当考虑其他特征时，我们对不同种类的艺术作品的理解和处理就产生分歧了。

我们通常把绘画和（非铸造型）雕塑当作个别实体，由此即使依照它们制作了精确的复制品，作品本身还是被等同为最初的那个。我们把这样的作品当作个别实体，能够直接地被购买和出售，能运到新的拥有者那里去。我们通常还认为这样的作品能经受某些物理构造方面的变化（修复一幅画，替换一件雕塑的一小部分）而保持其自身的存在，但是如果构成它们的画布或黏土被毁坏或以某种方式改变了（把溶剂涂到画布的颜料面，或是把黏土溶解并重塑），作品就被毁掉了。

另一方面,(传统记谱的古典)音乐和文学作品可以有很多演奏和复制品。尽管我们可能会特别对待作者署名的手稿,但这仅仅是历史方面的兴趣,这些手稿即使被毁掉也不会使作品本身不复存在。音乐和文学作品本身(相对于复制品或乐谱或演奏的录音)不能像钻石、珍珠以及绘画和雕塑作品那样实实在在地被购买和出售,而是可以出售其演奏权、复制权或版权。当出现这样的交易时,也不需要把物理对象从一个城市运到另一个城市。因为音乐作品和文学作品可以和它们的复制品一样长久地存在,所以没有什么单个的物理对象需要被保护并保持其不受毁坏,尽管如果所有的复制品和相关记忆都消失了,该作品也会被毁掉。

这些差异说明了并不是所有的艺术作品都是相同的本体论类型——特别是像绘画和非铸造型雕塑这样的有形作品在本体论状态上不同于音乐和文学作品。相关的本体论划分不必严格地与视觉艺术、音乐、戏剧等这些范畴保持一致,因为版画作品、铸造型雕塑作品、装置艺术作品和概念艺术作品在本体论状态上不同于传统的绘画和(非铸造型)雕塑(并且它们相互之间也是处于不同的本体论状态)。即兴演奏的作品、民间音乐或流行音乐在本体论状态上不同于传统记谱的古典音乐作品;表演艺术作品在本体论状态上也不同于传统戏剧。尽管所有这些情况最终都应该被分别考察,但是为了简明起见,我在这里只是一方面关注绘画和(非铸造型)雕塑,另一方面关注大致属于西方传统中"古典"范围的音乐和文学作品,本文以下的论述也限于那些典型的艺术形式。我们在回答这些典型艺术形式的本体论问题上所取得的进展,也会对其他形式艺术的本体论研究有一定的指导作用。

尽管对艺术作品的常识理解可能是很清楚明白的,但是决定艺术作品的本体论状态非常困难,看看那些主要争论者所给出的千差万别的答案,你就会立刻明白这点。的确,(某些或所有的)艺术作品已经被放进了几乎任何一种主要的本体论范畴——包括那些心理实体、想象性对象或活动、物理对象和各种类型的抽象种类的范畴。我将从第4.1节开始简要评述一系列主要观点。尽管这个评述当然不能包括所有的观点(某些另外的观点我将在第4.3节中讨论),但是它能帮助我们搞清楚人们曾持有过的主要观点的种类。不过,尽管已有观点的范围很广,但没有一个是令人完全满意的,因为它们中每一个都与前面讨论过的对艺术的常识理解发生严重冲突。这就产生了在4.2节中所讨论的问题,即与常识理解的冲突对于这些艺术本体论理论来说是否构成真正的问题,并且一般说来我们应该如何在这些相互争论的艺术本体论中做出裁定。对于这些问题的回答,有助于我们理解为什么艺术本体论问题被发现是如此难以处理。也许更重要的是,正如我在第4.3节中将会谈到的,它还将指示我们到哪里去寻找一种更适当的理论,并且还证明艺术本体论问题为何一般说来对形而上学和哲学具有广泛的意义。

4.1 一系列的观点

第一种显而易见的艺术本体论观点是,艺术作品就是物理对象——大理石块、涂色的画布、声波系列或纸上的记号——因此它们的本体论状态并不比我们熟悉的树枝、石头或大理石块的本体论状态更多(或更少)地令人迷惑。但是这种简单物理对象的假设(按照沃尔海姆

[Wollheim 1980]的称呼)遭到来自不同方面的抨击,并且由于它的失败而发展出许多代替它的理论。

科林伍德(R. G. Collinwood)基于以下两个原因,对艺术作品是物理对象的假设提出了著名的否定。首先,科林伍德认为想象的创造性对于创造艺术作品(不像纯粹的物理对象)来说不仅是必要的,而且是充分的;作曲家可以通过想象有关曲调从而纯粹地在头脑中创造出一件音乐作品,而无须谱写乐谱或弹奏音符。因此,科林伍德得出这样的结论:音乐作品(同样也可以运用于其他艺术)必定是"作曲家头脑里"的东西,并不是一系列被听到的音符或物理的声波系列(1958:139)。(但是,这种观点最多也只是反映了艺术创造中一些难以确定的两可的境况,在其他艺术例如绘画、雕塑或建筑的情况下,我们肯定不会同意一个艺术家仅凭"在她头脑里"创造出一些东西就确实地创造出了相关种类的艺术作品。)其次,科林伍德认为,无论哪种形式的艺术作品都不能纯粹只通过比如说听演奏的声音或看绘画的颜色来感知。相反,欣赏这样的作品需要想象发挥作用,例如去补充或纠正听到的声音,排除来自观众的噪声等。他说,实际上要真正地经验艺术作品需要"总体性的想象经验",例如在经验一幅绘画时,会卷入与视觉想象同样多的触觉想象(1958:144-147)。因此他得出结论:艺术作品本身不会是作画的画布、声音系列或其他外部对象。这些东西仅仅是一些工具,由艺术家提供出来去帮助欣赏者重建艺术家在创作时的总体性想象经验。这种能被合格的观赏者重造的艺术家的"总体性想象经验"才是真正的艺术作品(1958:149-151)。[1]

让-保罗·萨特(Jean-Paul Sartre)同样认为,艺术作品不是像涂色的画布那样能被简单地知觉到的"现实"物体,而是想象性实体,因为观赏审美对象需要意识富有**想象**的活动(1966:246-247)。但是不同于科林伍德,萨特认为艺术作品不是想象**活动**,而是作为想象性的或"非现实的"**对象**,由意识的想象活动所创造和维持,并且只要它们依然是这种活动的对象,就一直作为艺术品而存在。

但是,知觉"现实"对象与观赏艺术作品之间形成的明显的巨大差别,似乎依赖于日常经验中的并不适当的现象。对于一个要把握她的病人的病症(仅仅只看红色的斑点是不够的)的医生来说,对于一个要研究一颗遥远星体或亚原子微粒的性质的科学家来说,或者实际上对于要经验到其周围的房屋和红绿灯、驾照和讲演厅的普通人来说,如果他们要经验到上述这些东西而不是仅仅经验到孤立的视觉或听觉现象的话,可能就需要"想象力"(按照科林伍德对待它的那种方式)来增补经验的某些方面并忽略其他方面,获得比"粗糙的"感官知觉(如果还有这样的东西的话)更多的东西。然而,尽管这种事实也许有各种有趣的含义,但是单凭这个事实并不能证明在这些情况中所说的那些对象仅仅是存在于个别观察者"头脑中"的想象对象,只有被想到才能存在。

无论如何,把艺术作品看作想象性活动或对象而不是物理对象的观点,引发的问题似乎比它解决的还要多。正如科林伍德自己承认的那样,他的观点(1958:142)必然导致这样的结论:音乐作品不能被听到,绘画作品不能被看见,因为想象性活动是不能被知觉到的。这两点使解释同**一个**艺术作品如何被许多不同的人经验到和谈论到变得非常困难,因为每个人似乎只能参与自己的想象活动和经验到自己的想象对象。按照这种想象性观点,通过毁掉涂色的画布这样的实体并不能毁掉任何艺术作品,因为作品本身只能存在于艺术家和观众的心中。同样,与艺术界通常的实践和假设相反,真正的艺术作品不能被购买和出售,也不能被演奏、朗诵、修复或机械复制。最后,把艺术作品当作想象对象或活动的观点产生了这样的后果:艺术作品断断续续地存在,这取决于有关种类的起支持作用的心理状态的存在或缺席(Wolterstorff 1980:43);因为(假定同其他想象对象一样)艺术作品的存在及其整个本质都依靠我们的想象活动(Sartre 1966:160)。这些都极度违反了我们对待艺术的日常理解和处理方式,因而想象性实体的假设看来不可能作为一个更好的理论来替代物理对象的假设。

但是,还存在着别的更好的论证来反驳将艺术作品等同于任何种类的物理对象的观点。我们首先必须问如何理解艺术作品是物理对象的论题:它是一种很强的观点,即认为艺术作品可以等同于构成它们的**纯粹**质料,可以**纯粹**用物理学术语来描述吗?如果是这样的话,这种观点是很难有说服力的——按照我们对艺术作品的通常理解,艺术作品具有某些意向性、意义指向性和(或)审美属性,这对于艺术作品来说当然是根本性的。然而,纯粹用物理学术语来描述任何这种特性的前景似乎也相当暗淡。另外,在美学和文学领域关于艺术的物质构成(Johnston 1997:44-62;Baker 2000:27-58)也产生了很多论述,它们反对把雕像、绘画或其他人造物等同于其构成质料,因为这两者可以具有不同的同一性或持存条件(雕像不会因用一块不同的黏土替换它的一根指头而不存在,然而那块黏土却不能在这样的改变后还保持自身存在;黏土的各部分被整合为一个球体后,黏土还能维持其存在,而雕像却不能)或不同的本质属性(雕像本质上是人工制品,被艺术家创造的或者至少是被选择过的;而黏土却不是这样)。

因此,如果要让物理对象的假设变得合理些,它必须被构造成比较弱的观点,即认为尽管艺术作品不能严格等同于纯粹的构成质料或者可以完全用物理学术语来描述的实体,艺术作品还是由物理对象构成的有形的个体(也许除了其他性质之外还具有物理性质),但不能就等同于它们的构成质料。虽然这种观点显然更合理一些,但决定艺术作品确切的本体论状态的问题仍旧没有得到解决,因为如果艺术作品(尽管是一个有形的个体,因此不是抽象的或想象的实体)不仅仅是物理实体,那么确切地说,它是哪种东西呢?我将在第4.3节回答这个问题。

不管绘画和非铸造型雕塑是物理对象这种观点的命运如何,都有极好的理由在强的或弱的意义上否定**所有**的艺术作品都是物理对象的观点。因此,例如沃尔海姆和沃尔特斯托夫都同意**一些**种类的艺术(绘画、非铸造型雕塑)是物理对象,但又都否认这对**所有**种类的艺术都成立。因为在音乐、文学或戏剧作品中,没有特定的物理对象、过程或事件能合理地等同于艺术作品本身或它的构成基础。例如在音乐中,正如经常观察到的那样(Ingarden 1989:7-16,23-26;Wollheim 1980:5-8),艺术作品本身不能等同于任何乐谱的复制、表演,因为(还有其他原因)乐谱的复制不能被听见;并且即使乐谱的复制被毁掉了,艺术作品仍然维持其存在,其存在比表演的持续更持久。音乐作品(或文学、戏剧、舞蹈)也不能等同于所有这些演奏的总体,因为如果这样的话就会得出如下推论:例如一件音乐作品要在作曲家死后很久,当最后一次演奏结束时才能最终完成;又例如,如果昨晚的演奏被取消,那么作品本身就将会是不同样子了。

由于把艺术作品等同于想象性实体和试图至少把一些种类的艺术作品等同于物理对象的

尝试的失败，自然就产生了接下来的想法，即把一些或全部的艺术作品当作抽象实体。例如沃尔海姆认为文学和音乐作品不是物理的对象或种类，而是类型（types）（区别于种类或普遍性），复制品或表演是这种类型的示例（token）。尼古拉斯·沃尔特斯托夫把音乐、文学、戏剧甚至某些视觉艺术（版画、铸造型雕塑、可复制的建筑）都当作"范型种类"（norm-kinds），即由其中的规范性属性决定的种类，而其中的规范性属性是被某些人（例如为了演奏的准确性而要求的作曲家）精确地挑选出来的。

格雷戈里·柯里（Gregory Currie）主张这种更令人惊奇的观点：**所有**的艺术作品都是抽象类型，"原则上能够拥有众多实例"（1989：8）。因此按照他的观点，与通常的信念不同，绘画就像小说和音乐作品一样能拥有具备相同本体论和美学地位的众多实例。因此《格尔尼卡》的一个实例恰好是毕加索的原作（该实例也许会受到人们不合理的更多关注或者被错误地认作艺术作品），实际上没有理由认为原作就是**绘画作品**，就像简·奥斯汀的原稿也不同于文学作品《爱玛》一样。另外，柯里与沃尔海姆和沃尔特斯托夫的不同之处也表现在，他认为音乐和文学作品是**行动**的类型，即通过某一特定的引导途径（艺术家通常发现那种结构的方法）发现某一（音乐、颜色等）结构的类型（1989：7）。这种行动类型假设（按照柯里的称呼）——同科林伍德的观点一样——具有这种违反直觉的推论：艺术作品根本不能被观赏者知觉，最多只能被重构（Levinson 1992：216-217）。

任何把艺术作品等同于纯粹抽象结构的观点立刻会与艺术的其他常识概念发生冲突。类型和种类按照传统的理解是永恒存在的，独立于所有人类的活动。因而与关于艺术的传统信念和实践相反，这种模式的艺术作品根本不能被艺术家真正地创造，而只是从已有的类型或种类中挑选出来而已。[2] 另外，尽管我们通常认为许多古代的音乐和文学作品已经被毁掉了，但是按照这种观点，这些艺术作品实际上并没有被毁掉（尽管它们的类型的实例可能被毁掉了）。并且，纯粹抽象类型或种类通常被认为是全部都能通过区分性属性而个体化的——但是如果是这样的话，那么就会与我们标准的识别方法相反，例如作者或历史背景这些特征与艺术作品身份的识别是完全不相干的，然而类型的属性和种类的规范中任何微小的变动都会导致产生一件不同的艺术作品。[3]

因此尽管有这么多可以利用的观点，却似乎没有一种是完全令人满意的。绘画、雕塑、音乐和文学作品要是能够被等同于想象性实体、纯粹的物理对象、抽象类型或种类的话，就需要抛弃或严重修改在我们对待艺术的基本信念和实践行为中包含着的日常理解。这就是为什么艺术的本体论结果被发现是提出了这样一个哲学难题。

4.2 评估的标准

但是也许有人会想，我们要得出结论说上述艺术本体论中没有一种是适当的，这还为时过早。即使它们每一个都与我们关于艺术的常识信念和实践相冲突，还是有人会说，这不能就说明它们是错的；也许常识才是错误的并且需要在这个问题上得到修正，前面评述过的这些艺术理论中终究有一个对艺术作品的本体论做出了正确的阐释。例如柯里宣称：即使我们对待艺术的方式"揭示了公众普通接受的观点即认为绘画是单个的"，"仍然不能得出绘画就是单个的结论；因为可能是我们在这个问题上弄错了"(1989：87)。为了评价这是否为一个合适的回答，我们需要讨论更大的方法论问题：要发展和比较性地评价种种被提出的艺术本体论，什么才是有效的标准？更具体地说，对常识的违反是对这些理论提出质疑，还是对常识本身提出质疑？

一些人也许会说这是对常识提出质疑，因为毕竟，常识信念在过去经常与科学理论发生冲突，当这种情况发生时，我们总是乐意放弃常识。因此同样可以提出：我们最好的美学理论仅仅需要我们放弃关于艺术的常识信念。但是正如在别的地方被指出的一样(McMahan 2000：97-98)，科学理论经常有根据地排除常识观点的理由是，即使它们同人们以前广泛持有的或常识性的信念相冲突，但是科学理论可以被经验非常可靠地证实，这给了我们很强的理由来相信它们的直接推论。但是相同的认识论状态也许没有为哲学理论所分有。不仅不存在这种可供利用的经验证据来证实那些认为艺术作品是物理对象、行动类型或想象对象的理论，而且哪种经验的发现能够有可能说明或反驳艺术作品本体论状态的任何主要观点，还远不是很清楚。因此即使被很好地证实的科学理论时常与常识发生冲突（这给了我们放弃后者的理由），但是与科学理论的这种类比并不能让我们有理由认为：当常识与哲学美学理论发生冲突时，常识观点应该被扔掉。

指称的因果理论(Kripke 1972；Putnam 1975)为另一标准的常识观点的可错性论证提供了基础。因为这些有影响力的理论主张：名称和自然种类词项的指称不是由该语言的说话者联系于这些词项之上的观念或描述来决定的，而是由那些创建（"为之提供基础"）名称之指称的人与被指称的个体或种类之间的因果联系决定的。因此按照这种理论，例如像"莎士比亚"这样的名字的指称不是通过说话者联系于这个名字之上的一些描述（例如《哈姆雷特》的作者）与适合这些描述的个体之间的联系来决定的，而是通过被指称的人与那些把这个名字直接用在他身上而创建这个指称的人之间的因果联系来决定的。其他人可以通过从最初建立指称者那里"借用"该指称来获悉这个名字，因此关于莎士比亚，即使人们所持的最通常的信念结果被发现是错的（例如，如果发现他并没有写《哈姆雷特》），但是指向那个人的指称仍然可以得到保证和维持。同样按照这种理论，例如，像"鲸"这样的自然种类词项不是根据与说话者联系于词项"鲸"之上的描述相符合的某些动物来获得指称的，而是通过词项"鲸"被直接运用于某一实体样品，在此刻之后词项"鲸"指称的是所有或大部分那些实体所从属的种类。种类的指称可以传递到该语言的其他说话者那里（即使他们没有看见过鲸），并且即使关于鲸的性质的常识信念都是根本错误的（例如即使每个人都相信它们是鱼），每个人仍会因此指称到鲸。

因此，在这些指称理论及它们对关于个体和种类的常识信念的根本错误有可能性保持悬置态度的影响下，一些人也许会提出：我们关于绘画、交响乐、小说（或其他种类的东西）的常识信念没有什么是不可修改的，因为这些信念，例如关于鲸的常识信念，也许最后被发现是完全错误的。按照这样的观点，交响乐或小说的形而上学性质是通过实际的研究能够被发现的东西，而与我们关于艺术的常识观点相联系的信念和实践都可能后来被发现是错误的，因此，困扰着上述种种理论的对常识实践或信念的违反,不应该算作反驳了这些理论。

但是这种论述要依赖于下述观念:那些可以被称作"艺术种类"的词项例如"交响乐""小说""绘画",同自然种类词项一样,是因果性地指称的。但是,在我们心目中,指称的因果理论是为自然种类词项设计的,对于这种指称理论是否能够应用于人造种类词项或其他普遍词项,还存在着重大争论。[4]实际上诸如"交响乐"和"小说"之类的词项似乎不是通过纯粹地与现实中独立存在事物的因果联系来引入的,而是通过规定把它们运用于适合某种(也许是被规定得很含糊的)标准的现有传统中的作品而形成的。但是,如果有人持了艺术种类词项的指称描述词理论,那么像"交响乐"这种词项的指称就是由说话者关于什么东西是属于交响乐的有关条件的信念来决定的,而且结果是,对于这些常识信念所做的根本修改不可能是正确的,因为任何大的变动都会使得出的结论不是**关于**交响乐的。

幸好我们在这里不需要解决这个争论。因为即使不考虑是否能够说明艺术种类词项是以不同于自然种类词项的方式起作用的,仍然有独立的理由认为:对关于艺术作品**本体论状态**的常识理解做根本修改是没有道理的,也不能用指称因果理论来做证明。正如经常注意到的那样,纯粹的指称因果理论(关于单个和普遍词项)遇到了一个"资格"问题。[5]即在命名时,有很多事物与那个人有因果联系:一个人、她的物理身体、她的鼻子、她头发的颜色、她生命时段的一部分等。纯粹的名称指称因果理论一定会让一个特定的名称究竟指称这些东西中的什么处于彻底的不确定之中,因为名称指称的创建者与所有这些种类的事物都有(部分的或者全体的)因果联系。同样在普遍词项的情况中也会产生资格问题,因为一个人实指定义的样品将会拥有属于各种不同种类的成分:单个样品也许会包含如人类、哺乳和动物这些自然种类的成分,也会包含如美国人、共和党人、自我雇佣者和其他很多社会种类的成分。为了解决资格问题,德维特和斯特尼(Devitt and Sterelny 1999:80)(还有其他人)主张,纯粹的指称因果理论必须被修改并允许:在建立名称的指称时,"创建者必须在某种程度上在一般性范畴词项(例如'动物'或'物质性对象')之下来'思考'他的经验的产生原因"。那些对于普遍词项的指称的创建,为了减轻这种毫无规定性,也必须对试图为之命名的东西是**哪种种类**有一些看法——它是否是一种基本的自然种类(如果是的话,是否是种、属等)、一种人工的种类、一种功能的种类、一种在那里例示出来的属性或模式的种类,等等(Devitt and Sterelny 1999:91)。

然而,这样的普遍范畴概念确切地规定了被指称实体的相关**本体论范畴**,即它是否是一个人、一个纯粹的物理对象、整体的一部分、一种属性,等等。同样,关于通过普遍词项识别出来的特定种类的信念,必须包括关于那种种类的层次及类型的信念——是否是基本的自然种类、在其中被识别出来的抽象属性种类、人造或社会的种类,等等。其结果是,指称所属的**本体论范畴**不能根据事实来决定,也不能通过可能揭示出创立指称者最初的本体论假设本是错误的经验调查来决定,而是通过那些建立某词项指称的人联系于该名称的本体论范畴来决定的;如果该词项有指称的话,那么它必须指称那种本体论类型的事物。

由于试图指称艺术作品,于是产生了资格问题,因为除了在部分、属性和整体之间通常有的模糊外,在艺术作品的情形中还有层次上的模糊。在绘画和雕塑的情况中,因果联系在最基本的层次上与画布或大理石块(或许也是和亚原子微粒的聚合体)相联系。为了把艺术作品当作如《格尔尼卡》和《大卫》这些名称的指称,看来自称创建该名称的人必须对于以下问题有一个看法:他们试图命名的是哪种东西(绘画还是雕塑作品);它是哪种东西,即它如何与那些物理对象相联系,并且在实体性、个体化和生存条件方面,以何种方式不同于那些物理基础,等等(例如通过溶解画布的涂色面可以毁掉《格尔尼卡》,尽管画布不会因此被毁掉)。同样的,那些试图建立某个音乐或文学作品名称的指称的人,主要是与声波或纸张发生直接的因果联系,而要能够成功地命名音乐或文学作品的话,他们至少应该对以下问题有一个默认的看法:相关种类的艺术作品是哪种本体论状态,它们如何与物理的表演或复制品相联系。[6]同样,自称是普遍词项比如"绘画""音乐作品""小说"的指称的创建者的,必须把该词项与某些标准相联系,这些标准使他们能够识别出相关种类的艺术作品而不是识别出一种纤维、声波、纸张等。这又要求至少拥有一些原初看法:关于那种艺术作品的本体论,以及是什么在非常靠近的地方把它们与物理实体区分开来。因为这些本体论的看法决定了哪种(本体论的)实体通过该词项被识别出来(如果有东西被识别出来的话),所以这些看法无须使自己被进一步的"发现"所修改。

因此某个人不能求助于指称因果理论来促成以下的理论:在关于交响乐、绘画或小说的本体论种类方面,艺术家、作家、评论家和观众的常识也许全部都是根本错误的,而完全违背那些假设的理论也许是正确的。不考虑指称的描述词理论和适中的因果理论哪一个更适合于艺术作品名称和艺术种类词项,信念——至少是那些在艺术界中建立这样单个和普遍词项指称的人的信念——**决定**了该词项的指称的本体论状态。

当然,这并不意味着艺术家、评论家或其他那些负责建立艺术作品名称和普遍词项例如"绘画""交响乐"或"小说"的指称的人,必定有关于艺术作品本体论状态的采用哲学规范用语的完全成熟的理论。他们只要拥有关于艺术作品与相关物理对象、复制品、表演之间的联系的基本观点就足够了,这些基本观点如同本文开头在常识观点中描述过的那些一样。看上去确实有理由假定,例如为了成功地命名交响乐或者创建普遍词项"交响乐"的指称,某人必须有关于交响乐是哪种事物的看法——比如,它与它的乐谱或者任何的复制品是不同的,它是那种多少可以被完备地演奏多次的东西,等等。看起来完全合理甚至必要的是,这样的信念还形成了出售、展览、表演或修复各种艺术作品的实践的基础。

与这些背景协调一致,实践和(隐含的或显明的)信念被代表性地用于评估各种关于艺术作品本体论的主张,就像在第4.1节的各种评论中使用的那样。如果上述讨论是正确的,那么这是完全适当的,因为——假定某人接受了下述观点,即至少一些艺术作品的名称和艺术作品种类的词项有指称——这种信念和实践决定作品的本体论状态和被指称的作品的种类。[7]实际上,看来如果某人接受了存在着艺术作品的论点,决定艺术作品本体论状态的**唯一**适当的方法,是力图发掘和阐明在处理艺术作品的相关实践和信念中包含着的关于本体论状态的假设,并且把这些假设系统化,然后转化为哲学用语以便我们在整个本体论系统中评估它们的位置。结果是,与这些信念和实践是否一致成了评价一种艺术作品本体论是否成功的主要标准。虽然我们必须同意:这些实践可能是不确定的或对某些问题保持了悬置态度,因此任何精确的哲学理论都必须以某种方式对它们进行补充,并且阐释它们的支配作用;但是显然任何过于严重地违反这些实践的观点,根本不是在谈论我们熟悉的艺术作品或艺术作品种类。因而像柯里那样的对常识彻底修改的观点，最多只能看作对我们的实践应该如何修改提出了建议（以这种方式他会找到更多的一致性和合理性），而不是描述我们熟悉的艺术作品"真实地属于"哪种东西。[8]

4.3 通向解答的途径

我们现在能够解释为什么一种适当的艺术本体论被证明是如此难以提供：在这个问题的要求与用来解决问题的有用材料之间存在着冲突。因为评价这些艺术作品的本体论观点是否成功的主要标准，是它们与决定艺术作品属于哪种实体种类的日常信念和实践有无一致性。不过，尽管不同的哲学家已经尝试过把艺术作品纳入标准形而上学体系所提供的几乎所有的范畴——如那些想象对象、纯粹物理对象、各种类型的抽象种类——之内，但它们之中没有一个能够完全适应关于艺术作品的常识信念和实践。这解释了种种结论的差异性（理论研究者从一个范畴转到另一个范畴去寻找适当的解决办法）和尽管做了这些不同努力却找不到一个完全令人满意的答案的原因。

要提供一个适应于关于艺术的日常信念和实践的艺术作品本体论与要从现成的、熟悉的本体论范畴中进行挑选，在这两者之间的冲突中，如果我们要提供一个关于我们熟悉的艺术形式的理论的话，前者应该胜出。因此要解决艺术本体论问题，我们不能简单地挑选或采用已有的本体论范畴来适应美学在这方面的需要，而是必须返回到基本的形而上学，重新考虑形而上学中一些最标准的分支，并发展出更广阔的和改良过的本体论范畴系统。虽然我在这里不能设计出并且论证关于所有不同艺术形式的确定性结论的细节，但是在本文结尾部分我将指出任何可接受的观点应该采取的方向，并解释为什么需要扩大本体论范畴的传统体系。

长期以来通常的做法是，把所谓的实体区分为一方面是独立于心灵的物理对象，另一方面是纯粹想象性对象、心理投射性属性或"仅存在心灵中"的实体。但是即使一个人接受存在着具有这两种实体的东西，这样的标准划分也不能容纳像绘画和雕塑这样的实体。因为正如我们已经看到的，这些东西不能简单地等同于独立于心灵的物理材料，这样会使它们得到错误的存在性、实体性和持存条件；它们也不能被看作纯粹的想象对象或活动，而同时又不能否认它们是可知觉的公众性物理对象。而我们如果认真采用关于绘画的日常信念和实践（正如我说过我们必须这样做），我们似乎应该同意它们处于这些标准范畴之间，既作为物理对象的物质性实体，也作为依靠人类意向性形式的实体。[9]因此不同于想象性对象或活动，这样的艺术作品是外在于心灵的公众性实体，一旦被创造出来就持续存在，即使它们没有被恒常地观察到或想到。不同于想象性对象或抽象物，它们是可知觉的，是由某些物理对象来物质性地构成的，如果毁掉它们的构成基础，它们也能被毁掉。但是不同于纯粹的独立于心灵的物理对象，在形而上学上它们必定只有通过人类的意向性活动才能进入存在；虽然这点在逻辑上是可能的，即一幅涂色的画布可以不需要通过人类的意向性活动而存在，但是这样的东西不可能是一件**艺术作品**。而且不同于纯粹的物理对象，它们典型地拥有本质性的视觉的、意义的和审美的属性，包括例如颜色和视觉的形式、再现、象征以及暗示等。这些都要依靠人类的知觉能力、文化和实践。[10]总之要容纳绘画、雕塑,诸如此类的东西,我们必须放弃在外在于心灵和内在于心灵的实体之间做简单的划分,承认那种以各种不同的方式同时依靠物理世界和人类意向性的实体的存在。

另一个至少从柏拉图开始就占据支配地位的本体论范畴划分是位于时空之中的、变化着的、会消失的具体物体和非时空的、独立的、不变的、永恒的抽象物。但是这些范畴中没有一个接近于抓住我们关于文学和音乐作品的信念和实践的主要特征。艺术作品的实体似乎缺少特定的时空位置,并且能独立于它们的任何**特定**的复制品或表演(或者任何其他的特殊物理对象)而持续存在,在这个意义上这种实体是抽象的。但是同时,它们似乎又不是永恒实体或者任何一种柏拉图主义式的结构,因为我们关于这些事物的信念和实践的一个主要方面是,它们是某一种类的文化性人造物,是经过特定的作家或作曲家之手,在特定的文化历史背景下在某一特定时间被创造出来的,并且如果关于它们的所有复制品、表演或记忆全部消失了,它们也被毁掉了。因此尽管这样的事物不是位于时空之内的,它们确实有某些时间性属性,比如在某个时间产生。这点被英伽登(Ingarden 1989:10-11)所强调,他说音乐作品不能在范畴上划分为现实的(时空中的)对象或者理念对象。同样的,列维森(Levinson 1990)把音乐作品被创造者的活动带入存在这个观点作为任何音乐本体论的一个基本要求。其结果是,他主张音乐作品不能是纯粹的声音结构,而必须是声音和演奏手段的结构,**是被一个特定的作曲家在某一时间提示出来的**——这种被提示的结构不同于纯粹的结构,而是被创造出来的。另外,不同于柏拉图主义者的抽象物,音乐和文学作品不能独立地存在,它们只有通过人类的意向性才能进入存在,并且一旦被创造出来,就不是独立的和永恒的,而是依靠一些复制品或表演,或创造作品的手段(不是通过乐谱、录音、记忆,就是通过这些东西的组合)而继续存在。

因此如果真正地采取如下观点:存在着音乐和文学作品,并且它们的本体论状态是被关于艺术作品的主要信念和实践所决定的,那么就需要我们承认在具体个体物和柏拉图主义抽象物范畴之间可以有别的实体性范畴,即我在别的地方(1999)称作"抽象人造物"的范畴。另外,像绘画和雕塑作品一样,音乐和文学作品的存在似乎依靠某些人类意向状态,而不需要被等同于个体心灵的想象性创造或者物理对象。这样在两方面看来,文学和音乐作品似乎位于传统范畴体系的裂缝中,要容纳它们的存在需要我们在范畴体系中为那些暂时确定的、依赖时间的抽象物插入范畴:人类意向性活动所创造的抽象人造物。[11]

对艺术本体论的细致考虑有着远远超出美学的影响和应用,因为它论证了:标准的范畴划分是不够的,如果我们要在本体论中容纳艺术作品这样的实体,那么我们就需要接受改良过的本体论范畴系列。发展更合适的艺术作品本体论,还可以为在本体论上更适当地、一般地来处理社会和文化对象奠定基础,而这常常在自然主义的形而上学中被忽略。因为同绘画和雕塑一样,其他人造物和具体的社会对象例如桌子、驾照、不动产,不能纯粹等同于构成它们的质料,因为它们(不像质料那样)与人的意向状态有本质的联系。同音乐和文学作品一样,理论、公司、政府的法律等看起来是通过人的活动在某一时间被创造出来的抽象文化实体。因而,以这种可以用来适当处理艺术作品的方式来扩大我们熟悉的范畴体系,也可以为解决关于种种社会、文化对象的本体论问题铺平道路。总之，如果有人试图规定出这样的范畴，它可以真正地适合于我们通过日常信念和实践所了解的艺术作品，而不是使艺术作品被安置到现有的熟悉的形而上学范畴中，那么，我们不仅可以得到更好的艺术本体论，而且可以得到更好的形而上学。

[注　释]

1　亚伦·里得雷(Aaron Ridley 1997)最近反对传统地将科林伍德的观点理解为把艺术作品看成想象性事物的看法，而提出，当科林伍德说艺术作品是"在人们头脑中存在"时，他仅仅是提醒大家注意以下事实：要理解艺术作品，我们必须不只是经验到听觉和视觉的现象。虽然后面的一种阐释似乎更恰当，但是它还是没有解决本体论问题。科林伍德看来确实受困于这个日常的本体论难题：既注意到某些事物(这里是指艺术作品)不能等同于纯粹的外在物理对象(也不能将对它的适当经验等同于纯粹对物理事件或属性的经验)，又发现没有别的地方可以放置这些事物，于是得出结论说它只能存在于头脑中。

2　沃尔特斯托夫和柯里接受了这个能够从他们的理论中得出的推论。沃尔海姆似乎对"类型"概念做了较少传统的理解，因为他认为只有当特殊物能与"人类的某一创造"相联系时，类型才能存在(1980：78)。在 4.3 节我将回到这个话题上来。

3　关于这个观点更多的讨论，参见拙作 Thomasson, Amie L. (1999：56-69)。

4　见 Putnam (1975)，Schwartz (1978, 1980)，Kornblith (1980)，以及我即将出版的著作。

5　更清楚的讨论，见 Devitt and Sterelny (1999：79-81, 90-93)。

6　实际上可以看出，这样来创建名称的指称必须依附于某些在时空中存在的实体，通过这些实体某个人才能处于因果关系中——不是与任何种类的抽象实体发生因果联系——这就排除了任何把艺术作品当作任何种类的抽象实体的观点。但是，我在别的地方(1999：43-54)曾主张：通过把时空内存在的事物作为基础，我们可以指称到各种依靠性的抽象实体。但是，要接受这种观点和使得我们能够直接指称各种依靠性抽象实体，因果理论必须被修改，以提供本体论上的描述性成分，如前面所叙述的那样。

7　因为指称创建者心中的观念仅仅确定了被指称的实体属于哪种本体论类型，因此即使有些东西事实上被指称到(就是说成功地创建了指称)，但是单凭这一点并不能排除取消主义者的观点，即认为没有艺术作品能够对应于我们的常识观念。不过对于为什么说这种改动是受了误导，我在我的著作 Thomasson, Amie L. (2001)中做过讨论。

8　这回应了列维森(Jerrold Levinson)对埃迪·日马赫(Eddy Zemach)的观点(Zemach 1986：245)的反驳。列维森认为绘画不是个体物体，而是由同一时间内存在的不同画布组成。正如列维森写道："关于我们如何来重新构想绘画，革命性的建议……可以通过澄清绘画是什么来获得发展。"(1987：280-281)

9　约瑟夫·马戈利斯认为艺术作品具体化为物理对象，同时又在文化背景中存在，这种观点是把艺术作品看作存在于范畴分支之间的观点的一个例子。

10　罗曼·英伽登(Roman Ingarden)提出了类似的论证，来反对把建筑艺术作品等同于实在的、固定的东西。

11　关于这个观点更多的讨论，参见 Ingarden (1989：4-5, 1973：9-19)和拙作 Thomasson, Amie L. (1999：131-132, 141-143)。

参考书目

Baker, Lynne Rudder (2000). *Persons and Bodies*. Cambridge: Cambridge University Press.

Collingwood, R. G. (1985). *The Principles of Art*. New York: Oxford University Press.

Currie, Gregory (1989). *An Ontology of Art*. New York: St Martin's Press.

Devitt, Michael and Sterelny, Kim (1999). *Language and Reality: An Introduction to the Philosophy of Language*. Cambridge, MA: MIT Press.

Ingarden, Roman (1973). *The Literary Work of Art*, trans. George G. Grabowicz. Evanston, IL: Northwestern University Press.

——(1989). *The Ontology of the Work of Art*, trans. Raymond Meyer with Jon T. Goldthwait. Athens, OH: Ohio University Press.

Johnston, Mark (1997). "Constitution Is Not Identity," in Michael C. Rea (ed.), *Material Constitution: A Reader*. Lanham, MD: Rowman and Littlefield: 44–62.

Kornblith, Hilary (1980). "Referring to Artifacts." *Philosophical Review*, LXXXIX (1): 109–114.

Kripke, Saul (1972). *Naming and Necessity*. Cambridge, MA: Harvard University Press.

Levinson, Jerrold (1987). "Zemach on Paintings." *British Journal of Aesthetics*, 27: 278–283.

——(1990). *Music, Art, and Metaphysics*. Ithaca, NY: Cornell University Press.

——(1992). Critical Notice of Gregory Currie's *An Ontology of Art*. *Philosophy and Phenomenological Research*, 52(1): 215–222.

Margolis, Joseph (1999). *What, After All, Is a Work of Art?* University Park, PA: Pennsylvania State University Press.

McMahan, Jeff (2000). "Moral Intuition." In Hugh LaFollette (ed.), *Blackwell Guide to Ethical Theory*. Oxford: Blackwell: 95–110.

Putnam, Hilary (1975). "The Meaning of 'Meaning'" and "Is Semantics Possible?" In *Mind, Language and Reality*. Cambridge: Cambridge University Press: 215–271, 139–152.

Ridley, Aaron (1997). "Not Ideal: Collingwood's Expression Theory." *Journal of Aesthetics and Art Criticism*, 55 (3): 263–272.

Sartre, Jean-Paul (1966). *The Psychology of Imagination*, trans. Bernard Frechtman. New York: Washington Square Press.

Schwartz, Stephen P. (1978). "Putnam on Artifacts." *Philosophical Review*, LXXXVII (4): 566–574.

——(1980). "Natural Kinds and Nominal Kinds." *Mind*, 89: 182–195.

Thomasson, Amie L. (1999). *Fiction and Metaphysics*. Cambridge: Cambridge University Press.

——(2001). "Ontological Minimalism." *American Philosophical Quarterly*, 38 (4): 319–332.

——(forthcoming). "Realism and Human Kinds." *Philosophy and Phenomenological*

Research.

Wollheim, Richard (1980). *Art and Its Objects*. 2nd edn. Cambridge: Cambridge University Press.

Wolterstorff, Nicholas (1980). *Works and Worlds of Art*. Oxford: Clarendon Press.

Zemach, Eddy (1986). "No Identification Without Evaluation." *British Journal of Aesthetics*, 26: 239–251.

第 5 章
评价艺术

艾伦·戈德曼　著

褚国娟　译

5.1　导言

在对艺术作品的描述和讨论中普遍渗透着对艺术作品的评价,正如下文将要显示的那样,艺术作品描述的典型用语至少部分是评价性的。一个起码的问题是它为何会是这样的呢?答案有以下几个相关部分。第一,根据一个通常的艺术概念,称某物为艺术作品这已经赋予它一个肯定的评价身份。算得上一个真正的艺术作品的东西必定满足某种艺术价值的最低限度,因此次等的或低劣的艺术作品仍优于自称是艺术作品却配不上这个身份的物品。这一艺术概念依赖于每一类型的伟大艺术作品之中的某些范例,依赖于那些有助于定义"美的艺术应该是什么"这样一个理想标准的作品。第二,艺术作品是为欣赏而创作的,我们观看、阅读、聆听艺术作品,目的是欣赏它们。欣赏既是对作品的理解,也是对作品的艺术价值——作为艺术作品的价值——的承认和享受。

理解作品就是能够给出一个合理的解释。但是,第三点,当解释在某种意义上逻辑地先于(完全非经验地)评价的时候,它就已经包含了对作品各个要素价值的鉴赏。解释就是阐明为何一个作品要具有那些要素,以及这些要素如何为整体的目标和价值服务。因此批评家的解释和评价自然是同时进行的:他们教我们如何用揭示作品内部价值的方式去把握艺术作品的客观属性。第四,人们之间一种常见的联系是具有共同的趣味或欣赏同一种事物,艺术作品就是这类事物之一。我们讨论艺术作品评价之事是为了建立这种趣味共享的联系,并且我们研究作品在某种程度上可能就是从这种社会目的出发的。

那种试图给这种说法提供一种哲学说明的人,在其辩护中会或多或少做出一些雄心勃勃的主张。最有雄心的主张是,存在一些标准,它们决定着艺术作品之为艺术作品的恰当评价;我们评价艺术作品依据的这些标准指示出一些属性,这些属性把艺术作品与其他物品区分开来（与艺术的评价性概念一致）；并且这些属性在高低不等的程度上被所有真正的艺术作品所分有。这种主张已被早些世纪一些主要的美学理论预想过了（如康德或托尔斯泰的美学理论），但是它们可能会引发当代美学家的质疑。怀疑论者们要么认为没有通用于艺术的评价标准，更强硬地说是通用于艺术作品的评价标准，要么认为所有这些标准只是主观性的，或者只是社会阶级操纵的结果。

持第一种怀疑论点的倡导者会指出，一部小说的价值可能与一首交响乐或一幅绘画的价值有极大的差异。与交响乐或绘画不同，小说能为某种行为模式背后的动机提供心理学的洞察，而绘画色彩的感观美或交响乐直接的情感冲击可能是其他类型的作品所缺乏的。同样的差异也可以将同一类型内的作品区分开来：诗歌的价值可能与长篇小说或短篇小说的价值有极大差异，提香或雷诺阿绘画的艳丽色彩是布拉克绘画完全缺乏的，马勒交响乐的冲击力完全不同于海顿弦乐四重奏的冲击力。从根本上说每一件艺术作品在它的价值上都是独特的，这个要求是可能的而且它当然已经存在了。（甚至在作品的不同部分之间也可能有这样的要求——威尔第的《奥泰罗》中苔丝德蒙娜的《杨柳之歌》咏叹调与雅戈的《信经》咏叹调就截然不同。）

但是承认以上几点并不是在向怀疑论者的如下主张让步：并不存在通用于作品和作品类型的标准，或者这个标准与用于其他种类物品的准则性属性或标准没有什么不同。每件艺术作品在其客观属性的总和上确实是独一无二的，并且一些作品的确可能拥有其他作品缺乏的有价值的属性。但是独一无二性并不排除提供价值的共有属性。比方说，艺术作品可能都具有因其独一无二性而拥有价值的这个属性。更严格地说，本性上极其不同的作品可以以相似的方式打动我们。怀疑论者会对此回答道，艺术作品打动我们用的是非常不同的方式：喜剧使我们欢乐而悲剧使我们沮丧。但是这些差异也没有排除某种包括这两种戏剧类型或者源于这两种戏剧类型的通用的打动我们的方式。例如，喜剧和悲剧就观赏来说都可能给我们愉悦（尽管下文我会否认这种说法在愉悦的任何一般意义上的正确性）。有些属性，只有特定类型的某些作品才能从其中获取自身的一些价值，而对那些配称伟大艺术（或被鉴定为艺术）的作品来说可能是不必要的，虽然其他的共有属性可能把它们归为一类。比如一些诗歌可能提供心灵的洞察，但心灵洞察不是伟大诗歌的必需属性；同样某些音乐的强烈的情感冲动或者某些绘画的形式美也不是音乐或者绘画的必需属性。

是否不同类型的不同作品以这些非常不同的手段以某种相似的方式打动我们，是否这种相似性（如果存在的话）构成了针对特殊作品的评价标准，这尚需确定。这将是我们的中心问题。虽然，如前面所说，最近此问题引起一片质疑声，但是对一个确切答案来说，已有了某种初步证据。不仅存在艺术自身的评价性概念，如以上所提到的，而且在艺术作品之为艺术作品的审美或艺术价值与它可能有的其他价值如经济价值之间，也存在一个通常区分。迈阿密有一位艺术家，这里隐其姓名，他的作品卖价很高，尽管在我看来丝毫没有艺术价值。最近，这种分野太普遍了，它似乎暗示了某种辨认艺术或审美价值的通用方式（虽然只是用一种析取标准）。

为了回答这个问题，我们也要研究涉及艺术作品评价的另外一些传统论题。审美评价是正确的或错误的命题吗？这些评价是指涉艺术作品的客观属性还是只是主观趣味的表达？它们意欲被普遍分享或者认同吗？就支持审美评价来说可以提出什么理由（如果有的话）吗？这些理由是由原则支持的吗？艺术的价值是内在的还是工具的？这些有关艺术作品评价的传统问题的回答最终暗示着答案会转为我们的主要问题，此问题涉及的审美价值类型，在为艺术作品的评价提供一个标准的同时也区分了艺术作品。

作为一项重要的尝试，我们应再次提及我们提过的第二个版本的怀疑论。它的立场是，所有审美价值标准都是上层社会阶级文化统治策略的产物。社会学家们注意到，对高雅艺术的精英式偏好与经济/社会等级身份之间有一种重大的关联。这使人联想起马克思主义的观点，即这种趣味只是一种没有客观审美基础的偶发现象，或者更糟，它是一个维持上层阶级与其他阶级尖锐对立的计谋(Bourdieu 1984)。然而，社会事实本身使这种怀疑论论点陷入疑问，比方说，无数大众去观看纽约中心公园的歌剧演出，而令人困惑的另一极端是，很多具有与众不同的精英趣味的上流社会人士却对一些先锋派作品情有独钟。

当然，"趣味"既指涉在艺术作品间或其他对象间存在的偏好，也指涉识别这些对象之间微妙差异和复杂关系的能力。两方面本身结合起来，按某种较低的程度，是反对怀疑论的进一步的证据。对高雅艺术的趣味倾向于与社会特权连在一起这一事实可以做这样的解释而无须将前者还原为后者：有经济财富的人一般享有闲暇时光，良好的教育，广泛的游历，以及有助于理解和鉴赏绘画、文学和音乐的丰富经验。总之，无论如何，对这种怀疑论假说的驳斥，以及对审美评价只是纯粹主观趣味的表达这种更老主张的驳斥，要依靠一种更切实的和较少恶意的审美评价基础的发现。

5.2　审美属性和审美原则

如开始所提到的那样，对艺术作品的描述通常冠以不完全的评价性词语，我们往往不是以纯评价性词语如"好的"甚或"美的"作为开头，因为这些词传达的信息是相当贫乏的。但是，我们也不可能以直接和仅仅指出它的客观线条和颜色的方式来对一幅画（比方说）进行首次描述。取而代之的方式是，我们运用这样一些词语，如"优雅的""和谐的""统一的""生动的""丰富的""流畅的""浓烈的""脉动的""有力的""穿透的""微妙的""崇高的""宁静的""振奋的""细致的""活泼的"，或者"沉闷的""刺耳的""单调的""浮夸的""煽情的""僵硬的""艳俗的""拷贝的""炫耀的""乏味的""无力的"。这些词语或多或少有描绘性的内容——例如，"优美的"，即便是不精确的，也指示了某种形式特征——但这些词语也暗示了使用它们的批评家一方的反应。更确切地说，如果这些批评家并不打算仅仅指涉他们自己的反应，那么他们就指涉在特定条件下，对象依据它们的客观属性引起某些反应（无论是消极的还是积极的）的倾向。他们指涉通常被称为审美属性的相关属性。

我们不能仅仅依靠这些词语的客观的、描述性的内容分辨审美属性，因为就一个东西来说，对某个评论者来说是优美的，对另一个批评家来说却是乏味的或无力的。审美属性包含了主观反应，这一点说明了关于审美属性的存在产生的分歧程度；审美属性仍有着描述性内容，这一点限制了可能产生的分歧程度(对某人来说优美的东西可能对别人来说是乏味的,却不应当是喧嚣的或刺耳的)。批评家对于这些词语的适当运用的争论,表明对于它们的运用来说也有着标准性的一面,即我们欢迎或者期待我们的听众赞同我们对这些词语的使用,并且也使用这些词来附和我们。

对这些属性的指称既支持了对它们所在作品的总体评价,接着又得到更多属性的支持以至最终穷尽了作品的全部客观属性。甚至前者,即这些中度评价性属性与总体评价之间的关系,也不像它可能显现的那样简单。如果这些属性总是拥有同样的正价值或者负价值,如果为了推演出作品的总体价值,我们可以仅仅加上正价值而减去负价值,那么事情就会简单了。但事实并非如此。总体评价所基于的审美属性和客观属性通过情境这一决定一切的因素而互相影响。当然,称一件作品是优美的除了表明一个肯定性评价外什么也没说,但这是因为此处的情境被一般化地理解了,而不是因为这里存在什么暗示。如果因为某些不太可能的理由,一个批评家称《格尔尼卡》或者《春之祭》是优美的,或者称有关肮脏童工的文学控诉是文雅的,那么这些就不可能会是赞美的词语。

一些哲学家试图通过主张这些属性在本质上是正的或负的来保持这里的一种秩序感,即使遭到被击败的对手的颠覆(Bender 1955)。我对此论断的唯一理解是,处于孤立之境时它们具有的一种必然固定的价值(Dickie 1988:89)。这种解释的问题在于它们永远不会在孤立之境中,而总是存在于也带有其他审美属性的作品的情境中。悲剧中的幽默可能是负面的,如果它们削弱了戏剧的悲剧性强度;但如果这种强度反而到了不堪忍受的或者令人厌恶的程度,它又是正面的了。拥有更多的正的审美属性并不总是更好的。莫扎特的一支曲子可能比萨列里(Salieri)的一支曲子好听,因为它更流畅优美,但这并不意味着比莫扎特的曲子更加流畅的曲子会更好,因为它们可能仅仅是更没创意。艺术作品中的统一通常是好事情,但也可能使它们让人烦。

因此,并没有什么标准将中度评价性的审美属性或部分评价性的审美属性与作品的总体评价联系在一起;更明显的是,在更基本的层次上,也不存在什么标准把客观属性——线条、颜色、光与影、音调、旋律与和声的进行,或者文学手法和措辞——与这些审美属性联系在一起。把一个音乐变调放入莫扎特的四重奏中,会使得那段音乐很优美,而把它放入一首巴托克(Bartók)四重奏中,你就只有听觉上的不幸了。因此,再提醒一下,对一个批评家来说是优美的东西对别人来说可能是乏味的:对同样的客观属性他们也可能有不同的反应。

一些哲学家曾思考过是否存在决定着审美词语恰当使用的语义学标准,如果我们能够学会恰当运用这些词语,那么必然存在一些标准把这些恰当的使用和客观条件联系起来。但没有理由必然如此,语义学标准也能包括对主观反应的指称。甚至声称在客观属性中存在审美属性的必要条件意味着缺乏对某些作品的想象力和经验。例如,声称浅淡的颜色不可能俗丽的人,是从未见过迈阿密海岸岛上的艺术装饰区(对比 Sibley 1959)的人。

困惑之处在于,尽管在两个层次上都缺乏标准,但是批评家和受众还是通过诉诸艺术作品的审美属性来判定艺术作品的评价的正当性,通过指出作品的客观属性来判定审美属性的归结的正当性(后者在通过诉诸带有较多描述性内容的属性去判定带有较少描述性内容的属性的归结的正当性上可能包括几个步骤)。一幅画可能因为它的优雅而美丽,因为精致的线条而优雅,因为纤细流畅而柔和的曲度而线条精致。但是,如果对审美属性的归结代表的是主观反应,在标准缺乏的情况下,这种判定是如何生效的呢?

在某种意义上原因必须是普遍的,而我已经否定了对艺术作品的评价性反应是普遍被分享的,即使是称职的批评家也是如此。我也曾声称对这些属性的归结有一个标准的尺度,在称一个作品是有力的时候,我并不是想仅仅指称我的反应;我期望或者欢迎我的受众至少在经验过这个作品之后会赞同我。我似乎在采用一个关于"有力的"评价标准,它不仅适用于不同的个人,还适用于不同的作品甚至门类。然而,我不是必须得承认在不同类型之间以及不同批评家的趣味之间存在着根本性的差别吗?这里存在的张力自休谟和康德以来就一直困扰着美学。

他们解决问题的线索依旧落在审美属性词汇自身的特性和用法上。首先,在这一节的开始提到,所有词语运用于绘画、音乐,也同样运用于文学作品,这个事实的确表明存在贯穿艺术的标准,尽管我们知道,这些标准并不仅仅包括这些词语指称的属性的总和。评价性词语自然地运用于不同类别的作品,这表明存在带有某种程度的普遍性的共同标准。其次,在适用于不同艺术的作品时,这些词语也适用于在这些词语所提到的那些作品和那些作品中的属性的理解中涉及的不同的感觉类型和心理机能。在艺术作品的语境中,我们称色调是明亮的,颜色是浅淡的。虽然这些词语指称任何感觉类型的感觉要素,但大多数审美属性包含了对感觉要素和形式感知结构的更高层次的、肯定的情感反应和认知反应,而它们自身也是从认识上和情感上来把握的。例如,称一个乐段是优美的,反映出对感觉调子和形式结构的更高层次的、肯定性的情感的反应,它们本身通常被典型地从情感上和认识上把握为一系列轻微的紧张和缓解的形式结构。理解或者欣赏这些属性,体现出从纯粹感觉经过认识-知觉(从知觉上把握复杂形式)直至情感的和纯粹认识的诸种心理能力的介入。指称这些属性的词语无差别地适用于不同门类的不同作品,这表明这种介入在欣赏任何美的艺术作品的活动中都是经常发生的。

第三,我们注意到这些词语的使用有标准的效力;使用它们时我们期待或者至少是请求赞同。但是我们也承认趣味中的根本差异,因此支持这种词语的运用的原因(最终作品的客观属性引发了受众特定的反应),必定是一般的而无须是普遍的。很明显,如果存在标准的力量的话,那么就不是任何一种反应都是恰当的。必定是恰当的观察者在恰当的条件下的反应才具有标准性分量。每一能力层次上的趣味之间的差异都不可避免,但这并不意味着所有的评价判断都是同等的或者不需要理由支持。把理由看作对于审美评价来说是一般的而非普遍的(在承认趣味的最终差异上)第一位也是最重要的一位哲学家是休谟。他追求通过诉诸理想批评家的意见来获得审美评价的标准效力(Hume 1963)。为了获取我们在其说明中寻求的那种效力和一般性的程度,理想批评家的观念仍然是非常有用的。

5.3 理想的批评家

尽管存在同样的评价性词语适用于不同的艺术作品和艺术的事实,但是我们并不能将我们的评价从一件艺术作品到另一个与它相似的艺术作品做一般性的推广。我们不能够断定分有某些属性的作品也分有其他属性,因为一切都依赖于其中发现属性的全部情境。因此如果我要做一般性的推广,那也必须是从一个批评家到另一个批评家,或者从我的判断到我期待的传达对象的判断之间的推广。如果我们都以同样的方式来回应同样的客观属性,如果某些属性总是积极地影响我们,那么我们就可以限定我们的评价的正当性和它们对那些客观属性的指称的解释。但是由于涉及多种不同的反应,所以这些反应自身须被证明正当,至少当审美属性的归结受到挑战的时候。

只有特定批评家在特定条件下的反应才能被保证是合适的,因此才能在自身中获得标准的力量。这表明,归结审美属性的评价判断的标准力量,能够通过诉诸恰当定义的理想批评家而获得。意思就是,按照与理想批评家评价的接近程度来检验我的评价。我判定我的审美判断的可靠性,判断那些审美属性的归结的可靠性,是依据我在当前条件下所做出的这些判断与理想批评家在恰当特征和条件下的判断的接近程度。并且我的推断不是直接地从我的评价到你的评价,而是(就我使它们显得合理来说)从我的评价到理想批评家的评价,再到你的评价(就我希望或期待你的判断是适当的来说)。

我们为艺术作品的解释和评价而向其求教的那些真正的批评家,比平常的听众更接近于理想。他们比较了解作品产生于其中的传统,比较有能力分辨作品各要素之间的复杂关系,他们的解释也反映出他们对于这些要素和关系所提供的价值或审美经验比较敏感。从这些差异中我们可以得出理想批评家的特征。这些特征如熟悉艺术的相关历史和公正无偏见,在理想批评家的定义之中丝毫不成问题,并且对现实的批评家来说也是比较容易被认可的。同样无可争议的是观看或倾听作品的有利条件,不仅是物质上的条件,还包括诸如不疲劳、不发怒、不心烦,以及能够持续进行智力的投入等因素(Pawlowski 1989:14)。困难在于情感感受能力或者对于审美价值的敏感性。

一个批评家在理论上可能远远达不到理想,因为尽管他知识渊博并且善于表达,而许多其他具有经验的批评家最为赞许的作品,他却丝毫不为所动。但是由于所有水准的批评家对特定的作品都可能产生意见分歧(托尔斯泰认为莎士比亚毫无价值,科林伍德称贝多芬的音乐是"怒吼"),我们如何能够确立适当的敏感性的标准,而不陷入循环怪圈?答案是我们可能有艺术之外的情感标准这个证据,我们可以通过对众多范例的反思去补充这个证据(尽管我们无法从一个艺术作品到另一个艺术作品直接地概括,这些范例仍可能是有用的)。既然正如所提到的那样,解释中也预设了感觉的评价,那么我们就能够也的确是通过批评家提供有助于我们欣赏作品的解释的能力去评判他们。实际上,我们要找到某个人,他对一门艺术形式有着广博的知识,却对艺术的价值特性缺乏敏感性,这是非常不太可能的:一个人如果对知识的追求和探索本身应得的报酬不感兴趣的话,他就不会去追求或探索知识了。况且实际上,我们评判批评家依据的就是他们的知识,他们的解释的新鲜度,以及他们对所感受到的作品性质的表达能力。

仅仅通过说出应得相关反应的作品的客观属性,我们就能够获得评价审美判断的准绳,而用不着去求助于理想批评家。但这遗留了它们怎样和为何应得这种反应的问题,而且一旦弄清楚了理想批评家的定义特征,对他们的膜拜也就不那么神秘了。实际上,审美判断可以被视为提供一种应得效果的总和的描述。如果一个效果是在一个理想批评家那里应出现的诸效果之一,它就是应得的。对每一种有意义的客观属性来说,我们都能讲清楚它如何可能感动一位完全称职的批评家。我们也可以根据我们实际的反应来决定它们是否是作品应得的反应,思考我们如何接近成为理想的批评家。

如果我们把审美属性的归结与诸如颜色之类的对象的次要属性的归结进行对照,我们对于诉诸理想批评家如何可以获得归结评价性的审美属性的标准性效力就仍然会感到奇怪。对次要属性的一个似乎合理的解释认为,例如,要称某物为红,就是说在理想的条件下,对理想的知觉者来说,某物显现为红色。但是这个判断背后没有标准性的效力。那么为什么我们认为对理想的批评家的吁求掌握着审美评价的标准性力量呢?可以假设以下两个可供选择的答案。

第一,我们可以说对次要性质的归结在最低限度意义上是规范的,这个最低限度就是期望那些不是色盲或容易受到异常光照条件愚弄的人赞成这种归结。因为标准是如此普通和容易满足,它们是不言而喻的并且通常不引人注意。或者,第二,我们可以说次要性质的归结在通常意义上是不规范的,因为理想的观察者和他们的分析要求的条件降低到了对它们不做要求的普通的条件和观察者。与之对照,理想的艺术批评家的特征并不是典型的或标准的。这个事实本身解释不了他们确实具有的标准性效力,但是能用另外一种考虑来解释。定义理想批评家的特性,就是那些允许对于他们解释和判断的艺术作品做最深刻的欣赏的特性。如果我们比较熟悉各种风格,以及对提供审美价值的作品内部的各要素和关系比较敏感,我们就能更好地把握和欣赏那些价值。如此说来,如果我们想最大限度地欣赏艺术,我们应当追求接近于理想批评家,接近他们那对我们具有标准力量的判断。

这种分析的最后一个问题,似乎能够从以前提过的那种事实中推导出来,即审美属性的归结上和作品的评价上的分歧发生在各种水准的批评能力内,这就意味着理想批评家之间也会产生争论。如果理想批评家要责备作品,那么任何对那些作品的评价都会与某个这样的批评家的判断一致。那么,这些判断如何可能提供标准?当托尔斯泰反对莎士比亚和科林伍德反对贝多芬的时候,这真的就表明由于趣味在所有层次上都具有不可还原的因素,理想批评家可以不赞同任何作品吗?或者它其实仅仅表明这些批评家,尽管一般说来是称职的,在对这些作品的显著价值的敏感性上也不是那么理想的吗?

如果现实的批评家之间存在一定程度的不同意见,也没有理由相信理想批评家之间不起争吵,但这并不致使所有的判断都是平等的。我们没有理由赞同那些粗心或麻木造成的判断,尽管我们有理由去赞成那些与我们趣味相同之人的适当判断。喜欢一种特殊艺术形式或风格的理想批评家不仅缺乏对所有艺术的博识,而且可能不赞同他们所偏爱的形式中的个别作品。这是因为对特定作品的趣味不可避免地会导致一个人对其他作品不大赞成或者缺乏敏感性。喜欢特定形式的理想批评家,会在他们的趣味允许的最大深度上感受那种形式的作品。可能我们最希望的是与我们趣味大致相同的理想批评家。我们的判断是根据他们的判断来衡量的。当我跟一个与我趣味相同的理想批评家争论时,最可能的情况是我缺乏相关知识或者我因为分心、缺乏注意力等而感觉迟钝。

更切实际的情况是,当我在一个现实事件中不赞同一个同侪的时候,在我能够得出我们有趣味上的根本差异这个结论以前,我必须检查我们二人对所有这些方面的理想都缺乏到什么程度。我维持我的判断,因为我推断出我的赞成或反对的最好解释是一个理想批评家也同意的,它不是基于我的立场的片面性得来的。如果我知道我不像理想批评家那样喜欢此类作品,或者如果我知道具有不同趣味的理想批评家会喜欢它的话,我也能辨认出那些尽管我不欣赏而仍不失优秀的作品。

5.4 介入

虽然对理想批评家的吁求抓住了我们审美评价的标准性力量,但它仍没回答我们的中心问题。问题的答案亟待阐明什么东西激发了理想批评家的赞同。我们前面对审美原则的不予考虑,基本上排除了这项阐述中将艺术作品的客观性质当作首要的性质。不过它仍然留下了这种可能性:理想批评家的赞同建立在对艺术作品的更基本的反应方式上,这是一种他们之间共享的并且跨越所有艺术作品和艺术形式的反应方式。前面对审美属性的讨论曾暗示过那种共同的反应方式为何物。伟大的艺术作品作为欣赏的典范,在所有精神层面上同时让我们介入其中。在这些艺术里,我们在感觉上欣赏纯粹的声音或颜色,在感觉-认知上也许还在情感上把握形式结构,在认知上理解主题的或象征的内容和历史意义,在情绪性上响应情感表现,在想象上扩张我们眼前的物质材料,也许甚至在意志上分享对作品的审美目标的追求。

这就是媒介、形式和内容总是都有审美意义的原因。我们从来不只是透过媒介看信息,或者透过形式看从中显现出来的内容。具有同样内容的作品并不因此是相等的,一个具有优美形式的作品因为缺乏洞察力也可能被轻视。纯粹音乐缺乏认识内容和文学没必要在感知上让我们介入其中,这种看法应该遭到反驳。在欣赏复杂的乐曲形式时,认识很明显地受到挑战并且被包含在这种欣赏之中。正如文学主题给各种不同的无定形的作品提供形式上的统一性一样,音乐主题虽然是典型的非再现性的,也一样在它们的展开、变奏及与其他音乐元素的关系上挑战着也回报着认识。艺术的认识价值不仅包括洞察力或真理,还包括错综复杂性和连贯性(尽管这些不是普遍的价值)。在欣赏即使带有重大再现内容的作品时所伴随的深度思考,也很典型地不是把脱离作品本身的知识的获取作为它的目标,而是经常把重点放在内在于作品的关系上,很像在音乐作品的欣赏中那样。外在于作品的知识,例如有关艺术形式的历史知识,也激发我们对作品的经验,提高我们对作品的欣赏水平。至于在内容在其中占主要地位的作品的感性方面,语言或者画面的魅力也确实是把许多小说或电影提升到美的艺术之列的因素。

我们心理能力的全部介入有着内在的价值,这是因为我们喜欢迎接对我们能力的挑战,喜欢最大限度地扩充及锻炼这种承受力(对于这种喜欢或者满足确实存在一种生物学上的解释)。在这种扩充带来的利益之中,以及在它把我们——尽管短暂地——从俗物缠身的现实世界迁移出来之中,它也具有工具性价值。完全被艺术作品吸引似乎把我们带向另一个世界,即使是一个像纯粹声音世界一样的不同世界,而逃到这样一个不同的世界会让我们精神振作,就再现艺术来说,能为现实世界的生活提供新的可能性。

对艺术的首要价值的这种说明(也可以根据它来评价个体艺术作品)与这种主张有些相似但又有些不同:把艺术的首要价值看作存在于它提供的具有内在价值的经验之中(Budd 1995:5)。后一论点需要辨别哪种属性内在地属于经验,这转而需要对心灵哲学有更深的探索。存在非物理对象属性的经验属性吗?道德洞察力是小说经验的内在属性吗?如此等等。谈及我们的心理能力的介入,将我们的注意力和训练的努力集中在感觉、想象、认识和情感等层次上,就避免了上面那些难题。此外,任何不是单纯为了某种未来利益而经历的愉快经验,例如得到款待、获得信息或者观看彩虹,都是内在地具有价值的(后者也是一种审美经验)。但是不是所有愉快的或审美的经验都能提供伟大艺术提供的东西,包括认识上的挑战和介入。对于描述我们一般从锻炼我们的能力和以这种方式迎接对这些能力的挑战中获得这种积极情感来说,"满足"是一个比"愉快"更好的词语。在描述我们对悲剧或者表达沉痛的哀伤的音乐的欣赏时,"愉悦"这个术语尤其是不适当的,不过这样的艺术为什么容易在情感上吸引我们,这是非常明显的,因为它们有助于一种整体上的满足经验。

尽管与某些关注艺术作品的客观属性的主张相对照时,这种评价的介入标准似乎会令人失望,但它解释了我们评价实践中的某些更为特有的特征。首先,如果艺术的一个首要目的是让我们所有的心理能力充分介入,那么就可以解释,为什么我们定义艺术要联系到在这个任务上取得成功的伟大艺术的范例。也有相反的情况,例如在道德领域中,我们构想道德要求不是根据道德圣人可能做什么,而是根据普通人在限制的情况下可以被合理地期待去遵守些什么。其次,在运用到单个艺术作品上时,如果这个标准似乎相对地不够确定,那么在现实实践方面这不是一个缺点,它反而解释了我们对以不同方式让我们介入其中的作品的比较本身为什么是非常粗劣和含糊的。批评家们一般避开这样的比较,而把目光转向我们去做出反应的单个作品的属性,并且运用诸如"感动的""有力的"或者"动人的"等或多或少与"好的"同义的反应术语。

第三,如上所示,求助于这条标准,可以解释我们为什么倾向于高度评价强烈表现消极情感的作品,解释我们为什么通常认为它们比其他作品更加深刻。生态学和群体中生存的必要性再次说明了我们为什么会更容易和更激烈地对他人的绝境做出反应而不是对他人的成功做出反应。依据这个事实,我们倾向于对悲剧艺术作品有更深刻、更充分的感受就是可理解的了;我们倾向于高度评价悲剧艺术作品的这个事实,也支持了依据介入标准对评价的解释。第四,求助于这条标准,可以解释艺术中对原创性的强调,因为它们与以前作品的显著差异(至少如果作品还有其他性质值得去关注的话)会更容易挑战我们,更容易让我们介入其中。

第五,更有趣的是,这种说明显示了真理的价值,包括艺术中的道德真理或洞察。我们对艺术作品中的真理或谬误的理解,或者对道德上值得赞扬的态度与值得责备的态度的理解,是如何影响我们将它们作为艺术作品来评价的?在再现型艺术中,只有当谬误或脱离现实令我们感到厌烦时,它才是一种艺术上的缺点,例如,在一幅包西(Bosch)的绘画中或在刘易斯·卡罗尔(Lewis Carroll)的狂想曲中就不是这样。我们的兴趣在于这些作品创造出来的童话世界，并且如果它们通过对照，寓言地暗示出有关真实世界的主张，那么它们的真实性就是次要的。相反，那些喜欢以可恶的态度为主题的作品会使我们不愉快，因此即使我们继续关注它们也不能让我们在其他层次上介入其中。由此，主题隐含的错误或者可恶的主张就变成了艺术上的失败。这不是说我们观看再现型艺术或阅读文学作品的典型目的是学到真理或获得道德洞察力，这两者更容易从非虚构性作品中获得。不过，作品的道德观可以成为吸引我们或令我们厌恶的一个因素。如果作品的道德观吸引我们是事实的话，如果我们的道德判断能力受到挑战并得到介入的话，那么我们在作品的欣赏过程中就有可能扩展我们的道德能力，我们强调或甄别与道德有关的差异的能力就会得到增强。

这样，就在另外的层面上（既包括认识的层面也包括情感的层面）有可能让我们介入其中来说，作品的道德层面也可能是艺术的一个相关因素。这就意味着可能存在好的但不道德的艺术，以及更普遍的带有道德信息的坏艺术（或者未能达到艺术水准的文学作品）。对罪恶的有力辩护可能是吸引人的，但是它必须克服使我们对它产生厌烦的倾向。我们的确有很好的理由在艺术作品世界里比在真实世界里容忍更多的东西，但是只有在不勉强我们进入这些世界的情况下是这样的。就此而言，就不难解释，为什么一些最伟大的文学角色——亚哈(Ahab)和哈姆雷特(Hamlet)（就所有角色里最著名的来说）——在道德上是最模棱两可的。他们引起了我们的兴趣和好奇，引起了无尽的解释，在某种程度上是因为他们道德上的含混性。道德上欠妥当的作品给我们提出了挑战，让我们去重新探索我们的经验的道德层面，于是它们就经常更容易让我们介入其中。但是道德层面对于伟大艺术来说并不是必需的，大多数非再现型艺术就明显缺乏道德层面，并且缺乏道德层面也是吸引和集中我们的认识和情感注意力的其他方式之一。

我已经指出，我们既不能指明艺术作品中那些不可避免地给它们以肯定价值的客观属性，甚至也不能指明艺术作品中那些不可避免地给它们以肯定价值的审美属性。尽管如此，我们却能够对艺术作品力图让我们完全介入其中的典型方式做些一般性的归纳。首先，不同艺术形式的不同构造和期待我们在这种构造中去接近作品的方式，显示了它们在多种层面上让我们介入其中的功能。如前面指出的那样，在音乐作品内部，我们是同时在感知上、认识上和情感上理解音乐作品中的互相嵌套在一起的旋律的、和声的、节奏的、结构的、动力的形式的。歌剧包括文本和整个戏剧结构与音乐的额外关系，这些因素也必须被同时掌握。在视觉艺术里，我们必须像了解再现内容和表现一样去了解物体的表面，必须知道内容和表现是如何从媒介和形式里呈现出来的。这些关系对于我们评价视觉作品来说是关键的。在文学艺术中，正如前面指出的那样，感觉上和形式上的语言运用，以及人物、场景和主题因素之间的结构关系，也许比内容更容易识别出伟大的艺术。媒介和形式与内容的这些关系依旧是至关重要的。

其次，我们可以使艺术之间的实现这种功能的成功方式变得稍具体一点。取得艺术上的卓越性的一个典型的方式，是制造一个感觉上令人愉快的、复杂而又可理解的，同时又具有表现力的形式结构。也许这种结构类型的最著名的例子就是轻快的奏鸣曲，它主宰了古典风格中大部分的音乐乐章。这种三部分重叠的形式将清晰性和复杂性、变奏和重复与具有戏剧性的紧张、速度和解决结合起来。在这些方面它们与许多文学作品中的戏剧性情节并没有什么不同。亚里士多德认为,所谓情节也就是这样的事件:发生时应该令人震惊,然而在发生之后根与人物和先前的情节的关系又觉得在逻辑上是必然发生的。在绘画中也是这样,诸如线条、颜色、光影、形状和物体等因素能够被主题化为重复、变奏和对照,从而创造出诸如平衡或张力的更高层级的关系,以及增强再现内容的表现力。

这些复杂的形式成功地让我们完全介入其中,也许可以部分地这样来解释:人类精神具有一种自然的驱动力,在复杂环境里发现或设置秩序,在看似杂乱无章的数据中把握完整的形式和可理解的模式。这可能就是我们在对不同类型的艺术作品的解释中总是自然地搜寻主题在大体上的统一性,以及形式与内容、背景与人物等之间的适应性的原因;同时也是我们为了在贯穿艺术历史的作品中间寻找秩序不仅关注个人风格也关注历史风格的原因。这就是哈奇生将美等同于复杂或多样的统一这一观点吸引后世哲学家的原因(Hutcheson 1971)。

但是,以上提到的方式或形式都不是保证艺术上取得成功的公式,这在以下事实中是很清楚的:无数一年级的音乐理论学生都学会了以快板奏鸣曲的形式作曲,高中学生学会了写莎士比亚体的十四行诗,所有这些人都显然缺乏伟大的艺术成就。我们经常遭到复杂性的挑战,但是它也可能使我们厌烦,而形式上简单的结构,如罗斯科(Rothko)绘画中的结构,照样可以在感觉上给我们提出挑战。原创性可能会增加人们的兴趣,但大多数人宁可喜欢莫扎特的第 41 交响乐也不喜欢其他作曲家的全新风格的首部乐曲。我们可能会对道德上的暧昧感兴趣,但是查尔斯·狄更斯或简·奥斯汀的极端巧妙地设计的人物里很少有这种暧昧。一幅绘画能够以种种复杂的方式在极度丑陋上达到统一,结果也会导致一些批评家赞扬而另一些批评家反对(对照 Beardsley 1981:529)。总之,虽然通过诉诸艺术作品的客观属性将一些成功的方法普遍化是可能的,但在让我们各种不同的心理能力充分介入其中这个目的上没有普遍成功的方法,而唯独这个目标确保了对艺术作品的肯定性评价。

5.5 反驳及问题

针对以上论述可能提出的第一个反驳涉及对理想批评家的膜拜。一部有价值的作品被描述为这样的作品,即能吸引理想批评家或者那些接近理想批评家的人的作品。反驳者可能宣称这个描述把事实弄反了,一部作品因为它有价值的属性才有吸引力,而理想批评家只不过是能欣赏这些属性的人(Sharpe 2000:325)。但是这个立场的难题依然在于它无力定义一种有价值的属性是什么。既然我们不全是被同样的属性吸引或者赞同同样的属性,既然连理想的批评家在趣味上都有所不同,那么确认有价值的属性的唯一方式就是去观察或推断是否任何理想批评家都对它们做出肯定的反应,或者是否具有与我们一样趣味的人都对它们做出肯定的反应。理想批评家本身,相比较而言,能独立于他们对作品的特殊客观属性的反应,而依据他们的知识和一般的敏感来界定,正如在艺术之外和在他们对各种作品的解释里得到反映的知识和敏感那样。但是难道理想批评家作为典范的魅力不是依然在于他们对所解释作品的价值的鉴赏能力吗？它确实存在于从迎接对其心理能力的挑战中获得深层满足的能力，但是提供这些挑战的东西仍然必定被界定为与这些典范批评家的反应有关的东西。这个逻辑上的优先性是与这个事实相一致的：在判断作品的价值上，我们通常是关注作品而不是关注我们对作品的反应。但是在那样做时，我们假定了我们的反应是适当的，这个假定在受到挑战时会变得格外清楚。

理想批评家的典范作用将再次在我们对第二个反驳的回应中被证实。这一反驳涉及完全介入的标准。有时候会发生这样的事，我们很容易介入一些我们本不应该以这些肯定的方式去反应的作品之中。我们欣然接受艺术中的曲折情节和多愁善感，受到虚饰、华丽或单纯技巧的迷惑。对这条反驳的一个直接回击是，理想批评家不会以这种方式做出反应，并且艺术价值要由他们的反应来衡量。但是我们怎么知道他们不会像我们那样对这些作品做出反应？并且如果介入状态是我们所追求的东西，又何必在意它是如何实现的呢？

对第一个问题的回答是情节剧艺术和感伤艺术在情感维度上太容易让我们介入其中，而华丽的、只讲技巧的和虚饰的艺术则是在感知上或智力上太容易让我们介入其中。"太容易"的意思不仅是说这种艺术不足以挑战我们，而且是说它将我们吸引进去的是一种单面的东西，这阻碍了其他心理能力对作品的其他属性的注意。情节剧和华丽的作品在其认识性内容上常常是比较肤浅的，而对感伤型艺术做积极反应的人们常常是更集中关注他们自己的反应和共鸣，而不太关注作品的多种多样的性质。一件引起我们做出不适当反应的作品，在对这件作品的欣赏中，会造成我们的评价能力的分裂（如果不是将它们单纯关闭起来的话）而不是统一。由于单面性，此类艺术多数在吸引力上会很快褪色，因而它们不会吸引学识丰富的和富有正当敏感性的批评家们。

第三个反驳是这里所提出的评价标准是不顾历史事实的，因此对于很前卫的和当代的艺术是不适宜的。许多前卫艺术，尽管存心在认知上动摇我们和挑战我们，但在感觉上并无多大意义或者令人厌倦。许多前卫艺术攻击较早的不顾历史事实的审美价值标准，同时攻击被认为支持这些标准和被这些标准支持的社会制度。因此大多数前卫艺术只能根据它从中产生的社会现实来理解——如现代表现主义被认为是个体对技术的、大众导向的社会的一种抗议，而构成主义和通俗艺术被认为是对这种社会的两种不同的庆祝。

一个简要的回应是，尽管大多数前卫艺术的重点可能放在激发解释或者认识反应上，但它是通过对我们的感觉、情感以及我们的智力进行施暴来达到其目的的。比如，这也许就是为什么杜尚因展示小便池而不是其他某种商品而闻名——不是因为它有传统类型的审美价值或形式特性，而是因为在展览中看到它会感受到的一种情感上的惊骇。无论是哲学问题的提出还是高级玩笑的编纂，都是以这种艺术手法炮制的。这样的作品不是以传统方式，不是以创作形式优美或高雅的作品去制造一种自足的审美经验来实现它的审美价值，这当然是事实。但是前卫艺术仍然不同于艺术史的解释性文章，尽管通过对其可感觉特征的关注，前卫艺术激发了许多这类文章。如果艺术家在他们的作品中着手解决早期艺术的问题，或者拒绝这些问题，他们就都应该借助可以看见或听到的对象来达到他们的目标，因此媒介对作品来说仍然是至关重要的。这就是对传统艺术体制的最具艺术性的攻击最终终结在艺术博物馆中的原因。

就完全介入的标准不顾历史事实而言,实际上在它的应用中并非如此。今天以贝多芬风格来谱写作品(也许)不会吸引理想的音乐批评家。但是贝多芬在音乐史上的地位,不管是对海顿和莫扎特古典风格的戏剧性的背离还是对后来浪漫主义作曲家的影响,必然会影响我们对其作品的聆听方式,这会成为我们在认识上介入这些作品的一个主要部分,并且会改变我们对其形式特性和表现特性的聆听方式。

最后,我们可以成功地宣称:在涉及区分艺术作品与其他人造物品的跨艺术间的评价标准的问题上,我们的回答也暗含了其他有关审美判断的传统问题的答案。艺术的评价是客观的吗?这里只容许一个复杂的答案。我们已发现,评价通常用指称关系属性的词语去表达,通常把作品的客观属性与理想批评家的反应联系起来。客观主义者必定会根据理想批评家中的某人的错误来发表他们的不同意见,但是如果理想批评家也不同意,客观主义者的说法就不会总是有效。我们的评价必定是相对于那些与我们趣味相同的人。同时,为了获得我们想要的标准力量,就要有从我们的评价必须要满足的判断者的标准中推演出来的判断标准。如果艺术有一种功能的话,那么关于一个特定的作品是否完成这个功能的问题,似乎就应该必定有一个客观性的事实。但是,如果艺术功能是让我们的心理能力完全介入其中,并且一部作品只对某些批评家而不是对另外的批评家发挥这种功能的话,那么有关作品的评价的正确性就不是那么简单了。

每件艺术作品都具有独一无二的价值吗?每件艺术作品在它激发我们对其客观属性的反应所用的方式上可能是独一无二的,但是在这个过程中产生的价值类型不是独一无二的。这种价值是内在的还是工具性的?我们的答案是"两者都是"。在对伟大的艺术作品的欣赏中,我们从我们的感知、思想、想象和感情所受到的挑战以及它们的完全贯注中获得满足,而且我们从它提供的逃避中受益,从艺术世界与现实世界的对比中受益,从我们的能力通过其充分的运作而得到扩展中受益。那些满足这个标准的作品就是最好的作品。

参考书目

Aristotle (1941). *Poetics*. In R. McKeon (ed), *The Basic Works of Aristotle*. New York: Random House: 1455 – 1487.

Beardsley, M. (1981). *Aesthetics*. Indianapolis: Hackett.

Bender, J. (1995). "General but Defeasible Reasons in Aesthetic Evaluation." *Journal of Aesthetics and Art Criticism*, 53: 379 – 392.

Bourdieu, P. (1984). *Distinction: A Social Critique of the Judgment of Taste*, trans. R. Nice. Cambridge, MA: Harvard University Press. (Original work pub. 1979.)

Budd, M. (1995). *Values of Art*. London: Penguin.

Dickie, G. (1988). *Evaluating Art*. Philadelphia: Temple University Press.

Hume, D. (1963). "Of the Standard of Taste," in *Essays Moral, Political, and Literary*. Oxford: Oxford University Press: 231 – 255. (Original work pub. 1757.)

Hutcheson, F. (1971). *An Inquiry into the Original of Our Ideas of Beauty and Virtue*.

New York: Garland. (Original work pub. 1726.)

Pawlowski, T. (1989). *Aesthetic Values*. Dordrecht: Kluwer.

Sharpe, R. A. (2000). "The Empiricist Theory of Artistic Value." *Journal of Aesthetics and Art Criticism*, 58: 321–332.

Sibley, F. (1959). "A Contemporary Theory of Aesthetic Qualities: Aesthetic Concepts." *Philosophical Review*, 68: 421–450.

延伸阅读书目

Burger, P. (1990). "The Problem of Aesthetic Value." In P. Collier and H. Geyer-Ryan (eds), *Literary Theory Today*. Ithaca, NY: Cornell University Press: 23–34.

Carroll, N. (2000). "Art and Ethical Criticism." *Ethics*, 110: 350–387.

Davies, S. (1994). "The Evaluation of Music." In P. Alperson (ed.), *What is Music?* University Park, PA: Penn State University Press: 307–325.

Goldman, A. (1995). *Aesthetic Value*. Boulder, CO: Westview Press.

Graham, G. (1995). "The Value of Music." *Journal of Aesthetics and Art Criticism*, 53: 139–153.

Levinson, J. (1998). "Evaluating Music." In P. Alperson (ed.), *Musical Worlds*. University Park, PA: Penn State University Press: 93–107.

Meynell, H. (1986). *The Nature of Aesthetic Value*. Albany, NY: SUNY Press.

Scruton, R. (1997). *The Aesthetics of Music*. Oxford: Clarendon Press.

Shusterman, R. (1980). "The Logic of Evaluation." *Philosophical Quarterly*, 30: 327–341.

第 6 章
美学中的解释

劳伦·斯特恩 著

徐 陶 译

对于早期的美学理论著述者来说,判断或评价是他们在论述艺术批评的时候会选择的主题。自从19世纪初期开始,判断或评价的这种位置逐渐被理解和解释所取代,并引发了对美学领域中主要问题的重新评估。毫无疑问,在施莱尔马赫(Schleiermacher)以前,解释的问题就已经被讨论,并且评价的问题仍然是最近两个世纪美学讨论的背景。但是如果我们不去关注"意图性"——这已经得到最详尽的讨论,而且是处理理解和解释问题的试金石——那么我们就不可能理解当代的美学理论。意图性处于艺术批评的中心位置,对于专业的和外行的人来说都是如此。在关于意图性的讨论中所争论的问题是一个哲学问题。通过强调这个问题的哲学特性,我希望传达这样的信念:争论的双方都不能提出决定性的论证。如果能够提出这样的决定性论证,那么我们处理的问题就会是一个事实问题,而且我们必须承认艺术批评中的意图性问题不是一个哲学问题。某个认识论研究者相信他看到的是感觉质料,而另一个相信他看到的是物理对象——但是当他们经过一个拥挤的十字路口时,他们都在躲避汽车。同样,意图主义和反意图主义的艺术批评都必须准备着去处理艺术批评的实践中产生的问题,这些问题由它们的对手提出。如果它们都是同样好的艺术批评,就可以期望它们在艺术评判中形成共识,即使它们为各自的评判所提出的理由并不相同。因此,为什么我们应该关注意图性这个问题?是因为美学中的基本问题需要有不同的回答,这些不同的回答取决于对于意图主义我们采取什么样的立场。

6.1 基础层面上的理解

威姆塞特(Wimsatt)和比尔兹利在他们那篇有名的论文《意图的谬误》(1946)中,主张作者的意图不能用作并且也不值得用作解释和评价文学文本的标准。这篇论文的作者和读者都扩大并且改良了这一论题的有效性范围。自它发表后的半个多世纪里,我们已经开始去思考:

意图的谬误不仅存在于对文学作品的文本的解释中,也存在于对视觉或听觉艺术作品的解释中。反意图主义也变得与艺术作品的历史性研究完全地协调相容了。最初,对于什么处于艺术作品的界限之内和什么超越了艺术作品的界限,我们做出了严格的划分;但是一旦我们承认艺术作品的历史和它周围世界的成分也包含在艺术作品的界限之内,承认什么和排除什么之间的分界线就变得非常松动了。不过意图主义和反意图主义之间的争论仍然是有重大意义的。查尔斯·罗森(Charles Rosen)——画家,音乐学家,研究音乐、艺术和文学的历史学家,比我们领域大多数专业研究者更具有天赋的哲学家——写道:"不管作曲家清楚地表明了他的意图是什么,演奏者选择他自己所认为的更好的音乐表现形式,这是一种道德职责——钢琴家力图说服自己相信作曲家知道他在做什么,这同样是一种道德职责。"(Rosen 1994:22)只要他们是明智的和采取适度的方法,意图主义者和反意图主义者都能用罗森的话来支持他们各自的信念。如果这就是事实,那么关于意图主义的争论又有何重要性呢?

创造艺术作品不同于解释艺术作品。诗人、画家或作曲家也许是他自己作品的最初解释者,但是他不一定就是最合格的解释者。对于创作中的艺术作品,艺术家必须满足他自己的关于正确的标准。如果不满意,他可以改变他自己的艺术作品。解释者不能改变艺术家的作品,除非她能证明这种改变是为了更好地提供作品的原本样式。即使是中世纪那些在抄录希伯来圣经时仅仅关注字母顺序和间隔的僧侣们,尽管在其大师的抄录中发现亚伯拉罕和上帝的位置被颠倒了,他们还是把《创世纪》第18章22节改成了"**但是亚伯拉罕还是站在上帝的面前**"。解释者关于正确所采取的标准与我们在通常情况下所采取的标准是相同的:如果解释者宣称她理解了别人对她说的话,而我们又没有相反的证据来反驳,那么我们必须同意她的这个断言。在艺术作品的情况中,如果解释者对她所关注的艺术作品感到舒适,或者如果她对那件艺术作品感到很舒服,那么我们必须同意:只要她的信念没有受到质疑,那么她就理解了这件艺术作品。在这两种情况下,只有那些不同意解释者的信念——她理解了呈交给她的艺术作品或者她对这件艺术作品感到很舒服——的人,才需要去寻找反驳的证据。

在这两种情况下,理解依靠解释者的信念,即进一步的澄清是不需要的。证据是用来表明她的信念是错误的。的确,可能会证明解释者原来的理解是错误的或者是太肤浅或太深奥的——但是如果她对理解日常情况下所说的或所做的感到舒服,或者如果她对理解某一特定的艺术作品感到舒适,那么她就没有责任去收集证据来维护她的解释,除非她受到了质疑。解释是自明的,除非受到质疑。那些业余或专业的批评家希望说服别人相信他们的解释是正确的,就会去寻找这样的质疑。毕竟,对某一特定解释的最好的捍卫,是表明这个解释在某一效能方面比其他已有的解释更好。

艺术家不满意于他的创作,这是判断他没有能够满足他自己关于正确性的标准的依据。在大多数情况下,只要他的创作不是处于公众范围内,他就能改变自己的作品以适应他自己的意图。除了在极端情况下,解释者不能随意地改变另一个人的创作。的确,在20世纪之前的很早时期,艺术家们曾在其他艺术家的作品上作画。这些情况并没有削弱艺术家的职能和解释者的职能之间的根本差别。立法者制定法律,法官解释它们;艺术家创造艺术作品,专业或业余的批评家解释它们。也许有人会说这种整齐的划分显露出对这些不同职能做了肤浅的理解,但是即使是反对这些划分的主张,也要首先假定这些划分必须被认真地对待。

我们进行理解或解释的标准是非常低的。如果在一个更高的程度上来考虑另一个人说了什么或者做了什么,那么我们就对于我们自己或另一个人的理解提出了事实的或者哲学的问题。我们能这么做,只是因为我们从理解的一些基础层面上出发。同样,我们对特定的艺术作品感到舒适或舒服,这提供了一个基础的层面,以便评价我们自己或别人对那件艺术作品的理解。大部分时间我们都满足于基础层面上的理解,我们只有在特殊的情况下才会有疑问。文学作品的阅读者、画廊里的参观者、音乐会上的听众对于呈现给他们的艺术作品至少有某种层次上的理解,这种层次的理解是我们每个人对特定艺术作品感到舒服的时候都会有的。当面对一件他们认为是骇人听闻的、刺耳的、色情的或淫秽的艺术作品时,即使他们捂住眼睛或耳朵,或者略过几页不读,这也是由于最初的基础层面上的理解而产生的反应,这种基础层面上的理解是进一步进行解释活动的前提条件。在承认他们在这种基础层面上理解了艺术作品后,我们就可以转而去表明他们的理解是与艺术作品毫不相关的或者荒谬可笑的。在驳斥他们对那件艺术作品的理解或解释时,我们声称他们把他们自己的观念部分地投射到或完全地加给了艺术作品,而这些观念是不能在艺术作品中被发现的。

在日常生活中我们不会说别人不理解他们被告知什么或者看见或听见什么,除非我们有证据来这么说。由于高人一等的优越感和假内行的心理的促使,业余或专业的批评家经常暗示,大多数展览馆和画廊里的参观者、大多数聆听音乐演奏的听众以及许多文学作品的读者并不能理解他们遇到的艺术作品。除非我们有证据来支持这些轻率的说法,否则就没有很好的理由来相信它们是真的。如果我们希望对业余或专业的解释者的职能了解得更清楚些,那么我们就必须把以下观点视为合理的:对特定艺术作品感到舒适、愉快、高兴,这就充分地表明了在基础层面上理解了该艺术作品。同时,批评家必须说明为什么会对特定艺术作品感到不满或有抱怨。这是观赏者、听众或读者的错,还是那件艺术作品的错?

6.2 批评家的职能

当介入艺术作品的解释活动时,我们是在业余或专业水平上完成批评家的任务的。处于同一水平或不同水平上的两个批评家之间会有争论,这产生以下两个原因中的一个:一个批评家表达了他对特定艺术作品的不满,另一个批评家则表达了她对该艺术作品感到愉悦;或者两人都表达了他们的不满或愉悦,却是根据不同的原因。两个批评家都必须关注他们在面对艺术作品时,看到或听到或读到了什么。这意味着两个批评家都必须关注艺术作品创作者已实现的意图。有时他们也会发现艺术家的错误行为导致了一些非意图性的结果:艺术家在最后一次修改他的创作时也未能发现写作过程中的一处笔误或者绘画过程中无意的一笔。如果意图主义批评家和反意图主义批评家都面对同一件艺术作品,那么关于艺术家已经实现的意图的争论,就必须参照该艺术作品来解决。任何关于艺术家未实现的意图的争论都是关于艺术家的争论,而不是关于他的创作的争论。问题于是产生了:有没有需要参照艺术家的意图才能获得解决的争论？

当对在日常情况下所说的或所做的感到困惑时，我们会让说话者或行为者来进行澄清。如果艺术作品是艺术家和他的观众之间的交流，那么我们会认为让艺术家对他的作品进行阐释是很自然的事情。关于他要在作品中满足什么样的正确性标准，艺术家是这方面的专家。如果他充分地阐明了这些标准，就可以对我们所遇到的艺术作品的起源提供一些信息，也可以告诉我们那些不能满足他自己的正确性标准因而未被采用的其他的表现形式。但是作为批评家他必须告诉我们在他的作品中所满足的是什么样的正确性标准——在这点上他并不比任何其他的批评家处于更有利的位置。浪漫主义者们也许会相信只有艺术家才能理解他自己的创作——只要我们关注创造艺术作品的过程，那么他们也许是对的。如果我们关注完成的艺术作品和艺术家实现了的意图，那么艺术家对自己艺术作品的解释就肯定会与其他所有的可能得到的解释相竞争。

6.3 相互冲突的解释

业余或专业的批评家一开始就必须理解他们遇到的艺术作品。中世纪那些无名的抄录圣经的僧侣们在抄录被普遍接受的文本时改变了亚伯拉罕和上帝的位置，他们只能算是外行。查尔斯·罗森——首屈一指的专业解释者——承认贝多芬的钢琴奏鸣曲《汉马克拉维亚》（作品集第 106 号）第一乐章里的升 A 大调是印刷错误。但是罗森并不管在印刷的乐谱中会发现什么，或者在手抄件中会找到什么证据——假如它再次出现的话——而是一直用音乐上更富有意趣的升 A 大调来进行弹奏，尽管他认为自然 A 大调可能才是正确的。从解释者的观点来看，这些改动是合理的，因为它们使我们更好地理解文本或者乐谱。其他的解释者可能会避免这些改动。在一场这样的争论中，我们接受一方或者另一方提出的理由，同意或者不同意他们所提出的改动。在不同的时候我们会同意其中一方，对该问题表现出容忍，只要我们至少不去关注争论的主题就行。然而，提出这些修改意见的解释者却非常热切地关注这些改动。如果他们不相信自己的解释，如果他们不认为这些解释是正确的，他们就不会提出这些修改意见了。超然于两种可供选择的观点的观察者也许会建议对相反的观点采取容忍态度，并且主张解释没有正确和错误之分，而是看哪种解释更合理、恰当、切题，或者相关。但是如果我们主张或者积极地支持一种解释，那么我们还能容忍它的相反观点吗？

每当关于解释产生争论时，这个问题就变得非常急迫。一个批评家对一件艺术作品感到舒服，而另一个批评家并不对它感到舒服。两个批评家可能都是专业的或都是业余的，或一个是专业的而另一个是业余的。对那件艺术作品感到舒服或者从中得到愉悦或愉快的批评家，会发现他的反对者是不合格的。因为他对该艺术作品感到舒服，所以如果其他解释者没有能够欣赏或理解它，他肯定会认为她犯了某些过错。如果她不同意他，那么她的眼睛或耳朵或她的理解力一定出错了。同时，她也会责怪他把某些东西鉴赏为或错误地理解为艺术作品，而这些东西被她判断为是空洞无物的。在她看来，他将会把他想象的东西加到艺术作品上去，而不是艺术作品本身的东西。两个批评家之间的争论表面上是关于同一个事物的,但是只要不能够容忍相反的判断,那么争论的焦点就由事物转移到恰好不同意另一个批评家的批评家身上。而且,即使两个批评家同意一个事物能被称为艺术作品,在讨论中也会不能容忍相反意见。两个批评家可能都对那件艺术作品感到舒服或者都拒绝称它为艺术作品,却出自不同的理由。另外,其中一个批评家可能会坚持另一个批评家由于以下事实而一定要受到责备,即他把想象力所看到的或听到的而不是在艺术作品中真实地被看到或听到的东西,加到艺术作品或被称作艺术作品的事物上面。两个持不同判断意见的批评家,或者两个都同意某一特定判断却提出不同理由的批评家之间的争论,是解释者之间而不是哲学家之间的争论。哲学家发现很容易给每个解释都赋予相对的优点;解释者必须在相互冲突的解释中做出选择。从解释者的观点来看,那些赋予相互冲突的解释以相对优点的哲学家不关心争论的要点,不关心事实,也不关心真理。

但是正是因为哲学家是如此关心事实和真理,所以他们才不愿意把真理只赋予两个相互冲突的解释中的任何一个。这并不意味着有一个对于解释者来说的真理和一个对于哲学家来说的真理;或者对于某人来说是事实,而对于另一个人来说不必是事实。它意味着在这些环境下我们不知道什么才是事实。主张或者维护某一特定解释的解释者认为该解释是真实的,但这仅仅是因为我们同意;如果他们不认为它是真实的,那么他们就不会提出那个解释了。这并不能推出它就是真实的。在提出那个解释时,他们也许会相信他们已经确立了事实,并且根据我们所知道的,他们可能接近于确立了事实。但是即使是最有用的或者最成功的解释也不能转化为事实。毕竟如果我们知道什么是事实,那么我们就不需要解释了。

一些批评家想要通过发现艺术作品创作者的意图来支持相互冲突的解释中的其中一个。只有那些没有在艺术作品中实现的意图才是这种研究所要解决的问题,因为已经实现的意图是两个相互冲突的解释都能在艺术作品中发现的。但是不能只是因为解释是依据创作者未实现的意图,就将对艺术作品的解释转化为事实。艺术作品只有满足了创作者的正确性标准,才能被完成。把创作者未实现的意图加到已经完成的艺术作品上,批评家就改变了那件艺术作品。如果艺术作品是艺术家与其观众之间的交流,那么这种改动将是恰当的。写信人的笔误可以比较容易地通过依照写信人的意图来得到更正。在更正后,我们也许会想知道这样的错误行为——如果的确表达了某些东西的话——表达了作者的什么东西。但是我们不会去问这样的错误行为是否会使书信有更多或更少的价值。与之相对照的是,一首诗里面的笔误能使那首诗有更多或更少的价值。如果笔误使它成为更有价值的诗,那么我们就不会去改动它,即使诗人建议我们对其做出改动。如果笔误削弱了它的价值,那么我们会改动它,即使诗人建议不要对其做出改动。如果对文本或乐谱进行更正,能够帮助我们更好地理解或者展现文本或乐谱的价值,那么解释者就会进行更正。

交流可能会包含着隐秘;我们知道了写信人未表达的意图,可能就会发现那些隐秘。艺术作品不是交流手段,它们不包含隐秘。解释只能表明特定艺术作品公开地展示出了什么——就我们所知道的——这同时也是满足创作者的正确性标准。参照艺术作品的创作者未实现的意图会削弱而不是增进对艺术作品的解释。把这些未实现的意图纳入考虑范围,批评家就承认他们没有能够理解或欣赏那件艺术作品。即使艺术作品的创作者告诉我们他没有实现的意图,但是他能这么做,仅当他是在行使一个批评家的职能而恰好又是在对自己的作品进行解释时。对比于对他的创作的其他解释,他只在他未实现的意图方面才处于优势地位。涉及他已实现的意图,特别是如果他在他的艺术作品中看到或读到其他人都不能发现的东西,那么他也许甚至还比不上其他批评家那么有优势。但是我们不能得出结论:已有的证据压倒性地支持了反意图主义。

6.4 艺术作品的世界

意图主义批评家正确地主张:对艺术作品的解释需要把艺术作品周围世界的一些部分包含进去。例如在理解文学作品时不仅需要读者熟悉其语言,而且需要读者具有一些关于实践、习俗和文化(作为艺术作品周围世界的一部分)的知识。即使是理解一个简单的故事,也需要我们用想象力填补故事所讲述的事件之间的间隙。我们从一件艺术作品那里获悉的东西,我们把它带入对其他艺术作品的理解中。我们在小时候就从读故事或看电影中获得了关于人性的大多数经验概括。有了这些知识的储备,我们去理解在后来生活中遇到的更复杂的艺术作品。我们不会好像第一次遇到那种艺术作品一样,去阅读、观看或聆听一件艺术作品。因为我们总是增加一些不能在特定艺术作品中发现的成分,那么问题就产生了:为什么反意图主义批评家特别反对把艺术创作者未实现的意图纳入那件艺术作品?为什么我们不能把那些他未实现的意图看作——就我们所知道的——他已实现的意图的扩展?对于意图主义和反意图主义批评家来说,这是道德原则上的分歧。

根据意图主义批评家的观点,按照创作者想要它被理解的那种方式来理解艺术作品是我们的职责。康德的道德观要求我们这样来行动,即我们不要总是把我们自己或其他人的人性作为手段来看待,而应该同时作为目的来看待。赫尔希(E. D. Hirsh)把这个要求扩展到文学作品上,他写道:"把作者的文字仅仅看作可以加以利用的东西,这在伦理学上类似于为了自己的目的而使用另一个人。"(Hirsh 1976:90)即使不诉诸康德的道德观,这种说法所隐含的洞见也是值得保留的。为了支持反意图主义则可以援引其他的道德原则。反意图主义批评家问道:凭什么允许意图主义批评家依据艺术作品创作者未实现的意图来解释那件艺术作品?作者、画家或作曲家不曾把那些未实现的意图包含在他的艺术作品中;他认为他的艺术作品已经完成,就表明了这件艺术作品满足了他的正确性标准。它现在是独立的艺术作品,我们不可以把创作者省去的东西加给它。按照比尔兹利的观点,"正如不要遗漏某些东西一样,不要用某些东西来曲解一首诗也是很重要的"(Beardsley 1958:26)。反意图主义批评家的洞见也是值得保留的。这两个论证将被称作艺术鉴赏家(connoisseurs)的论证,简称为"c 论证"。业余艺术爱好者(dilettante)也从道德方面要求的论证,我们将之称作"d 论证"。

那些到艺术展览馆参观却对展示出来的艺术作品感到不舒服的人,我们经常无意中听到他们在观看蒙德里安或布洛克的绘画作品后说:"我的 12 岁的女儿或者 9 岁的儿子都可以画出这样的画。"经验丰富的展览馆馆长只能回答："让他们试试,看看他们是否能成功。"那些模仿蒙德里安或布洛克的绘画的年轻人不太可能喜欢他们正在做的事情,即使他们学着去喜欢它,也需要一些时间来发展出他们自己的需要满足的正确性标准。很显然,在一个时期里我们的伟大画家曾是些业余的年轻人;业余的艺术爱好者仅仅是错在认为他们始终都是这样的年轻人。但是他的愤慨也是有些重要含义的。如果艺术作品的创作者不喜欢他自己的艺术作品,如果他对那件艺术作品感到不舒服,如果他不能从那件艺术作品中得到愉快和审美快乐,而同时他却假装出相反的表现,那么艺术鉴赏家和业余的艺术爱好者就都会把他称作骗子。如果他没有满足他自己的正确性标准或者如果他没有正确性标准,却积极地把他的作品推向公众范围,那么艺术鉴赏家也会称他为骗子。业余的艺术爱好者还有另外一个抱怨的原因。如果艺术作品创作者和鉴赏他作品的行家们对那件艺术作品感到舒服,如果他们从它那里得到愉快或者审美快乐,那么或者他们是骗子或者这个业余的艺术爱好者自己出了什么差错。以上这些说法都不能提供很多的帮助。最后,如果艺术鉴赏家对艺术作品感到不舒服,尽管创作者和至少一些艺术鉴赏家对它感到舒服,那么她也有理由来抱怨。是她见证了一场进行欺骗的小阴谋,还是她的眼睛、耳朵和理解力有问题？c论证和d论证都显示了在艺术作品的解释和道德考虑之间不寻常的联系。其次,两者都暗含了在艺术作品的评价和解释之间的同样不寻常的联系。最后两者似乎都假定了应该有趣味的集中,尽管关于趣味无争辩的主张已经有很长的历史了。

6.5 错误的解释和荒谬的解释

对艺术作品的解释和对它们的评价是分不开的。我们总是有理由问解释者对特定艺术作品是感到舒适还是感到不舒服,她从中获得娱乐还是感到厌烦,她从中得到愉快或审美快乐还是发现它令人不快。只有我们知道了她对于特定艺术作品的态度和信念,我们才能充分领会她的批评。完全脱离价值考虑来对艺术作品的解释进行讨论,这忽略了艺术批评的要点。相对于文学或艺术批评,这种脱离价值的讨论更接近于中世纪的知识分子关于神圣与世俗的文本的争论。我们的文学批评家告诉我们关于种族、阶级和性别的东西,但是仍然声称他们的评论是关于文学作品的(Ellis 1997)。我赞同他们在这些问题上的立场,但是如果被告知政治说教是与该艺术作品相联系的,并且如果我们知道批评家从艺术作品中是得到愉快还是感到不快,那么即使是这些政治说教也会变得更加有效。

意图主义批评家相信:通过强调被讨论的作者或艺术家可能没有表达忠于政治的批评家加给他们的那些意思,能够制止在文学和艺术批评里不合理的社会性或政治性评论的趋势。当意图主义者希望防止艺术批评受不足信的或者新奇的意识形态影响时,他们有更强的武器可供使用。即使当他们恰好赞同他们的投身政治的同行的社会目的时,他们也能使用这些武器。艺术批评里的中心问题不是艺术作品的创作者可能表达什么意思或者批评家让他表达什么,而是在他的艺术作品中我们能发现什么。意识形态只有在使得解释者掩盖而不是揭示能在艺术作品中发现的东西时,才是损害了艺术批评。毫无疑问当我们接近艺术作品时,我们的眼睛或耳朵并不是像白板一样地来接收,而必定会把我们在艺术或生活中获悉的东西带给它,以便能发现某些东西。问题于是出现了,解释者如何能避免以下事情的发生:把她自己的想法加给艺术作品从而遮蔽而不是阐明她解释的对象?

解释有一个自然的限制:如果它们与解释者所知的事实相冲突,那么它们就会被拒绝。在通常情况下,即在艺术之外的范围内,解释活动通常是被说话者或作家的话语和解释者所接受的事实之间的冲突引发的。在艺术的背景内,解释活动有时是由我们的期望——基于我们接受的事实——与在作品中的发现之间的紧张冲突引发的。更经常出现的是,我们对艺术感到不舒服,或者需要为那些对那件艺术作品感到不舒适的人提供解释,这些东西促使解释产生。如果读者、观赏者或听众对艺术作品感到不舒服,那么或者他们不理解他们在所遇到的艺术作品中获得的感受,或者在那个自称为艺术作品的对象中本来就没有什么可理解的,或者他们处在前面提到的两种极端情况之间的某个位置。艺术博物馆里的参观者在知道应该如何观赏蒙德里安和布洛克的绘画之前,必定已经获得了一些艺术和艺术史的知识。观赏者带给这些绘画的东西,将使他在绘画要素对比强烈的画面上那些任意的色彩条纹之外,能够看出更多的东西。只要受到充分的额外教育,他也许甚至能用该艺术领域的专家的眼光来观赏这些绘画。但是他带给绘画作品的东西也许足够使他按照自己所曾注意到的东西来理解艺术作品,即使他的这种赋予部分地遮盖而不是阐明了能在艺术作品中感受到的东西。他所带给艺术作品的东西也许就是对艺术作品进行错误解释的根源。但是,错误的解释仍然是解释,即使它们是不相关的或者是毫不相关的。也可能他加给艺术作品的东西完全遮掩了艺术作品的真实内涵,在这种情况下我们就不再是谈论错误解释了:参观者加给艺术作品的东西是荒唐可笑的,根本不是对那件艺术作品的解释。

错误解释和荒谬的解释之间的差别对于理解艺术解释来说是基础性的。我们希望解释揭示出能在艺术作品中感受到的东西。如果一个专业的批评家带给艺术作品的东西部分地遮盖了对艺术作品的感受,那么她的批评将被理解为仅仅是对那件艺术作品的主观反应。的确,只有当遮蔽了对所解释的艺术作品的感受时,主观反应才必定会遭到拒绝。即使相对于业余批评家,我们更倾向于接受专业批评家的主观反应的引导,但是我们还是希望专业的——和典范的——批评家能使我们发觉能在艺术作品中感受到的东西,而又不会部分地遮蔽艺术作品的意义。如果我们由于她的解释而把它看作更好的艺术作品,那么我们认为她的解释优于其他已有的解释。这其中包括其他批评家——专业的或业余的——基于纯粹的主观反应而做出的解释。在日常环境里,即在艺术之外的情况下,我们只接受最能满足我们意图的解释。在艺术环境中情况也没有发生改变。确实,不久以前的最好的解释也许现在变成次好的解释,但是只要它被判定为是次好的,那么它就不可信了;它成了错误的解释。

如果我们仅接受最能满足我们意图的解释,那么部分遮蔽对艺术作品感受的纯粹主观反应必定会让位于典范批评家的解释。典范批评家提供给我们如此谦逊的解释,以致我们相信批评家提供给我们的是对艺术作品的描述,而不是解释。"诗的阐释,"海德格尔写道,"必须要努力使它们自身变成多余的。任何解释的最后同时也是最难的一步乃是随着它的阐释而在诗的纯粹展现面前消失。"(Heidegger 1951:8)艺术批评的理想是,我们在解释艺术作品时仅仅依靠内部证据,并且当这样的解释提供给我们的时候,我们也就是在阅读、观赏、聆听或理解那件艺术作品,好像解释不曾发生过一样。在典范批评家的引导下,我们不仅根据解释理解了特定艺术作品,而且相信:我们是受艺术作品的相关事实而不是解释的引导。

不幸的是,艺术鉴赏家和业余艺术爱好者都没有可以利用的标准,来使他们区分典范的、专业的或者业余的批评家所提供的解释。当解释者向他们的听众提供错误解释或者荒谬解释时,也不会自动响起警铃。艺术鉴赏家和业余艺术爱好者也许都会发生以下情况:他们站在绘画作品面前,并且把他们希望看到的东西加到它上面。即使是海德格尔也发生了以下的情况,即他把他的幻想和自由联想加到凡·高所画的鞋子上:被他看作农民的或是农妇的鞋实际上是凡·高自己的鞋(Schapiro 1994)。如果这种情况发生在业余艺术爱好者身上,我们会抛弃他的解释;如果发生在艺术鉴赏家身上,我们也许希望挽救这个引发解释的推测(Derrida 1978;Stern 1999)。在任一情况下,荒谬的解释都没有引起我们的认真对待。因为种种错误的解释互相竞争以便成为满足我们特定意图的最好的解释,所以它们都必须被认真对待,即使它们已经过时或者是不可信的。

如果解释者仅仅反对的是荒谬的解释,那么让我们注意到与解释相冲突的事实就足够了。如果她反对的是错误的解释,那么她必须提供理由来解释为什么她的选择更好。作为一个批评家,如果她仅仅告诉我们她对艺术作品的主观反应,那么我们会觉得她是不合格的。例如,说她喜欢那件艺术作品,但是仅因为她恰好有好的鉴赏力所以就要求听众同意她的说法,这是不够的。她必须关注她所解释的对象,并且让她的听众相信:如果他们按照她那样去理解这件艺术作品,他们同样能欣赏它。如果她完成了这个任务,那么在她的解释中另外的公开或者隐蔽的社会性或政治性议论,并不会改变她作为一个批评家的资格。无疑,一些人会由于这些社会性或政治性议论而疏远她,其他人则会拥护她的观点。但是并无有效的论证来反对把她的这些议论包含在她的批评文章里。因为批评家发现她的听众和可靠的拥护者主要来自那些参与她的社会性或政治性讨论的人。当她作为一个批评家时,她首要的职责是论说或描写她正为她的听众解释的艺术作品,同时期望听众同意她的评价。我们没有预防手段来防止错误的解释或荒谬的解释;她最多能做的是,表明和描述艺术作品里蕴含着什么,并且用她的解释来反对已有的其他解释。

意图主义批评家可能会希望通过参照艺术作品创作者的意图,来支持一种解释并排除错误或荒谬的解释。假设我们发现了皮罗·德拉·弗朗西斯卡(Piero della Francesca)写的一封信,里面告诉我们他曾仿照木头马来画马。或者假设凡·高的一封信告诉我们:他曾以自己的鞋子为模型来画农民或农妇的鞋子。的确这些信对于提供关于作者的传记资料是有价值的,但是皮罗(Piero)的信不会包含有关他壁画的新信息:好的观察者能够看出他的壁画中马的原型是些道具。而另一方面,最好的观察者可能也不会发现凡·高绘画作品里的鞋子是农民的鞋子,即使他们受到凡·高本人的提示。反意图主义批评家会拒绝接受艺术家的这种证词,意图主义者会认真地考虑它——他们对于这种证词的态度也许是不同的,但是同时他们对于这些艺术作品的信念会是相同的。

6.6 可普遍性

现在我们能更好地理解艺术中相互冲突的解释。对艺术作品进行解释的冲突可能产生于两个艺术鉴赏家之间，他们在我称作 c 论证的基础上得出关于如何阅读、观看或聆听特定艺术作品的结论；冲突也可能产生于艺术鉴赏家和业余的艺术爱好者之间，基于相互冲突的 c 论证和 d 论证；最后，冲突还可能基于两个不同的 d 论证。d 论证之间的冲突可以不做考虑：它们或者是意义不大的，或者只是 c 论证和 d 论证之间冲突的反映。两个艺术鉴赏家之间或艺术鉴赏家和业余艺术爱好者之间的冲突应该得到详细的讨论。在这两种争论中，艺术鉴赏家坚持认为：他们表明和描述了特定艺术作品的内涵，并且展现出它的价值；另外，他们对艺术作品所做的断言可以被所有受过良好教育的读者、观赏者或听众在艺术作品中发现。

两个艺术鉴赏家也许对一件艺术作品采取同样的态度——例如，他们都对它做了很高的评价——但是提出不同的理由来支持他们的解释。或者，尽管他们提供相同的理由来支持解释，却可能对一件并且是同一件艺术作品采取不同的态度：一人很欣赏它，而另一人却发觉它很浅薄。这种情况在艺术鉴赏家和业余艺术爱好者之间争论的背景下也会产生。在所有这些争论中，我们轻巧地说着趣味无争辩的老话，而我们的争论实际上就是由这种争辩激起的。艺术鉴赏家互相反对，同时也反对业余艺术爱好者，但是他们相信：如果他们的反对者拥有好的趣味和关于艺术的足够的知识，那么他们对于所讨论艺术作品的理解和评价就会达成一致。即使他们的一些反对者愿意合作而且同意他们的意见，但是只要他们不能说服所有的反对者，那么还是必定会面对一个难题，即依然有反对者的存在。如果这些反对者有好的趣味并且受到良好的教育，那么他们为什么不能同意提交给他们的解释和评价呢？他们的趣味或教育就被怀疑是有缺陷的：如果他们固执地坚持自己的立场并且拒绝接受好的趣味、出众的知识和教育的指导，那么他们就是出了什么问题。他们依靠什么而敢于抵制最好的批评性判断的权威呢？

他们有很好的理由，并且从汉斯·克里斯蒂安·安徒生（Hans Christian Andersen）的《皇帝的新装》一文中的那个小孩那里借来了一句："但是皇帝根本没有穿衣服！"而且一些艺术鉴赏家也许时常也同意业余艺术爱好者的观点："在艺术展览馆里展览的特定对象其实根本什么都不是。"如果有艺术鉴赏家宣称在泰特美术馆（Tate Gallery）里展览的砖堆是一件艺术作品，那么他们必定是把他们自己的想法而不是属于对象本身的东西加给了那个对象。那个对象有需要满足的正确性标准吗？它有某种惊骇价值吗？它给那些认为它是艺术作品的艺术鉴赏家提供了消遣、娱乐、愉快或审美快乐吗？如果这些问题没有一个能够得到满意的回答，那么业余的艺术爱好者是正确的：展览的对象不是艺术作品。除非说服反对者而结束争论，否则怀疑就会随着艺术中解释的争论而产生。业余的艺术爱好者怀疑艺术鉴赏家参与共谋，欺骗没有疑心的公众接受砖堆是艺术作品的主张。艺术鉴赏家则怀疑业余艺术爱好者见识不够或者缺乏鉴赏力。

相互的怀疑很少能被证明是正当的,但它们是不可避免的。c 论证必须以普遍的形式来提出。这种论证所隐含的意思是,只要给予足够的知识和适当的趣味,特定艺术作品的所有读者、观赏者或听众将会体会到专业或典范的批评家在那件艺术作品中所体会到的东西。但是任何用普遍的口吻来说话的人必定会面临以下的可能性:她将得不到普遍的同意。由于受到反对,批评家必须在以下这三种选择中做出决定。她可以收回关于艺术作品的判断;她可以维持她的判断,但不再以普遍的口吻来谈论;最后,她能维持她的判断,继续以普遍的口吻来谈论,同时维护自己的立场,抵御一些听众和读者的反对。第一种选择没有什么重要性。第二种选择允许她撤到一个比较安全的地方,却付出极高的代价。她能把她对特定艺术作品的主观反应告诉听众,但是她不能再主张:她的主观反应所依靠的基础必须被理解为像是那件艺术作品的性质,并且这个基础能被所有遇到这件艺术作品的人发现,最后,只要有了这个基础,他们对那件艺术作品就具有和她一样的主观反应。第三种选择是继续以普遍的口吻来谈论,同时维护自己的立场,抵御经常是来自大多数人的反对。一些人会敬佩这种勇敢,另一些人会对这种普遍的口吻感到不快。

反对普遍言论的 d 论证质疑的是以下观点,即以专业的数学家或物理学家了解他们的主题的方式,专业或典范的批评家了解艺术:艺术批评的实践接近于政治批评的实践,却不同于数学家或物理学家的实践。按照这种观点,专业批评家的普遍性话语必定被那个小孩的话语所淹没——"但是皇帝根本没有穿衣服!"c 论证采取更复杂的形式来反对专业或典范批评家的普遍性言论。一些人同意业余的艺术爱好者的观点,即不存在专业的批评家;但是另一些人则担忧对专业批评家的知识和洞见的要求。他们宣称知道别人所不知道的——但是这种宣称难道不就是独裁主义的腔调吗?在以普遍口吻发表言论的哲学批评家的传统里,确实有点独裁主义、精英主义,甚至对那些因知识欠缺而不能制定普遍言论的 c 论证的人,还有一种掩饰不住的轻蔑。

美学领域中以普遍口吻发表言论的哲学传统可以追溯到康德的《判断力批判》(2000:96-97[1790§6]):

> 如果某人意识到对一个东西的愉悦在他自己而言是没有任何利害关系的,那么他只得做出这样的判断,即它必定包含着使每个人都愉悦的基础。因为它不是建立在主体的任何喜好之上(也不是任何其他潜在的兴趣),而是判断者在他投入对象的愉悦中感到完全的自由:所以他不会发现任何只属于他这个主体的私人条件,因而必须把它看作植根于那些他也能在别人那里预设的东西之中;因此他必定相信有理由对每个人都期望类似的愉悦。

以普遍口吻发表言论的专业的批评家不是问其他人是否同意他,而是要求他们同意(Kant 2000:97[1790§7])。面对这种要求,一些读者会同意有时候这是正当的,他们时常也会提出这种要求;另一些人会主张这不是正当的,并且他们不会提出这种要求。反对专业批评家的普遍言论的 c 论证和 d 论证都必须被理解为反抗美学中主流传统的阵营的一部分。d 论证的拥护者不仅声称艺术世界的皇帝什么都没有穿,而且认为他们在我们的社会中滥用权威，把他们的趣味强加给艺术世界的公众。反对主流传统的 c 论证在考虑那些被认为是艺术作品的对象时，主张把分类性的问题和评价性的问题区分开来。这些问题的争论，比讨论为什么授予一个对象而不是另一个对象以艺术作品的地位更能清楚地表明授予艺术作品地位的制度或人的职能。美学领域中主流传统的支持者怀疑这些 c 论证的拥护者：后者想要用社会学方面的考虑来替代专业或典范的批评家的普遍言论。先不考虑我们如何回答这个问题，必须承认的是，专业批评家的普遍言论应该受到质疑。的确，我们容忍并且经常遵从他们的判断，只要他们至少没有权力强迫我们接受其观点。但是如果他们真有了这样的权力，难道我们还不愿认为他们是小小的暴君吗？

6.7　两个错误

我们并不总是在解释艺术作品。解释是一种活动，没有足够的证据就把一种活动加到别人或我们自己身上是错误的。这并不是说缺乏证据仅仅表明大多数时候这种活动是无意识的。如果是这样的话，那么我们更多的是在无意识层次上而不是在意识层次上与艺术作品打交道。只有当文本、乐谱、视觉艺术作品需要为别人或我们自己提供解释时，我们才进行解释活动。在其他情况下，我们只是理解和喜爱、欣赏、讨厌或拒绝接受呈现给我们的东西。第二个错误是在艺术作品的情况下区分表层和深层的解释。第一个错误符合反意图主义批评家的目的：它允许把与特定艺术作品相符但是不能在其中发现的性质加给艺术作品。第二个错误服务于意图主义批评家的目标：当那件艺术作品的一个性质不能被归结于创作者有意识的意图时，它允许把无意识的意图加给艺术作品的创作者。两个错误都暗示了解释行为的过度理智化：许多 c 论证——特别是那些接受了以混乱形式出现的欧陆哲学传统的人所提出的 c 论证——是受理论驱使而提出的，而不是由在理解个别艺术作品时出现的问题所激发的。如果批评家能够表明，在不需要的地方进行解释，或者在不需要深层解释的地方进行深层解释，能为某些观众展现那件艺术作品的价值，那么他们就能弥补这两个错误。

在日常情况下——在艺术之外——只有当需要解释，我们才进行解释；并且只有当普通的或表层的解释不能充分解释其他人的所说或所做时，我们才采用深层解释的方法。深层解释的方法经常使我们有可能去理解别人埋藏在心里的想法或者他们没有完全意识到的东西。这些方法主要依靠我们不仅仅注意别人说的话，而且注意他们是如何言说的——他们说话的腔调、他们使用的语词或手势和他们的行为。表层解释对于别人所承认的东西来说是足够的，深层解释需要用来解释他们无意中泄露出的想法。在解释艺术作品的情况下，我们也许会问：当我们直接理解了艺术作品所呈现给我们的东西时，我们还需要解释吗？对于解释艺术作品来说，有必要区分表层和深层的解释吗？对这两个问题的回答是，对这些问题的裁定取决于一个规范性的约束。在评判解释时，我们只接受最能满足我们意图的一个解释。在艺术解释的背景下，这意味着如果一个解释比其他已有的解释更好地揭示出艺术作品的价值，那么它将至少被一部分艺术界公众所接受。在一些情况下，也许甚至会发生以下情形：同一个解释——海德格尔对凡·高所画鞋子的讨论是一个相关的例子——被一些人作为最有用的解释而接受,然而被其他人当作荒谬或错误的解释而拒绝。

6.8 结语

在讨论艺术中的解释时,我们必须旨在提供对解释活动的中立描述,这样,专业的和业余的批评家即使不同意作者对意图主义的偏爱或者偏见,这样的中立描述也会对他们有用。虽然我在这场争论中恰好站在反意图主义的一边,并且我觉得在艺术领域中解释的过度理智化是不适宜的,不过比起要使反对者改变观点而转到我这一边——律师所谓的证据的优势把我引到这一边——更为重要的是在这些问题上继续进行讨论的前景。

参考书目

Beadsley, Monroe C. (1958). *Aesthetics: Problems in the Philosophy of Criticism*. New York: Harcourt Brace & World.

Derrida, Jacques (1978). *La vérité en peinture*. Paris: Flammarion.

Ellis, John M. (1997). *Literature Lost: Social Agendas and the Corruption of the Humanities*. New Haven, CT: Yale University Press.

Heidegger, Martin (1951). *Erläuterungen zu Hölderlins Dichtung*. Frankfurt: Vittorio Klostermann.

Hirsch, E. D. Jr (1976). *The Aims of Interpretation*. Chicago: University of Chicago Press.

Kant, I. (2000). *Critique of the Power of Judgment*. ed. and trans. Paul Guyer. Cambridge: Cambridge University Press.

Rosen, Charles (1994). *The Frontiers of Meaning*. New York: Hill and Wang.

Schapiro, Meyer (1994). "The Still Life as a Personal Object—A Note on Heidegger and van Gogh." In *Theory and Philosophy of Art: Style Artist and Society*. New York: George Braziller: 135-142. (Original work pub. 1968.)

Stern, Laurent (1999). "Some Aspects of Interpreting." In M. Krausz and R. Shusterman (eds), *Interpretation, Relativism, and the Metaphysics of Culture: Themes in the Philosophy of Joseph Margolis*. Amherst, NY: Humanity Books: 15-40.

延伸阅读书目

Armstrong, Paul B. (1999). *Conflicting Readings: Variety and Validity in Interpretation*. Chapel Hill: University of North Carolina Press.

Cavell, Stanley (1987). *Disowning Knowledge: In Six Plays of Shakespeare*. Cambridge: Cambridge University Press.

Danto, Arthur C. (1981). *The Transfiguration of the Commonplace: A Philosophy of Art*. Cambridge, MA: Harvard University Press.

——(1997). *After the End of Art: Contemporary Art and the Pale of History*. Princeton, NJ: Princeton University Press.

Gadamer, Hans Georg (1989). *Truth and Method*. 2nd edn, trans. revised. New York: Crossroads. (Original work pub. 1960.)

Goodman, Nelson (1976). *Languages of Art*. 2nd edn. Indianapolis: Hackett.

Irwin, William (1999). *Intentionalist Interpretation: A Philosophical Interpretation and Defense*. Westport, CT: Greenwood Press.

Iseminger, Gary (1992). *Intention and Interpretation*. Phiadelphia: Temple University Press.

Iser, Wolfgang (2000). *The Range of Interpretation*. New York: Columbia University Press.

Kivy, Peter (1990). *Music Alone: Philosophical Reflections on the Purely Musical Experience*. Ithaca, NY: Cornell University Press.

Lamarque, Peter and Olsen, Stein Haugom (1994). *Truth, Fiction, and Literature: A Philosophical Perspective*. Oxford: Clarendon University Press.

Rosen, Charles (1998). *Romantic Poets, Critics and Other Madmen*. Cambridge, MA: Harvard University Press.

Schapiro, Meyer (1973). *Words and Pictures: On the Literal and the Symbolic in the Illustration of a Text*. The Hague: Mouton.

Smith, Barbara Herrnstein (1988). *Contingencies of Value: Alternative Perspectives for Critical Theory*. Cambridge, MA: Harvard University Press.

Sternberg, Meir (1987). "Gaps, Ambiguity and the Reading Process." In *The Poetics of Biblical Narrative*. Bloomington: Indiana University Press: 186–229.

Watlon, Kendall L. (1990). *Mimesis as Make-Believe: On the Foundations of the Representational Arts*. Cambridge, MA: Harvard University Press.

Wollheim, Richard (1974). *On Art and the Mind*. Cambridge, MA: Harvard University Press.

——(1987). *Painting as an Art*. Princeton, NJ: Princeton University Press.

Wolterstorff, Nicholas (1980). *Works and Worlds of Art*. Oxford: Clarendon Press.

第 7 章
艺术与道德领域

诺埃尔·卡罗尔　著

刘笑非　译

7.1　导言

艺术与道德的关系是长久而复杂的。确实,这种关系是如此复杂,以至于我们最好谈论艺术与道德的诸种关系,而非好像这里只有一种关系。粗略来说,艺术和道德很可能是在同一时间进入人类文明的,因为最早的部落道德和种族价值是通过我们远祖的歌曲、诗、舞蹈、故事以及视觉艺术来表达和传播的。例如,荷马在《伊利亚特》(*Iliad*)中教给希腊人复仇的善与恶(French 2001:ch. 1)。同样,很多早期的艺术与基督在《新约》中的许多寓言中所做的一样,是宗教表达和宗教信仰的一个传播工具,潜心于其文化责任和文化理念以教导受众,同时也不时批评他们(Parker 1994:48)。

在西方,中世纪以及其后的许多艺术,通过几乎所有可以想象的媒介——包括言辞、歌曲、雕塑、建筑、染色玻璃、绘画等——致力于表达基督教的教义。许多大教堂实际上是天主教文化的百科全书、基督教价值的知识库,以可见的故事表达出来,用于唤起那些典范性的时刻。而且,相同的教义功能也出现在非西方文化的人造器物上。简而言之,毫无疑问,穿越久远的历史,艺术的一个首要功能已经成了对道德的表现和对道德的探究。

艺术是以民众所处的社会的民族精神(ethos)同化(enculturate)民众的主要方式——民族精神把道德狭义地解释为其核心成分之一。艺术常常通过典范性的故事和人物,将我们导向民族精神及其道德,加强并阐明我们对民族精神的信奉;艺术通过用理念武装我们而在道德上鼓舞我们,艺术甚至能建议我们以怎样的方式批评盛行的道德无知行为。

在艺术所做的所有贡献中,最持久的是艺术致力于对其受众的持续同化,这个同化过程以多种方式促进了受众的道德教育。这并不是说,道德教育是艺术所做的唯一意义深远的事,而是对艺术的受众来说,铭记和质问一个人的民族精神——包括民族精神的道德——是艺术所履行的专长之一;也许艺术在这件事上所做的像在其他事上所做的一样。此外,这不仅是艺术过去的一个功能;今天在艺术家的文学、戏剧、电影、舞蹈、美术及歌曲中,继续处处体现这个功能。

由于这些原因,从道德的角度讨论艺术和评价艺术就不令人惊奇了。例如,当我们读到一个批评家因为菲力普·罗思(Philip Roth)近来的小说《垂死的动物》(*The Dying Animal*)明显地只把女人看作性存在而不看作其他什么而斥责它(Scott 2001)时,就不觉得奇怪了。这种批评看起来是对《垂死的动物》这类小说的一个正当的回应。

无可否认,不是所有的艺术都同样适合道德评价。一些纯音乐和一些抽象绘画可能完全没有道德内容,因此在这种情况下实施道德批评是不合适的。然而,有如此多的艺术是服务于道德的,并表现道德观点,以至于当谈到相关艺术作品时提出道德考虑——至少对普通的读者、观众或听众来说——看起来并没有什么不对。

但常识和哲学常常是有分歧的。并且,当评估从艺术到道德的相关性和从道德到艺术的相关性时,这种分歧是十分明显的。一方面,从柏拉图开始,许多哲学家就贬低艺术可以作为道德教育资源的认识资格,并主张作为对道德生活的指导,艺术几乎不能提供什么。也就是说,艺术与道德无关。

另一方面,许多哲学家,尤其是 18 世纪以后,已经指出艺术领域在本质上独立于道德领域。因此,艺术作品作为艺术作品被评价时,道德批评是不恰当的。或者,换句话说,道德与艺术没有真正的关联。确实,一些人甚至会说,就本体论而言,在道德上批评艺术作品是没有意义的,因为以这种方式只能批评代理人(agents),而严格来说艺术作品不是代理人。

我们可以把反对常识观——艺术或至少一些艺术可以被道德评价——的这些论证组织在三个标题之下:认知的或认识论的论证;本体论的论证;美学的论证。关于艺术的道德批评,在哲学和常识之间有争论。为了正确认识这个争论中什么是至关重要的,我们应该就每个挑战加以说明。

认知的或认识论的论证反对对艺术作品进行道德评价,这个观点质疑了艺术作品可以作为道德教育的工具的观念。这个论证引发了以下的担忧:艺术作品是否具有一种能力来提供真正的伦理指导。如果艺术作品缺乏提供真正的伦理指导的潜质,那么委托艺术作品这样做是没有意义的。而且,如果艺术作品确实完全外在于这个行当,那么因它们无论如何都不能做到的事而批评它们几乎是没有意义的。[1]

以下一些考虑导致了许多哲学家质疑艺术作品具有有助于伦理学习的力量:艺术作品所能传播的伦理知识是如此微不足道,以至于不能被算作真正的知识获得(所以,受众从艺术作品中学习的说法是不合理的);艺术作品中所主张的被推定的知识是经验上无法证实的(例如小说是虚构的;几乎不能提供证据);第三,人们常常期望在道德辩论和道德论争的领域内有一个伦理主张,并期望证明这个主张的正确性,对以上这一观点的论证和分析不支持归结到艺术作品中的道德内涵。

也就是说,依照某个我们可以称作平庸说论证(banality argument)的观点,归于文学虚构的道德见解太俗套以至于不能被算作小说教给其读者的东西。在大多数情况中,为了理解这个小说,读者一定已经掌握了相应的自明之理——比如无理而又残酷地对待无知的受害人是罪恶的。因此,这减弱了以下主张的可信性:小说把它教给了读者。你不能教别人他们已经知道的东西。而且,因为多数艺术作品所声称的其传授的所谓知识是些陈词滥调,所以宣称艺术为道德教育做贡献是极度(如果不是彻底地)夸张的。

进而言之,如果道德教育需要传授一些东西,即知识,那么一些哲学家担心艺术并不能胜任这个工作。因为准确地说所谓知识,不仅仅是信念问题,还包括由证据、论证和分析保证了的信念。虽然艺术作品可以暗含或预先假定许多信念,但艺术作品不能通过证据、论证或分析证实信念。大多数艺术作品(除了某种前卫的尝试)不包含支持它们的主张的实验数据或观察数据(Beardsley 1981:379-380);它们也不包含支持它们的道德观点的明确的论证和分析,人们在报纸的社论、政治声明、布道和哲学论文以及其他提出道德观点的地方会找到明确的论证和分析。[2]

因此,尽管我们发现常识不断地推举艺术的功绩因为它们有助于道德启迪,哲学怀疑论者依然暗示这是十足的废话,也许(这样说)令人振奋,但基本上是没有头脑的。由于认识上的原因,艺术不能因其对道德知识的认识上的补充就被称赞,因为艺术作为中介所促成的既不是知识(**被证明了的**、真正的信念),甚至也不是新的信念(毋宁说它不过是自明之理)。也许哲学家会进一步说,艺术作品也不应该因其不能提供道德教育而遭到批评,如果它们从来不准备这样做的话。

但是,就艺术与道德的关系而言,哲学家们不只提出了认识论反驳这一种反驳。认识论的反驳思路是,在道德上评价艺术作品是没有意义的,在此这种评价是依靠艺术作品具有提供道德教育的能力这个前提。但与刚才被重新叙述的认识论的论证相反,让我们假设艺术作品可以被显示出促进了道德教育,并且因而在道德上评价艺术作品是有意义的。由此,许多怀疑论的美学家会说:"好,让我们在道德上评价相关的艺术作品,**但是**上述艺术作品的道德评价严格地独立于它们的审美评价并与其审美评价无关。"也就是说,一个艺术作品也许是邪恶的,但其审美上的好坏问题根本不需要考虑这种邪恶。

假设,尼禄①把罗马烧成灰烬,因为他认为这对眼睛来说是迷人的景象(对耳朵也是,因为他始终在鼓捣乐器)。虽然最终的景象毋庸置疑是邪恶的,但哲学怀疑论者认为不能因此得出这样的结论:因为审美和道德是双生子,所以这也是不美的。因此,即使那些反对艺术的伦理批评的认识论论证失败了,依然有美学的论证可以用来挑战常识的这个假设:我们可以在道德上评价一些(实际上是很多)艺术作品,这是可以被理解的。[3]

当然,认识论的论证和美学的论证都反对对艺术的伦理批评,但两者的要点不同。前者宣称不能在道德上评价艺术作品,而后者宣称即使可以在道德上评价艺术作品,它们的道德评价也与它们的审美评价绝没有关系。因此,你可以反对认识论的论证,而接受美学的论证。但依然存在另一个选择:你可以接受认识论论证,把它当成达成美学结论的一个途径——主张,因为艺术作品不是真的包含道德知识,那么从这个角度将艺术作品作为艺术作品来评价就绝不

---

① 尼禄(37—68),古罗马暴君。——译者注

是合适的。尽管常识倾向于支持这个观点,即艺术作品的道德观至少有时与它的艺术优点或艺术缺陷有关,但是更确切地说艺术作品应该只能从审美上来评价。

最后,当我们以道德的或非道德的观点来谈论艺术作品时,哲学家们或许会责备常识在胡说。或许可以说,人是道德的或不道德的,而不是东西。这是美学家对"枪不杀人,人杀人"这一说法的变换。同样地,"艺术作品不是败德的,人是败德的",否则就犯了范畴错误。因此,在本体论的基础上,怀疑论哲学家很看不上伦理批评的基本假设,不论这种想法在我们的艺术家的实践中如何根深蒂固。

这一章讨论的问题是,我们是否可以捍卫我们就艺术的伦理批评的基于常识的假设,以免于这些哲学论证的反驳。在以下章节中,我将依次分析反对艺术的道德批评的认识论论证、本体论论证和美学论证。为了开诚布公地表达我的观点,只有在讨论之前以预告的形式坦承我属于常识的阵营才是公平的。

7.2 认识论论证

由于艺术似乎在价值的同化方面起到多重作用,很自然,有关艺术与道德的关系的首要观点是,艺术参与道德教育的过程。那么这就为艺术的伦理批评提供了一个基础。简单而言,就艺术加强道德认识而言,它是道德上完善的;就其歪曲道德认识来说,它是道德上欠缺的。这就是认识论的论证所要攻击的常识的假设。

首先讨论的是,艺术可以在道德上教育受众的主张是错误的,因为艺术向受众传达的信念——即使是真的——是如此老套,以至于无论说艺术把这些信念**教给**谁都是没有意义的。没有人需要通过一本像《罪与罚》(*Crime and Punishment*)这么复杂的小说来认识"谋杀是不对的"。[4] 实际上,关于"谋杀是不对的"这种认识可能正是理解这部小说的前提。因此,断定读者通过阅读陀思妥耶夫斯基才认识到这一点是不合适的。

其次,如果艺术作品真正地具有教育意义,那么可以断言:艺术作品不仅必须传播新的、迄今为止未被公认的、有趣的、不琐碎的信念,而且这些信念也必须算得上知识——它们必须是正确的且已被证明的。但艺术作品在特征上既不提供证据用以保证其通常预先假定的经验上的主张,也不通过论证和明确的分析支持其道德主张。因此,艺术作品提供的信念不能构成真正的知识,因为这些信念没有被证明是合理的。

当然,隐含在这些认识论论证之中的是真正的道德教育所要求的观点。这种观点把对命题知识(propositional knowledge)的传播当作范例。如果艺术有教育意义,那么艺术将向受众传达一些与发现相似的命题,它们传达新的、有趣的(不琐碎的)、普遍的信息。反过来,这个正被讨论的艺术用证据、论证和分析来支持这些命题。如果艺术无论是公开地还是通过暗示都不传达这种命题知识,那么艺术就不是真正地具有教育意义。进而,这论证了艺术就其特征来说不提供这种命题知识。所以,艺术不是真正地具有教育意义。

也许对这些认识论论证,首先应该注意的是,其道德教育的概念似乎过于狭窄。为了讨论,让我们暂时同意怀疑论者的论断:艺术就其特征来说不提供这种怀疑论者所主张的知识。这是否排除了艺术具有道德教育意义的可能性呢?当然不是,因为存在道德教育的多种维度——这种[怀疑论]模式所排除的,而艺术作品可以例示的维度。此外,被怀疑论的模式忽略了的道德教育的类型不止一种,而是很多。

举例说,艺术作品可以增强我们道德判断的力量。许多道德准则具有很高的抽象性并且很难应用于实践。艺术作品,特别是叙述性的艺术作品,可以使我们去应用这些道德准则。简·奥斯汀通过具体的例子——爱玛对哈里特爱情生活的干预——使得一个原则变得鲜活了,即我们应该避免仅仅把他人当成实现我们自己的目的的手段。奥斯汀鼓励我们去看爱玛的行为中何为错误的,即鼓励我们去判断它是不正当的。我们由此看出这个抽象原则在日常事件中的适用性,进而能够以更熟练的方式在现实生活中做出类似的判断。就此而言,具有教育意义的是小说所唤起的介入过程,而非成品——被阐释成新获得的道德格言。

叙述性艺术作品需要受众潜心于一个进行道德判断的持续过程,这个道德判断所针对的是人物、情境甚至是作为整体的艺术作品的观点的判断。在这一点上,艺术作品为抽象的道德原理和道德概念——例如关于善恶的原理和概念——的具体应用实践提供了契机。如果没有把具体的情况与我们抽象的道德观念相配合的实践,那么道德判断不是迟钝的,就将一直是苍白无力的(Carroll 1998a)。

尽管对于我们获得这样的实践来说,艺术不是唯一的机会,然而艺术依然是一个在文化上被认可的重要事物。确实,叙述性艺术作品能扩大我们对进行道德判断的适当变化范围的认识——把道德原理和道德概念应用于具体详细的事件上。这样,艺术作品,或至少一些艺术作品可以磨炼我们进行道德判断的整体技巧。

不论谁说到"学习",技巧——知道如何做,比如发布道德判断——的增强都应该算作一种教育。虽然对技巧的增强可能不能简化为怀疑论的范式——某类命题知识的获得——但作为艺术为道德认识所做出的贡献,这种道德学习没有理由被轻视。把别人当作目的来对待而不是当作手段是《爱玛》的道德之一,它在一定程度上是自明之理。这一原理能应用到奥斯汀描绘的环境中去,并且也能应用到日常生活中相似的情境中去。看到以上这一点就将丰富一个人的道德感知能力,甚至可以增强他对这个原理的掌握,由此发现这个原理也适用于很多奥斯汀从未设想过的情况。

培养进行健全道德判断的能力所必需的,就是扩展对环境的敏感力——对可变的东西保持恰当的警觉,这种差异往往不能被立即发觉,但它们常常带有道德意义。艺术,特别是叙述性艺术,是发展这一才能的最主要的文化途径。因此,在《大卫·科波菲尔》(*David Copperfield*)中,读者第一次遇到斯提福兹时,(在狄更斯的帮助下)察觉到了他表面的魅力和亲和力之下的冷漠无情的操控。这或许很接近一个自明之理:魅力可以掩盖机会主义。但并不是非要收获一个命题,《大卫·科波菲尔》的教育价值在某种程度上依靠这个命题。应当说,狄更斯帮助读者获得的是对斯提福兹这样的人物的推测技巧——察觉所叙述的故事里的具体情境下的道德缺陷的迹象,这个具体情境是复杂的,它容纳了诸多混合的信息。[5]

实际上,以下观点是可以论证的:艺术,特别是叙述性艺术可以促进我们对那类有细微差别的行为细节的整体注意力，这类行为细节与我们做出准确的道德判断相关。正如锻炼与各种不同的对手击球的能力发展了我们的球技，特别是在对新环境的机动性和适应性方面，读小说也可以增强我们道德感知的敏感性。

那么，在道德判断和道德感知方面增强我们的技巧，是艺术作品能够对道德教育做出的贡献，这种观点是怀疑论者的平庸说论证不能击败的。因此，如果艺术作品能增强我们道德判断的能力，那么在同等条件下，常识就会做出判断，认为这些艺术作品在道德上是善的(如果这样的艺术作品使我们道德判断的能力变得糊涂、迷惑甚至受到阻止，那么它在道德上就是恶的)。而且除了上述的技巧外，艺术还能培养其他具有道德教育意义的技巧，尽管怀疑论者是反对的。

例如，艺术激起我们的情感，包括我们的道德情感，如正当的愤怒。[6] 而我们的情感是可以被教育的。自从亚里士多德以来，同化在很大程度上涉及学习怎样用适当的情感以适当的强度去回应相当的事物。通过练习我们的情感，包括我们的道德情感，艺术作品能通过被引导的实践指导我们的情感，以合适的理由和合适的程度去爱和恨恰当的事物。[7]

艺术作品——尤其是叙述性艺术作品——塑造的情感是我们的同情(sympathies)。在这点上，艺术作品具有扩大我们的同情的力量——引出我们对那些否则我们就会忽视的人们的关心，比如其他种族、性别、民族、国家的人们，其他性取向的人们，其他身体或精神上残疾的人们，以及老人，等等。一些当代的小说、戏剧、电影和电视都致力于这一事业，例如阿索·傅伽德(Athol Fugard)的《"哈罗德大师"……和男孩们》("*Master Harold*... *and the Boys*")。很难看出为什么通过与艺术作品的交流培养道德情感不应该算作道德教育。

怀疑论者不能接受这一点，因为他们所预设的狭义的教育观只把从新奇的、普遍的、在认识论上得到保证的主张中获得的东西看作教育。但这看起来过于受阻。此外，如果怀疑论者认为教育是与认识紧密联系的而情感不是认识性的，并以此来捍卫上述观点，那么，我们就可以从两个方面来反对这一点。

首先，可以指出的是在情感和认识之间做一个明显的区分是过于苛刻的。情感，就其普遍被理由引导而言，具有一个认识维度；确实，通过接触某些艺术作品，观众可以借助他们的情感反应意识到他们至今尚未认可的信念。其次，即使情感在狭义上——与某类相应命题紧密相连——不是认识，教育，比如学习游泳或骑车，也不必是怀疑论意义上的狭义认识。

因此，与怀疑论相反，把那些扩大我们的道德情感或增强我们真正的道德敏感力的艺术作品评价为就此而言道德上的善，把那些腐蚀我们情感的艺术作品评价为就此而言道德上的恶，这是有意义的。也就是说，怀疑论者的认识论论证没有反对这种对(至少是某些)艺术作品的道德评价。

与对我们的情感储备的增强——尤其是同情能力的增强——相关的是另一个技巧，某些艺术作品可以增进这个技巧。许多叙述性艺术作品善于使我们了解异于我们的观点。可以说，这些艺术作品使我们从内在的角度理解别人。它们使我们在道德上洞察那些我们否则就不能理解的行为——因为缺少理解，就会立即对其进行道德谴责。例如，托妮·莫里森(Toni Morrison)的《宠儿》(*Beloved*)，使读者从某个角度看到奴隶母亲毁灭她自己的孩子不是道德堕落的举动,而确实是被不得已的理由驱使的。

而且,这类小说除了提供具体的道德见解之外,欣赏这类作品通常也能加强我们对不熟悉的观点的道德敏感度,这是可以论证的。也就是说,沉浸在这种艺术中会使我们更加成熟地赏识他人的观点,更易于移情,从而摆脱我们天然的倾向利己主义的和/或种族中心主义的偏见。那么,艺术作品能够加强我们的道德反思能力:不仅凭借探究异质的观点而削弱具体的偏见,而且培养一个普遍的无偏见的态度,也就是开放地对待他人的道德主张。

到目前为止,我们所提出的某些艺术作品可以培养的道德技巧都是非常狭义的道德。也就是说,它们主要适合于利用对错概念、义务和责任概念、善恶概念进行的判断,特别是关于他人的判断或关于我们自己(与我们针对他人的行为有关)的判断。然而,存在一个更宽泛的道德概念,有时以"伦理"这个词为名,它关注善的生活或有意义的生活的性质问题。[8] 这种伦理关注——而狭义的道德是以对他人的义务、公平与公正、对与错为关注点的——提出的问题更加宽泛,这个问题是,什么使得生活有意义?

很明显,对这类问题的回答不可以简化成我们合适地对待别人的行为的历史。我们的生活所包含的东西远不止是遵守十戒或其他被道德法典适当增加的戒律。但我们如何接近这个关于存在的急迫的、伦理的(在其宽泛意义上)问题——关于评价我们整体生活的价值或意义的伦理问题?

也就是说,对许多人来说,他们的生活意义问题不可避免地产生了。我们的文化中缺少解决这些挑战的引导——除了宗教引导。实际上,也许在我们的文化中艺术作品——某种艺术作品,特别是某种文学——在这方面是很好的指导者。为了回答我们的生活是否有意义的问题,我们需要它的整体意义,而这种整体意义被叙述很好地捕捉到了。叙述是一个无与伦比的设计,它把我们各种各样的经验组织、综合、集中成一个统一体。为了把我们的生活看成是有意义的,就至少需要有一种把生活构造成一个有意义的故事的能力。但我们从哪里学习这种把我们的生活描述或构造成一个有意义的故事的技巧呢?

当然,我们听到别人叙述他们的生活;粗略来说,我们所扮演的各种不同的角色都具有相对应的脚本。并且,对于宗教信仰者来说,宗教传统提供了叙述范例。但对世俗主义者来说,对我们生活整体进行探究的最富有经验的叙述范例主要在小说、电影、戏剧等事物中找到。这类叙述可以给出生活整体的意义,从生活的内部和外部、从生活的开始到结束(或者,至少从各个转折点到生死攸关的那些选择和事件)来探究。[9]

教育小说这种作品类型就是以讲述生活故事为基础的。在像《魔山》(*The Magic Mountain*)、《一个青年艺术家的肖像》(*A Portrait of the Artist as a Young Man*)和《恶心》(*Nausea*)这样的小说里,我们看到这样的故事:人物决定他们的生活道路,这些决定是在一系列相冲突的选择中做出的。我认为我们从这些故事中学到的,与其说是一个盲目模仿的生活故事的模板,不如说是一种认识:如何把一个生活的进程叙述成或构造成或设定成一个整体。也就是说,用心地阅读那些最富有经验的生活叙述,如果只就我们自身而言,会教给我们如何去讲述我们自己的生活故事的诀窍,否则这一件接一件该死的、散漫的事件像洪流一样,这些叙述会增加我们于其中获得整体意义和统一性的能力。[10] 并且通过与相关类型的小说的交流,我们获得和/或提炼了这种察觉生活的要义或意义的技巧,因此,这为我们能确定这种生活结构是否有意义提供了必要条件。[11]

一些艺术作品,特别是叙述性艺术作品,发展了重要的道德技能——这些道德技能是与道德判断、道德感知、道德情感反应度、同情、移情以及把我们的(或他人的)生活叙述成一个有意义的统一体的能力相关的,艺术作品由此致力于道德教育。怀疑论者的平庸说论证并没有击败这些认为艺术具有教育潜能的观点。这些观点反而智胜了怀疑论的论证,它们在某些艺术作品中找到了有效的道德教育资源,特别是发展技巧的那些(知道如何去做)。怀疑论者冒险无视这些,因为他们要求道德教育要提供某种命题知识的获得关于某事或某物的知识。然而,我们不仅仅可以根据技巧来为这种常识性观点辩护——(一些)艺术可以被当作道德教育的来源。

怀疑论者否认艺术具有认识功能,理由是,通过艺术可以获得的命题都是些自明之理,是受众在接触艺术作品之前就能普遍获得的。假设我们同意情况正是如此(尽管之后我们将找到质疑它的理由),然而,实际上这排除了以下的可能:人们可能已经知道一些真理,却忘记或忽略了它们,或这些真理的全部的严肃性和适当性已经不再保留,或不再易于接近,或被抑止,或它们只不过是本来就从未得到完全实现的,而艺术作品可以在一定程度上为受众唤起这些真理。也就是说,艺术作品可以形象而具体地展示这些受众已经知道的真理,从而提醒受众。

举例说,穷人和受压迫者一直在我们周围,尽管我们知道这一点,但忘记这点和它的道德含义是十分容易的。像达里奥·福(Dario Fo)、旧金山滑稽剧团(the San Francisco Mime)、面包和木偶剧院(Bread and Puppet Theater)的行为主义表演这样的艺术作品,不仅能唤起我们对如此寻常的生活事实的注意,也提醒我们它们的道德分量,这与我们的义务有关。激起回忆是(许多)艺术的主要的功能,而重新发现已知的东西并且在我们的大脑中唤起它们的意义无疑是艺术对认识所做的贡献。因此,如果我们也能说明艺术作品常常作用于激活记忆和唤起已知的东西(被不小心忽略了的),并强调它们的重要性,那么即使艺术作品只经营道德上的自明之理,也并不能说明艺术作品不能具有启发性。

似乎长久以来这已经成为艺术的一个主要功能,并且根据艺术表现了所谓的琐事而贬低艺术不能成为一种教育形式似乎是不合适的。因为我们常常不留心或忘记很久以前知道的简单的道德真理,这些真理无论是多么老套,重新记起其适当性并非无足轻重。无论出于何种理由,这种服务于记忆的艺术都应该被当作认识的要素。

艺术作品可以服务于认识,不仅能促进唤起已知的道德知识——如果对这些知识的了解只是隐匿的和消极的——而且能加深我们对已知事物的理解。也就是说,我们可能拥有许多所谓独立的或连续的信念,却看不到这些信念之间的相互联系。例如我们可能知道应该平等地对待每个人,并且对待女性应该区别于对待男性,但是我们没有意识到这种区别对待其实违反平等对待的原则。[12]

在这方面,女性主义小说,例如玛里琳·弗伦奇(Marilyn French)的《女人的房间》(*The Woman's Room*),生动地描绘了某种对女性的区别对待是怎样有害地影响了一个人,一个女人。作品展现了她像我们(如果我们是男性或男性身份的女性)一样有合理的渴求和需要,鼓励我们去关注她,这令我们茅塞顿开,从而促使我们重新组织我们的知识储备,使我们看到或理解女性处在人们的平等原理之下的困境,在这方面我们先前的思路十分狭窄。

这样,一件艺术作品使那些我们知道的事物之间的暗示和联系更加明确、明白、一贯,从而使我们的信念系列更加连贯。这种对我们已知事物的掌握的完型(gestalt)转化,可以被很好地描述成加深我们对已经拥有的原理的理解,也就是对我们已知的东西之间的相互联系的洞察和对其含义的洞察,简单说来,就是一个对我们的道德绘图的回忆,而不是被描述成一种被怀疑论者给予特权的命题的获得——因为平等对待的思想被公认为已经存在于我们的知识储备之中。[13]

相关的原理可能成为类似自明之理的东西,这似乎不提供任何理由使我们因为这个洞察没有启发性就抛弃它。因为所讨论的小说是用于重新组织我们的概念绘图,在没有连接的地方稍稍制造一个连接使读者在他的知识储备中找到新的关联,从而酿成新的理解。我们应该提醒自己,"教育"源于拉丁字根"educere",这个字根的意思是,从那些常常隐藏的或潜在的东西中引出、说出、导出。因此,那些唤起对某种已知的事物的更深的理解的艺术作品,应该合理地声称它具有教育意义。

如果上述思考允许我们挑战这种断言——艺术不能具有教育意义,因为它只是改头换面地重复一些一般命题,由于这些命题是已知的,所以无足轻重并因而不能被恰当地看成是需要学习的东西——我们仍然没有从事认识论的论证,即主张由于艺术所宣传的信念据说不能算是知识,缺少证据、论证和/或分析的保证(这是艺术作品的典型特征),所以艺术没有道德教育的资格。例如,左拉(Zola)相信他的小说支持遗传特征理论。但它们是如何支持的呢?他的案例是虚构的——实际上,是为了他的目的而故意虚构的。这是生物学家很容易就可以做到的。同样,《卡里加利博士的小屋》(*The Cabinet of Dr Caligari*)据说是展示权力导致疯狂。但是论证在哪里呢?

这组反对艺术的教育潜能的观点,源于对什么才应该被算作传达知识的一种十分苛刻的要求。即,与此相关的知识主张(knowledge claim)本身就具有对其自身的保证。正如我们将看到的那样,这会成为一个不切实际的要求。然而尽管如此,我们仍然可以看到至少一些艺术作品可以符合这些对知识传达来说甚至是苛刻的标准。为了弄清楚这一点,值得记住的是,当我们讨论道德教育时,我们脑中的艺术作品大多是虚构的。这导致许多哲学家做出这样的否认:艺术作品缺少对其提出的主张的必要保证。但是,哲学家们发动这一反对是非常奇怪的,因为为了保障他们的主张,哲学家一直在运用虚构。

也就是说,哲学家的全部技能中的标准的固定成分是思想实验、例证和反例,这些实质上都是虚构的。因此,如果哲学的思想实验产生了知识——被保证了的信念——为什么艺术虚构不能这样呢?为什么艺术虚构不能被设想为具有思想实验的这种类似功能呢?[14]

因为哲学思想实验要提供的知识是概念性的,不是完全根据经验的,所以哲学思想实验可以被虚构。面对"公正要求绝不说谎"的教条,苏格拉底设想了一个关于公正问题的案例:告诉一个决心要报仇的被激怒的朋友可以在哪里找到他的剑,这是否是公正的。这个案例是虚构的,这并不影响什么,因为只要一听到它,人们就意识到这是可能的案例,并且其可能性驳倒了反对说谎的普遍禁令——这就说明这样一个普遍的约束与我们关于"公正有什么要求"的概念是不相容的。被这个思想实验开发的知识可能是我们已经知道的,但这一思想实验把这些知识唤回我们的脑中并且使其针对性更加明显。此外,由于我们所讨论的知识是概念性的——涉及我们关于公正的概念和这个概念的应用条件——所以不需要依靠经验证据。

很明显,很多艺术反例可以像这个来自柏拉图的反例一样起作用。也许贝托尔特·布莱希特(Bertolt Brecht)的《伽利略》(*Galileo*)可以被解释成对"永不说谎"这一公理的反驳,而玛莎·努斯鲍姆(Martha Nussbaum)非常有说服力地把亨利·詹姆斯(Henry James)的《奉使记》(*The Ambassadors*)看成对"受控于规则的道德推理"概念的挑战(Nussbaum 1990)。通过使我们面对一些可能性极大的案例,我们关于"什么是道德"的概念的内容被质疑和澄清,此节开头所举的案例就是这样强迫我们修正了最初或有吸引力或平凡的道德概念。由于这里我们正在处理概念性知识,如果案例是虚构的,并不会造成什么不同,怀疑论关于"艺术作品常常缺少充足的经验保证"的定论同样是这种情况。

而且,由于思想实验本身是一个论证策略——在文学中与在哲学中一样——怀疑论者不能因为艺术共享了哲学的思想实验就说艺术缺少合适的论证资源。也就是说,一个思想实验,可以起到挖掘概念性知识的作用,它使读者自己得出相应结论,由此指向被忽视的可能性。思想实验将论证和分析转移到受众的大脑里,在那里,它们做些针对性的接通工作。这样的知识可以成为命题——关于我们的概念的运用条件的命题知识——从而满足怀疑论者的最苛刻的要求。更进一步说,我们没有理由认为文学反例不能像纯哲学文本中的反例那样有效地拒绝归纳,因为哲学家有时在其他事物中无可置疑地如此这般运用文学事例;就苏格拉底的教条——一个知道善的人不会去做邪恶的事情——来说,一个哲学家完全可以用弥尔顿的"撒旦"(Satan)、莎士比亚的"埃古"(Iago)、梅尔维尔(Melville)的"克拉瑞尔"(Claggart)为反例。

文学思想实验不仅仅——为一般主张提出想象的反例——消极地提供关于我们的概念的命题知识,还可以提供关于概念的积极的知识。这样的哲学思想实验常常被设计出来促进概念的区分:设定一系列被两极化了的、分等级的、对比性的虚构案例,这些案例中的一些要素是有变化的,正是这些要素帮助我们辨认概念的差别、概念的相依性以及其他的概念关联。举例说,康德为了描绘道德行为与算计行为的区分,设想了两种商人——一种人做正确的事情是因为这样做是对的,另一种人也做正确的事情却是为了避免招致坏名声。读者依据自己的概念储备来思考康德的这个对比事例,就能独立地看到问题所在并进行分析;这个论证(如果有的话)是读者提供的。

同样,小说也常常是以这样的方式构思的:它们能凭借所构造的一系列对比性案例来激起一些概念性区分的类似的练习。例如狄更斯的《远大前程》(*Great Expectation*),塑造了一系列不同的父母形象——匹普(Pip)的姐姐、她的丈夫乔·葛吉瑞(Joe Gargery)、郝薇香(Havisham)小姐和阿伯尔·马格韦契(Abel Magwitch)——这些形象例示了善良养育的概念,有的是正面例示,更多的是反面例示,从而探索了这一概念。反思这一系列形象,我们可以澄清我们的善良养育概念。只有乔在善良养育这一概念上是合格的,因为只有他表现出与其责任有关的无私的爱。而且,通过他与别的父母的形象对比,说明了他具有这个资格,别的形象以不同的方式说明了有缺陷的甚至是邪恶的养育模式。

匹普的姐姐不符合善良养育的标准,因为她把匹普看成累赘,只是如她所说"用手"训练他而已。回过头来说,郝薇香小姐和马格韦契也是有缺陷的父母形象,因为他们把被抚养人看作满足他们自己的幻想的手段——奥斯黛娜(Estella)和匹普本身并不是目的,他们是郝薇香小姐和马格韦契各自获得替代性愿望满足的手段。

《远大前程》里的人物对比结构使我们同时澄清了我们的善良养育概念——它使我们反思在什么条件下用或不用善良养育这个概念——并加强了我们对"何时这个概念是被有缺陷地或邪恶地例示的"敏感。[15]文本会使这些概念上的发现对我们有效,如果我们继续读的时候没有实现,那么在以后对文本的思考中或与别人讨论对这个文本的看法时就会实现。这样,一部小说就可以通过使用一个类似于哲学思想实验的结构来服务于概念区分的目的。[16]并且,由于哲学思想实验是靠它在读者的思考中引起的论证和分析来保证的,所以我们至少应该把一些艺术思想实验看成是以同样的方式由论证和分析保证的。[17]

因此,即使我们同意怀疑论者——对像小说这样的艺术作品在交流知识方面有极端苛刻的要求——也可以看出,许多艺术作品具有进行知识交流的必要保证。因为一些被解释成反例和/或思想实验的艺术作品,具有引起某类反思的能力,这种反思以与哲学思想实验同样的方式产生命题知识——也就是关于我们的概念的应用条件的命题知识。也就是说,怀疑论者的认识论论证的力量过于强大,他们只能通过否定思想实验的启蒙潜力来取得胜利,这种牺牲会将很多哲学付之一炬。

至此,我们一直在讨论怀疑论关于"艺术需要什么才能进行知识交流"的假设。我们已经表明:即使在这种有些苛刻的概念下,一些艺术,尤其是一些小说,也可以通过检验了。但是重要的是指出:怀疑论的要求是不现实的。并且当然,一旦我们看到这一点,那么甚至比起迄今为止已经用来进行道德教育的艺术,可以看到更多的艺术能够有一个合法的头衔来交流知识,特别是道德知识。

蒙怀疑论者的恩准,我们并不特别地苛求知识主张必须伴随与自身相关的经验证据、论证和分析。报纸社论、科学教科书甚至哲学文本是提出知识主张的典型,但它们不需要汇集相关的论据和论证。作者依靠读者来给文本带来经验知识和概念知识的储备,并且用这些储备评价他们提出的主张。举例说,很多历史作品中的论证都是一种三段论省略式(enthymematic),特别是以它们所依靠的人类心理学的先决条件为根据。在这样的情况中,作者依靠他们的读者去运用他们关于这个主题的已知的知识,运用他们对世界的理解,来检验他们的结论。

我们不会因为报纸关于国家预算的社论没有很长的图表和脚注就在认识论上蔑视它们,我们也不会因为一些文章缺乏经验数据、论证和/或概念分析,就不重视它们关于世界领袖的动机的看法,这些看法是潜在知识。实际上以下这种情况是极其罕见的:知识主张的提出伴随着完整参考文献和论证。但是,如果这是我们对待知识交流的一般方式,那么为什么一说到艺术标准就应该改变?

简而言之,怀疑论者给艺术的知识交流设置了比一般的交谈(包括最正式的交谈)更多的认识障碍。一旦看到这点,我们就意识到从艺术中抽取的道德知识的范围甚至比我们此前已经讨论过的更广。小说可以成为关于我们的义务的信息来源,而无需详尽的论据和论证,正如专栏版(op-ed page)①的文章所能做到的一样。

作为关涉道德心理的来源,小说也特别有用。玛丽·雪莱(Mary Shelley)的《弗朗肯斯坦》(Frankenstein)向我们展示了一个这样的情景:对感情的否定导致了愤怒的嫉妒,最好被理解为一种报复。要赏识雪莱的洞察,我们既不需要太多发展心理学的数据,也不需要论证。我们可以通过反省我们自己的情感来辨别怪物弗朗肯斯坦(Frankenstein Monster)行为的内在逻辑。

这种对道德心理的洞察,是伟大小说的主要特征之一。它为我们提供了关于道德自我理解的知识以及从道德上理解和判断他人的相关知识。这个"知识来自于艺术"的观点,不应该阻止我们自觉地运用它们,因为类似的知识主张通常可靠地出自非艺术来源,无需充分的经验证据、论证和分析。也就是说,不论怀疑论者怎样[认为],艺术原则上不比大多数其他的知识传播媒介更差。

到此为止,关于艺术作为道德知识的来源而起作用的方式,我快速地做了一个盘点。这里列出的清单又长又丰富,因为正如我开始时所提到的,艺术和道德的诸多关系是复杂和多变的。[18] 我并没有讨论艺术可以具有道德教育意义的每一种方式,只是针对怀疑论者的论证——反对艺术具有传播道德知识的极大的可能性——进行了讨论。我的许多例子已经涉及艺术可以发展相关的道德技巧的方式,因为关于"如何引导道德反思"的知识,为道德教育划分出一个领域,怀疑论者——强调获得某种命题知识——完全忽略了这个领域。

无论如何,一旦我们想到艺术作品可以作为思想实验——要么反对要么支持概念性区分——而起作用,我们就看到,艺术同样可以传播这种知识。而且,我们又指出怀疑论者的认识论论证可能依靠了一个关于推动知识主张需要什么的过高标准。并且,如果这是真的,那么常识就更有理由期待从艺术家那里获得道德洞见——当他们提供了道德洞见时就赞扬他们,当他们误导了我们或迷惑了我们时就责备他们。

7.3 本体论论证[19]

从道德上评价艺术,即使不存在认识论的障碍,似乎也存在一个形而上学的障碍。因为艺术作品是事物,虽然是人造物品,但我们一般不在道德上评价这样的事物。道德判断是专为具有某种健全的心理能力的人类或其他存在者所保留的。因此,怀疑论者可以认为,把艺术作品称作道德上善的或恶的是一个范畴错误。也许正是这个思想激发了奥斯卡·王尔德(Oscar Wilde),在他的《道林·格雷的画像》(The Picture of Dorian Gray)的前言中有一段著名的话:"不存在一本道德的书或不道德的书这样的东西。书是写得好或不好,仅此而已。"[20]

简单来说,其论证似乎是这样的:

1. 如果可以从道德上评价艺术作品,那么它们一定是某类具有道德特性的事物,即人或

---

① Opposite Editorial page 的缩写,与社论版相对,反对社论版的观点。——译者注

类人的实体,适用相应的精神特性。

2. 艺术作品不是那类具有道德特性的事物;它们不是人或类人的实体,不适用相应的精神特性。

3. 因此,不能从道德上评价艺术作品。

为了讨论,让我们先假定第一个假设正确。那么,问题就变成艺术作品是否是某类具有精神特性的事物。当然一些艺术作品的特定部分,即人物,看起来正是这种类型的事物。如果判断诺博士(Dr No)①是邪恶的,没有什么是不合适的。当然,当我们在道德上评价小说时,怀疑论者倾向于做出这样的典型反应:评价的对象不是我们正在评断的人物——因为邪恶的人物可以存在于道德上正直的小说里——而是上述作为一个整体的小说。并且,进一步说,小说与人物不同,小说不是类人的事物。

承认可以从道德上评价人物,仍然显示了以何种方式从道德上评价小说是合适的。因为小说是从多个视角叙述的。举例说,正如上面提到的菲力普·罗思的《垂死的动物》,以一种特定的方式把女人刻画成首先是性的存在,实际上这种刻画几乎是排他性的和杜撰性的,从而鼓励读者以相似的方式看待女人。此外,这种视角要么是从一个人(实际的作者)出发,要么是从一个类人的事物(暗指的作者)出发,最有可能从两者出发。当然,不论是实际的作者还是暗指的作者或两者兼指,都适用于与道德属性相关的精神特性的合适的对象。

因此,从道德上对作者(们)的视角进行评价就应该没问题了。[21]如果作者的视角提供了道德洞见,那么这部小说就此而言可以被认为是道德上善的。[22]如果如《垂死的动物》的确所显示的那样,一部小说非反身地(unreflexively)使道德感知变得模糊,那么它就此而言在道德上是恶的。看起来这里不存在一个范畴的错误,因为各种视角都必然与人(实际的作者)或类人的事物(暗指的作者)紧密相关。因此,至少是那些拥有多种视角的艺术作品看起来规避了前述本体论论证。而且,很大一部分艺术作品都是这样。

也许可以说,如果我们讨论的是实际的艺术家的视角,那么我们并没有真正在道德上评价这个艺术作品,而是在评价艺术家。但这似乎是不对的,原因有两个。首先,这个视角是小说家构建起来的某种东西,因而完全是艺术作品的一部分。其次,即使在日常生活中,我们也能够区分对一个人的道德判断与对其视角的道德判断,尽管两者是紧密联系的。因此,我们可以对一个有良知的名流(Brahmin)的道德特征做出不同判断,他不了解对社会等级制度的其他诸视角。同样,我们原则上也可以区分我们对小说家的道德特征的判断和对其视角的判断,即使这两点确实常常是重合的。

暗指的作者不是道德谓词真正适用的那类事物,这一点也可以被反驳。无论如何,如果可以从道德上判断人物,那么应该也可以从道德上判断暗指的作者。因为,暗指的作者与实际的作者的差异之处在于,前者确实是后者发明或呈现的一个人物,或一个角色,或佩戴的一个面具,很像一个演员扮演一个角色。尽管是不同的等级,但是暗指的作者也是某种类型的小说人物。因此,如果可以从道德上判断小说人物,那么也可以从道德上判断暗指的作者。而且,正

---

① 007 系列影片第一部《诺博士》中的反派人物。——译者注

如如果小说人物被制造成道德邪恶的有魅力的榜样,那么就可以从道德上批评小说人物,同样如果暗指的作者把诸多邪恶的观点表现为光辉的,那么也可以从道德上批评暗指的作者。不可否认,作为人物,暗指的作者和他们的相应的视角都完全是艺术作品的一部分,因为它们在很大程度上组成了小说家构建的东西。

奥斯卡·王尔德宣称书只能是写得好或写得差的,而不能是道德的或不道德的。但是,由于写作涉及视角的构建和表达,它也许可以容许道德评价。而且,小说之外的艺术作品也拥有视角。因此,在绝大多数情况下,常识几乎不需要担心怀疑论者的本体论论证。

7.4 美学的论证

我们到目前为止对哲学怀疑论者的反驳如果是成功的话,那么这将说明在道德上评价一些艺术是合适的。但怀疑论者或许很快会指出,即使艺术作品在道德上是恶的,它在审美上可能依然是善的,正如道德上的善不保证审美品质或者排除审美之丑。一部电影赞扬一个不知悔改的珠宝盗窃者的生涯,依然可以让人在审美上感到兴奋,而另一部电影推崇一位模范的说教,却可以让人在审美上感到厌倦。

很难否认以上这一点。但是,怀疑论者常常从这些老生常谈中推断出一个相当自大的原则,即一件艺术作品中的道德瑕疵绝不会损害其审美优点,其道德优点也绝不会有利于其审美优点。也就是说,审美价值与道德价值彼此是严格独立的或自律的。这种立场可以被称作自律主义。[23]

显而易见,自律主义的论证是基于这样一个预设:审美领域与道德领域是完全分立的,它们之间没有本质上互相影响的可能性。但是这种假设是否可以维持下去,当然要依赖我们如何理解用于美学论证中的审美概念。

分析这个引起很大争论的概念,一个方法是把审美这个词看成与经验紧密相连——对艺术作品的经验——并坚持只有当艺术作品因其自身而被评价时,这个经验才是审美的。如果一件艺术作品激发了审美经验,那么这件艺术作品中的某个要素就是在审美上有价值的。进一步,根据道德洞见不是因其自身被评价,而是因为其他的理由被评价的,例如道德洞见对好的行为的引导,可以认为这一点排除了道德洞见成为艺术作品中的审美要素的可能。

然而,事实并不是这样。因为如果我们相信经验因其自身而有价值,那么我们当然要承认道德洞见也可以因其自身而有价值。这种价值的支持者可以否认以下这点吗?一个已经灭绝的文明的社会实践是邪恶的,对这一点的学习可以因其自身的原因被欣赏(根据支持者的意思),即使对欣赏者当下的行为来说它没有任何可能的影响。如果是纯粹理论的东西,数学的洞见可以因其自身而被评价,为什么道德的洞见就不能因其自身而被评价?因此,审美价值概念仅仅与因其自身而有价值的经验关联起来,这个概念不能承担把审美——以美学的论证所需要的方式——从道德那里分离出来的工作,无疑是因为这种审美观不是足够令人满意的。

对于自律主义的目的来说,也许打造审美概念的一个更有希望的方法是把审美与形式联系起来。这个观点认为,一个审美经验有一个特定的内容即艺术作品的形式,并且审美价值的标准是由这件作品的形式构造所能促进审美经验的产生的能力来决定的。正如威廉·盖斯(William Gass)所说:"当一件艺术作品被特别地看成一些境遇或社会的再现时,其艺术品质就依靠它的内在的、形式的、有机的特点,依靠其诸关系的内在系统,依靠其结构和风格,而不依靠那些用来劝说所预设的道德性,不依靠作者的善行,也不依靠其象征性人物。"(1993:113)

当然,自律主义者不能否认的是,很多艺术作品包含了道德内容,并常常强有力地展现道德内容。但是自律主义者主张:只有就道德内容涉及作品的形式或结构而言,道德内容才是与艺术作品的审美评价相关的,即要看道德内容对作品的统一性或连贯性是有所贡献,还是有所损害。阿诺德·艾森伯格(Arnold Isenberg)说:"任何关于道德理念的话题都可以是审美对象。但是,一首说教的诗歌是一件艺术作品——这意味着伦理素材不只是被用到,而且在结构中起作用。现在,存在着由其他的东西而不是由伦理素材构成的结构;并且,对批评家来说,使用诸如'统一性'和'连贯性'这样的标准是很普通的。"(1973:280)同样,艾森伯格暗示:艺术作品的伦理特性在审美评价中起作用,是就它们对艺术作品的形式有所贡献来说。也就是说,一件作品所号召的邪恶的观点,不论在道德上多么败坏,都不是一个审美缺陷,除非这个道德观点使得作品在形式上是不一致的,正如如果它轻率地认可了互相矛盾的道德观点,它将会使作品在形式上是不一致的。(1973:281)

将美学与形式等同起来是否适合于自律主义的议程?这无疑是依赖自律主义所采用的形式概念——一个因其难以定义而闻名的概念。关于形式的某些概念明显很难令人接受——比如,一件艺术作品的形式只包含它的非再现性的要素——因为从审美经验的开端到它的活动范围,这些概念似乎都是错误的。但是也许关于形式的适当的概念的一个线索是,我们有一个普遍倾向,就是把形式与一件艺术作品的"如何"联系起来,即它是如何表达的,它是如何画的,它是如何组织的。作品的形式在某个方面与创造作品的方式有关。但是究竟在哪个方面有关呢?

关于一件艺术作品的"如何"的问题,并非任何回答都足以在艺术作品的形式方面给我们以指导。我们被告知了印刷在书页上的小说的字词,并不能确知这部小说的形式的某个方面。准确地说,与艺术作品的形式结构有关的"如何"问题(how-question),必须与艺术作品中那些用来实现艺术作品的要旨(points)和/或意图(purposes)的要素和关系有关。[24]正如路易斯·萨利文(Louis Sullivan)所说:"形式遵循功能。"

一幅叙述性绘画的形式特征是把我们的眼睛引导到图画的主题上,因为这个作品的要旨是要激励我们对(比方说)圣母玛利亚和圣子的思考。同样,电影《战舰波坦金》(Potemkin)中的片断"敖德萨阶梯"的加速蒙太奇是电影的一个形式因素,因为它在视觉上加强了场面的混乱,这正是导演谢尔盖·爱森斯坦(Sergei Eisenstein)所希望传达给观众的。就是说,艺术作品具有要旨或意图,即设计作品用以传达的主题或精神状态,如感情、情绪甚至视觉快感,这些要旨或意图是艺术作品试图在观众、听众和读者那里产生的;作品中实现这些要旨和意图的那些要素和关系,组成了作品的形式结构。作品的形式如人的形式一样,是其(要旨和意图的)向外的显现——作品呈现或体现要旨和意图的方式。

构建一个艺术作品时,艺术家选择怎样进行,这是与作品的要旨和意图有关的:线条的粗细,押韵与否,选择大调还是小调,把一个人物描绘成严厉的还是温和的,都要考虑作品(或它的一个部分)的要旨和意图。这些选择的总和体现了与这个作品相关的**如何如何**,即体现了它的形式,它贯彻其要旨的方式。或者,说得公式化一点就是,一件艺术作品的形式就是旨在实现艺术作品要旨和意图的那些选择的总和。

假设这就是自律主义者所认可的形式观,那么我们就可以这样来叙述她的美学论证的结论:一部艺术作品中的一个道德缺陷绝不是作品形式上的缺陷,一部艺术作品中的一个道德优点绝不算是作品形式上的优点。诚然,自律主义者在这一点上可能是正确的:她发现不是所有的道德缺陷都是形式缺陷,正如不是所有的道德优点都是形式优点一样。但是,她断言艺术作品的道德属性与其形式价值——也就是审美价值——**绝不**相关是正确的吗?

艺术作品的一个十分常见的意图是唤起我们的情感。当然情感是被准则所控制的。为了害怕某事,感知者一定把它看作有害的。而且,控制诸多情感的准则是符合道德;生气了,我就必然把我指定的对象看成某个错误地对待我或我的东西的人。并且,存在一些直截了当的道德情感,比如义愤填膺。因此,为了唤起特定的情感,相关的艺术作品必须以这样的一种方式来构思它们所描绘的人物和环境:在道德上要适合于它们想要引起的情感。其他条件均同的情况下,在一件要唤起一般观众的不公平感的艺术作品中,如果它要把十恶不赦的奴隶集中营中的指挥官完全再现成圣人一般,那就是一个构思上的错误。就是说,如果构思这个指挥官的方式阻碍了艺术作品预期的功能,那么就犯了一个形式上的错误。

同样,如果尼禄点燃了罗马是为了赢得诸如熊熊大火所引起的敬畏之类的情感,那么从正常的观看者的角度来看,尼禄的大火是一个失败,因为正常观看者清楚地知道那些被卷入的生命和财产所付出的令人忧伤的代价,呈现出来的是恐惧而非惊叹。这里的错误将是形式上的,因为尼禄的构思选择非常明显地烘烤(roast)了人民,没有达到他假定的焚烧(incineration)的目的。但不言而喻,这也是一个道德上的暴行。而且,这是一个道德上的暴行这个事实,在很大程度上解释了它为何无力实现它的目的,因为对"尼禄的行为是道德暴行"的感知,阻碍了所预期的正常观众的反应。也就是说,尼禄大火的道德缺陷与其被危及的审美构思紧密相连;尼禄之选择的不道德性或邪恶性,是他的大火不能确保其目的的主要原因。

为了找一个更恰当的例子,让我们再来看菲力普·罗思的《垂死的动物》。这本小说的目的是从道德英雄主义——尽管有些忧郁——的角度来刻画男性欲望生活。但是具有操纵性的中心人物戴维·克佩什(David Kepesh)显然是一个性掠夺者,并且他很明显地把女性看作本质上的性存在——虽然目的是称赞(甚至是神秘的称赞)——的观点在道德上是无力的。这个人物和小说的视角的道德缺陷,易于阻碍道德敏感的读者来热情回应这种对放荡不羁的生活的赞歌,这种情况似乎充斥于 20 世纪 60 年代的时间错位,在《花花公子》和伍德斯托克(Woodstock)音乐节①上就有某些迹象。如果有一种构思方式用以再现克佩什的生活方式,保证一种广受欢迎的赞赏效果,那么罗思也没有找到这种方式。

进一步说,罗思的构思的形式上的缺陷,在很大程度上可以追踪到他邀请并鼓励道德敏感

---

① 指每年 8 月在纽约州伍德斯托克举行的摇滚音乐节。——译者注

的读者接受的那个道德上有缺陷的视角。因为其不道德性而不能接受它,是这本书最终在情感上难以理解的核心原因(Kieran 2001:34)。其形式上不连贯的原因,主要在于它的道德缺陷。[25] 也就是说,许多艺术作品的构思的一部分是它们的道德情感宣讲。如果道德情感的宣讲由于道德的缺陷而完全失败了,作品的构思同样是有缺陷的。

所以,在这样的情况中,伦理批评和审美批评是合一的。对为什么《垂死的动物》有审美缺陷的最好的解释是,它在道德上是有污点的。也就是说,这个艺术作品的构思的失败是因为它所提供的道德上的短浅目光不能被那些道德敏感的受众接受。因此,有时艺术作品中的道德缺陷与对它的审美评价是相关的,因为作品的道德宣讲可以成为其构思的一个不可或缺的组成部分。并且,艺术作品中的道德缺陷作为道德缺陷解释了艺术作品未能实现它的目的的失败,在这样的情况下,道德缺陷也是一个形式上的坏的选择。这就是说,与自律主义相反,道德缺陷是一个审美的缺陷(Carroll 1998b)。也就是说,解释艺术作品形式上失败的原因是一个道德的原因——例如,它过于不道德以至于不能被一个道德敏感的读者赞赏。[26] 因此,有时艺术作品中的道德缺陷也能作为一个审美缺陷出现。

这个论证并不表示每个道德缺陷都是审美缺陷,只是有**一些**道德缺陷是审美缺陷,即那些危及作品构思的缺陷。一件作品中的某些道德缺陷对于作品的首要目的来说可能是无关紧要的或偶然的。而且,艺术作品在其道德承诺和道德暗示方面可能是无限精微和复杂的。道德缺陷在这样的艺术作品中可能只能被那些旷日持久的、学问高深的阐释所识别出来。因此,某些道德缺陷可能甚至会令道德敏感且见多识广的受众困惑,因为作品的微妙、晦涩和/或错综复杂。当作品如此这般,但其道德缺陷并没有同上述一般阻止那些道德敏感的读者、观众或听众对作品情感上的领会,道德缺陷就不被看作一个形式缺陷或审美的缺陷,尽管它当然仍然是个道德缺陷。[27]

另外,以下这点应该是清楚的:即使某件艺术作品包含一个道德缺陷,它也是一个形式的或审美的缺陷,这也并不导致这件艺术作品在审美上必然完全是坏的,因为这件艺术作品可能也包含某些补偿性的审美优点,从而使得作品总的来说在审美上是好的。并且,这一考虑——不是自律主义的——连同前一段的考虑,可以说明这个常见的观察结果:一件包含道德缺陷的艺术作品在审美上可能是成功的。

如果我们在反驳美学论证时已经表明有时一件艺术作品中的一个道德污点相当于一个形式的或审美的缺陷,那么依然要指出的是,有时一件艺术作品的积极的道德特征可以为其审美价值做贡献。尤其是叙述性的艺术作品,是以这种方式来建构的:使读者、观众和听众参与持续的道德判断的过程——对人物、环境和视角的道德评价。那么,很显然,如果这些因素是以如下这种方式构思的,即让受众尽可能深刻地并且具启蒙性地把小说中的诸道德变量联系起来,那么,在所有条件都相同的情况下,这篇小说会因此变得更好、更吸引人。而且,就大多数艺术作品的目的都是为了具有吸引力来说,这种构思选择将在审美上是好的,仅仅因为它们在产出活动中刺激了受众的道德想象力,受众因此获得回报。

前面我们已经看到,艺术作品由于锻炼了我们的道德力量而可能被宣判为在道德上是善的。这也可以有助于将受众吸引到作品上来,就此而言,对于道德敏感的受众来说,它也可以成为这个艺术作品的一个审美的优点。而且,对于这样的受众,如果道德洞见要动员该受众的参与而不是阻止它,那么道德洞见必须是合理可信的。因此,进行适当的道德观察可以成为艺术作品构思的一部分。如果奥斯卡·王尔德认为好的写作,总是完全与道德内容分离(正如被正常地评价的那样),那么他就是错误的。

自律主义者的美学论证坚持艺术作品中的道德缺陷绝不是审美缺陷,道德优点也绝不是审美优点。也许这种论证在很长一段时期内是有吸引力的,因为它的作用像一个针对那些好斗的道德家的阻燃剂,这些道德家们违反直觉地把所有的道德缺点都打上了审美缺点的烙印,并且断言所有思想健全的艺术作品都是审美上的杰作。然而,不论这种美学论证在反对清教徒主义和审查制度的斗争中是多么耐用,它都过于独断。因为有时蒙自律主义的恩准,审美的评价和道德的评价是会合的。

7.5 结论

艺术和道德在如此长的时间内以如此多的方式联系起来,以至于对一般的读者、观众和听众来说,这一点似乎是常识:至少在一些时候,把道德看成艺术教化的资源,并且至少在一些时候假设有时一件艺术作品的道德评价可以与其审美评价相关,这都是很自然的。也许这种做法的一个原因是,一般的批评家常常感到无须多说就可以十分自由地游移于对艺术作品立场的道德评价与对它的艺术评价之间。

然而,正如我们已经看到的那样,存在诸多难以应付的对这种实践的哲学上的反对——具体来说是认识论的反对、本体论的反对和美学的反对。这些哲学论证引发了关于我们的艺术实践的诸多重要问题。尽管如此,他们所提出的考虑不是不能克服的,正如我已经努力证明的那样。实际上,这些反对将成为以下做法的有益的托词:当谈论艺术时,我们努力澄清我们正在做什么和为什么这样做。在这个意义上,我们不应该把哲学看作与常识抵触,而应该看作对常识进行更大的提炼和精致化的原动力。

[注　释]

1 这不是哲学家们在这个节点上可以选择的唯一结论。例如,柏拉图坚持艺术作品不能提供伦理的或其他方面的知识,但是这并没有使他得出这样的结论:对艺术作品不应该进行道德批评。对于柏拉图来说,艺术作品不能提供伦理知识,但是艺术作品能——实际上它们必定这么做——宣传不道德[的东西],因此它们会遭到道德上的蔑视。然而,由于柏拉图关于艺术作品的这方面立场已经遭受了大量批评,所以此章不再详述。

2 这种反对艺术提供知识的论证是基维在其著述中认同的,见 Kivy (1997-8:22)。

3 法国诗人劳伦·泰勒德(Laurent Tailhade)听说一个无政府主义者向下议院扔了炸弹,他说:"如果姿态是美的,那么谁关心那些不知名的人的死亡呢?"见格拉德的引述(Guerard 1963:71)。

4 在将这种直觉追问(intuition pump)运用于《罪与罚》时,这一点应该是很清楚的:我正在重述哲学怀疑论的立场。我个人的立场并不认为这是《罪与罚》可能教授的唯一的东西。相反,我只是更倾向于以一种在修辞上有效的并且有很好的先例的方式发展怀疑论的观点。不幸的是,许多评论者,如康诺利(Connolly)和海达(Haydar),把我对这种直觉追问的展示性使用,曲解为对《罪与罚》这样的作品的深思熟虑的观点。为了能够努力用怀疑论自己的术语打败他们,我将在这一章中尽量有说服力地描述怀疑论的论证。这不应该被看作我同意所有怀疑论论证的前提的一个标志,见 Connolly and Haydar (2001:122)。

5 文学提炼道德感知的能力是玛莎·努斯鲍姆(Martha Nussbaum)的主要论题,尤其见 Martha Nussbaum (1990)。

6 关于艺术可以在教育意义上吸引情感的诸方式可以在这些文献中找到,见 Currie(1995);Walton (1990)。

7 当然不必把艺术教化我们的情感的能力与其增强我们关于道德感知的技巧的能力区分开来,因为情感和感知在一些重要的方面是联系在一起的。同样,对我们的道德情感的提炼与我们的道德判断力也是联系在一起的。

8 戈德堡(Goldberg)把这两种道德感区分为"行为中心感"(conduct-centered sense)和"生活中心感"(life-centered sense)。见 Goldberg(1993:113)。

9 戈德堡指出道德判断有一个维度涉及把诸生活当作一个整体。也就是说看出诸生活的统一性。而且,在道德判断的这个维度上,文学具有榜样性的优越性。他说:"文学总是牵涉使生活具有道德意义。" (Goldberg 1993:113)

10 文学不仅通过把我们自己的生活建构成一个整体来教育我们,还通过把他人的生活建构成一个统一体来教育我们。并且正如戈德堡指出的那样,道德洞察力的一个维度涉及"使人们的生活具有整体意义的能力……一种为每个具体生活找到合适的条件的能力"。这种道德洞察力也可以被称作道德想象力,因为它具有构建统一体的能力。(Goldberg 1993:109)

11 当然,叙述性艺术展示生活故事,其意义不仅与它引导受众开始设定他们自己的生活故事有关。通过展示生活,常常是展示那些迥异于我们的生活,叙述使我们获得关于"可能的生活"的信息——米尔(Mill)称之为生活实验。在这方面小说可能被解释成生活思考的实验,无需代价就可以沉思其他生活方式的机会。这是普特南(Putnam)特别强调的一个方法。(Putnam 1978)

12 奥利弗·康诺利(Oliver Connolly)和巴夏·海达(Bashshar Haydar)主张:比起个人道德案例,小说的这种功能更适用于政治案例。但这是错误的。我们可以把前边讨论过的《爱玛》的案例看作也是对个人道德领域的某个原理——应该把人看作目的而不是手段——的生动强调和深化。(Connolly and Haydar 2001:121)

13 对于怀疑论的这个平庸说论证,我在拙著(1998a)中第一次提出回应。后来,奥利弗·康诺利和巴夏·海达批评了我的这篇文章,他们假定我的主张是,从叙述性[艺术]中获得的只有这种道德理解,而不能获得怀疑论者所推荐的命题知识。这是对我的原文和我的观点的曲解。例如,在拙著(1998a:158n.16)中,我引用《土生子》(Native Son),明确地承认一些叙述性艺术作品提供怀疑论者所要求的那种命题。并且在文本的正文部分,当我讨论叙述性[艺术]的"标准案例"和"绝大部分"的时候(1998a:141),那些默许的暧昧之语是要承认存在一些符合怀疑论者要求的"受教于小说"的案例。康诺利和海达混淆了我自己的立场和为了拒绝怀疑论而给出的怀疑论的最强有力的例子,尽管事实是,我与怀疑论者的观点——叙述性艺术不能使人获得不琐碎的、命题性的知识——有分歧是绝对的、显而易见的。见 Connolly and Haydar (2001:109 - 124)。

14 在我即将发表的文章中我将为以下观念详细辩护:一些艺术作品可能被构想成思想实验。写了这篇文章后,我发现泽马克(Zemach 1997:198-200)提出的一个观点与我的相似。同样,戴维·洛奇(David Lodge)最近的小说《思考……》(Thinks...)中的小说家海伦·里德(Helen Reed)在听到来自人物拉尔夫·迈森洁(Ralph Messenger)——霍尔特·贝尔廷认知科学中心(Holt Belting Center for Cognitive Science)的主管——的各种思想实验后,认为"小说可以被称作思想实验"。

15 马歇尔·科恩(Marshall Cohen)和艾琳·约翰(Eileen John)已经向我指出,我在这里所用的概念性知识的概念过于牵强。也许把我想的这种知识称作哲学性知识更好。

16 一些文学思想实验可以用于识别一个概念应用的必要条件,如《远大前程》集中在把无私的爱看成善良养育的条件。其他的文学思想实验可以有这样的功能:当提供道德判断时,提醒我们某些属性的意义可以作为可变因素来考虑。后一情况的例子参见我即将发表的对《霍华兹庄园》(Howards End)的处理。

17 哲学思想实验的另一个功能是设立一个问题,正如柏拉图在其《理想国》中对古阿斯的神话所做的那样;也许无须多说,这也可以成为小说的一个功能。

18 我的观点不是说上面复述的道德教育的诸类型是完全分立的并且是互相排斥的。例如,我们对小说的情感反应,可以在小说鼓励我们做出更为细致的概念区分的过程中谋取。并且对于上面简述的活动,还有其他的方式组合它们。我这里的目的不是为对艺术的道德反应建立一个严格的、坚固的分类法,而是提醒读者:我们与怀疑论者的认识论论证就艺术经验的争论有多种不同的方式。更进一步说,我当然没有自称这里关于可能性的简单列表是无遗漏的。

19 德弗罗(Devereaux)在其文章(2001)中认同了这个论证。我这里对这个论证的发展与德弗罗的相似,尽管她称之为"被假设的作者"(posited authors),我倾向于称之为"视角",因为我对"被假设的作者"这个概念存疑。

20 德弗罗引证奥斯卡·王尔德作为这种立场的代表。

21 与这个论证相应的是拙著(1999:95-99)中提出的一个论证:反对表现性属性必然是隐喻性的。

22 这里故意暧昧地用到"非反身"(unreflexively)这个词是为了考虑以下的可能性:为了揭露一个邪恶的观点,一个小说家可以用说反话和反身(reflexivety)的形式突出它。

23 我在别处把这个立场称作温和自律主义。激进的自律主义坚持在道德上评价艺术作品是绝不合适的。这一章的前两节旨在削弱激进的自律主义。温和自律主义——为了展示,我现在把它简单地称为"自律主义"——认为对艺术作品的道德评价是可能的,但是绝不能与审美评价混淆。参见拙著(1996,2000)。

24 拙著(1999:142-148)为这种艺术形式观做了辩护。

25 这里"不连贯"的意义不同于前面对阿诺德·艾森伯格的引用中的"不连贯"。艾森伯格似乎认为,当一件艺术作品中的道德因素相互冲突时,它们在形式上就是不连贯的(1973:281);它们是邪恶的并不重要,只要它们是一致的。这就是为什么艾森伯格似乎认为伦理的评价和审美的评价一直保持分离的原因。

然而,我所认为的这种"不连贯"是实用主义的——作品的不道德的立场削弱了对作品想要表达的东西的所规定的领会。作品不能奏效的原因只能通过以下事实来解释:作品所提倡的道德立场是有缺陷的,以至于不能谋取那些道德敏感的受众的合作。因此,作品在实现其目的方面的审美失败的原因,是道德上的缺陷。审美失败和道德失败都是可以由作品的同一个特征——其道德缺陷——来解释的。因此,在这些情况中,与艾森伯格不同,这种"不连贯"不支持"伦理评价和审美评价总是保持分离"的观点。

26 这里需要附加说明的是,我们必须从反事实的角度来理解道德上敏感的受众。原因是我们期望艺术价值能经受时间的考验。因此,真正的审美价值追踪敏感的受众对作品的反应,而不是实际的受众对作品的反应。因为同时代的受众——如纳粹观众对瑞芬斯塔尔(Riefenstahl)的影片《意志的胜利》——可能在意识形态/爱国主义的影响下会无视作品的道德缺陷。

27 正是由于这个原因,我以前把这个立场当作温和的道德主义(moderate moralism)。这个观点与高特(Gaut)的立场形成了对照,后者被称为伦理主义(ethicism),主张艺术作品中的每个道德缺陷就其作为道德缺陷而言都是审美缺陷。我的论证处理的问题比高特的要少,并且尽管我对高特的倾向并非完全是不同情的,但我的论证显然并不像他的论证走得那样远。

然而,一些评论家——包括康诺利(Connolly)、哈罗德(Harold)和凯尔兰(Kieran)——认为我的立场倒向了高特。他们的理由是,既然我所主张的与追踪道德缺陷有关的道德敏感的视角,要从反事实的角度来理解,即根据一个道德敏感的观众可能如何对一件作品做出反应,那么作品中的任何道德缺陷都涉嫌破坏了作品要旨和/或意图的执行。我否定的理由是上面已经陈述过的:不是所有的道德缺陷——例如,一段临时性的歧视老年人的插话——都在结构上破坏作品的主要意图,而且作品中的某些道德缺陷对于吸引甚至道德敏感的受众的注意力来说也不是足够明显的。

也许康诺利、哈罗德和凯尔兰认为:对于一个观众、读者或听众来说,如果从反事实的角度来说,某些道德缺陷可以逃过他们的眼睛,那么,他们就不可能算作道德上敏感的。然而,对我来说,这似乎是在谈论道德上高度敏感的受众,而不仅仅是那些道德上敏感的受众。某人可以是道德上敏感的,但仍然不能注意到一件复杂的艺术作品中的微妙的且是隐性的道德缺陷。道德敏感的受众不应该被构想为伦理上的超人。因此,温和的道德主义并没有倒向更强势的观点——伦理主义,尽管像伦理主义一样,我们一定要根据道德敏感的观众的反事实的反应来看待温和的道德主义,因为在理想上我们期待审美价值与时代的检验结果达成一致。

参见 Gaut (1998);Connolly (2000);Kieran (2001);Harold (2000)。

参考文献

Beardsley, Monroe C. (1981). *Aesthetics: Problems in the Philosophy of Criticism*. Indianapolis: Hackett.

Carroll, Noël (1996). "Moderate Moralism." *British Journal of Aesthetics*, 36: 223-237.

——(1998a). "Art, Narrative, and Moral Understanding." In Jerrold Levinson (ed.), *Aesthetics and Ethics*. Cambridge: Cambridge University Press: 128-160.

——(1998b). "Moderate Moralism versus Moderate Autonomism." *British Journal of Aesthetics*, 38(2): 419-424.

——(1999). *Philosophy of Art: A Contemporary Introduction*. London: Routledge.

——(2000). "Art and Ethical Criticism." *Ethics*, 110: 350-387.

——(forthcoming). "The Wheel of Virtue: Art, Literature, and Moral Knowledge." *Journal of Aesthetics and Art Criticism*.

Connolly, Oliver (2000). "Ethicism and Moderate Moralism." *British Journal of Aesthetics*, 40(3): 302-316.

Connolly, Oliver and Haydar, Bashshar (2001). "Narrative Art and Moral Knowledge." *British Journal of Aesthetics*, 41(2).

Currie, Gregory (1995). "The Moral Psychology of Fiction." *Australasian Journal of Philosophy*, 73: 250–259.

Devereaux, Mary (2001). "Moral Judgments and Works of Art." Paper at conference on Art and Morality, University of California at Riverside, April.

French, Peter A. (2001). *The Virtues of Vengeance*. Lawrence, KA: University of Kansas Press.

Gass, William H. (1993). "Goodness Knows Nothing of Beauty: On the Distance between Morality and Art." In John Andrew Fisher (ed.), *Reflecting on Art*. Mountain View, CA: Mayfield.

Gaut, Berys (1998). "The Ethical Criticism of Art." In Jerrold Levinson (ed.), *Aesthetics and Ethics*. Cambridge: Cambridge University Press.

Goldberg, S. L. (1993). *Agents and Lives*. Cambridge: Cambridge University Press.

Guerard, Albert L. (1963). *Art for Art's Sake*. New York: Schocken Books.

Harold, James (2000). "Moralism and Autonomism." Talk at Central Division Meetings of American Philosophical Association, Chicago, April.

Isenberg, Arnold (1973). "Ethical and Aesthetic Criticism." In *Aesthetics and the Theory of Criticism: Selected Essays of Arnold Isenberg*. Chicago: University of Chicago Press.

Kieran, Matthew (2001). "In Defence of the Ethical Evaluation of Narrative Art." *British Journal of Aesthetics*, 41(1): 26–38.

Kivy, Peter (1997–1998). "On the Banality of Literary Truths." *Philosophic Exchange*, 28.

Nussbaum, Martha (1990). *Love's Knowledge*. Oxford: Oxford University Press.

Parker, David (1994). *Ethics, Theory and the Novel*. Cambridge: Cambridge University Press.

Putnam, Hilary (1978). "Literature, Science, and Reflection." In *Meaning and the Moral Sciences*. London: Routledge and Kegan Paul.

Scott, A. O. (2001). "Alter Alter Ego." *New York Times Book Review*, 27 May: 8.

Walton, Kendall (1990). *Mimesis as Make-Believe: On the Foundations of the Representational Arts*. Cambridge, M.A.: Harvard University Press.

Zemach, Eddy M. (1997). *Real Beauty*. University Park: Pennsylvania State University Press.

第8章

美与批评家的判断:重绘美学

玛丽·马泽斯尔 著

褚国娟 译

8.1

与物理学家不同,哲学家被这样的想法吸引着:他们的研究工作是致力于(即使是间接地)非哲学家所考虑的东西的。这话似是而非,虽说不像过去那样,有人会警告大学生,除非他们选修伦理学课,否则就永远也分不清是非。刘易斯(C. I. Lewis)曾发现,在哲学上我们研究我们已知道的东西——物理学必定不是这种情况。(当然,反对者可能辩驳道:"我们已知道的东西"是个直接导向棘手的、错综复杂的认识论问题的短语。)但是确确实实,首次阅读奥斯丁(J. L. Austin)的文字得来的那种呼吸新鲜空气般的印象,足够使我们确信,不管日常语言的使用能否解决这个容易引起争议的问题,它都是一个不坏的起点。奥卡姆的剃刀原则(Occam's razor)指出,专业语言应该被保持在最低限度,仅在必要时使用。在这个方面哲学美学一直是过于疏忽的。因此,我下文的主要目的就是,首先表明为美学家所熟悉的哪些术语和习惯用语需要修正;其次一旦这种修正得到接受,就去探究我们能够建立一门什么样的美学理论。

第一步是去掉"审美价值"(aesthetic value)这个术语。这就意味着要重新挑选美学的中心概念。在18世纪,美学的中心概念被认为是"美"(beauty),美学的目的是研究自然和艺术中美的东西(the beautiful)。何时和为何转移到"审美价值"上来了呢?时间相当近——差不多是过去半个世纪的范围内。在此以前,在权威词典的记载中,"美学"词条下显示的是"美"。转变这一传统,其动机是一件令人深思的事情,而有一些因素明显与历史有关。建立一种关于美的科学的主张,首次出现在18世纪德国理性主义的背景中。亚历山大·鲍姆加通因1735年"美学"一词的创造而享有盛誉(Baumgarten 1954),他认为发现了一门与伦理学、形而上学和认识论同类的学科,因而需要一种理论去概括它。虽然同时期的英国著作家们——夏夫兹伯里、哈奇生、伯克、克姆斯(Kames)和休谟——没有采用鲍姆加通的命名,也没有分享他对抽象理论的学术偏好,但实际上他们探索过趣味的领域,并提出了一些很有价值的美的心理学方面的建议。

虽然英国和德国的著作家都把美看作一个在自然现象和艺术产品中均有体现的种类,但他们真正的兴趣其实是在艺术里,更严格地说是在**关于**艺术的讨论中,这一点相当重要。经过对田园风光和日落(等自然物和自然现象)的短暂关注之后,他们把主题转向了对批评判断的各种断言的研究。其中,讨论的焦点是艺术作品的价值问题。这种倾向在古典或中世纪哲学中鲜有前例。柏拉图把美当作一种形式,是与善的形式统一在一起的。美在灵魂超越不可靠的表象从而获得真知的斗争中所起的作用方面涉及人的经验。按柏拉图的观点,美是在爱的对象里被表现出来的。整个过程开始于一种痴迷,即对个别人的爱,然后转移(如果一切都顺利的话)到对一种理想美的爱,在这之后又到了对一种标准状态的美的欣赏,再之后就是达到了对所有东西中最美的和最可爱的东西——美本身的形式的彻悟。柏拉图不否认人工制品有可能是美的,他在《大希庇阿斯篇》(*Hippias Major*)及其他地方都讨论过此事。但是他把艺术——主要是诗歌和音乐——当作政治哲学和教育理论的一个主题,并主张艺术品应当被严格控制,如必要的话还要禁止,因为它们对易受影响的接受者有着恶劣的影响。亚里士多德对美的看法不怎么夸张,现代美学家们发觉他关于艺术的思想颇合他们的口味。在《诗学》(*Poetics*)和《修辞学》(*Rhetoric*)中,亚里士多德探讨了一种完美悲剧的标准,并认为观众的情感卷入有一种情感释放的效果,从道德立场来看这是很好的。中世纪早期哲学家的美学理论在精神上都是柏拉图主义的和形而上学的,尽管阿奎那(举一个例子来说)提出了一种美的定义,美被设想为全面地包括了世俗对象和"超凡物"。[1]

按我们今天的理解,美学几乎完全被限制在批评理论领域内,这在其开始就是很明显的。上面所提到的英国著作家大多对文学感兴趣,尤其是诗歌。例如,艾迪生(Addison)在他发表于《瞭望者》上的文章中,将他自己的任务视为确认哪些特定的诗歌章节是美的,哪些诗歌章节是有缺点和瑕疵的,并且他在理论上的探索,如同在关于想象的系列文章里表现的那样,是与关于诗歌鉴赏和创作的反思紧密联系在一起的(Addison 1965)。德国理论家对文学批评的关注不是很明显。鲍姆加通的计划听起来不像批评的指导而像感觉的理论。他认为鉴赏显示了一种独特的知识形式,他称之为**直觉的科学**。但另一方面,他所举的例子几乎都来自文学。康德熟悉鲍姆加通的《美学》(有趣的是它还没有完成),也了解鲍姆加通的学生迈尔(G. F. Meir)的著作《一切美的艺术和科学的基础》(1748,1750)。在《判断力批判》的第一部分,康德自己尝试了一种关于美的系统论述,认为美的概念与纯粹理性和实践理性的概念在哲学上具有同等程度的重要性。他曾说过第三**批判**是他整个系统的"皇冠和拱心石"。他给美的概念提出了一个定义,并在"趣味的二律背反"的标题下,提出了下面的问题:

> 只依赖个体自身对对象的快感,而不依赖对象的概念,去判断这个快感在任何其他个体那里都是与同一对象的表象相伴随的一种快感,并且这是先天的,也就是说不需要花时间研究其他人是否也有同感,这种判断是如何可能的呢?(1964:145)

康德试图回答这个问题,尽管他的答案——既错综复杂又在很大程度上含糊不清——是多种观点的混合,但没有人会否认这个问题本身对哲学美学来说是非常关键的。由于康德不止一次说过,艺术作品的美比不上自然物和自然现象的美,因此对于把美学和批评理论相联系的一般做法来说,康德似乎可以算是个反例。注意,从另一方面看,批评性判断——用康德的术语来说即"鉴赏判断"——尽管常常是那些自称诗歌权威的人之间矛盾冲突的来源,但当主题是自然美的比较判断时,矛盾冲突很少发生。A 发现在他看来美丽的田园风光在其同伴 B 看来却是乏味的,对这一点 A 可能会困惑或者失望,但是要说 A **要求** B 去分享他的愉快并且像康德所说的那样,是在一个先天的背景上这么要求的,那么这就太夸张了。经验和观察表明,当涉及自然美时,就好像没有什么东西要受趣味的二律背反的控制。在对待自然风景美的差异上,人们不会动手互殴。把对鸟叫或玫瑰花的欣赏的特征(康德的例子)描述为某种"判断"实在是有点牵强。

此外还有一点:康德自己,尽管不是有些评论家所描述的门外汉,也是一个文学趣味保守并且有些落伍的人。但实际上,康德是在打定主意要把优美与崇高区分开来。康德遵循伯克(Burke)——康德的榜样——选择了以自然现象作为崇高的例子:

> 陡峭的、悬垂的……险恶的巨石,愤怒的乌云堆积在天空,伴随着电闪雷鸣,火山爆发的熔岩疯狂地破坏着一切,飓风所过之处尽是废墟,无边的海洋随着一种难以控制的力量起伏,某条大河形成高悬的瀑布……使我们微小的抵抗力与它们的巨力瞬间形成对比。但是,假设我们自己的位置是安全的,它们的外观因为其可怖性反而更吸引人。(Kant 1964:110)

崇高的历史自朗吉弩斯开始,他把崇高看作一种修辞形式,看作有说服力的演讲技巧的一个方面。在康德那里,也总是看到他运用文学或者建筑上的例子(他的确提到了金字塔和圣彼得大教堂),而不是运用令人敬畏的现象本身的经验(这当然是可以理解的,假设哥尼斯堡城及其周围地区极少出现无比巨大和无比有力的事物)。但推测康德自己对于美和崇高的经验在这里是不相干的。公认为重要的是第三**批判**的第一部分,它是建立一种系统的审美理论的一个尝试,如果我们把它看作一个与美的分析并列的批评判断的分析,比之把它看作一个关于自然美的探究,会更有意义。说到休谟,也是这样,他的不那么有野心的文章《论趣味的标准》(1965)——听说康德读过它——认为问题的中心在于评价各种相互竞争的关于特定时代诗歌或戏剧作品的价值的断言。

回忆一下当时的社会背景吧。对于艺术的资助,以前是王公及其出身高贵的依附者的特权,以及教会显贵的特权;后来此权利被有闲有钱买书、听音乐会和收藏绘画的富裕的中产阶级热心家接管,从而扩及越来越大的范围。这种新景观的表现之一就是对某人有无趣味之问题的日益关注,而某人是否有趣味,可从他对艺术品的选择中看出来。相应地,职业批评家或者至少做艺术品投资的权威人士开始吸引读者的注意。亚历山大·蒲柏(Alexander Pope)和塞缪尔·约翰逊(Samuel Johnson)就是这样的代表;在法国,丹尼斯·狄德罗(Denis Diderot)和他圈子里的成员提出原则以及范例方面的建议,以便指导业余爱好者的选择。我们今天如何看待美学,有它的学术基础,而它真正的根是在 18 世纪的沙龙和咖啡屋里面。当时休谟在他的文章里宣称,趣味的标准,即解决争论所需的尺度,是"真正评判者"的联合裁决,他正是意识到了同时代那些受人敬重的批评家的影响力。

当人们花费较多的精力在文学、视觉和音乐作品上时,他们谈论艺术的词汇也变了。美不再被看作所有真正的艺术成就都分享的一个条件,而是开始被限定在特定的类型或风格上。这一点表现在美与崇高之间的区分上。美的东西是以一种轻松的方式令人感觉愉快的、相对较小的、娇嫩的、优美的以及柔弱的东西。崇高的东西是巨大的、无限巨大的、压倒一切的、令人敬畏的、阳刚的,其来源——用康德的古怪短语来说——是"消极的愉快"。尽管这种粗鲁的具有性别歧视色彩的意识形态容易使我们感到不舒服,但这种区分的确充当了一种被弗兰克·希布里(Frank Sibley 1959)称为"审美属性"的划分方式。人们已被提醒过好多次,对于具有挑战性的、不和谐的、叙述苦难和暴力的但仍算作伟大成就的作品,用"美"这个词是种滥用。

是黑格尔首次明确了这种看法:站在中心舞台的是艺术作品及其分析与解释。尽管依旧谈论美,但他认为艺术和自然之间有一种范畴性的差异。关于这个观点他表述如下:

> 日常生活中我们习惯于说美的颜色,美的天空,美的河流……美的花朵,美的动物,最重要的是,美的人类……我们首先可以肯定地说艺术美高于自然美。因为艺术美是由心灵产生和再生的;心灵和它的产品比自然和它的现象高多少,艺术美就比自然美高多少。(1905:ch. 1)

不仅艺术作品(总之所有艺术作品都是伟大的)要比任何河流或者花朵或者人都美丽,而且它们根本就不属于同一等级。黑格尔继续写道:"心灵与艺术美,在'更高级'的层次上来说,具有一种不是简单地相对的区别。心灵也只有心灵才能是真实的,才能涵盖一切,所以一切美只有涉及这较高境界而且由这较高境界产生出来时,才真正是美的。"克罗齐(Croce)以一种相似的思路写道:"自然,只对以**艺术家的眼光**来凝视她的人来说,才是美的……没有**想象力的帮助**,自然中没有任何部分是美的……并且……没有经艺术家**某种程度的修正**的自然美是不存在的。"(1929)

人们可以想象,在20世纪中期一个有思想的人会做如下推理:

> 美学是一项正在进行中的事物,而鲍姆加通是对的:如果它要成为一个真正的哲学科目,就必须围绕一个与众不同的概念来安排理论,并清楚地说明它的应用条件,也就是说必须对其与众不同的判断形式提供一种分析。过去通常以为其核心概念是美,而趣味判断是一种对某个事项是否是美的结果进行断定。于是,康德的二律背反便开始产生,这对我们美学家来说就是决定这种判断究竟是主观的还是客观的,以及它是否能够从根本上得到判断或确认。但是,我们通常被奉劝去研究从事实践的批评家的作品,而批评家总是评估艺术作品而不是自然现象。因此,无论一个人像黑格尔那样,认为由心灵再生的东西高于自然现象,还是像康德那样,认为反过来才是真的,我们必须承认艺术非常不同于自然。"X是美的"这个断言,作为一个自然爱好者的反应的表达,一定意味着某种与当它被理解为一种批评判断时不同的东西。因此,用"审美价值"来替代"美"如何?肖像与模特,鸟鸣与音乐演奏,都具有审美价

值,这个词语具有美学理论所要求的一般性程度。

我的观点是,无论它是出于何种动机,这个转变并不是个好事。为什么呢?它切断了我们与日常话语的联系。"审美价值"是一个学术行话,是一个在课堂之外很少听到的术语。看看这个:"我的女儿很有才气很善良;她唯一缺乏的就是审美价值。"(其他领域里类似的情况也一样的怪异,例如,"我女儿很美丽也很善良,麻烦在于她想要知道的大多数东西都缺乏认识价值"或者"我女儿很博学很美丽,但是她待人的方式具有明确否定性的伦理价值"。)

8.2

那么拿什么来代替呢?我们可以选择而并不是说要试图进行一项革命。今天,美学被理解为把美的艺术及其解释作为它的领地。一个选修美学课的学生希望学到有关诗歌或绘画或芭蕾的鉴赏方面的事情,而如果课堂上讨论的例子只是日落和野花,那么他将有理由发牢骚。因此我们何不只承认这些事实:美学是艺术的哲学和批评的理论?当美学归结为趣味判断的时候,就放下了棘手的"审美价值"这个术语,并且宣称我们的兴趣在于批评判断——对诸如一部好看的小说或一段弦乐四重奏或者一幅肖像等的效果的断言。另一个可能性就是回到传统,认为美学探讨美的概念,并且只花时间弄清这种探讨在理解艺术方面能把你带到多远就行了。我倾向于采纳第二个方案,因为以下的原因。

美是一个独特的超时代的概念。这个词本身在每种语言里都有同源词语,并在每一种语言中,在前理论的非正式谈话中都担负起重要的角色。像真理一样,它是一个基础性概念,但是否像真理一样(至少在弗雷格的意义上[Frege 1956])是不可定义的,这是一个开放性问题。阿奎那以及之后的康德,在定义方面开了一个头,这是一个值得探索的方案。艺术概念是另一回事。历史学家告诉我们,存在某一系列基本特征使得艺术作品与其他人工制品区分开来,这一看法是随着时间的流逝而逐渐出现的(Kristeller 1951,1952),并且只有黑格尔和他的继承者才使它看起来像一个合理的假设。当认识到作为艺术的东西从一种文化或历史时期到另一种文化或历史时期有着显著的变化时,我们可能仍旧保留"艺术"这个词——或许谈论一个概念的**家族**会更好一些,尽管可能太自以为是了。黑格尔自己作为具有第一手的艺术知识和健全的批评才能的少数哲学家之一,认为只有当随着艺术的历史发展,(当然是被准确解释的)艺术被定义时,艺术的哲学才有其实质。在过去的五十年左右,大量的时间与努力被投入对康德二律背反的探索和趣味判断的认识论中,在那里要探讨的是一种对艺术成就的断言。结果是不确定的,在一定程度上是因为对谁适合做候选者有普遍争论。艺术界,像资本主义的消费文化中其他因素一样,有着不断移动的边界。二十年前只是纯手工艺或纯娱乐而被淘汰的东西现在又赢得了一个较尊贵的身份,而不久以前的杰作却以进入跳蚤市场或家庭阁楼而告终。从业者们——至少是力争上游的企业家——热切希望他们的手工制品被看作艺术,也就是说对获得尊重、解释和公众的注意有一种强烈的渴望。一个人怎么可能希望建立一种其外延不断变动的哲学理论?(想象一下,你有一个小孩,他想要一个宠物,你想知道什么类型的狗是最合适的,这可能会引发争执。但是倘若关于什么才算一只狗有冲突的意见,将会怎么样呢?狐狸是一种狗吗?一只驯良的狼是一种狗吗?)

我们的起始点应该是对美的前理论观念做一种说明描述。(没有这种描述,也就没有了创制理论的依据。)某一个别事物是美的,这一断言比较常见并且容易理解,但是作为一个研究课题可能看似没有前途,因为它常常是即兴而发——一种不动脑筋的感叹。但研究总是要问这种问题:"为什么你那么说?"或者"你怎么那么想?"如果所有的答案都不是现成的,接下来也就不会出现说话者是愚蠢的或者他说的话是难以理解的这种情况了。也许做出反应的东西对他自己来说似乎是确定的和不可解析的,好像是一种简单的非自然的属性。或许不用否定这个问题,他发现他说不出什么特征以解释他看作美的东西。(如果讨论的焦点是艺术作品,这种情况就经常发生;因此批评词汇中包括了这个常见的短语——"我什么也不知道"。)然而,设想主体(尽管不是理论家)总想反思他自己的用法和他要听众理解的意图。我料想将会出现大量的独立观点,在它们的基础上日常意见会趋于一致。关于美的这些不太深奥的想法有一个核心,即美被认为是理所当然的,而且可以通过直接提问得出来。

下面我将以第一人称复数来表达我的发现,如"我们所相信的",意味着我和任何认同我的人所相信。但是我不要求任何专门的权威,也不想将读者卷入他们并不赞成的观点之中。这样对于发现真正的不同意见会起到启发的作用。

首先,不是问什么东西被认为是美的,而是问什么类型的事物可能表现出是美的。我设想的答案是,任何事物(或者几乎是任何事物),只要能被当作一个个体,能用不引起问题的词语来描述,如"一件礼服"而不是"一件高雅的晚礼服",就有可能是一个候选者。我们还可以想一些不太可能的东西,例如:一堆沙子,一只死兔子。除此以外,还可以想象,摄影师开发出一套设想中的装置和灯饰。想象他的一幅静物画的背景可能出现在夏尔丹(Chardin)面前的方式,去看看美是否能以某些先天的根据被排除在外。或者考虑一下我们实际上看作美的东西的范围及多样性:一棵树、一辆赛车、一个网球拍、一个数学论证、一个女人、一幅街景、一个首饰、一朵郁金香、一首小奏鸣曲、一棵圣诞树,以至无限。一些艺术作品是美的(既然任何事物都可能是美的);有一些是因为美而被珍视,而有一些是因其他原因而被珍视。

认为艺术与自然的划分没有遗漏的这个传统,对经验事实来说是错误的,它没有考虑到无类别的事物。一个发型、一串风铃、一篇悼文、一个芳草园,它们属于哪一类?我们可能会被一些日常物品的美打动,这些物品即使以最宽泛的标准来说也算不上是艺术作品。那么人类呢?柏拉图认为化妆是一种欺骗的形式,因而非难化妆师的技巧——此种观点似乎相当牵强。(要想成为选美比赛的选手,一开始你必须去掉一切装扮)。再者,人工性本身,一个最小的要求,就是它必须是个历史事物,而非单纯通过探查可发现的。黑格尔和他的继承者们认为,艺术作品有一种独特的比自然产品更强烈的对美的要求,他们把艺术理解为由符合规则的作品组成,而把自然理解为根本上没开化的未经利用的东西——北极光、原始森林、偏远的大河和高山。我们的确是以不同的方式来思考这些清晰的事例的,我们钦佩的工艺技巧只显示在艺术作品里,而不显现在自然里——除非上帝设计的论证让你铭刻在心。但是要注意即使在这样清晰的事例中,我们所看到的这些区别也不是由历史事实决定的,而是由我们的关于行为和意图在哪里起作用的信仰决定的。未开化的自然,包括那些在显微镜和望远镜下所显示的东西,它们种类上的丰富性看起来好像经过规划似的。这就是神造说流行的原因,并且下面这个说法也是有道理的:真正的艺术成就,在康德看来,常常就像是从自然中自在呈现而不需要通过作家的帮助就能打动我们似的。

8.3

当我们说一个特殊事物 X 是美的,我们是什么意思?我们要**表达**什么?假定我们是从心底里言说而不只是模糊的口中呢喃,我想会有一个比较确定的答案吧。下面的文字,我列举了一些想法,并且证明它们具有充分的基础被当作知识。(当然,如果被驳倒了的话,它们就算不上知识了,但是我所总结的这几条,是我们无论如何都会声称知道的东西。)

(1)**当我们说某个 X 是美的,是让我们的听者去理解 X 是我们喜欢的某种东西,我们与 X 的相遇会让我们感到愉快**。这种联系总是有效的。它是一种格莱斯式的牵连(Grice 1989)。倘使有人说"X 是美的而我发现它是令人讨厌的"将会怎样呢?这不是很难理解,但我们需要一个解释。普通人会小心翼翼地在引号下做出判断:"所谓的'专家'(自命不凡的假内行)称 X 是美的,而事实上 X 是令人讨厌的。"

(2)**趣味上的差异是普遍存在的**。某人喜爱和欣赏的东西,别人认为是令人厌烦的和丑陋的。不必成为环游世界的人或者极端老练的人就能知道这个事实。休谟(Hume 1965)精彩地指出:"大多数知识有限的人,在他们熟悉的狭小圈子里就能看出趣味的差异,即使那里的人们都在同样的政府下受教育,且从小都受到同样的偏见的影响。"

(3)**在适当情况下,应当容许趣味的差异**。哪里有矛盾发生,哪里就没法证明一种观点的真实性或正确性。虽然如此,仍然存在一些这样的例子,其中一种观点是真实的或正确的而另一种则不是。我们对客观性问题的所有回答都缺乏一致性。这可能引导我们去向哲学家请教,他们会提供这些看似矛盾的东西的解决办法。但任何解决办法都必须考虑到我们上面的两种前理论设想。

以下两种说明,一个来自康德,一个来自休谟,都是关于如何解决这个难题的。康德的说法即"趣味的二律背反",是在形式上作为一个矛盾来陈述的。

正题:趣味判断是不基于概念的;因为如果基于概念的话,就会导致不休的争辩(以论证的方式决定)。

反题:趣味判断是基于概念的;因为如若不然的话,尽管存在趣味判断的多样性,但对这个问题绝不会有争论的空间(要求他人必须赞同这个判断)。(Kant 1964:206)

对那些没有研究过前两大**批判**的人来说,想理解康德的表述是困难的。他的"概念"是什么意思?"基于概念"又是什么意思?"争论"(dispute)与"争执"(contention)之间的差异是什么？说趣味判断要求"他人必须赞同"是什么意思？

休谟的说法不那么使人气馁。他谈到了两种常识。第一种常识是，某人认为一首诗是美的不是做了一个判断而是表达了他的感想，因此他所说的既不是真实的也不是错误的：

> 被同一个对象所激起的一千种不同的感想都是正确的，因为感想表示的不是对象中实际存在的东西……美不是事物自身的特性；它只存在于注视事物的心灵中；每一个心灵都感受到一种不同的美。在他人感觉到美的地方有人甚至可能感觉到一种缺陷。每一个个体都应该默认他自己的感想，同时也不要试图规范其他人的感想。(Hume 1965)

按照休谟所说，第二种常识与第一种正好相反，它认为比较判断至少是要么正确要么错误的：

> 无论是谁断定奥格尔比(Ogilby)与弥尔顿(Milton)或者班扬(Bunyan)与艾迪生(Addison)之间的天才和优雅不相上下，都会被认为是信口雌黄，就像主张小土堆像特勒里非山峰(Teneriffe)一样高，或者小水塘像海洋一样宽一样。尽管或许发现有些人偏爱奥格尔比和班扬，却没有人去关注这样一种趣味。我们于是毫不犹豫地宣布这些虚伪的批评家的意见是荒谬的和可笑的。(Hume 1965)

康德相信解决这个二律背反的唯一方式是用一种"先验演绎"的方法。只有懂得康德运用那个短语的意义的人，才有资格判断他解决问题的成功程度。休谟(1965)认为称职的批评家（"真正的裁判者"）的"联合裁决"是"趣味和美的真正标准"。那么，也许是吧。

因为我的目的是通过无须理论扶助的良好理性(good reason)使得我们所知道或所相信的东西变得明确，在我们的观点混乱、不确定、有可能错误的地方，我以这种方式去指示它而不是试图提供一个解决方式。假设以上(1)和(2)成立，我仍建议不要比"主观主义者"的观点走得更远，而当我们称某物美的时候，我们知道我们的意思是什么，即使我们没有为这些问题而烦恼："对！就像你说的，但它**真**的是美的吗？你可能会错吗？你的批评判断是客观的吗？"

(4) 当我们谈到某个 X 是美的时候，我们使听者理解为我们是（或曾经是）与 X 很熟悉的。如果它是一个人或者一幅肖像，我们曾经见过；如果它是一曲五重奏，我们曾经听过；如果它是一部小说，我们曾经读过，等等。(4)仍像(1)一样被认为是真实的，即使我们考虑到这些明显古怪的反例："钢琴家 A 昨天晚上弹得很美。可惜我错过了这个独奏会。""多恩(Donne)的《圣洁十四行诗》很美，有朝一日我做完其他事后定要读读它们。"为使这些说法看似合理，我们必须把其理解为在指称一个真实的目击者的发现，真实的目击者是某个我们相信的人，某位休谟的"真正裁判者"。

(5) 我们所能依赖的仅有的普遍化，是为那些可数的类别抓取所遇到的个体事物的普遍化。(5)随(4)而来并且很值得注意，只因为我们并不关心无效的推论。已经查明了我的每个孙子都是美的，我就能确信我的判断了。但是如果我遇见小猫、水仙花和小奏鸣曲时总是一贯地很愉快，那么我就可以得出结论说在小猫、水仙花和小奏鸣曲中有某种固有的美，于是也就把我的想法扩展到迄今为止还没有经验过的事情上。这是一个冒险的行动。我看见的下一只可验证的猫有可能是残疾的和肮脏的,或者是最近刚被汽车轧死了的。对水仙花和小奏鸣曲的预料也会遇到类似的危险。

(6) **趣味没有原则也没有规律,这既是有趣的也是真实的**。因为规律和标准声称,像涵盖目前和过去的例子那样也涵盖了未来的例子,由此,(6)是从(5)推出的。对于一个事物有资格为美来说,原则会为其讲清楚充分条件。要通过演绎推理得出一个特殊的 X 是美的,一个原则加上一个小前提就能使这个断言生效。这样一种可能性由上述(4)排除了。趣味的规律巧妙地避开了客观性问题,它详细指明了一些条件,在这些条件下,某个特定主体集合中的成员就会被鼓动去把美归因于一个特定范围内的事物。只有普遍化是向前推进的时候,它们才是类似规律的。上述(5)排除了这个可能性。在各种时尚工业中,变化和周期反复的倾向表明的是统计学上的普遍化。艺术作品是商品,市场波动可被记录下来,也可被筹划。某个艺术家在一时间成为每个人的最爱,然后又悄无声息。统计值影响了易感的人们,却不能告诉我们在哪里能找到我们认为是美的东西。

(7) **只有对那些在一种特殊心境和精神结构中的主体来说,某个事物被感觉为美才是可能的**。头痛或焦虑的袭击足以使我们无法感觉到美。(7)这种观点似乎证实了哲学家所说的"审美态度"。那是我们要彻底删除的另一个术语。不是说(7)是**错误**的,而是如理论家们所描述的那样,它的作用仅在于提醒我们它很平常,与美学并没有特别的关联。它与 18 世纪很流行并被康德强调的这种观点相联系,即我们从美中获得的愉快是一种"无利害的"愉快。只有当主体集中精力于对象的时候,快感才是无利害的,态度才是审美的。集中精力于对象被说成一种经过努力才达到的并有些适度反常的状态。"心理距离"是在海上迷雾中所具有的一种心理状态,在这种情况下你不再担心船的碰撞或者失事,而只意识到雾本身的美。"无物的注意"和"瞬间的投入"描述的就是这样的状态。在这种状态下,你把精力集中在你认为美的事物上而不是别的什么东西上。简洁地描述过真理紧缩论的乔治·迪基(George Dickie)也谈到了审美态度的"神话"(1964)。但它并不是一种神话,而是一种老生常谈,是没有什么价值的。假设,你把从一个秀丽的街景中得到的愉快与它可做一个多么好的停车场的想法联系在一起,那么让你迷醉的就不只是乡村风景的**美**。你分心了。所谓的审美态度,是任何需要集中精力的行动都需要的——不规则动词的变化、射击击中靶心、切除阑尾而不能刺到病人的结肠、制作鸡蛋福糕、完成一个填字游戏。一种安静而不是瞌睡的精神状态,是持续做任何有更高要求的事情的一个条件。因此,(7)尽管是真实的和重要的,但是更加重要的是,在努力了解一首诗歌或一个音乐协奏曲中,我们可能不是因想到现实的财产而分心,而是因自我放任的幻想而分心。

(8) **如果解释要求涵盖规律,那么对于为何我们发现一个个体是美的而另一个却不是这个问题就没有解释**。通常很有可能的是,要告诉某人我们所思考的是使一个特殊事物变美的东西,并且有时候我们能够使同伴去明白我们的意思,并逐渐认同我们的判断。注意,(8)并不是对客观性问题的预先判断。如果通过锻炼我的批评技巧,能够使你理解我所理解的东西和使你欣赏令我愉快的东西,这仍然不能得出这种结论:美是被判断对象的可观察属性,而不是桑塔耶那定义为"客观化的愉快"的东西(Santayana 1986:ch.1)。这个问题依然是开放性的。

如果美学的目标是提供一个美的概念分析,那么以上所列的八种观点为美学理论提供了一个很好的基础。无论是谁,要设计出一种理论使得这八个要求中的一个或多个是错误的,他就必须担负起提供证据的责任。

8.4

困难之处在于:"审美价值"被设想为沟通卓越的艺术作品的特性与一系列界限模糊的非艺术品之间的鸿沟的桥梁,这些非艺术品包括被赞美的工艺品、未开化的自然事物和事件。我的建议一直是,就打算构造一种美学理论的目的来说,如果我们集中于美并相信非哲学家的直觉的话,前途会更加光明。同时,我坚持认为艺术哲学和批评理论从它在18世纪的开端以来就一直占据着现代美学的主流。如果上面概括的美的理论在批评和艺术方面没有一点意义的话,在首先使美学具有吸引力这个问题上,它就只好认输了。

一些评论认为:考虑到非哲学家在声称一个物体是美的时所承诺的东西,我假设这些主体是严肃的和沉思的人。但是一些伟大的艺术作品,尤其是在初次相识的时候,都是激动人心的和令我们瞠目结舌的,它们使我们丧失了甄别能力。在这种状态下"它是美的"可能是句纯粹的感叹,一种指示惊奇和欢喜的方式而不是一种记述特征的尝试。

没有理由认为"X是美的"这个断言在艺术与自然之间都同样是不可确定的,但是就我们的反应来说有重要的差别。首先,在关于自然美有意见分歧时,驱使人们搜寻一个确定性的程序——一个标准或法则——的这种争辩很少发生。如果我喜欢西维吉尼亚的山峦而你喜欢与它们不同的麦金利高山,你不必因此而轻视我或邀请一个仲裁者来评判。然而,我在电影或诗歌或音乐方面的趣味与我的穿衣方面的趣味一样,反映了我的收入水准,我的教育背景,我的社会地位(或者我在追求的地位)。我所认为美的东西被别人当垃圾一样扔掉了,这会唤起我的报复心——或者至少唤起了我去辩驳的勇气。

一种更进一步的观点认为:很多自然美是短暂的,为了准确地描述例如一个特殊的日落或鸟鸣的特征,与上述(3)一致,我的听众一定是在正确的地点和正确的时间站在我的一边。也要注意自然美是没有法则的。虽然有好多著名的、广为人知的场所,但世界七大奇迹都是人造物。一定要记住:重要的不在于事情的事实,而在于我们相信,不管有没有理由。我们可以看到一个人在吹法国号角,或者一个小孩在筑沙滩城堡,或者一位诗人在高声朗诵她的诗句,但是有意图行为的结果并不是结果自身所显示的特性,而且不时地会有疑问发生。即使我们非常确信我们在制作一个人工制品,我们也可能不知道它这样设计是为了什么功用。

想象一个人,他的计划是跟随(在字面意义上)塞尚的脚步。他将有机会发现圣维克图瓦山(Mont Ste-Victoire)可从多种视角观赏,并且某些角度的景色比其他角度的景色更富有趣味。他知道或者很容易找到塞尚安好画架去创作某个独特画面的位置。他可以比较绘画与真实的山脉,然后用他自己的观点去评论它。哪一个是更美的,这个问题虽说不太可能,但也是可以理解的。但是不管绘画与它的蓝本看起来有多么接近,它也不是众多圣维克图瓦山的风景中的一个风景。对于山,人们不会问:绿的和蓝的并置在一起是否有感染力,视觉空间是否被很好地组织过,艺术家坚持的基本三维立体理论在多大程度上接近艺术实践。对于绘画,人们也不会问:是否明智地开垦梯田也不能够使斜坡适合耕作。塞尚提供的作品是一个伟大的工匠和一个梦想的天才的作品。

从内心出发去谈论一个人喜欢的作品并不能告诉我们多少东西。从批评家身上我们不只期望一种这样的反应:"啊——它多美呀!"在批评语言里美的概念所起的作用是有限的。我们的确期待一种批评**判决**的出现,但是对美的提及可以理解成,为一个肯定性的裁决提供**支持**,并且它很少出现在完全的趣味判断里。首先,它有一个有限的范围:它可以用在个别歌唱家一首歌曲的演唱上,但是把一整部歌剧描述为"美的作品"就会是很古怪的,甚至把这个断言"X 是美的"应用于一部戏剧或一部小说会更加古怪。"美的"并不总是一个赞扬的词语。斯坦利·卡维尔(Stanley Cavell 1969)举了一个很棒的例子:

"他演奏得很美,不是吗?"
"是的,太美了,贝多芬又不是肖邦。"

要描述一件作品是美的,就是要去刻画它的特征。这就是我前面说这句话的原因:优美与崇高之间的区别——忘记它的性别歧视的意味——标志了一种真正的差异并提供了一个批评上的特征描述的例子。特征记述包括希布里(Frank Sibley 1959)对在其一篇很有影响的论文里称为"美学概念"的东西的运用。描述一件作品为悲剧性的、喜剧性的、热烈的以及其他如沉静的、轻浮的、机智的,就是提出一个在事件中或可被证实或不可被证实的要求。希布里区分了美学概念和非美学概念。按照他的观点,差异在于非美学概念能被任何智力健全的主体正确运用,反之要知道在何处和如何运用美学概念就要有敏感性和鉴赏力才行。对希布里来说,重要的一点是对于美学概念的应用没有充足的条件——不能描述一个我们可以谈及却未经验过的事物:"如果这个描述合适的话,那么这个事物必定是,譬如说,悲剧的、有活力的、机智的或沉静的。"正如在第(5)条和第(6)条中所提到的那样,在我提出的那个理论草案中,"X 是美的"这个断言不是一个受限定的条件,也不可能是演绎推理的结果。这是一个美的分析与批评理论的交叉点。

美是一个批评家必须考虑的多种因素之一。对每一位艺术家来说,有一个他或她如何处理好一种特殊的媒介的问题,这也是一个有关专门技巧的问题。这些技巧会被划分等级并评定,一般有被普遍承认的评定标准,批评家应该对这个标准很熟悉。这不是一个简单的任务!——你必须知道大量关于巴洛克风格音乐的理论,你也必须听过一些特勒曼(Telemann)和巴赫的作品,以至自信能够断定虽然特勒曼的旋律配合法经常是充满想象力的也总是很适度的,但巴赫才是一个创造性的天才,他的成就在同时代人中是无与伦比的。

艺术中好多非凡的成就表现了高度的专门技巧,并且在特殊情况下,这个事实对艺术批评来说是很有意义的。(考虑一下丢勒[Dürer]、霍普金斯[Hopkins]以及海顿。)但是正如经常看到的那样,专门技巧自身并不是非凡成就的保证。尽管一位作家或者一个摄影师或者一位画家具有了高度熟练的技巧,但他或她所创作的可能是典型的庸作。

我所讨论的有关客观性的问题,只有在要求批评裁决的语境中才显得引人注目。它可以帮我们认识到,关于艺术家技巧能力的评定总是有意义的,尽管从不能确定,它可以建立于独立的基础上,并且我们不要受评定是纯粹主观的那种思想的蛊惑。一个作曲家想出如何不用突破常规去处理一个复杂转调的方法,没有人认为这种认识是"只存在于观察者的精神中"的。如果这种考虑有点分量的话,它可以使被休谟和后来的康德看作矛盾或二律背反的东西的强大压力有所减轻。

8.5 结论

哲学美学有义务去阐明美的概念和解释艺术中的批评实践。既然没有不引起问题的"艺术作品"的定义,就可能没有像"艺术哲学"这样的东西,除非有人接受了黑格尔的完美主张,即艺术的哲学与艺术的历史是完全同一的。所谓"制度"理论所宣称的东西,也就是这种看法:算得上艺术的东西是任何艺术界公认的权威所认可的并随时随地变化的东西(我曾把它作为一种有点愤世嫉俗的唯名论而抛弃),实际上它已变成了关于权利的东西。但是批评理论,在这方面如美的概念一样,也可以要求一种地位,一种不与特定的历史时期和文化的流行式样联系在一起的地位。

[注 释]

1 "美的东西被说成是,对于它,唯一的领会就是愉快。"Aquinas, *Summa Theologica*, a, Ⅱ ae. 27. 对第三条反驳的一个回答。

参考书目

Addison, J. (1965). "The Pleasures of the Imagination." In D. F. Bond (ed.), *The Spectator*. 5 vols. Oxford: Clarendon Press.

Baumgarten, A. (1954). *Meditationes Philosophicae de Nonnullis ad Poema Pertinentibus*, trans. K. Aschenbrenner and W. B. Hollther as *Reflections on Poetry*. Berkeley: University of California Press.

Cavell, S. (1969). "Music Discomposed." In *Must We Mean What We Say*? Cambridge: Cambridge University Press.

Croce, B. (1929). *Aesthetic*, trans. D. Ainslie. London: Macmillan; 99ff.

Dickie, G. (1964). "The Myth of the Aesthetic Attitude." *American Philosophical Quarterly*, Ⅰ(1): 56-65.

Frege, G. (1956). "The Thought: A Logical Enquiry," trans. A. Quinton and M. Quinton. *Mind*, 65: 289-311.

Grice, H. P. (1989). "Logic and Conversation." In *Studies in the Way of Words*. Cambridge,

MA: Harvard University Press: 1 – 138.

Hegel, G. W. F. (1905). *Philosophy of Fine Art*, trans. B. Bosanquet. London: Routledge and Kegan Paul.

Hume, D. (1965). "Of the Standard of Taste," In J. W. Lenz (ed), *"Of the Standard of Taste" and Other Essays*. New York: Bobbs-Merrill: 3 – 24.

Kant, I. (1964). *Critique of Judgement*, trans. J. Meredith. Oxford: Clarendon Press.

Kristeller, P. O. (1951, 1952). "The Modern System of the Arts." *Journal of the History of Ideas*, 12: 496 – 527 and 13: 17 – 46.

Meir, G. F. (1748, 1750). *Foundations of all Beautiful Arts and Sciences*. Halle.

Santayana, G. (1986). *The Sense of Beauty*. New York: Scribners.

Sibley, F. (1959). "Aesthetic Concepts." *Philosophical Review*, 68: 421 – 450.

第9章

趣味的哲学:对其观念的思考

特德·科恩 著

孙 焘 译

  无论在日常的还是哲学的用法中,"趣味"(taste)的观念都有不止一种含义。一方面,它使人想到一种对于较好事物的偏好,如"他的音乐趣味无可挑剔";一方面,它还暗示出一种区分各种细节、将它们一一辨别出来的能力,如"他对酒的趣味可靠无误,总能鉴别出产地和年份"。"趣味"一词的这些用法,一定与它涉及(产生于味蕾的)味感的那种意义有些联系。

  在趣味的观念中,不论是系于口腔感知的严格意义,还是指其较宽泛的意义,比如某人就此而谈到的艺术作品的趣味,这两种含义也许都可以有密切的关联。似乎有理由假定,鉴赏家,也就是拥有相当高的趣味的人具备的一些偏好至少部分地基于他对所品味之物中各种成分的辨别能力。因此,有较好趣味的人更偏好 A 而不是 B,而其他人没有这种偏好,这是因为此人能够察知别人无法识别出来的 A 与 B 当中的某些基本元素。

  大卫·休谟是关于趣味的最早且最佳的理论家之一,在他的著作中以上两种含义都出现了。他思考了"趣味"的两种含义,将其中之一称为"心灵的"或"隐喻的",另一个则为"身体的"或"直白的"。看来似乎清楚的是,就前者而言,休谟把趣味认作一种感受愉悦的能力,因而在《论趣味的精致》(1987a)一文中,他声称有更加精致的趣味就意味着拥有更强的享受愉悦的能力。但在较长的《论趣味的标准》(1987b)一文中,他实际上把趣味定义为"在一个合成物中明辨所有成分的能力"。在那篇长文中他还通过引述《堂吉诃德》的一段插曲来举例说明何谓具有精致的趣味。小说中桑科(Sancho)的亲戚说的话暗示出趣味的两种概念已经以某种方式汇合在一起了。在讨论那一段之前我将先引一些休谟的其他文字做预备:

    简而言之,精致的趣味与微妙的情感同效,它同时拓宽我们幸福与苦恼的范围,使我们敏感于那些对其他人来说隐而不显的苦痛和欢愉。(1987a:5)

    当你向一个具有如此天分的人展示一首诗或一幅画时,敏锐的感觉使得他可以在感觉上触及作品的所有部分;用更精细的品鉴和满意来感受精巧的笔触,用厌恶与不快来感受败笔和谬误。(1987a:4)

    当感官磨炼到不遗漏任何东西,并同时精准到可以感知复合体的每一部分时,就

称精致的趣味,不论我们是在隐喻的还是在直白的意义上使用这些词。(1987b:235)

正如所有心智的知觉可以分为印象与观念一样,印象也容许再划分为原初的(original)与派生的(secondary)……反思(reflective)的印象可以分为两类:平静的和激烈的。第一类即是对于行动、复合物以及外在对象之美和残缺的感受。(2000, Bk. II, Pt. I, Sec. I:275 - 276)

因此两种概念也许是这样汇合的:当你拥有比我更精致的趣味,能够在令我无动于衷的对象那里获得快乐时,你就在这儿展示了趣味的更大精致性,而快感的直接缘由就是你能鉴别对象的那些我把握不住的性质。也就是说,正是由于你能"知觉复合物中的每一成分"(第二种意义上的"精致"),你才能"对[我感受不到的快乐]敏感"(第一种意义上的"精致")。但休谟对这种一致性的说明在这一点上并不是没有问题的。下面描述了桑科的亲戚的胜利,休谟引述桑科的评论道:

有一次,我的两个亲戚被请去品评一桶据说是年份佳的陈年好酒。其中一个人尝了尝,想了想,经过深思熟虑后断定:如果没有他在酒里尝到的一点儿皮子味的话,就是好酒。另一个在同样审慎地品尝之后,也断定他对酒有好感,但因能轻易地辨别出来的那股铁味而评价要有所保留。你想象不出他们俩因为他们的判断而受到多少嘲笑。但谁笑到了最后呢?当酒桶倒空之后,在桶底发现了一把拴有一根皮带子的旧钥匙。(1987b:234 - 235)

这实际上是对《堂吉诃德》中一个段落的很不忠实的翻译,我一直搞不懂休谟是怎样讲这个故事的。是他的小说译本不准确,或没有译本只是道听途说,还是为自己的目的而做了改动?只能把这问题留给更善考证的人了。对我来说休谟的译本已够用(尽管不是塞万提斯的原本),在其中,桑科的两个亲戚报告了他们尝到的味道(一例铁味,一例皮子味),以及那酒拥有一定的优良品质(如果没有被铁和皮子的味道削减的话)。一方面是对于"复合物"中某种"成分"的报告,另一方面是对酒的质量的报告。我相信休谟把两者都看成亲戚们趣味精致的表现。[1]

休谟认为事物的美正是它在特定人群中引发特定快感的能力,让我们在简单地接受这观点前稍深入地考察一下其中的问题。某物令你愉悦,却不令我愉快。进而,你能明辨事物的各个侧面,而它们从我眼皮底下溜走。我们可以仅在这个基础上说,在某种意义上,你对对象自身的判断要比我准确,也即你对事物真实面貌的反应比我强?

举个具体的例子或许会有帮助。下面涉及的是这样一个命题:我朋友理查德·斯厥尔(Richard Strier)对酒的趣味比我优越。这个命题也许不仅意指下面任何一点(它们都是实情),还意味着它们之间不止一种的组合方式:

1. 理查德能以比我更大的准确性将一种酒与其他酒区别开来,辨别出我察觉不到的葡萄的类型和收获年份。

2. 在许多情形下,理查德能在对我而言毫无区别的各种酒之中有所偏好。

3. 理查德对酒的"刻画"比我要丰富,不仅在于辨别年份,而且在于可以应用诸如"朴实""粗犷""繁复"之类的词语,而我甚至都不知道它们是怎样跟酒联系在一起的。

这些分命题在逻辑上其实是独立的,即它们中的任何一个都可以在没有其他分命题的情况下为真——单就逻辑而言;但通常会有一些混合,最明显的也许是,较之Y酒,理查德对X酒有为我所无的偏好,跟他能用我无法把握的语词来刻画这两种酒的能力相随;也在于他能鉴别出酒的实际成分(葡萄的种类、收获的年份等),而我不能。

现在我将试着稍微深究一下这种"逻辑",但首先让我从一个略有不同的起点开始。

这里有两个突出的问题,其中一个是明显的和直接的,而另一个则稍有些出人意表。第一个问题是,说一个人的趣味优于另一个人,这种说法有没有意义?这是这个问题的典型的表现方式,而且它对休谟一定是这样表现的。但是,这个问题也许转化一下就更易有结果。休谟认为他的读者一定会同意在某种意义上弥尔顿的作品优于奥格尔比的,艾迪生的作品优于班扬的,或者可能是,从阅读弥尔顿的作品中得到的快乐比读奥格尔比的要大。这其中包含着这种承诺:休谟逐步展示出他的论题,即一些快感比另一些要更自然或更合宜,这些快感与那些具有特别资格的鉴赏者的经验有关。然而,如果休谟的一位读者干脆就不承认这种关于弥尔顿与奥格尔比(高下有别)的定论,那该怎么办呢?[2] 如果休谟不是指某人的趣味要跟他人的趣味进行比较的"人之间的"(interpersonal)问题,而是指某人反省他个人趣味的改变的"人之内的"(intrapersonal)问题,那么他的建议就会更加有力。关于一个人的趣味的改变(这种改变似乎是所有人的历史的一部分),他可以问一问自己,他是否愿意把这种改变仅仅作为"改变",还是觉得需要说他的趣味是"改善"了。假如我坦白地说,在我生命的某个较早的阶段,我更欣赏斯美塔那(Smetana)的音乐,而不太喜欢莫扎特或巴赫的音乐,而现在已今非昔比。比起斯美塔那,我如今能从莫扎特那里得到更多的快乐。我仅仅把这看作趣味的改变,还是看作趣味的改善?在考虑那些非常紧迫的哲学问题,比如我能否证明这种改善观念的正当性,甚或能否解释这种观念之前,简单且无伤大雅地把上述问题提出来是很重要的。首先让我们看看是否有一个需要证明与解释的东西。在我接下来深入这个问题之前,需要先注意这一点:我相信,如果坦率地回答,事实上每个人都会认为他的趣味是有改善的,也就是说,趣味有了"发展",因而起码在这个意义上,当前其趣味是更好了。(在有些情形下,一个人也会认为他的趣味变坏了,也许是由于他分辨音高的能力下降,或不再能够长时间地高度集中注意力。)

我在基本原理层面上是这样来理解休谟的论证的:如果你要说你的趣味不是简单地异于从前而是有所改善(或变坏),那你就必须假设有一个休谟意义上的"趣味的标准",因为不依靠这样一个标准为背景,改善趣味的观念就没有意义。因此,我认为休谟在康德的《判断力批判》之前就已经很好地提供了一个"先验的"论证。

第二个问题,我认为是未曾有人质疑过却非常有趣的问题。如果好的趣味与差的趣味之间有区别,为什么每个人都希望具有好的趣味?这似乎是显而易见的,实际却是个分析性的问题:好的趣味是一个人必定或起码应当追求的东西。但事实是,这个问题远非明了,并且其真假完全取决于一个人怎样理解"一种趣味优于另一种趣味"究竟意味着什么。

不管就能找到的哪种"趣味"的含义来说,凭什么我就应当让我的趣味更接近理查德的趣味?如果按照"趣味"的某些意思,理查德拥有比我更好的趣味,凭什么应该希望我的趣味变得更好?

留意这个例子,或你喜欢提供的任何例子,这些问题就会变成这样:在众多趣味中,一个人应当拥有更好的趣味吗?一个人应当希望拥有更好的趣味吗?拥有更好的趣味就会更好吗?

这些问题看起来也许荒唐,或至多引起些学院式讨论练习,因为看来也许在"更好"一词之中不知怎么地就带有如下意思:有更好的趣味就更好,并且因此人应当希望处于更好的状况。但上述问题一点也不荒唐。如果拥有更好的趣味意味着在一个对象中能有更多的探察,或者意味着倾向于感受到为其他趣味较次的人所无动于衷的快感,那么"拥有更好的趣味就更好"就会成立,即便真如哲人所云:万物均等。然而,万物却从不均等。[3] 不论获得何种意义的更好的趣味都是有代价的。首先,精炼趣味必定要费时费力。在什么基础上人们可以说不论他怎样花费时间与力气,用于提升趣味都是较好的事情?好吧,一个人可以这样回答:一个人一旦付出了时间与努力,就配得上长久地享受快乐,否则就不能获得。也许是吧,但是,如果一个人放弃了趣味的提升转而投入比如学习精熟地玩落袋台球,或学习用外语读书,或学跳舞,甚或简单地通过锻炼和节食来增强健康中,他会找到怎样的快乐?除了把这作为一个经验问题,我想不出有什么别的办法来处理它。而且如果这是一个有关事实凑巧如何的问题,那么假定拥有更好趣味所带来的那些好处本身就是事实问题,而且追求更好趣味是否是值得的,则要在与那些舍弃掉的不论什么(乐趣)相比较的时候才能看出。

如果休谟把对快乐同样还有对痛苦的感知、承受能力的增强归为趣味的提升是正确的,那么我相信还有另一种代价。在一个人对音乐、文学或绘画的欣赏史中,一个很平常的经验其实就是从作品中那些以前不能打动他的地方获得快乐,但一个伴随的结果就是几乎不可避免地会失去从现在看来似乎低级的作品中曾获得过的快乐。

设想在某个时期,作为一个年轻人,你的音乐趣味趋向于像柴可夫斯基的《1812 序曲》(1812 Overture)、拉威尔的《博莱罗舞曲》(Bolero)、格罗斐(Grofé)的《大峡谷组曲》(Grand Canyon Suite)以及类似的管弦乐作品。你对巴赫的赋格曲、贝多芬的后期四重唱或贝尔格(Berg)的《抒情组曲》(Lyric Suite)几乎无动于衷。不管出于何种原因,你开始着手提升你的音乐趣味。(也许我们不应该如此急于说改善你的趣味,而应该谨慎地满足于说你将改变你的趣味。)后来的某个时间,你真的从巴赫、贝多芬、莫扎特、海顿、贝尔格、勋伯格等人那里获得极大的享受。但是,现在你不太喜欢《1812 序曲》中的炮声和教堂钟声,你对拉威尔的实验也很是厌倦。你肯定失去了某些东西,失去了你生命中一个快乐的源泉。而且我认为你可能还会失去更多。你不可能一夜之间学会听巴赫,你得花很多时间用于没有多少乐趣的聆听,并且或许还得花时间阅读关于巴赫音乐的书籍,甚至你或许还要得到别人的指教。在这些时间里你可以做些什么别的事情?新得到的音乐愉悦抵得上包括那些曾经属于你的音乐愉悦在内的你所失去的东西吗?显然,这是一个没有定论的问题。

但是,人们也可以说,这完全是真的,喜爱更好的东西就是分析性地、自明地、先验地更好。[4] 就像一个人应当做他必须做的事一样,这显然是正确的。一个道德上的圣人就是总做正确之事的人,一个审美上的圣人则是总喜爱较好事物的人。

这听起来像是有说服力,但只是暂时的。我认为,最终人还是会回到那个简单粗暴的主张,即料想中较好的音乐提供的快感(或随便什么东西)理所应当地比料想中较次的音乐所提供的要好。我看不出赞成这一断言的理由。

我认为,休谟关于趣味的概念(以及任何似是而非的概念)的一个中心特征是,探察事物成分的能力正如因对那些成分的反应而获得快感的能力一样,在这种意义上是相对的:一个人可能对**某一特定种类的**对象具有趣味,却对其他类的事物很少或没有趣味。在一段广为人知的忆旧中,诺曼·马尔科姆(Norman Malcolm)记述了他与维特根斯坦一起在康奈尔时,后者的饮食偏好:"维特根斯坦称他吃什么都无所谓,因为对他来说什么都是一样的。"(1958:85)

这个评价令许多维特根斯坦的追随者欣喜不已,尤其是那些认为他珍稀异常且古怪得可爱的人。但是,维特根斯坦的这一宣称究竟说明了什么?这其实是维特根斯坦神奇传说的一部分。根据维特根斯坦的神奇传说,他是个有相当高的甚至很挑剔的趣味的人,他是房屋的设计师、女士们的时尚顾问、音乐鉴赏家(因此关系而蔑视托维[Tovey]对贝多芬的议论),更喜欢美国侦探小说而不喜欢多罗西·塞耶斯(Dorothy Sayers)的侦探小说。轮到膳食的时候出了什么问题?是他不愿意让他的趣味在此一展身手?他是不想必须下个判断?他是希望让其敏锐的感觉休息一下?也许总是做一个鉴别者太伤神?那么为何只在某些而非另一些情况下有审美裁判?难道对音乐的趣味就比对饮食的趣味更重要吗?为什么会这样?是因为给音乐评论家的报酬很多,而给美食家的报酬不那么多吗?

最后,让我回到什么可能把趣味的两种含义联系到一起的问题上来,这两种含义一个是探察事物的才能,另一个是拥有感受快感并因而产生一系列偏好的能力。是否可以这样说,在我的朋友理查德喝酒时,他以某种方式"正确地"感受了他感到的快感,而我则出了错,没从那酒里得到快感?也许理查德有所反应而我觉察不到的那些成分的确存在,确实是酒的特性,因此在某种意义上理查德是以某种方式正确地对对象起反应而我则不行,差不多像是他能看到颜色而我是色盲。当然,对快感的感受并非是"在逻辑上"从对那些成分的探察中推导出的:如阿诺德·艾森伯格在另外一个背景下所评论的那样(1973:163),一种"视觉的相似"也许会,也许不会推出"感受的一致",但我们姑且无视这条沟堑。先假设这是真的:如果我的确能探察到理查德所探察之物,我将与他一样地去感受,而且我对酒会有跟他一样的偏好。这仍然有问题,为什么我应该那么做?难道是理查德对酒的体验比我的更准确,对于酒本身而言更充分,就好像我对那酒根本没有真正地经验过一样?哲学家以及其他许多思想丰富的人会这样说。但我反对,我只为自己说话。这种思考问题的方式使人联想到亚里士多德的观念,即认为悲剧有一种本质,因而对悲剧有一种"合适"且有某种正确的应对方式。这个观念有一种逻辑感,但我不认为它是强制性的。这令我信奉一种新奇的主张:我知道理查德的趣味更合宜,更恰当地与被品味的对象协调一致,并且在那种意义上比我的趣味更准确,但我看不到希冀他那种趣味的理由。这主张确实新奇,但可能是真实的。就道德问题而言,人们可以说,对X是正确之事的觉察伴随着人想要亲身实践X的愿望;但是对趣味而言,在对"精准"趣味的识别与渴望拥有它之间就有距离。这似乎听起来不对头,但我认为可能很正确。

[注 释]

1 我曾尽我所能地挖掘了休谟应用这一段引文的意义,见 Cohen(1994)。
2 艾迪生与班扬的比较尤其有问题。休谟今天的读者可能会对班扬有种情理中的好感而对艾迪生一无所知,休谟却认为艾迪生比班扬好得多。
3 想一下这种主张:万物均等,(故而)人不应撒谎,不应杀人,不应吸毒等。人可能会完全赞同这些。然而一旦万物不再均等,所有有趣的问题就都出现了。撒谎、谋杀和吸毒就很有可能刚好是正确的事情。
4 奥古斯丁认为一个"民族"比其他民族更优秀是因为他们喜爱更好的事物。同样,人们也可以说一个人比他人"优秀",如果他喜爱更好的东西,但要说明为什么很难。

参考书目

Augustine (1998). *The City of God Against the Pagans*. Cambridge: Cambridge University Press.

Cohen, T. (1994). "Partial Enchantments of the *Quixote* Story in Hume's Essay on Taste." In Robert J. Yanal (ed.), *Institutions of Art: Reconsiderations of George Dickie's Philosophy*. University Park, PA: Pennsylvania State University Press: 145-156.

Hume, D. (1987a). "Of the Delicacy of Taste and Passion." In *David Hume: Essays Moral, Political and Literary*. Indianapolis: Liberty Classics: 5.

——(1987b). "Of the Standard of Taste." In *David Hume: Essays Moral, Political and Literary*. Indianapolis: Liberty Classics: 4.

——(2000). *A Treatise of Human Nature*. Oxford: Oxford University Press.

Isenberg, A. (1973). "Critical Communication." In W. Callaghan et al. (eds), *Aesthetics and the Theory of Criticism*. Chicago: University of Chicago Press.

Malcolm, N. (1958). *Ludwig Wittgenstein: A Memoir*. London: Oxford University Press.

Yanal, Robert J. ed. (1994). *Institutions of Art: Reconsiderations of George Dickie's Philosophy*. University Park, PA: Pennsylvania State University Press.

第 10 章
艺术中的情感

杰内弗·罗宾逊 著

张 颖 译

10.1 艺术中的情感:概览

从柏拉图和亚里士多德关于艺术的早期论说开始,西方传统中的思想家们就经常评论艺术与情感的紧密关联。柏拉图和亚里士多德都认为艺术唤醒或激起情感,但是对柏拉图来说,这是艺术的弱点,而在亚里士多德那里这是一种力量。实际上,正如我们后文要说的那样,亚里士多德认为,悲剧对情感的唤起能够对人生有所教益。在晚些时候,重点从情感的唤起转移到了情感的再现上,但是这两种观念并不总是被清楚地区分的。在17、18世纪,再现或者"描画激情"是绘画、诗歌和音乐艺术的一个共同领域。此后一直到浪漫主义和后浪漫主义时期,重点又有了转移:浪漫主义艺术家通常认为他在自己的作品中表现自己的情感而非再现或唤起他人的情感。如果受众在阅读、观看或者聆听艺术家的作品时自己体验到了情感,那么,这是以他内心对艺术家在作品中捕获到的情感体验的再创作的方式进行的。在西方美学史中,许多将艺术联系于情感的理论家认为,被艺术唤起、再现或者表现的情感是来自生活的普通情感,如怜悯、恐惧、欢乐、悲伤、爱等。

对这类概括而言,有种理论是个明显例外,那就是艺术作品唤起一种特殊的情感,或者一种被叫作"审美情感"的情感。这个理论为20世纪早期的艺术批评家克莱夫·贝尔(Clive Bell)所持有,并且明显与"唯美"运动的形式主义观点有关(Bell 1914)。贝尔认为,存在着一种由形式所唤起的特殊情感,这主要是在视觉艺术和音乐之中。然而,他似乎只是这样认为:人们尤其会被美的、和谐的和强有力的形式所打动,就像能够在塞尚和高更的作品中发现的那样(1914:6-10)。"审美情感"只是一种特殊的惊奇、敬畏和(或)欢乐,它被成功创作的形式而非再现性内容所唤起,也就是说,它实际上是一种为我们所熟悉的"生活"情感,它有一个特殊的对象,即艺术形式。

尽管艺术理论曾关注过艺术和情感的关联,但还是很少注意到情感实际上为何物,以及为什么和如何在艺术中起作用。然而近年来,在几个不同学科——哲学、心理学、人类学、精神病学、语言学等——的研究中,已有一些关于情感的探讨,于是我们今天能更好地阐明情感是如何在艺术中起作用的。在这一章中,我将首先解释当下的情感理论的一些问题(10.2节)。然后,我会把重点放在讨论情感的两种主要方式上:情感表现的观念(10.3节)以及在我们对艺术的理解和欣赏中情感激发的作用(10.4节)。总之,我将尝试参考当前的情感理论来阐释美学中的这些古老议题。

10.2 情感

尽管情感理论还远未成熟,并且在理论家中间仍存在着大量有争议的领域,但在一些关于情感的主要问题上还是有越来越多的一致意见。下面我将多少有点专断地列举七种意见,我认为它们对于理解情感是至关重要的。尽管其中没有一个是被所有理论家所接受的,但我还是试图强调一下这些已经被广泛接受的观点。

(1) 情感何时出现?什么样的刺激引起情感反应?情感理论中有一个广泛的一致意见,那就是,当察觉到我们和(或)我们的亲人或社会团体的意愿、目标、利益处于紧要关头的时候,情感反应就会出现。当我认为你侵犯了我(或我的东西)的时候,我会有生气的反应;当我非常希望某事不要发生而不确定其是否会发生时,我会有不安的反应(Gordon 1987:70);当我认为发生了极好的事情就会有快乐的反应;当我认为自己遭受了某种损失时,就会有悲伤的反应。

(2) 什么是情感?观点不同的情感理论家倾向于以多少有些不同的方式来界定情感。有人将情感视作一种长期的性情,比如对孩子的爱,又如对种族主义者的蔑视。其他一些人研究情感的面部表现,他们将情感视作仅仅持续几秒钟的短期行为。虽然认识到"情感"一词可以以各种各样的方式使用,我还是将情感首先视作一种事件,但是它不只包含面部表情的变化,而且通常不只持续几秒钟。我发现拉扎勒斯(R. S. Lazarus)的情感概念是有用的,他将情感看作人与环境的交流或者相互作用,这样,每个情感就被一个具体而分明的"关系性意义"所标志。在这个观点里,人(在本章中我忽略其他物种)的情感是对环境中的一些特定状况或事件的反应,这些特定状况或事件对那个人的意愿、目标和利益来说显得非常重要。每种情感由"独特的和可具体化的关系性意义"所区别,这个关系性意义"概括了每个人-环境关系中的人的受害和得益"(Lazarus 1991:39)。所以,愤怒就是对于"一个对自身或自己的东西被贬低的冒犯举动"的反应;怜悯就是"被其他人受的苦所打动并希望去帮助"(1991:122)。

(3) 情感包含了一个对总体环境摄入的选择性注意(De Sousa 1987)。在一个情感事件中,我所注意的是我们的以及亲人的和社会团体的意愿、目标和利益。当然,既然我由于各种原因注意各种东西,那就不能以注意来界定情感,但是对于那些表现为对我重要的某事的集中注意,应该是界定情感的最低要求。当我害怕正不断接近的灰熊时,恐惧会将我的注意力牢牢集中到灰熊上去。当我生你的气,我的注意力会一直集中在(我所认为的)你对我的冒犯上。总之,情感要求把注意力集中在环境的某一方面上,这一方面对我们的意愿、目标、价值和利益来讲应该是重要的(Robinson 1995b)。

(4)情感并不仅仅让我们注意到环境的某些方面而忽视其他方面,它们也包含了以一种方式而不是其他方式来评价这些方面。在一个情感事件中,我们集中注意那些我们以为与自己的意愿、目标和利益相关的方面,并且根据我们的意愿、目标和利益来评价它们。例如,在愤怒时,当我所看重的准则受到侵犯,我会把你的评论认为是一种"冒犯",并把注意力集中在所意识到的那种冒犯上来。在拉扎勒斯的术语中,愤怒事件的"关系性意义"就是在冒犯性的环境和我的愤怒的反应之间的相互作用(接着,我的反应常常会改变环境,可能会造成你的退却和道歉,从而消除冒犯;或者可能导致你用自己的愤怒来报复,从而使冒犯变得更加复杂)。

近来许多论述情感的哲学家认为,评价性的判断或信念形成一个情感的内核。不同的评价性信念界定不同的情感。罗伯特·C.所罗门(Robert C. Solomon)的一本书重新激起了英美哲学传统中哲学家对情感理论的兴趣。他认为,愤怒是一种或一系列对于"有人错误地对待了我或冒犯了我"的后果的判断,而尴尬是我对于"我处在一个非常不利的境况中的后果的判断"(1976:87)。

然而,情感的评价性成分并不总是一种信念,而毋宁说是一种"看作",一种关注世界的态度或方式。在愤怒时,我把世界看作冒犯性的,即使在反思中我并不认为世界在攻击我。如果我害怕蜘蛛,我就把它们看成威胁性的,即使我相当清楚它们根本不具有威胁性。我对蜘蛛有一种害怕的"视像",把它看成肮脏的、多毛的、威胁性的生物,它穿过空气,突然而且悄无声息(可能就在我头上)。相似地,在欢乐时,我把世界看成一个精彩的地方,即使我知道,客观地说这世界有很大问题。这些关于情感的核心评价并不是被当作信念,而是被当作看待世界的方式。它们并不是面面俱到的评价,而是建立在一系列狭隘的利益和目标的基础上。这就是为什么我能是快乐的(因为从我的片面观点来看,一切都是顺利的),但同时确信世界整体上处在混乱之中(Rorty 1980;Greenspan 1980)。

为了确证这个观念,即情感中的"评价"并不是从"判断"这个词的通常意义上来说的,实验心理学做了某些著名的实验。它们表明,在情感的一些"原始的"状况下,评价会做出得非常快,以至于任何高级认知活动都还不能发生作用,因此这种评价当然发生在意识层面之下。例如,罗伯特·扎永茨(Robert Zajonc)的"单纯暴露"结果和拉扎勒斯的"潜知"实验似乎表明,一些情感反应可以仅在于"本能的"、未经思索的愉快或恐惧的反应(Robinson 1995b)。

(5)无论情感的评价性成分到底是什么,这一点似乎也是真实的:对于情感来讲,光有评价是不**充分**的。一个人无论提供怎样的评价性信念或者"看待的方式"作为特定情感的区别性特征,我们都总是可以想象一种这样的情况:某人以相关信念或以相关方式看待事物,但是并不经历相应的情感。例如,我可以**认为**你曾侮辱和冒犯了我,或者把你的行为看成侮辱和冒犯性的,但是并不生气。这似乎要求更多的东西。从威廉·詹姆斯(William James)开始,这"更多的东西"常常被定位为某种生理反应和行为趋向(James 1980)。

自詹姆斯以来,心理学家们倾向于强调情感的生理方面。当人的注意被带向某些被评价为对他的意愿、目标或利益来讲在某种意义上是重要的事情(它是一次冒犯、一次损失、一个朋友或敌人,等等)时,一个情感事件通常就开始了。然而,如果这事件的确是情感性的,那么这个评价就产生了这样一个反应,它存在于心理的改变,尤其是植物性神经系统和心脏血管的改变,以及行为趋向的改变中。某些这种身体上的改变,可能是个体在为接下来的行动做准备,就像在或战或逃(fight-or-flight)的反应里那样。许多这样的改变可能会强化集中在首先引起情感反应的任何东西上的注意力。而许多理论家——尤其是那些处在达尔文传统中的理论家——曾指出这个重要的功能,即面部表情、讲话语调、身体姿态和姿势的变化服务于交流:我们通过"读"他人的表情和姿势来断定他们的思想状况及将来可能的行动。对于我们这样的社会动物来说,这是一种非常有用的能力(Ekman 1993)。

(6)显然,情感有一个生物学基础,但是它们也高度依赖社会的和文化的标准。除了一些"基本的"情感如(可能)对下坠的恐惧或对于主要抚养者的婴儿般的依恋外,情感还包含特定文化的评价。例如,愤怒可能包含一个人被冒犯的评价,但是不同的文化构成"冒犯"的东西是迥异的。并且,不是所有文化都有刚好同样的"冒犯"概念。不同的文化以不同的方式界定情感。在许多文化中,并没有一个词准确对应英语中的"愤怒"(Rusell 1991)。这无疑是由于不同的文化有不同的"世界观",因此对于发生的事情有不同的观点:既然情感反应往往依据某人的意愿、利益和目标,那么不同的价值体系就可能产生不同的情感。

(7)特定的情感词汇,例如"愤怒""害怕"和"怜悯",有时候被用来指称对这些情感特有的特定种类的评价,即使情感的生理方面并没有发生。我们可能在这个意义上把"愤怒"看作一种"情感态度"而非一种饱满的情感状态。所以,我可以平静地说我对于政府的环境政策是很愤怒的,但我的意思并不是说我在生理上有了愤怒的状态,或几乎要去抨击;而是说,从自己的意愿、利益和价值的观点出发,我对这个政策有一定的看法。

最后,对于感受——它可能是情感中被理解得最少的方面——我不置一词。

10.3 艺术中的情感表现

"表现理论"从浪漫主义运动开始兴起,它强调艺术家的情感而非观众或读者的情感。根据诗人华兹华斯《抒情歌谣集》(*Lyrical Ballads*)的前言,诗歌是"强烈情绪的自然流露",这种情感是"在平静中被回忆起来的"(Richter 1989:295)。据说,贝多芬在和路易·施洛瑟(Louis Schlosser)交谈时说道:"由于被诗人将之转换为语言的情绪所激发,我把我的观念转化成回响、高涨和热烈的音调,直到它们最终以音符的形式出现在我面前。"(Morgenstern 1956:87)换言之,浪漫主义艺术家的主要目标之一,就是在其艺术中诚挚地表现他自己的情感。

在后浪漫主义理论的各位思想家——例如杜威(1958)和科林伍德——那里,我们也发现了这种浪漫主义对艺术家的情感表现的强调。科林伍德在《艺术原理》(*The Principles of Art* 1938)中认为,"真正的艺术"以"表现"为特征,对他来讲,这意味着在一件艺术作品中探究和阐释艺术家的情感。科林伍德把表现描述为一个过程,在此过程中艺术家想象性地在某种媒介里工作,使其情感状态明朗起来。因此,表现就在于艺术家情感在其作品中的外在表明,但不是像他所说的情感的"泄露"。它并不是单纯的情感症状的表明,像一个愤怒的人赤红的脸、握紧的拳头和颤抖的四肢那样,而是一个认知性的过程,在此过程中,被表现的情感因此是被阐明的和被系统表达的。对于科林伍德来说,表现并不是一个被一般化了的情感"描述",就像我说"我悲伤"的时候那样,而是被特殊化为具体的图像、隐喻、节奏等,它也不是情感的唤起和唤醒(1938:109-124)。科林伍德深受意大利黑格尔主义哲学家克罗齐的影响,后者将艺术看成区别于推论性知识的特殊的直觉知识。在科林伍德的理论中,当艺术家的情感状态表现在一件崭新的、原创的、独特的艺术作品的创作中时,艺术家的特殊"直觉"就是这种情感状态的知识。

在过去大约五十多年里,克罗齐-科林伍德艺术理论遭到了许多分析哲学家的全面批判,其中包括约翰·霍斯珀斯(John Hospers 1995)和阿兰·托梅(Alan Tormey 1971)。托梅的《表现的概念》(*The Concept of Expression*)一书,经常被看作对这个理论的明确驳斥。他概述了一个一般的"表现理论"(E-T),认为对于包括杜威和科林伍德在内的许多表现理论家来说,这个表现理论是共有的:"(E-T)如果艺术对象 O 具有表现性质 Q,那么就有艺术家 A 的一种在先的活动 C,A 在进行 C 的时候通过将 Q 赋予 O 而将他的 F 表达给 X(这里 F 是一种情感状态,而 Q 是 F 性质上的类似物)。"(1971:103)于是托梅主张,一件艺术作品可以具有**表现性的性质**——忧郁、高兴、思念和喜欢——而不必有一个艺术家的事先的**表现行为**。艺术家不在作品中表现其忧郁,其作品也会是忧郁的。而且,一首曲子是忧郁的,在于其和声的进行、节奏、音色、强弱等,而不在于作曲家创作它的时候的任何演奏行为。

艺术中的情感表现只是拥有一种情感特性而已,这个观念已经得到许多分析哲学家的积极响应。尼尔森·古德曼在《艺术的语言》(*Languages of Art*)一书中加入了有关此观点的新看法。他认为,情感性质的使用是隐喻性的而非字面上的,而且情感性质并不仅仅是被占有的,而且是被例示、指称和表现的(1968:ch. 2)。古德曼还扩大了表现的观念,以至于不仅是情感性质,而且是诸如流动性、重力性或动态性之类的任何在审美上有意义的性质,只要它们被隐喻性地占有和例示,就能称得上是被表现的。古德曼关于表现的语义学定义跟科林伍德的心理学理论似乎迥异,但它保留了这个观念,即表现包含占有和交流某种明显的性质。

就反对他所概述的一般的"表现理论"而言,托梅的主张是相当合理的。但不幸的是,这种理论实际上并不能被看作对杜威和科林伍德的真实观点的陈述。尤其是,正如弗朗西斯·斯帕肖特曾指出的那样,E-T 并非关于艺术表现为何物的理论,而其实是关于艺术作品如何获得它们的表现性特征的因果说明(1982:623-624)。显然,无论艺术作品是否是 E-T 所描述的因果过程的最终结果,艺术作品都由于具有某种特别的格式塔而获得它们的表现性质。但是,这种表现理论并不常常被表述为艺术作品如何获得表现性特征的因果说明,而是对艺术是什么的说明,即对(根据这种观点)表现的说明,以及对这究竟**意味**着什么(即对艺术作品作为情感表现意味着什么)的说明。而且,把表现看成艺术家情感在其作品的显明特征中的清楚表达,这也并非难以置信。

托梅区分了"φ 表现"(φ expression)和"对 φ 的表现"(expression of φ),从前者我们不能推

断出任何被表现了的 φ，从后者中则可以做出这个推断。如果一个人面带忧郁的表现，这并不必然意味着他正在他的面部表现自己切身的忧郁情绪。就像彼得·基维用来阐释同样的观点的圣伯纳犬一样，那个人可能只是生来就具有一张看似忧郁的脸庞（1980：3）。相反，如果他的忧郁表现是他对**忧郁的表现**，我们就能合理地推断，他的确在其忧郁表现中显示了其精神状态。托梅认为，艺术表现里的审美兴趣往往是对"φ 表现"的兴趣，而非对"对 φ 的表现"的兴趣。纵然一个人真的以作曲的方式来表现自己的忧郁，他的音乐本身也不必具有忧郁的特征，而只有我们能够在音乐作品中探查到的那种忧郁特征才具有审美上的意义。进一步说，如果说音乐本身表现了忧郁，这只是意味着这个乐曲具有一种特别的"可感知的性质、方面或格式塔"（Tormey 1971：121）；它有一个忧郁的特征。我们不能从这音乐的忧郁特征推断出艺术家的忧郁。这种音乐是"忧郁表现"，而不是"忧郁的表现"。

但是，托梅忽略了这样一个事实：一件艺术作品的表现性特征之所以是这样的或那样的，恰恰因为它**貌似**是这人或那人的这样或那样的情感状态的显现。例如，音乐的忧郁特征可能确实在于其和声、音色、强弱和节奏，但是使得我们称其为**对忧郁的表现**的是，它的特征貌似某人的忧郁的显现。科林伍德的观点需要修正而非抛弃：表现于艺术作品中的情感可能不属于艺术家本人而只属于一个**隐含**的艺术家、一个叙述者或者作品中的一个角色或人物。科林伍德的观点中依然正确的东西是，"表现"意味着在某种艺术媒介中的某人的内在状态的显现和阐明，并且，这就是一个显示那种被表现的情感的音乐片段（比方说）的表现性特征，无论这些情感状态是属于实际的作曲家、一个隐含的作曲家，还是诸如《马利山特》（*Melisande*）或《图内拉的天鹅》（*Swan of Tuonela*）之类的音乐作品中的一个"人物"或"角色"。

作为一般艺术理论，科林伍德的理论明显带有一些局限性，因为许多艺术并不是他所说的意义上的情感的表现。例如，考虑一下阿尔勃斯（Albers）的《向广场致敬》（*Homage to the Square*）和瓦萨雷里（Vasarely）的光效应绘画艺术（Op-art paintings），它们在任何意义上都很少涉及情感。然而，许多艺术作品似乎确实表达和阐明了某些情感状态，而且这是诗、音乐或任何表现人的或人物情感状态的艺术的表现性**特征**。

正如杰罗尔德·列维森所强调的那样，在讨论艺术的表现时，两个不同的问题常常纠缠在一起。一方面的问题是"什么是表现"，而另一方面的问题是"艺术作品如何成功表现"（1990：337-8）。被适当修正后的表现理论所暗示的答案对第一个问题似乎成立：艺术表现是在诗歌、绘画、音乐等艺术中的表现性特征里，对一个艺术家、隐含的艺术家、叙述者、角色或人物的情感状态的表明和阐释。这个答案似乎是成立的，因为它把一个人或人物的情感状态的表现系于艺术作品中的表现性特征，就像一个人的脸或姿势或话语的声调的表现性特征可以（虽然不是绝对精确）揭示那个人的情感状态一样。

第二个问题询问情感状态**如何**能显现于艺术作品中。在与环境的情感性遭遇中，一个人对情况（人、事件）有所反应，并根据他的意愿和利益、生理变化的反应、行为趋向、面部表情、腔调、姿势等来形成对情况的估计。同时，在一个情感性的遭遇中，环境会呈现出一种特定的面貌；它对于受某种情感影响的人显现出某种特定的样子：愤怒的人看到冒犯；力争幸福爱情的人看到欢迎和美丽；焦虑的人看到威胁；忧郁的人看到黑暗单调的世界。总之，艺术作品可以显示情感，要么通过与一个正表达某种情感的人类似的方式，要么通过反映世界向一个处在某种情感状态中的人显现的方式。

我们将一种情感与其他情感区分开的主要方式，是根据一件事情是如何被评价和被"看"的，就像在愤怒时我把你的行为看作冒犯，在恐惧时却看作威胁。就像科林伍德指出的那样，诗和其他文学作品尤其擅长清楚地表达和阐明情感状态中的评价性部分。在济慈（Keats）的《夜莺颂》（*Ode to a Nightingale*）中，他并没有单纯说他渴望一个超出人类苦难世界的美丽世界，而是通过夜莺——对他来说，夜莺是诗人（或他笔下的人物）所向往的艺术上的美的象征——来表达他的想法和感觉。甚至那些并不被主要看成"情感的表现"的诗歌，通常也会有一种表现性的样子。例如，虽然蒲柏对于在他的作品中"表现其个人情感"并不是很感兴趣，但是这个作者的冷冰冰的讽刺智慧清楚地显示在他的诗里。在小说和戏剧中，隐含的作者可能是不引人注目的，但是他仍然会给作品一个整体的基调，而这作品正是其情绪态度的结果。在莫里哀的戏剧中，我们发现了这种表现：他对荒谬的爱、他那潜在的善意的幽默和对人性弱点的慈母般的容忍。相比之下，《包法利夫人》的世界则充满一个二等公民那令人窒息的自得和中规中矩，这似乎揭示了作者福楼拜对人性的思考。

具象绘画尤其擅长捕捉人们以特别的心灵或情感状态看世界时所呈现的世界图景。例如，在蒙克（Munch）的《嚎叫》（*The Scream*）中，我们看到一个"角色"的再现，这个在右下角嚎叫的人，从她的（他的？它的？）被夸张的面部表情来看，似乎是处于某种间离和焦虑的强烈情感的剧痛中。同时，我们看到了世界展现给这个角色的方式和他从情感上进行感觉的方式：这个人被图像的平面所挤压和抑制；她（或他）远离那个在桥另一端的模糊的、影子般的黑色物体，它似乎是正遭受威胁和被抛弃；整个画面回荡着嚎叫，仿佛整个世界被嚎叫者的焦虑感染了：这是一幅完全值得称赞的画，因为它很好地表现了——表达和阐明了——一种特定的心灵状态。这幅画首先倾向于作为"表现"存在——它是一幅"表现主义的"绘画——但是在自文艺复兴以来的西方传统中，许多画在相似方式上也是表现性的，即便（像在蒲柏那里）重点并没有放在"它们是表现"这个事实上。因此，沃尔海姆把莫奈的画《解冻中的塞纳河》（*The Seine in Thaw*）描述成一件悲痛的作品，它表现了画家对其妻子去世的模糊的感觉（1987：95）。相似地，夏尔丹对日常生活中的普通物件的描绘，能够被看作他对普通事物和普通人的热爱和尊敬。例如，在他的画《铜炉》（*The Copper Cauldron*）中，夏尔丹对铜炉投注充满怜惜的注意，将一个普通家居什物转化成某种华美的、闪光的、高贵的东西。

情感的表现并不总是——或者甚至通常不是——思想或者评价态度的显现。它往往采取身体姿态、面部表情、说话语调、动作及动作倾向的形式。在舞蹈这一艺术形式中，它们是情感表现的主要方式。舞者通过细微的动作和姿态"表达"情感，就像演员们做的那样。情感可以用美和优雅或者以粗犷的力量来表现，这就看舞蹈的风格了，不过它们依然都可以表达和阐明角色情感的细微差别。因此，热烈的双人舞充满激情的姿态可以表现罗密欧和朱丽叶之间热烈的爱，就像在《春之祭》（*The Rite of Spring*）里，祭祀舞蹈中粗犷的重击动作表现了一种宗教狂喜的状态。当代抽象舞蹈可能以相似的方式表达了情感。在舞蹈的风格化的动作中，愤怒、恐惧、热爱或悲痛的表现能被深刻地调动起来，而无论它们是否是叙述线索或故事的一部分。

跟舞蹈一样,通过动态的姿势——这似乎是人物或角色的内在心理状态的显现——音乐能够表现人物或角色的内在状态。诚然,列维森根据音乐的可听性(通过一个"有适当的背景知识的听众")把音乐表现定义为"以一种独特的'音乐的'方式"对音乐人物的某种心理状态的表现(1996:107)。在拉赫玛尼诺夫(Rachmaninoff)的钢琴协奏曲中,钢琴家气势磅礴的姿势似乎是从这首音乐的人物、浪漫主义英雄的内心自然流露出来的。

当然,迄今为止,世界上更多的音乐是有语词的音乐:歌曲和它的派生物,如宗教剧和歌剧。在一首歌里,歌者无论是被看作一个角色,如《纺车旁的格丽卿》(*Gretchen am Spinnrade*),一个叙述者,如一首民间叙事歌谣中的故事讲述者,还是两者兼而有之,如舒伯特的迷你剧《魔王》(*Erlkonig*)(Cone 1974),都可能以跟抒情诗同样的方式很好地表达他或她的情感:语词表达和阐明言者或歌者的心灵状态。同时,音乐本身(它的和声、节奏、旋律、音色等)可能在与舞蹈相似的方式上是表现性的:音乐中的动作和姿势可以表现某种情绪或态度。音乐能够以风格化的方式,再现忧郁的人的无力身姿,或快乐的人因欢欣而跳跃。

但跟舞蹈不同的是,音乐还能通过声调的风格化表演来表现情感,这是情感可以得到刻画的另一个重要方式。正如彼得·基维指出的那样,音乐经常模仿激动的说话声音(1980:20-21)。例如,人们会想起蒙特威尔第(Monteverdi)作品中的阿丽安娜(Arianna)恳求道"让我死"("Lasciate me morire"),或者普塞尔(Purcell)的狄多(Dida)痛苦地哭道"记住我"。说这样的音乐是痛苦不幸的,就是在暗中将它与各种具有痛苦、不幸特征的歌唱姿势进行比较。如果这是对的,那么就将误导出这样的说法:音乐里**所有**情感暗示的属性都是隐喻性的,就像古德曼主张的那样。一首乐曲是忧郁的,正如一种腔调、面部表情或无力的身姿是忧郁的一样。正如雷欧·柴德勒(Leo Treitler)所强调的那样,在一首乐曲中标上"忧郁的"(mesto),并不比标上"轻柔的"(piano)或"富于表现力的"(espresivo)更具隐喻性(1997:36-39)。它只不过是给演奏者指定音乐的特征。许多音乐的表现,存在于姿势、动作倾向、腔调等切实的人类表现模式的风格化样式之中。

不是任何画浮冰的画都表现悲痛,也不是任何画铜炉的画都表现尊敬。为了传达世界的表现性景象,画家运用了围绕对象和形式的一张社会的、宗教的和文化的联系之网。当一个画家以特定方式来描述世界时,他不可避免地依靠这种文化知识。色彩象征主义尤其重要。所以,华铎(Watteau)对一个优美的田园牧歌般世界的怀旧的表现,是以粉红、黄色和紫色的色调来描绘那个世界,这是在一个雅致庭院的晚宴上舞会礼服和衣衫的颜色,它们所唤起的是一个优雅的世界。与此相对,柯洛(Corot)用绿色和棕色描绘平静的田园风光,表现对安定、富足的田园生活的心满意足,它的世界是温驯、宁静而充裕。抽象作品省略了有助于消除表现歧义的再现线索。但是,我们仍能把康定斯基明亮而充满活力的言论——这似乎表现了其激情和活力——同其更为冷酷和平静的绘画区别开来。如康定斯基本人所言,色彩有其自身的性格,它在某种程度上是不依赖于语境的。同样,我们在乐调中察觉到的表现性性质被我们感知为其固有的,虽然这无疑受到了文化联想的影响,以至于——例如在我们的文化中——我们总是把小调体验为比较阴郁的情感的暗示。

人类不可避免地将世界当作沉浸于情感性意义之中来经验。即使我们把诸如温暖、冰冷、华丽、迟钝、轻快或重力之类的非情感性属性归结给世界,我们也在根据它的人类意义将世界描述为被经验的世界。这就是古德曼将这些属性(像更多的心理属性一样)当作艺术作品**表现**的属性的看法还是有些道理的原因。我们把世界看作表现性的,看作在艺术中体现的那种表现性,这是因为人类根据自己的意愿、希望、价值和利益,用情感词汇来理解他们与环境的诸多遭遇。

10.4 艺术的情感性经验

我们对于艺术中的表现的讨论使得这个问题得以阐明,即表现与由艺术作品唤起或激起的情感并不是一回事。根据科林伍德的观点,要理解艺术家在他的作品中表现的情感,就要求亲自再创造那种被表现的情感,这是对的;但是也有许多这样的艺术,它们不应该被主要地看作"情感的表现",却仍然能够唤起我们的情感。如果有人告诉古希腊的悲剧家,他们的戏剧是其个人的"内在"感受的表现,他们无疑会认为这非常奇怪,但是今天他们的作品唤起了观众的强烈情感。实际上,这正是柏拉图对他们的主要抱怨之一。

在《理想国》(*Republic* 1974)中,柏拉图抱怨悲剧和荷马史诗作用于我们的情感的方式,以致比如说在欣赏某人对其儿子之死的悲悼的戏剧表演时,我们会伤心流泪。柏拉图指责道,情感弱化道德意志;对于战士尤其应该用理智来管制他们的情感,面对个人的不幸时,应该毫不动心。相反,亚里士多德则认为,悲剧的功能和目标,正是对怜悯和恐惧的**净化**。对于什么是情感,亚里士多德有一个与柏拉图迥异的模式;作为一个"有判断力的理论家",他认为理性或判断是情感的重要成分,而柏拉图错误地认为情感必然是理智的敌人(Aristotle 1984)。

悲剧《俄狄浦斯王》(*Oedipus the King*)似乎是亚里士多德的一个悲剧范例,它引得我们对受命运摆布的俄狄浦斯的不幸表示怜悯,并使我们对命运可能给我们自己同样的灾难性的打击感到恐惧(1987)。人们对"**净化**"的解释各不相同,但是大部分理论家都认为,亚里士多德的意思是,当我们对戏剧做出回应的时候,通过经历这些情感,我们的怜悯和恐惧被**宣泄**了。还有人强调,在经历这些情感时,我们的戏剧经验为我们**澄清**了我们的怜悯和恐惧的本质。很明显,无论"**净化**"的正确解读是什么,亚里士多德认为,一个讲述得好的故事或戏剧都能够而且应该唤起我们的情感。与柏拉图的观点相对的是,他认为这样的方式能够教给我们关于什么是做人的问题的一些有价值的东西。

但是,近来许多作者认为,当故事是"虚构"的时候,我们对故事的情感性反应中有一些令人迷惑的东西。他们说,我们对一个虚构角色感到某种强烈的情感,而同时完全知道这个角色是虚构的,这是怎么可能的呢?这就是所谓的"虚构的悖论",它产生于这个明显矛盾的主张:一个观众感到对虚构角色的某种情感,而同时完全意识到这个角色是不存在的(Walton 1990; Neill 1993)。这两种主张通常被认为是不相容的,因为要处于同情的情感状态之中,就必须要有对某人的同情对象的一种特别的**信念**,比如我相信安娜·卡列尼娜遭到不公正的待遇,而如果我知道安娜并不存在,我就不会相信她曾遭到不公正待遇,因为并没有一个"她"来让我拥有这个相信(并且对此我非常清楚)。

在这个所谓的悖论上,颇费了一些口舌,而它对我而言似乎并不成问题。因为,正如我在第二节中解释的那样,情感是个人与环境之间进行的相互作用,而"环境"不仅包括展现给我们的感官的世界,还包括在我们的思想和想象中显现的那个世界。这个"内在环境"充满了事件、境况和人,这些人可能实际存在,也可能不实际存在,但是我能对我的思想和想象的内容有情感的反应,就像我能对知觉对象有所反应一样。我能"看到"安娜·卡列尼娜处于一个必输无疑的境况之中,虽然她只是托尔斯泰虚构的人物,而现在她是我想象的人物。如果安娜是"情感"的对象的话,正是在她是一个思想和想象的对象、一个希望和关系的对象的意义上,她是如此。当与想象的对象遭遇时,如果我觉得与我的利益和价值密切相关,我就会带有情感地回应它("她")。想象自己的父母死于一场车祸,我就会万分难过;同样,想象某个叫安娜的女人经历着托尔斯泰所描述的所有痛苦,我也会十分难过。这正是人类情感如何起作用的事实。而且,如我们已经明了的那样,情感并不要求关于任何东西的**信念**,而只要求根据我们自己的意愿、利益和价值对事物的一种看法。托尔斯泰出色地取得了成功,使得我们在安娜的故事里发现了与我们自己的要求、利益和价值密切相关的东西,以至于我们带有感情地回应了她。的确,小说中的场景能导致几乎所有的情感反应:心理的改变、面部和声音的表现、动作的倾向。由于将她的处境"评价"为悲惨的,由于强烈地**希望**帮助这个可怜的女人,我们可能为安娜哭泣、抱怨和叹息、颤抖、出汗并肌肉紧张。在遭遇虚构故事的时候,我们所缺乏的主要情感特征是适当的行动。尽管我怜悯安娜,却仍不能做些什么使她幸福,而在现实生活中,怜悯常常要求对我们的感受对象试图提供一些帮助。

带有情感地回应艺术作品不仅仅是可能的;对许多作品来说,如果我们想尽可能充分地理解艺术作品,以及它对我们自己的生活的"教训"的话,这还是强制性的。这显然是真的:在浪漫主义作品中,艺术家试图表达他的情感。我们唯有感到济慈在夜莺之歌背后渴求的向往,才会理解他在这首诗中所意指的东西。他肯定想在读者中唤起他试图表达的感受。但是并不只有浪漫主义诗歌鼓励我们带有情感地去回应它们。经常是这样,在小说或绘画中,被描述的人物和事件的重要事实通过我们的情感回应而明朗起来。因此,我对安娜·卡列尼娜的悲痛和怜悯,可能是让我警觉到她的脆弱的东西。我在蒙克的《嚎叫》面前震惊和恐慌的感觉,使我觉察到画中表现的错乱和痛苦。我对麦克白(Macbeth)不道德的谋杀的厌恶和轻蔑的感觉,可以向我揭示他所犯下的罪恶之可怕。同样,正是因为我们对莫里哀笔下的阿尔采斯特(Alceste)感到既好笑又同情,我们发现他尽管愚蠢可笑,却值得怜悯。此外,像亚里士多德认识到的那样,为了把握俄狄浦斯的困境,为了从中获得教益,我们必须对俄狄浦斯感到怜悯,因为命运给了他如此之大的打击,我们自己也不由得感到恐惧,因为命运可能随时会以同样的方式打倒我们。

一些思想家已经指出我们对小说和戏剧中的人物所体验的情感的同情,或者用认知心理学的时髦用语来说,我们通过想象性地把它们的快感推导到自己身上,来**模拟**他们感觉到的情感(Feagin 1996)。例如,托尔斯泰就是以这样一种方式来描述安娜的命运的:我们想象性地分享她的意愿、目标和评价，而她则根据自己的目标、意愿和评价造成了她的境况，并且通过分享这些意愿、目标和评价，我们逐渐了解了她的行为动机。然而，我们并不总是必须移情到故事中的人物中去。我们经常持一种第三者的观点：我们思考人物的所做所感，**为他们感受**（feel for them）而不是**与他们同感**（feel with them）(Feagin 1996)。我们并不是感受安娜的恐惧和她的无望的感受，而是感到怜悯。我们并不是随着简·奥斯汀的爱玛感到自我满足，而是感到她的好笑和可爱。当我们这样来回应时，我们随着作者或隐含的作者来反应，而并非和人物一起来反应。当然，如果我们首先能**与他们同感**的话，我们可能更容易**为**人物感受。托尔斯泰和奥斯汀以迥异的方式引导我们对人物的情感反应，使得我们能够移情（与他们同感）和同情（为他们所感）。

在《什么是艺术？》中，列夫·托尔斯泰持这样的观点：艺术的功能是**交流**情感。他认为，艺术家应该真诚地表达一个特定的情感，这情感是通过给予他的作品一个特殊的情感特征来表达的，这个特征可以转而在观众或听众心中唤起艺术家的原本情感(Tolstoy 1930)。我们看到凡·高的痛苦的风景画，我们被艺术家在画中表达的痛苦的情感状态"感染"了。或者，我读《夜莺颂》，感到了同样的渴求的向往——正如诗人在诗中表达的那样。然而，即使那些希望承认艺术家能够通过给予其作品特定的情感角色来表达情感的人，往往也不好做出这个主张，即受众应该确切地感受到跟艺术家的原本体验一样的情感。在观看凡·高扭曲的风景时，我可能会对他感到怜悯，而不是认同艺术家自己那痛苦得扭曲了的情感。我从蒙克的《嚎叫》里表现的苦闷和错乱中所感受到的却可能是**震惊和惶恐**。

然而，虽然这是真的，却并不是说我们从来没有能够或应该体验到艺术家作品中传达的情感。实际上，能够这样主张正是因为我们在凡·高那儿感到了痛苦的性质，或者我们在对之反应为震惊和惶恐的蒙克那里感到了错乱。托尔斯泰无疑夸张了他的观点，而且，像科林伍德一样，他忽视了这样一种可能性：被传达的可能是一个角色、叙述者或隐含的作者的情感，而非艺术家的情感。然而，这样的观点似乎也有道理：如果我们打算去正确地理解作品，以它需要被体验的方式来体验它的话，那么通过一个（隐含的）艺术家在作品中传达的情感，有时候至少能——而且可能应该——"感染"受众，就像托尔斯泰所说的那样。

然而托尔斯泰的理论的一个问题是，它强调在受众中唤起情感，仿佛那总是值得一做的事情。但是，有一些被唤起的情感是不愉快的，例如我们为安娜·卡列尼娜哭泣(Feagin 1983)。而且，并不仅仅是西方文学的伟大经典唤起这些情感，许多低劣的小说，例如小丑哈利昆(Harlequin)的传奇和廉价商店(dime-store)的恐怖故事，都能使得我们哭泣或恐惧。在此，重要的是，一部好的小说或戏剧，除了唤起情感，也引导和鼓励我们去**反思**角色的情感，并反思我们对他们的情感体验。如《爱玛》或《安娜·卡列尼娜》这样的小说，就要求我们在阅读的时候不断做出反思，并且阅毕也是这样。我们被邀请去反思角色的情感经验，去审视他们如何和为何会做出如此反应，并且从总体上反思我们自己的情感经验，反思故事为何和如何这样发展（参见 Nussbaum 1990）。如果这是对的，那么为了理解小说也为了从中学习，我们的情感反应——无论是多么模糊难知——就是必需的，因为为了理解和从我们对小说的情感反应中学习，我们必须首先有对它的情感体验。这对于许多绘画和音乐作品来讲同样也是正确的

（Davies 1994）。

艺术作品如何"对我们的生活有所教益"？一种方法是，据说小说和电影经常能够通过扩大我们的情感范围来做到这一点。例如，小说给我们展现的角色和境况，是我们从未亲身遭遇的，但又是公认的人类的角色和境况。故事经常以情感遭遇为转移：一个爱情故事，一次损失，一个错误。它们展现给我们角色的情感体验，他们看待在其中发现自身的境况的方式，以及他们对于事态的反应。好的故事会说明情感是如何从社会语境以及不同的人之间的相互影响中生发出来的，并仔细描述不同的人的目标、意愿、利益（包括道德利益）之间的冲突（Nussbaum 1990）。这样，好的小说通过给予我们对各种情感（恐惧、愤怒、喜爱、焦虑以及其他难以名状的情感）的更好的理解，来扩展我们的情感内容。约翰·本森（John Benson）曾经指出，能够用语言来形容艾略特诗歌中——如"我近来感到十分普鲁弗（prufish）"——J. 阿尔弗雷德·普鲁弗洛克（J. Alfred Prufrock）所例示的情感状态就好了（1967：339）。艾略特的诗所做的，就是解释和说明一个情感状态，对于这种情感状态至少当下没有语词可以描述它。比如，我现在有了关于感受"prufish"的清晰观念，而在阅读这首诗之前我并无一点这种知识。普拉多（C. G. Prado）认为，小说和其他文学作品能给予我们"介入其他形式的生活的实践"（1984：105）。总之，小说和其他文学作品能够教给我们情感以及情感行为的社会和文化含义；因此它们是一种教育方式，它们教给我们有关我们文化的东西，以及这种文化的典范之作。

小说提供的这种教育是**情感**教育。它是一种**体验**教育。说我们从《安娜·卡列尼娜》中得到的一切，就是"生活是一种失败"这个冷静的信念，是非常愚蠢的。我们能够发现在一个特定的情感状态中它可能是什么样子；我们能够去理解一个人如何能够陷入那个状态，当你处于这个状态时会发生什么，它怎样影响别人，它如何影响了你的动机和未来的计划，如何去避免它，等等。为了从小说中得到情感教育，你需要唤起你自己的情感（Robinson 1995a）。如果你认为安娜只是又一个单调乏味的俄罗斯烈女，她应该获得新生并从事一些社会工作以分散其无数的悲伤，那么你就不能把握这个小说的关键所在：你不能把握安娜的性格和使得她行动的东西。为了**带有情感地**把握小说的进展，我们必须让自己的意愿和兴趣介入其中；我们必须关注安娜，以至于即使发现她有时令人愤怒，我们还是怜悯她的困境。而且，在这样的尝试里，我们的主要向导是作者，或者隐含的作者，他努力让我们关注他的人物们，并影响我们如何带有感情地回应他们（Carroll 1997）。当然，是作者或隐含的作者在努力引导我们关于这些东西的反思：角色的情感经历，以及我们在阅读时体验到的情感经历。

我们对绘画的反应并不像在文学或音乐中那样以时间来展开，但是，如果我们带有情感地回应它们，然后回过头来反思我们自己的情感反应的话，我们能从绘画中获得一种相似的理解。我可能被感动而产生同情的，不一定是安娜·卡列尼娜的故事，也可能是一幅后期伦勃朗的自画像：我的注意力一直被吸引到这张脸的某些部位上（它们被突出出来），这些部位对我而言是有意义的，并吸引我的注意。而且，通过反思这个情感体验，我可能会逐渐认识到，伦勃朗给我们展现了某种有关老年的辛酸的东西，它是如何将智慧与对虚弱和身体衰退的长期体验融合起来的。或者，我发现自己被夏尔丹的《铜炉》所打动，被他所描绘的物件之美和简单以及它们的整体和谐所打动。通过反思我的情感体验，我逐渐认识到，夏尔丹向我们展示了日常物件和日常生活的高贵。

　　作为非再现性艺术的音乐、建筑和抽象画又如何呢？音乐常常被称作最具表现性的艺术形式,而且它最容易唤起情感。如果我们在听一首歌曲,那么我们可能带有情感地去回应音乐中的角色或人物,就像我们在一首诗或一部小说中所做的那样;不过,在一首歌曲中,有语言来帮助我们理解正在传达的东西。一些没有语言的器乐,适合于解释以一个音乐人物为主角的心理戏剧,因此我们也可能带有情感地回应这样的音乐,就像我们对一个文学戏剧所做的回应那样(Karl and Robinson 1995)。但是音乐也能以更加直接的方式"感染"我们。很明显,在日常生活中,面部表情和腔调中的情感表现是有感染力的。这似乎是可能的:音乐通过模仿表现性声音和其他姿势,也以它表现的情感直接"感染"它的听者。我们可能移情地回应,正如我们可能移情地回应人们的情感姿势或腔调一样。当我们体验舞蹈时,类似的移情反应似乎也是可能的。

　　而且,如扎永茨和其他人曾经指出的那样,一些情感能够通过刺激被直接唤起,而不需要任何认知性评价的介入(Robinson 1995a)。这样主张似乎是合理的:音乐的某些方面能够以这种方式来直接唤起情感,即通过直接作用于我们的身体,导致生理上的改变(尤其是心跳的改变)和行为的趋向。尤其是,带有强烈节奏的音乐使得我们想跟着节奏活动,并且引起我们的快乐和激情,而带有跟心跳同样节奏的规则节拍的音乐则会产生一种令人平静的效果。

　　建筑也可以直接唤起同样的情感效果。一些建筑似乎能够以直接的、非认知性的方式唤起情感,正如大的空间使我们感到渺小、脆弱和微不足道,或者低矮的天花板和狭窄的走廊使我们感到被挤压和被监禁,或者对称的、高贵的、优雅的房间可能使我们增强人类的尊严感。一些绘画也似乎能这样直接唤起情感。罗斯科(Rothko)的大型油画并非在形式上特别有趣,它们并不美丽,而且没有象征的内容,但是非常有力,因为它们能够直接引起类似神秘的沉思状态。

　　这并不是说抽象艺术不能唤起具有认知内容的情感,而且,实际上,被"直接"唤起的情感,无疑可用来增强更多认知上的复杂情感,对此我们也可以体验得到。如果一曲音乐以其参差不齐的节奏和未可预料的和声的跳跃使我感到紧张,那就可能会使我对音乐中"人物"的焦虑产生移情作用(Robinson 1994)。而且,如果它以生动感人、结构巧妙的音乐短句唤起这种焦虑,我可能会在情感上被作曲家在此音乐中表达情感的高明方式打动(Kivy 1990)。类似地,如果一座建筑使得我感到一种得到提升的人类尊严感,那么这就可能会增强我对它的优雅和谐的设计的近乎敬畏的惊叹。

10.5　结论

　　很明显,对于艺术来说,唤起情感几乎不是它的独特之处;这并不是艺术区别于游戏或者在这个意义上区别于生活的特征。艺术能唤起情感和表现情感,并不意味着所有的或者甚至大部分艺术实际上都是这样。其实，当下许多艺术的倾向是从情感中，尤其从更加"激烈的"热情中分离出来，例如爱和恨、愤怒和恐惧、妒忌和怜悯。小说的主题可能仍然是妒忌或憎恨，但奇怪的是，当代小说家想要从一个相对非情感的视点来对待这些情感。例如，我认为，在伊恩·麦克尤恩(Ian McEwan)的《阿姆斯特丹》(Amsterdam)中，所有的憎恨和妒忌都带有无情的冷酷和讽刺的调子。实际上，2001 年 1 月 7 日的《〈纽约时报〉书刊评论》(New York Times Book Review)上，有一篇名为"大寒战"(The Big Chill)的文章，评论了文学潮流的这种变化。作者指出，在大部分近来受到好评的小说中，其角色"经常是看起来令人摸不着头脑的、缺乏感染力和情感的"，而且读者很难从对自身感触甚少的角色身上感受到多少东西。我们或许会补充道，不仅仅是角色以冷酷示人，作者们或隐含的作者们叙述这些故事的语调也往往是冷漠的。

这就意味着，这种虚构故事主要并不是想通过诉诸我们的意愿、兴趣、价值和目标来让我们从情感上介入其中。它可能想以理智的方式给我们以消遣，或者希望我们佩服它技巧上的高超本领。但是，大多数这样的小说瞄准的目标是智力而不是心灵。我认为罗伯特·库弗(Robert Coover)、唐·德里洛(Don DeLillo)，甚至佩内洛普·菲茨杰拉德(Penelope Fizgerald)都是如此。在这篇讨论艺术中的情感的论文行将结束时，提醒您这一点是合适的：的确存在着大量不怎么关注情感的优秀艺术。这种现象不是最近才有的。古埃及的伟大雕塑、拜占庭的偶像、波斯人的毯子，它们并不把情感的表现或唤起作为主要的审美目标。艺术中的情感是最近几个世纪才变得十分重要起来的，但它对于艺术的成就来说并不是不可或缺的。

参考书目

Aristotle(1984). *Rhetoric*, 2nd edn, trans. W. R. Roberts. New York: Random House.

——(1987). *Poetics*, trans. R. Janko. Indianapolis: Hackett.

Bell, C. (1914). *Art*. London: Chatto and Windus.

Benson, J. (1967). "Emotion and Expression." *Philosophical Review*, 76: 335–357.

Carroll, N. (1997). "Art, Narrative, and Emotion." In M. Hjort and S. Laver (eds), *Emotion and the Arts*. Oxford: Oxford University Press: 190–211.

Collingwood, R. G. (1938). *The Principles of Art*. Oxford: Clarendon Press.

Cone, Edward T. (1974). *The Composer's Voice*. Berkeley: University of California Press.

Davies, S. (1994). *Musical Meaning and Expression*. Ithaca, NY: Cornell University Press.

De Sousa, R. (1987). *The Rationality of Emotion*. Cambridge, MA: MIT Press.

Dewey, J. (1958). *Art as Experience*. New York: Putnam's Sons.

Ekman, P. (1993). "Facial Expression and Emotion." *American Psychologist*, 48: 384–392.

Feagin, S. (1983). "The Pleasures of Tragedy." *American Philosophical Quarterly*, 20: 95–104.

——(1996). *Reading with Feeling*. Ithaca, NY: Cornell University Press.

Goodman, N. (1968). *Languages of Art*. Indianapolis: Bobbs-Merrill.

Gordon, R. M. (1987). *The Structure of Emotions*. Cambridge: Cambridge University Press.

Greenspan, G. (1987). "A Case of Mixed Feelings." In A. Rorty(ed.), *Explaining Emotions*. University of California Press: 223-250.

Hospers, J. (1955). "The Concept of Expression." *Proceedings of the Arstotelian Society*, 55: 313-344.

James, W. (1890). *The Principles of Psychology*. New York: Holt.

Karl, G. and Robinson, J. M. (1997). "Shostakovich's Tenth Symphony and the Musical Expression of Cognitively Complex Emotions." In J. M. Robinson (ed.), *Music and Meaning*. Ithaca, NY: Cornell University Press: 154-178. (Original work pub. 1995.)

Kivy, P. (1980). *The Corded Shell*. Princeton, NJ: Princeton University Press.

——(1990). *Music Alone*. Ithaca, NY: Cornell University Press.

Lazarus, R. S. (1991). *Emotion and Adaptation*. Oxford: Oxford University Press.

Levinson, J. (1990). *Music, Art, and Metaphysics*. Ithaca, NY: Cornell University Press.

——(1996). "Musical Expressiveness." In *The Pleasures of Aesthetics*. Ithaca, NY: Cornell University Press: 90-125.

Morgenstern, S., ed. (1956). *Composers on Music*. New York: Pantheon.

Neill, A. (1993). "Fiction and the Emotions." *American Philosophical Quarterly*, 30: 1-13.

Nussbaum, M. (1990). *Love's Knowledge*. Oxford: Oxford University Press.

Plato (1974). *Republic*, trans. D. Lee. Harmondsworth: Penguin.

Prado, C. G. (1984). *Making Believe*. Westport, CT: Greenwood Press.

Richter, D., ed. (1989). *The Critical Tradition*. New York: St Martin's Press.

Robinson, J. M. (1994). "The Expression and Arousal of Emotion in Music." *Journal of Aesthetic and Art Criticism*, 52: 13-22. Reprinted in P. Alperson(ed.), *Musical Worlds*. University Park: Pennsylvania State University Press: 13-22.

——(1995a). "L'education sentimentale." *Australasian Journal of Philosophy*, 73: 212-226. Reprinted in S. Davies(ed.), *Art and Its Messages*. University Park: Pennsylvania State University Press: 34-48.

——(1995b). "Startle." *Journal of Philosophy*, 92: 53-74.

Rorty, A. (1980). "Explaining Emotions." In A. Rorty (ed.), *Explaining Emotions*. Berkeley: University of California Press: 103-126.

Russell, J. A. (1991). "Culture and the Categorization of Emotions." *Psychological Bulletin*, 110: 426-450.

Solomon, R. C. (1976). *The Passions*. Garden City, NY: Anchor Press and Doubleday.

Sparshott, F. (1982). *The Theory of the Arts*. Princeton, NJ: Princeton University Press.

Tolstoy, L. (1930). *What Is Art?*, trans. A. Maude. Oxford University Press. (Original work pub. 1896.)

Tormey, A. (1971). *The Concept of Expression*. Princeton, NJ: Princeton University Press.

Treitler, L. (1997). "Language and the Interpretation of Music." In J. M. Robison (ed.), *Music and Meaning*. Ithaca, NY: Cornell University Press: 23–56.

Walton, K. (1990). *Mimesis as Make-Believe*. Cambridge, MA: Harvard University Press.

Wollheim, R. (1987). *Painting as an Art*. Princeton, NJ: Princeton University Press.

第二部分

艺术和其他问题

第 11 章

文学哲学：重返快感

彼得·拉马克

斯坦·郝高姆·奥尔森　著

褚国娟　译

11.1　背景

11.1.1　一个柏拉图主义的通令

柏拉图的《理想国》卷 10 中（Ⅹ,607,b-c），有段关于诗歌与哲学之间的古老争吵的著名引述。在这之后的几行，苏格拉底发出了一道邀请：

> 苏格拉底：那么，当诗已经申辩了自己的理由，或用抒情诗格或用别的什么格律——它可以公正地从流放中回来吗？
>
> 格劳孔：当然可以。
>
> 苏格拉底：我们大概也要许可诗的拥护者——他们自己不是诗人只是诗的爱好者——用无韵的散文申述理由，说明诗歌不仅是令人愉快的，而且对国家和人们的全部生活是有益的。我们也要善意地倾听他们的辩护，因为，如果他们能说明诗歌不仅能令人愉快而且有益，我们就可以清楚地知道诗于我们是有利的了。（607,d-e）

这个通令不是针对哲学的，不是针对研究"文学的原则和理论，它的本性、创作、功能、效果，它与其他人类活动的关系，它的种类、手法、技巧，它的起源"的邀请（Welleck 1995：v），而是根据文学的有用性为其进行辩护的邀请。它不是对哲学家而是对诗人和诗的爱好者发出的邀请。

值得注意的是，在什么程度上，批评的历史能够被那些得到通令的人看作对这个通令的回应呢？因为在哲学领域内，并不存在认可文学的哲学反思的传统；取而代之的是，存在一个如果不是完全独立也是有自己单独历史的批评的传统。对这个传统做出贡献的人，只有偶尔几个是哲学家。他们大部分是"诗人"和"诗的爱好者"。乔治·A. 肯尼迪(George A. Kennedy)在《剑桥文学批评史》(*The Cambridge History of Literary Criticism*)第一卷中说,"古典批评给后来世纪的最大遗产,无疑是它的三种经典文本:《诗学》(*Poetics*)、《诗艺》(*Ars poetica*)、《论崇高》(*On Sublimity*)"(Kennedy 1993:346)。这中间,只有《诗学》是一本哲学著作。贺拉斯和朗吉弩斯[1]都不是以哲学家的身份写作的。《诗艺》是一篇由这项技艺的大师、一位诗人发表的关于如何写诗的论文。《论崇高》是由给此作品的收件人泼斯图缪斯·特伦天努斯(Postumius Terentianus)的"一些笔记"构成的,它"或许对公众是有益的"(*On Sublimity*,Ⅰ.1,in Russell and Winterbottom 1972:462),是由一位热衷于诗的人、一位诗的爱好者撰写的。贺拉斯和朗吉弩斯提出了一般原则,但是他们并没有做到系统化,也没有以哲学的论证去支持这些原则。

通常,诗人和诗的爱好者一直都不关注无利害的哲学研究。在对文学的本性和功能的反思方面,从文艺复兴到19世纪中期,很少有人以亚里士多德的《诗学》为榜样去采用系统的哲学论证的形式。大多数情况下,它们被写成序言体、对话体等形式,去为一种特定准则辩护(Dryden [1970:19],Fielding,Wordsworth),基于贺拉斯《诗艺》的形式给诗人和批评家提出告诫(Boileau,Pope),或者防范道学家或其他诗的敌人(Sidney,Shelley)。

最重要的是,诗人和诗的爱好者所关心的是,要建立文学的文化合法性。柏拉图曾经通过论证诗在道德和知识方面的不健康来挑战这种合法性,并且诗的文化地位问题在整个批评传统中一直被理解为诗的认识功能和道德功能的问题,道德功能优先于认识功能。当贺拉斯宣称诗的目的是"去做好事或给予快感——或者,第三,去说一些既令人愉快又对生活有用的事情"(*Ars peotica*,333-334,in Russell and Winterbottom 1972:288)的时候,并且说"寓教于乐,既劝谕读者,又使他喜爱,才能符合众望"(*Ars peotica*,343-344)的时候,"善"(prodesse)和"有用"(utile)被当作一种道德或精神上的熏陶。这也是文艺复兴时期的批评家阐释贺拉斯的方式。艾布拉姆斯说:"对文艺复兴时期压倒多数的主流批评家来说,正如对菲利普·锡德尼爵士(Sir Philip Sidney)一样,道德效果是终极的目的,愉快与激情是对这一目的的辅助。"(Abrams 1953:16)锡德尼那时正在捍卫诗歌免受"诗歌憎恨者"(Sidney 1973:99)的攻击,后者根据道德基础来质疑诗歌,而锡德尼在捍卫诗歌的同时也接受了攻击者使用的术语。尤其是在英国从1660年(清教徒掌握着英国的精神生活,社会比较宽松)到19世纪初(基督教精神成为所有精神生活领域的一个核心影响因素)这段较短的时期内,"与人无益的诗歌往往被认为是不重要的"(Abrams 1953:16)。关于这一时期,韦勒克说道:"有一些作家认为诗歌应当仅供娱乐,但大多数批评家把道德效用当作文学的基本目标。"(Wellek 1955:21)

11.1.2 捍卫文学的文化合法性

19世纪,英国的批评表现出三个重要的进步,这三个进步对文学的文化合法性的建立方式均产生了影响。第一个进步源于浪漫主义的观点,即诗歌不是外部现实的模仿而是内在主观自我的表达("强烈情感的自然流露")。它转变了诗歌如何有助于读者的道德提升的观念:

> 如果19世纪早期的作家们提出这种传统的主张,即有效的艺术具有一种超越美的作用,那么它有一个重要的和独具特色的不同之处。更早的批评家主要把诗歌定义为一种改变读者心灵的令人愉快的方式;华兹华斯式的批评家则主要把诗歌定义为一种表达他自己心灵的方式。这类作品也促进了人类的进步,但它只是通过表现因而唤起那些情感和想象状态来实现的,这些状态正是人类幸福、道德意志和行为的基本条件。通过把读者放入他自己心灵的感动状态中,诗人用不着反复灌输教条,就直接塑造人格。(Abrams 1953:329)

诗歌不再被理解为给读者的道德"教诲",而是直接塑造人格,"用不着反复灌输教条"。这样一来,诗歌的道德效力就得到了保证,它的文化合法性也就得以确立了。在19世纪的英国,这种观点得到广泛流传,不仅在诗人和诗的爱好者之间而且在整个读者群之间流传。在19世纪的英国,文学开始被认可为道德提升的主要源泉。也许最能说明这种观点获得广泛认可的,不是引用喜欢将他们的作品当作精神启迪的维多利亚时代的大作家的言论(如George Eliot 1963:270),或者引用拥护这种观点的大批评家的言论(如Matthew Arnold 1973:162),而是引用诸如约翰·莫利(John Morley)之类的公众人物的言论,他是一个集新闻记者、议会议员、传记作家于一身的"大忙人":

> 尽管时间非常紧,他仍同意在1887年大学扩张运动的一个集会上,做题为"文学研究"的演讲。在我们可以从演讲者、主题和听众之间的关联中期待的那些通则之间,我们发现莫利强调这个现代特有的要求:"为珍爱我们当中的理想去寻找某种有效的中介。"他毫不畏惧会遭不适当的质疑,他宣布,那"是文学的事业和功能"。在说明执行这个功能所用的方式上,他找到了一句同样无可争议的冗长短语:"文学是通过同情心和想象力的培养、道德感的鼓舞、道德洞察力的启蒙来起作用的。"(Collini 1991:79;也见Morley 1890:201;以及更多例子,Baldick 1983:ch.3)

19世纪的第二个进步,表现在文学批评传统自身向文化批评的转换上。这种文化批评形成于维多利亚早期和中期,对那个时期在不列颠形成的作为工业化结果的社会类型进行了持续的攻击。这类批评发表在那时支配学术和社会论争的杂志上,以及发表在小册子、演讲、演说、报告中,有时也以整本书的形式出现。文化批评是社会批评和道德批评,但由于它在民族文化的维护和发展中赋予人文教育的功能,而获得了它的特别的特征。这种人文教育的关键是文学(Baldick 1983:19)。通过它的教化作用,文学建立的不仅是它自身的文化合法性,还有批评的文化合法性和道德使命。批评变得跟文学一样重要(Arnold 1962:161-162),而诗,用阿诺德的著名说法,就其是好的诗来说,就是"人生的批评"(Arnold 1973:46,163)。

第三,19世纪的批评中出现了在20世纪获得充分发展的一种趋向的萌芽。批评家对批评的非哲学本性有了自觉,有时甚至采取一种反哲学的态度。但批评家们还不至于视文学高于哲学,或者仅仅是文学不应当降低到哲学层次,尽管它也关注"如何生活"的道德问题(Arnold 1973:46)。一方面,负有新的责任和社会使命的批评自身要求与哲学一样重要,另一方面,对批评的一个明确要求,就是要有一个不同于哲学论文的独特逻辑。像阿诺德一样的批评家们,对于他们想要得出的批评结论,拒绝运用相关的原理和论证方式。因此,阿诺德著名的检验方法并不包括具有原理的论证。在伟大的文学作品的例子中,"一面是主旨和事件,一面是风格和手法,可以使一个标点、一个重读具有极高的美、价值和力量"(Arnold 1973:171)。然而,不能对这种"标点"和"重读"进行理论说明:"如果要我们以抽象的方式去界定这种标点或重读,我们的答案必定是"不",因为我们由此会使问题更加模糊,而不是清晰。"(Arnold 1973:171)

11.1.3 批评中的反哲学倾向

20世纪对哲学的拒斥采取两种形式。第一,20世纪头几个十年中,对哲学的拒斥成为英国从19世纪文化批评中演化而来的务实批评中的一个主要因素。这种批评类型的一个主要代表人物是利维斯(F. R. Leavis),他在强调批评或"英国式"批评是一种与哲学相异或相反的思想科目的同时,继续坚持批评的社会使命(Leavis 1975:esp. pts 1 and 2)。在务实批评既反哲学又反理论的同时,文化批评的第二种发展也包含一种对哲学的拒斥:

> 从歌德、麦考利(Macaulay)、卡莱尔(Carlyle)和爱默生(Emerson)时代开始,一种书写类型产生了,它既不是文学作品的相关价值的评价,也不是知识史、道德哲学、认识论,还不是社会预言,而是所有这些东西混合在一起形成的一种新类型。然而,由于一个明显的理由,这种类型仍旧经常被称为"文学批评"。(Rorty 1982:66)

这种"新类型"是一种文学批评的特殊形式,它已被赋予自己特有的标签:

> 这种新类型最适宜的名称,就是它的"理论"的昵称,这个词现在开始指这样的作品:成功地挑战和再改变各领域中的思想,而不是表面上属于这些领域,因为它们对语言或心灵或历史或文化的分析,为意义提供了新的和有说服力的说明。(Culler 1988:15)

"理论"或批评理论是反哲学的,这似乎非常古怪,因为在某种意义上它不是反理论的,而是被它的某些倡导者提出来,作为一种将哲学边缘化的新的主要科目:"我认为在英国和美国,哲学在其首要的文化功能上——作为青年人自我描述自身与过去的差异的一种源泉——已经被文学批评代替了。"(Rorty 1980:168 n6)按其他的说法,"理论"至少变成了一种书写类型,它更有启发性地处理与哲学"同样的"问题(de Man 1986:8)。然而,也有人发现,在批评理论内部对理性论证的怀疑,与在阿诺德那里发现的观点并没有什么两样。这种怀疑发生在两个不同的水平上。第一,作为一种新的书写类型,批评理论是超学科的,并因此可以不符合论证的学科规范:

> 作为这种"理论"类型的例子,这些作品超越了它们通常在其中被评价并且有助于确认它们对知识做出的切实贡献的学科框架。换句话说,辨别这种类型的成员的东西,不是它们在一个学科的限定因素中起示范作用的能力,而是起挑战学科边界的重新描述作用的能力……尽管它们或许依赖常见的证明和论证技巧,但它们的力量

来源——这就是把它们归入我正在确认的类型的东西——不是某门特殊学科的公认程序,而是它们的重新描述的有说服力的新异性。(Culler 1983:8)

第二,由后结构主义和解构主义构成的批评理论的后一阶段,也包含了某种反理性主义的形式,这种反理性主义的结果就是把所有论证形式仅仅解释为不(因为它们不能)符合任何规范性标准的修辞形式。正确性的观念被说服力的观念吞噬了。同时,批评理论也受到带有强烈政治色彩的伦理冲动的支配。特里·伊格尔顿说:"文学理论,就我们熟悉的形式来说,是20世纪60年代社会和政治骚乱的产物。"(Eagleton 1984:88)"理论"的这种特征,即旨在破坏理性论证和真理观念,结果也去除了所有道德、社会以及审美的价值基础,它是受一种自由的意识形态驱使的,并且有一个政治的目的。它主张,道德、社会和审美价值的观念,同真理和个人同一性的观念一样,服务于表达这种"声音":基于与目前社会或文化秩序的价值基础不同的价值提出政治议程。揭露这种秩序依赖的价值在理性或自然中并无根据,就剥夺了这种秩序的合法性,为挑战这种秩序包含的观念打开了缺口。因此,对批评理论来说,道德使命也促成了其理论立场。

11.1.4 重新聚焦文学的哲学路径

文学哲学必须与批评传统的这两个主导特征相抗争:一种是与无利害的哲学探究无关的非哲学实践,一种是以提供道德价值的方式来建立文学的文化合法性的首要关注点。从哲学视角来看,这不是份容易对付的遗产,很大程度上是因为它两千多年来一直规定着有关文学的理论反思框架。即使在今天,这份遗产仍然倾向于规定有关文学的哲学反思。但这份遗产是有害的,因为它导致有关文学的思考远离了一些显著的却很少得到注意的特征。

柏拉图注意到,文学(或者被广义理解的"诗歌")的核心特征之一,就是旨在使人愉快。文学令人愉快和给人欢乐,这在不同文化和不同时期都一直是一个被普遍接受的经验,而且在19世纪开始之前每个批评家都认识到了这一点。使人愉快被认为是文学的一个典型特征。约翰逊说道:"写作的目的是教导,诗的目的是通过愉悦给人以教导。"(Johnson 1969 II, 280-282)如果有一个针对文学的哲学研究传统,那么这种经验的构造、本性和性质就很可能成为它的主要对象之一。然而,由于缺乏这样一个传统,由于首要关注点集中在文学的道德价值上,所以构成这种明显有价值而非工具性的经验的理解模式,其潜在逻辑在很大程度上便被遗忘而未得到探索。如果在文学哲学里,提出了文学作品如何被理解的问题,那么用于提问的词汇和用来作答的概念框架,就明显会阻止任何对这样一种价值-经验的提及。

有关文学如何被理解的问题,有两个不同但相关的框架一直被用于问题的表述,并为作答提供语汇。当解释学不再只是 1817 年开始由施莱尔马赫解释《圣经》和经典文本的实践方法(Schleiermacher 1998:5),而是发展成为一般的理解(understanding)理论时,文学便被包括在使理解和解释(interpretation)成为中心概念的领会(apprehension)的范例之下了。此外,还假定尽管不同的文本类型可能需要不同的解释学方法,但在这些差异之间有一种潜在的统一性。领会文学作品包括了同理解法律文件、宗教文本、历史叙述等一样的认识过程。实际上,在狄尔泰(Dilthey)那里,"理解"的观念变成了一个关键概念,指明了所有他称为"体验"(Erlebnis)

或者"活的经验"的表达(Ausdrück)形式是如何被领会的,由此,这个关键概念可以概括出一种方式的特征,"人文研究"(Geisteswissenschaften)依据这种方式能够产生关于它们的研究对象的知识(Dilthey 1992:102)。

用来表述和回答文学作品如何被理解的问题的第二个框架,是语言学/语义学的框架,它突出了语词或句子意义的概念。文学作品被设想为首先是具有意义的语言学事实,理解文学艺术作品,从根本上是一件重建作品意义的事情。这种语言学/语义学的视角支配了从新批评经结构主义到后结构主义的所有20世纪的批评形式。

这两个框架都不能整合到对文学作品的明显有价值的而非工具性的经验的理解之中,这种经验在传统上是用"快感"这个词来指称的。这两个框架都继续依据道德上(政治上或社会上)的有益洞见来捍卫文学,但是对这些洞见的揭示,对文学作品的理解来说被认为是外在的。这两个框架都没接受解释文学的独特快感的挑战,这种快感不是作为额外的心理学收获,而是作为内在于文学要求的恰当理解模式的某种东西。

为了对这些框架不能适应之物有一个大致的概念,看看《普通读者》(*The Common Reader*)上弗吉尼亚·伍尔夫(Virginia Woolf)一篇题为"阅读"(Reading)的短文中的一段话,或许有些帮助。在那里她力图表达一种将自己沉浸于想象性文学的经验。她不是用抽象词语给出一个分析,而是试图传达这种经验的内容和意义。她所提及的作品——伊丽莎白时代的游记文学——并不是典型的以诗歌或者小说为式样的"文学",但是它们对读者提出了某些要求,这些要求也是典型的文学作品所提出的,它们构成了读者经验的一个重要方面。她说:

> 想起伊丽莎白时代的宏大景象,我们的不安就会得到抚慰;语句的自然流淌和降临让我们平静地睡去,或者让我们骑在高大平缓的马背上穿过碧绿的草原。这是炎热夏季里最令人陶醉的氛围。他们谈论着他们的商品,而在那里你看到了这些商品;它们在批量、颜色与品种上比轮船运来并堆积在码头上的商品看上去更为具体、更为清楚;他们谈论着水果;那些红的黄的圆球似的东西一个个挂在原生的果树上无人摘取;他们的视野里就是这样的土地;清晨的薄雾刚刚升起,花儿也自由地开谢。青草上面第一次出现一长串白色的足迹。对于那些刚发现的小镇来说,这同样也是第一次。因此,在你读这厚厚的书页的过程中,随意翻阅,想睡就睡,一种幻想产生了,你觉得小河摆脱了两岸的束缚,林间的空地向人们敞开,白色的城堡显现了出来,金色的屋顶和象牙尖塔也出现了。这的确是一种氛围,不只是柔软的和优美的,也是富足的,许多人都能够在单纯的阅读中捕捉到它。
>
> 因此,如果我最后合上书本,那只是我的心灵满足了,而不是书本蕴藏的财富耗尽了。此外,伴随着阅读和停止阅读产生的东西,经过几个步骤以后停下再去回看那个场景,那同一个场景也会褪色,这个发黄的书页几乎暗淡得看不清文字。(Woolf 1966:21-22)

这种经验是一种享受的经验,只有当它变得晦暗不清人们才会停止阅读。人们迷失在他们所读的作品里。这也是一种高清晰度的经验。高清晰度是从摄影或电视技术中借来的一个词,也可被称为**高分辨率**。但是,这样一种经验并不仅仅是发生。它要求读者去感知作品通过语言、结构和场景(如果有的话)的运用表现出的特性和细微差异。阅读是一个行动;需要训练读者自身的能力,阅读才能成功。对于想象性文学的阅读行动来说,读者最需要的能力是想象力、辨别力和感受力。在阅读作品时,这些能力的训练**构成**了欣赏。弗吉尼亚·伍尔夫对伊丽莎白时代的游记文学的欣赏,是通过她对这些作品的所说和如何说的感知来显现的。她的论"阅读"的文章正是围绕这种感知来写的。

弗吉尼亚·伍尔夫力图传达给我们的这种经验,对想象性文学在我们文化中的功能和地位来说是十分重要的。从欣赏引发的对文学的热爱,一直是文学传统和文学文化的发展和维护的一个中心力量。对文学的这种热爱,在《华氏451度》(*Frahrenbeit* 451)中得到了感人的表现,喜爱想象性文学的人们在一个书籍狂热的社会里结成了他们自己的流浪者团体,通过背诵作品并采用作品的标题作为他们未来的名字,他们每人都**变成**了一部文学作品。

11.2 未来之路

11.2.1 文学欣赏的框架

在描述如何理解文学作品时,一个合格的概念框架必须能够适合表达这种欣赏经验。而"意义""理解"以及"阐释"等这些概念非常狭窄,不足以构建这样的框架。那么如果将对文学的热爱和文学提供的快感经验恢复到中心地位,这样一种文学哲学又会是什么样子呢?为了避免退回到感伤主义或含糊不清的陈词滥调,需要有一门合格的理论在相当严格的限制下发挥作用。需要有一门强健的文学美学,既能利用美学学科一定能够提供的一切,又能把握一个对文学传统来说真实有效的文学概念。

11.2.1.1 理论上的限制

以下这些限制是至关重要的。

1. 这一理论不应该完全去除从批评词汇而来的**意义**或**解释**的概念,因为对任何批评实践来说,没有这些术语,都将会是非常贫乏的。关键是在不让它主导批评实践的目标的情况下,合并对意义的寻求。

2. 这一理论不应该去除传统上一直同文学相联系的**认识价值**,而是为其找到适当的语境,并对其特征做出适当概括。

3. 这一理论不应该是狭隘的**快乐主义**。曾有人试图用纯粹的"感观的"词汇来解释阅读的快感,或者甚至将其解释成"肉欲的"。现代著名的代表人物就有罗兰·巴特(Roland Barthes 1976),他在描述阅读样式上区别使用了"**愉快**"(plaisir)和"**享乐**"(jouissance),另一位是苏珊·桑塔格(Susan Sontag 1994),她主张"我们需要用艺术的肉欲来代替解释"(Sontag 1994:23)。这两种观念都很好玩也具有煽动性,但都不能作为一种**哲学**理论的基础。

4. 这一理论也不是突出"诗之迷人"特征的**形式主义**或**还原论**。它不应将文学感受的综合本性还原成文学快感的任一方面，如诗歌意象或情节结构或角色发展等。

5. 这一理论应提供一种语境，其中**文学价值**被整合成恰当的文学和文学感受的概念，而不只是阅读过程的结果。

6. 这一理论应纳入所有的文学形式——抒情诗、叙事诗、戏剧、长篇小说、短篇小说——不给任何一方以优先权（应避免像新批评对诗歌、结构主义对叙事那样的偏爱）。

突出这些限制的目的——下面将会一般地讲到何以每条限制都能被满足——是强调一个将文学欣赏放在文学美学的中心位置的合适框架，并不需要抛弃许多传统上的批评关注点，也不需要导向一个逐渐缩小的焦点。相反，将**欣赏**放在中心位置，不是消除而是**重新聚焦**于文学批评中的意义、阐释、认识、真理、形式、价值等主要理论概念。

11.2.1.2 "欣赏"的观念

有关"欣赏"需要做一些初步的工作。这个词用法多样且经常含糊不清，它通用于所有的艺术包括文学。把它专用作文学美学的中心概念时，保持意义的宽广性（即使明显地受到限制）是非常重要的。它的宽广在于它涵盖了对作品的文学感受的所有方面；它受到限制在于它只涵盖**文学**反应，把一个作品作为文学的那些反应。在这种用法中，必然意味着文学**作为文学**的经验是独特的，不可还原成其他语言产品的反应，或者仅仅是其他语言产品的反应的一个实例，无论它们是哲学著作、谈话，还是一次性发言。这一点后面还要提到。欣赏包括了对文学作品的独特的文学（或审美）特征的认识以及愉快经验。这是一种积极的反应样式，受到习俗的期望和程序的压制，呼唤着感知、识别和判断。它是一种习得的反应，需要训练，而且具有标准；有从事这种欣赏的正确方式。有一点要注意，不是文学阅读引发的所有快感——无论如何正当或合法——都应被描述成一种文学快感或指向文学性质的快感。苏珊·菲金提供了一个关于文学欣赏的说明，它在根本上是以情绪反应和情感为基础的（Feagin 1996）。即使她将阐释、反思、后反思等因素纳入欣赏的组成部分，但这一点是很明显的：她只是狭隘地关注情感，仅仅注重对角色和事件的局部反应，并没有为解释全面的（涵盖整个作品的）价值判断提供一个框架，也不能够解释作品中统一与和谐的快感（Lamarque 2000）。

11.2.2 意义的角色

发展基于欣赏的文学哲学的第一个限制，涉及意义的作用。在分析美学中（远离解释学和结构主义传统），没有哪个主题会比文学的意义和解释吸引更多的注意力了。原因很明显，因为意义理论在分析哲学中具有中心地位。然而，有问题的是，语言哲学向文学哲学的输入有着严重的歪曲。在指出这些歪曲之前，必须首先毫不含糊地承认一个明确的前提，也就是说，各种各样的文学作品，本质上是语言性的（在这点上它们不同于绘画、雕刻或音乐等艺术形式）。很明显，欣赏文学作品的一个必要条件，就是掌握它的组成词语和句子的意义。这一前提条件的潜在困难也不应被忽视，因为"解释"——"上下文意义"（词语来自 Beardsley 1981：130ff）的确定——面临着所有的意义指派的一般问题，此外还附带有与"解释学循环"相关的问题，即整体对部分的影响和部分对整体的影响。很明显，在阐述的层次上，**意义**是核心的，并且如果意义的哲学理论有一个位置的话,那么在这里它会得到最自然的应用。然而,同样清楚的是,上下文意义的阐述对文学欣赏来说并不是全部。它不是欣赏的目标,至多只是解释程序的一个阶段。

很多文学的分析哲学家所犯的错误,是将对全面的文学解释的**阐述**的方法和(实际上是)问题做普遍的推广,并且含蓄地把意义置入文学欣赏的中心。这个错误在最近很多方面的争论中都非常明显。一是把**意图**问题提升到文学哲学中最高优先权的地位。在文学批评中确定作者意图有多重要以及是否包含着"意图的谬误",关于这个问题半个世纪以来争论不休(见论文集 Newton-de-Molina 1976;Iseminger 1992)。但哲学家中有一个宝贵的倾向,在过去的大约二十年里一直用从文学批评之外借鉴来的词汇来进行这个争论。譬如有这样几个代表性例子,卡罗尔通过诉诸**谈话**的模式捍卫一种意图主义的说法(见他的论文,Isemiger 1992),罗伯特·斯特克(Robert Stecker)运用了"表达意义"的言语行为概念(Stecker 1997:ch. 9)。这两种说法可能会有所不同,但都是还原论的,都不能抓住文学的特点(Lamarque 2001)。如果有关意图的争论把自己限制在文学批评的意义(也就是阐述)的适当范围内,那么它可能还具有一点正当性。但是,这一点也很清楚,即句子层面上的上下文意义与应用于整个作品的解释之间的区别,很少有人注意到。

正是在这里,有了第二个歪曲:"作品的意义"这种说法的非批评用法。它明显不同于"《傲慢与偏见》的意义"这个短语被赋予的意思(如果有的话),或者"《麦克白》意味着……"这个句子可能被如何完成,这些说法好像识别或可以识别某种确定的实体一样(见"Text and Meaning" and "The 'Meaning' of a Literary Work" in Olsen 1987)。但是这样一个通常的假设更有问题,即把整个作品可能具有的意义等同于单个句子具有的意义(这个假设在斯特克[Stecker 1997]那里很清楚,他把"表达意义"[utterance meaning]共用于两者)。把文学作品看作一个复杂的句子或"言辞表达"(utterance),要么需要根据语义的词汇来解释,要么需要根据言说者的意图来解释,这就抹杀了这个事实,即文学作品符合它们自身的通常目的(Olsen 1978),并且不能还原为言谈的交流模式(Lamarque 2001)。把文学作为一个整体解释,恰恰不是恢复它的语义学内容或理解它的组成句子,而是去欣赏它的审美上的相关特征是如何"纠缠在一起的",从文学立场上看它有什么兴味或价值,为什么最切近的注意才会有回报等。这里我们看到了重视欣赏带给解释的一种重新关注。当然,这里也包含意义因素——我们很容易认为对词语和句子意义的把握是欣赏的前提条件——但是愉快涉及要对作品采取文学兴味,要求比关注语言的意义更多的东西。

11.2.3　认识价值及真理论争

从一般的美学中抽出的词汇如和谐、统一、审美特征、审美价值等,对于解释独特的文学反应来说,比那些从语言哲学中抽出的词汇更为有用。让人烦恼的是要面对文学中的认识价值这个复杂的问题。对欣赏的强调并不否定文学批评中的认识性要素——在对文学的反应中的起**启迪**作用(适当地提炼)的观念——但要求对它一种恰当的表达,既能公正地对待批评传统,又能在包括科学和哲学在内的各种认识性文章中保持文学的自律性。

很明显,读者对文学的兴趣,在某种程度上就是对作品所"关于"(about)的东西的兴趣,可以认为,一种特别的"相关性"(aboutness)——不是单纯的指称,而是主题内容——最能够涵盖欣赏的认识方面(Lamarque and Olsen 1994:ch. 16)。主题赋予作品统一性,文学欣赏的一个功能就是通过对作品的主旨的关注来抽出主题。回顾较早的关于意义的观点,主题内容并不是语义学的内容,某人完全从语义学内容上赞赏作品,可能仍旧不能欣赏从文学角度它"关于"些什么。保持具有一种普遍的或"永恒的"本性的主题,是作品具有持久兴味的标志(Lamarque and Olsen 1994:ch. 16)。也许这正是亚里士多德捍卫诗歌的核心。

就描述文学的认识因素来说,诉诸主题内容或"远见"比之轻率地召唤"诗的真理",提供了一个更有前途的焦点。"真理"的麻烦在于,它负载着从科学或哲学精神而来的沉重含义——证实、证据、论证、争论、反驳、调查实践——所有这些都不太合适算作适当的与诗有关的价值。对文学祈求真理,一开始就错了,将想要的真理与熟悉的真理拉得更远(见 Hospers 1946;Falck 1989)。但是主题内容对作品来说仍是必不可少的,这是因为不仅在一般说明的情况下,很多作品可能会涉及责任与愿望、公共与私人道德、自豪与偏见等,而且这些主题会以独特的方式从角色和事件或形象与象征中生发出来。那些几个世纪以来力图依据它的道德真理来捍卫文学的文化合法性的人们,可能一直比较好地关注了叙述意义上的道德内容。很多经久不衰的有关文学的主题都具有一种道德本性,并且文学的很大部分兴味来自它扩展了道德内容。但那些单纯寻求道德真理的人歪曲了文学作品能够做出的独特贡献,对照哲学或神学标准来判断文学,更是完全忽略了文学特有的与众不同的东西。从主题方面用道德词汇描述一个作品是"关于"什么与从作品中得出(并找到依据)道德原则,是两种全然不同的事情(Lamarque 1996:ch. 8)。

文学提供的快感的一个关键特征是它对想象提出的一个要求。通过想象性地重构作品的内容,读者开始领会作品所具有的价值或兴味。文学长久以来同想象连在一起,不只作为想象的产物,还是想象的激发物(关于后者,见 Walton 1990)。即便是文学的认识益处的最热烈的捍卫者,都可能把想象同真理看得一样重。例如,雪莱有一个著名的描述,认为诗歌是"世界的未被承认的立法者",他赞扬诗歌不仅因为它的真理,还因为它"通过给它不断补充具有新乐趣的思想来扩大想象的范围"的方式(引自 *A Defence of Poetry* [1821],in Seldon 1988:484)。艾里斯·默多克(Iris Murdoch)并不讨厌使用真理这个习语,他极度地强调与文学相关的"追求真理的自由的创造性想象"(Murdoch 1993:321)。文学欣赏在某种程度上是一种想象力的锻炼,这是很关键的。只有通过想象,读者才能抓住围绕核心主题的作品各要素的相关性。这正是文学的快感所在,也是通过反思普遍的主题而起的教化作用所在。那些维护贺拉斯的"实用"(utile)与"优美"(dulce)相统一的人,可努力劝其从这里开始。

11.2.4 欣赏和形式主义

人们经常会认为,关注文学尤其是诗歌的快感,主要是关注其形式特征,如好的文笔、有力的意象、流畅的叙述以及结构严谨的情节等。独特的文学特性,逐渐被认为是形式特性——语言、结构、文体或修辞的特性。部分原因源于这样一个流行的观念:诗歌之所以独特,恰恰在于它的语言的运用,它的"诗的装备",如押韵、节奏、意象或象征等。这个观念背后存在一个文学之为"纯文学"的一般性分类。不过,在20世纪批评领域盛行的形式主义中,的确也存在理论上的尴尬。20世纪前期俄国和捷克的形式主义,力图通过诸如"符号的可感性"(Jan Mukarovsky)或"置于前景"(Roman Jakobson)等语言功能来确认"文学性"。在英美新批评中,文学的独特性质在于"矛盾"(Cleanth Brooks)或"模糊"(William Empson),同样是些语言的形式属性。第二次世界大战后,结构主义把形式主义导向对叙事的研究,例如,确定叙事的**隐喻**和**换喻**形态(Lodge 1977),或者区分作者文本与读者文本(Barthes 1975)。

对于一种合适的文学欣赏理论来说,这种形式主义几乎没什么用处。形式属性,包括上面列举的那些形式属性,不同程度地出现在各种文本之中,因此它们本身并不能标明文学中有价值的东西。更确切地说,文本的形式特征,并不是**内在地**具有文学的兴味或价值。真正有关系的是作品的整体观念中归于形式特征的审美功能。审美的(因而是文学的)特征仅**出现**在一种文学阅读的背景之中。在其他背景下它是无生命的,只是一种形式上的文本属性。如果在一个哲学文本中找出了七种模糊的意思,这将是一种文本上的缺陷,是一件麻烦的事情,或是一个须克服的问题。仅仅就对有价值的目标(如探索意义的深度或表现一种复杂的感情)有所帮助来说,暧昧才成为诗歌的一种价值。

其他阅读快感的观念较少注重形式特征,而是关注角色的处理。以下是乔治·亨利·刘易斯(George Henry Lewes)在他早期的评论文章里(1847)赞美夏洛蒂·勃朗特(Charlotte Bronte)《简·爱》(*Jane Eyre*)的一段话:

> 我们对一个小说家的所有要求她差不多都具备:对角色的洞察力和描述它的能力;生动性;激情;以及对生活的知识。故事并不仅有单一的兴味,自然地展开,直至最后都不松懈,而且它紧紧地抓住你的注意力,从不离你而去。书本合上了,魅力犹在。随着情节的开展及女主角从困境中的最终解脱,你的兴趣仍然不止。你又回想她所出现的各个场景;你思虑重重,沉思着刚刚在你面前展开的生命中的几个事件,受到它们的感染就好像它们在利用一个悲痛的生活进行严格的教导一样,而不仅仅是作者才艺的巧妙手法。(Lewes 1847:690)

这里描述的经验对文学读者来说可能是熟悉的并很看重的,但它可能只是一个完整的文学欣赏行为的一部分。再说,角色的发展就如文本的形式特征一样,只有在它有助于作品的整体完成的情况下,它才具有文学的或审美的兴味。小说或戏剧中刻画的完美的或令人难忘的角色,如果最终游离于和不能相协于其他元素,它就不是那么完善。在这一点上,存在着文学叙事与传记或历史的区别。在传记中,我们并不要求小角色——只是暂时抓住我们兴趣的人——符合一致的风格或者有助于整体的审美效果。然而,文学阅读的快感(部分地)是对关系性的审美快感,在其中,欣赏指向一个整体的完成,指向一个手法与目标和谐一致的想象性景象。这根本不是枯燥的形式主义,也不是还原为赋予任何特殊方面以优先权,无论它是"文学语言"、角色发展,还是道德价值。

11.2.5 文学价值

在以上概述中,价值也是一个重要的组成部分。将文学同一种独特的欣赏联系在一起就已经把它同一种独特的价值联系在一起了。被欣赏的正是作品要表明的价值。注意,它同**理解**很不同,因为理解某物而不赋予它价值,这是有可能的。20世纪盛行的形式主义清楚地显示了它鼓励一种无涉价值的批评(如果那不是一个语法错误的话),在这里,纯描述代替了判断。但是文学不可能跟价值隔绝,因为将文学归为文学就已经服从了一种价值期待,服从了一个假设(当然是可以废除的),即作品能提供文学魅力——它有可以发现的兴味和可以获得的愉快。

对文学价值的任何适当的说明,将会涉及一种关于文学区别于其他话语的看法。那些否认文学价值或者将文学价值相对化的人,是最可能否认文学的特殊性的,这是后结构主义的普遍立场(见 Hernstein Smith 1988)。所有的文本都是无区别的,所有的价值都是工具性的,按照这种观点,附着于文学自身的价值便消失了。但是按照那些力图寻求文学的定义性属性的理论,文学价值的标准是同这些定义性属性联系在一起的。例如,以意义为基础的说法,将提升**意义的复杂性**的价值。具有隐秘的或多重意义的作品,或者要求复杂的解释过程的作品,比那些意义相对浅显易懂的作品,具有更高的价值(至少获得更多的注意力)。因此,新批评喜欢诗而不是故事,喜欢多恩或 T. S. 艾略特的诗而不是雪莱或鲁佩特·布鲁克(Rupert Brooke)的诗。将道德真理作为文学的目标放在首位的批评家如利维斯,提倡这样一个"伟大传统",将乔治·艾略特和亨利·詹姆斯提升到劳伦斯·斯特恩(Laurence Sterne)和托马斯·哈代(Thomas Hardy)之上(Leavis 1960)。

抛开特殊的文学判断,很明显,根据欣赏而对阅读进行的说明,会突出被这种领会模式所寻求的价值。估价就是欣赏,这是一个公认的真理;就像使文学有价值的东西就是使某种东西成为文学的首要的东西(假定了"文学"概念的可估量性本性)是一个公认的真理一样。但是,侧重欣赏和侧重对作品**作为文学**作品的关注,决不意味着抛弃价值,它只是不同于那些突出文学语言和道德真理的理论。价值居于文学所能提供的快感经验之中,快感经验反过来又依赖文学所展示的(并非形式主义地界定的)审美性质。

对于将文学价值与文学快感等同起来的一种反对意见是,"令人愉快的"作品可能比那些费劲的、有异议的或悲剧性的作品具有更高的价值。的确,根据一种强调"令人愉快的经验"的说法,通常被认为是杰出文学的顶峰的悲剧怎么能够具有价值呢?实际上,有关"悲剧的快感"的真正本性有一个旷日持久的争论(见 Hume 1993; Feagin 1983; Nuttall 1996),不过,很少有人会否认悲剧性戏剧能提供一种快感,快感的确是跟审美性质和文学表现联系在一起的,这也是共识。这种反对意见错误地把文学快感与单纯的感官形式的快乐联系在一起了。实际上,像喜剧、轻喜剧、幽默诗这样的作品,竭尽所能地通过欢笑和戏谑缓解精神,从文学欣赏的角度讲,它们通常被认为没有那些更富有沉思性的甚至灰色调的作品有价值。在欣赏理论中,这也是公认的。

11.2.6　文学的多样性与文学实践

从抒情短诗到三部曲长篇小说,从谐趣诗到伟大的悲剧,文学作品呈现的多样化形态对于界定文学的尝试来说通常是一个障碍。任何侧重局部的形式特征——语言、结构或修辞——的本质主义者,似乎随时都可能遇到反例。同样,我们也可以这样认为,文学提供的快感本身也是如此多样,以至于不能产生一个跨越所有文学类型和实例的实质性的一般法则。

减少文学作品的种类,不算是对文学欣赏的哲学分析。但是正如道德哲学家无须否认人类行为和个性的无限多样性,也能思考道德选择,或者思考比方说道德理性与算计理性之间的差异一样,哲学家对文学的独特性和文学欣赏的逻辑的探索,也不需要错误地假定文学作品之间的各种同质性。从读小说、看戏剧或欣赏抒情诗中引起的期待和获得的报偿,应该在一些重要方面有根本性的不同,但这并不影响这个前提:就引起**文学的注意力**来说,这三种文学形式产生的经验,应该平等地具有某些共同的重要方面。在这种情况下,不同文学类型之间的有关区别,要少于不同种类的阅读实践及不同种类的趣味之间的区别。采取一种文本论的**文学观**,就是不论文本属于什么文学类型,都要遵循一个本质规定比较宽泛的惯例(Lamarque and Olsen 1994;Lamarque 1996)。文学欣赏的训练,按理查德·罗蒂的说法,同哲学、社会科学或心理学的训练是有区别的;按教育部门认可的标准,与这些话语模式相关的实践也是不同的。

文学教育是关于如何阅读和欣赏文学作品的教育。它不应假定,文学之为文学的欣赏是天生的或自然的能力,对它来说,训练是不必要的,对任何艺术形式的欣赏仅仅靠的是直觉。对文学的欣赏——在文学批评中设为形式化表达的情况下——也不能还原为在其他实践中也能发现的理解或解释的模式。文学教育就是引导人们进入文学自身的实践,在这方面已经有些技巧的人要学习如何养成一种特有的辨别力,以及如何加强对传统上寻求的那种价值的经验。对于欣赏来说,获取一些批评的词汇是不够的,很明显也是不必要的;批评概念的运用顶多只是一个通向欣赏的工具,而并不是欣赏的标志。那些具有文学知识和文学敏感的人们,从他们阅读的作品中寻求一种特别的快感;这种快感要求更深层的阅读能力,它能识别出人意料的审美性质,而这种性质容易被那些偏重语言或一门心思寻找道德启迪的人所忽视;这种快感在于作品中的和谐一致,即主题内容与题材和意象的塑造方式上的和谐一致;这种快感不是工具性的或功利性的,而是一种完全出于自身目的的文学快感。

[注　释]

1　论述文学的论文《论崇高》,约残存三分之二,中世纪传统上认为系"狄奥尼索斯·朗吉弩斯"或"狄奥尼索斯或朗吉弩斯"所作。到了19世纪初,它一般被认为是3世纪的雄辩家卡修斯·朗吉弩斯所作。然而从内部证据来看,尤其是有关演讲术的衰退那一章(44),得要上溯到更早时期——公元1世纪的某个时候。无论如何,这篇文章总能够叫作朗吉弩斯的《论崇高》。

参考书目

Abrams, M. H. (1953). *The Mirror and the Lamp: Romantic Theory and the Critical Tradition*. New York: Oxford University Press.

Arnold, Matthew (1962). "The Function of Criticism at the Present Time." In R. H. Super (ed.), *The Complete Prose Works of Matthew Arnold. Vol. Ⅲ: Lectures and Essays in Criticism*. Ann Arbor: University of Michigan Press: 258-285.

——(1973). "Wordsworth" and "The Study of Poetry." In R. H. Super (ed.), *The Complete Prose Works of Matthew Arnold. Vol. Ⅸ: English Literature and Irish Politics*. Ann Arbor: University of Michigan Press: 36-55, 161-188.

Baldick, Chris (1983). *The Social Mission of English Criticism 1848-1932*. Oxford: Clarendon Press.

Barthes, R. (1975). S/Z, trans. R. Miller. London: Cape. (Originally work pub. As *Le Plaisir du Texte*. Paris: Seuil, 1975.)

Beardsley, Monroe C. (1981). *Aesthetics: Problems in the Philosophy of Criticism*. 2nd edn. Indianapolis: Hackett.

Collini, Stefan (1991). *Public Moralists: Political Thought and Intellectual Life in Britain 1850-1930*. Oxford: Oxford University Press.

Culler, J. (1983). *On Deconstruction: Theory and Criticism after Structuralism*. London: Routledge and Kegan Paul.

——(1988). "Literary Criticism and the American University." in *Framing the Sign: Criticism and Its Institutions*. Oxford: Blackwell: 3-40.

de Man, Paul (1986). "The Resistance to Theory." In *The Resistance to Theory*. Manchester: Manchester University Press: 3-40.

Dilthey, Wilhelm (1992). "The Rise of Hermeneutics." In Gayle L. Ormiston and Alan D. Schrift(eds), *The Hermeneutic Tradition: From Ast to Ricoeur*. Albany, NY: State University of New York Press: 101-114. (Originally pub. as "Die Enstehung der Hemeneutik," *Gesammelte Schriften*, Vol. Ⅴ. Stuttgart: B. G. Teubner; Göttingen: Vandenhoeck and Ruprecht, 1964: 317-331.)

Dryden, John (1970). "Of Dramatic Poesy: An Essay." In James Kinsley and George Parfit (eds), *John Dryden: Selected Criticism*. Oxford: Oxford University Press: 16-76. (Originally pub. 1668.)

Eagleton, Terry (1984). *The Function of Criticism: From the Spectator to Post-Structuralism*. London: Verso.

Eliot, George (1963). "The Natural History of German Life." In Thomas Pinney(ed.), *The Essays of George Eliot*. New York: Columbia University Press: 266-299. (Originally pub. 1856.)

Falck, C. (1989). *Myth, Truth and Literature*. Cambridge: Cambridge University Press.

Feagin, Susan L. (1983). "The Pleasures of Tragedy." *American Philosophical Quarterly*, 20: 95-104.

——(1996). *Reading with Feeling: The Aesthetics of Appreciation*. Ithaca, NY: Cornell University Press.

Herrnstein Smith, Barbara (1988). *Contingencies of Value: Alternative Perspectives for Critical Theory*. Cambridge, MA: Harvard University Press.

Hospers, John (1946). *Meaning and Truth in the Arts*. Chapel Hill, NC: University of North Carolina Press.

Hume, David (1993). "Of Tragedy." In Stephen Copley and Andrew Edgar (eds), *Selected Essays*. Oxford: Oxford University Press: 126-132.

Iseminger, G., ed. (1992). *Intention and Interpretation*. Philadelphia: Temple University Press.

Johnson, Samuel (1969). *Preface to Shakespeare's Plays*. London: Scholar Press.

Kennedy, George A. (1993). "Christianity and Criticism." In George A. Kennedy (ed.), *The Cambridge History of Literary Criticism. Vol. I: Classical Criticism*. Cambridge: Cambridge University Press: 300-346.

Lamarque, P. V. (1996). *Fictional Points of View*. Ithaca, NY: Cornell University Press.

——(2000). Review of Susan L. Feagin, *Reading With Feeling*. *Mind*, 109: 145-149.

——(2001). "Appreciation and Literary Interpretation." In M. Krausz (ed.), *Is There a Single Right Interpretation?* University Park, PA: Penn State University Press: 285-306.

Lamarque, P. V. and Olsen, S. H. (1994). *Truth, Fiction, and Literature: A Philosophical Perspective*. Oxford: Clarendon Press.

Leavis, F. R. (1960). *The Great Tradition*. London: Chatto & Windus.

——(1975). *The Living Principle: "English" as a Discipline of Thought*. London: Chatto & Windus.

Lewes, George Henry (1847). Review of Charlotte Bronte, *Jane Eyre*. *Fraser's Magazine*, December. (Extract reprinted in Charlotte Bronte, *Jane Eyre*, ed. Richard J. Dunn. New York: Norton 1971: 447.)

Lodge, D. (1977). *The Modes of Modern Writing: Metaphor, Metonymy, and the Typology of Modern Literature*. London: Edward Arnold.

Morley, John (1890). "On the Study of Literature." In John Morley, *Studies in Literature*. London: Macmillan: 189-228.

Murdoch, Iris (1993). *Metaphysics as a Guide to Morals*. Harmondsworth: Penguin.

Newton-de-Molina, D., ed. (1976). *On Literary Intention*. Edinburgh: Edinburgh University Press.

Nuttall, A. D. (1996). *Why Does Tragedy Give Pleasure?* Oxford: Oxford University Press.

Olsen, S. H. (1978). *The Structure of Literary Understanding*. Cambridge: Cambridge University Press.

——(1987). *The End of Literary Theory*. Cambridge: Cambridge University Press.

Plato (1953). *Republic*. In *The Dialogues of Plato*, trans. Benjamin Jowett. Vol. II. 4th edn. Oxford: Oxford University Press.

Rorty, R. (1980). *Philosophy and the Mirror of Nature*. Oxford: Blackwell.

——(1982). "Professionalized Philosophy and Transcendentalist Culture." In *Consequences of Pragmatism: Essays: 1972–1980*. Brighton: Harvester: 60–71.

Russell, D. A. and Winterbottom, M., eds (1972). *Ancient Literary Criticism: The Principal Texts in New Translations*. Oxford: Oxford University Press.

Schleiermacher, Friedrich (1998). *Hermeneutics and Criticism: And Other Writings*, ed. and trans. Andrew Bowie. Cambridge: Cambridge University Press.

Seldon, R., ed. (1988). *The Theory of Criticism: From Plato to the Present*. London and New York: Longman.

Sidney, Sir Philip (1973). *A Defence of Poetry*. In Katherine Duncan-Jones and Jan van Dorsten(eds), *Miscellaneous Prose of Sir Philip Sidney*. Oxford: Clarendon Press: 73–121.

Sontag, S. (1994). "Against Interpretation." In *Against Interpretation*. London: Vintage: 3–14.

Stecker, R. (1997). *Artworks: Definition, Meaning, Value*. University Park, PA: Penn State University Press.

Walton, Kendall (1990). *Mimesis as Make-Believe: On the Foundations of the Representational Arts*. Cambridge, MA: Harvard University Press.

Wellek, René (1955). *A History of Modern Criticism 1750–1950*. Vol. I: *The Later Eighteenth Century*. New Haven, CT: Yale University Press.

Woolf, Virginia (1966). "Reading." In *Collected Essays*. Vol. II. London: Hogarth Press: 12–33.

延伸阅读书目

Booth, Wayne (1992). *The Company We Keep: An Ethics of Fiction*. Berkeley: University of California Press.

Cavell, Stanley (1979). *The Claim of Reason: Wittgenstein, Skepticism, Morality, and Tragedy*. Oxford: Oxford University Press.

Danto, Arthur (1987). "Philosophy and/as/of Literature." In Anthony J. Cascardi (ed.), *Literature and the Question of Philosophy*. Baltimore: Johns Hopkins University Press: 1–23.

Eldridge, Richard (1989). *On Moral Personhood: Philosophy, Literature, Criticism, and Self-Understanding*. Chicago: Chicago University Press.

Griffiths, A. Phillips, ed. (1984). *Philosophy and Literature*. Royal Institute of Philosophy Lecture Series 16. Cambridge: Cambridge University Press.

Ingarden, Roman (1973). *The Literary Work of Art: An Investigation on the Borderlines of Ontology, Logic, and Theory of Literature*, trans. George G. Grabowicz. Evanston, IL: Northwestern University Press.

Lamarque, Peter (2000). "Literature." In B. Gaut and D. M. Lopes (eds), *The Routledge Companion to Aesthetics*. London: Routledge.

Levinson, Jerrold, ed. (1998). *Aesthetics and Ethics*. Cambridge: Cambridge University Press.

Livingston, Paisley (1990). *Literary Knowledge: Humanistic Enquiry and the Philosophy of Science*. Ithaca, NY: Cornell University Press.

New, Christopher (1999). *Philosophy of Literature: An Introduction*. London: Routledge.

Nussbaum, Martha (1990). *Love's Knowledge: Essays on Philosophy and Literature*. Oxford: Oxford University Press.

——(1995). *Poetic Justice: The Literary Imagination and Public Life*. Boston: Beacon Press.

Palmer, Frank (1992). *Literature and Moral Understanding*. Oxford: Clarendon Press.

Skilleas, Ole Martin (2001). *Philosophy and Literature: An Introduction*. Edinburgh: Edinburgh University Press.

第 12 章
视觉艺术哲学：感知绘画

约瑟夫·马戈利斯　著

张　颖　译

12.1

要广泛地说"视觉艺术"，人们可能会找来各种各样的艺术作品，比如建筑、环境景观、舞台装饰、服装、装饰品和其他设计形式。但是传统的用法仅仅挑出绘画和雕塑，这并不是对可能包括进来的其他艺术种类有什么偏见，只是当我们试图去为"视觉艺术"建立理论时，往往假定绘画和雕塑（其种类已经有太多变化以至于难以做出有用的概括）集中了我们头脑中的基本范例；也就是说，建筑或舞台装饰的加入，可能会带出一些考虑，而这些考虑大大不同于在谈论绘画和雕塑时作为特征的东西。当然情况并不总是这样，如我们拒绝把魏登（van der Weyden）的三联画《羔羊的热爱》(*The Adoration of the Lamb*)看作从圣巴夫（St Baaf）大教堂靠近祭坛的位置分离出来的绘画。人们经常认为架上绘画提供了可接受的范本，却并不拒绝米开朗琪罗的西斯廷教堂的天顶画、弗兰克·斯特拉（Frank Stella）的成形木版画、安塞姆·基弗（Anselm Kiefer）的多种媒介混合的悬挂画、沙特尔（Chartres）大教堂的窗户、施威特斯（Schwitters）的抽象拼贴画或梅普尔索普（Mapplethorpe）的照片。但是当我们认定"规范的"绘画是不错的选择时——可能比雕塑要好些——我们就要去正视这个突出的哲学问题："什么是绘画？"这就意味着通过这个问题去界定绘画的某种特殊的本体论特征，以及为什么我们关注一幅绘画作为绘画来"起作用"的独特方式；而"将绘画看作绘画的东西是什么？"意味着，通过它来详细说明，我们将一幅绘画看作绘画，在认识论上有什么特殊的条件，以及在将绘画理解为绘画的方面，这种看画的方式会得出什么。

一旦承认了这种概念的疏忽甚至偏颇，我们就会承认，与西方绘画（和雕塑）的现代传统不同，我们现在划到艺术或者美的艺术里的许多东西，比如中世纪教堂的"艺术"，并不能包括进来，除非在视觉图像（现代意义上的）取代神的视觉存在之前，通过对这种视觉作品中被珍视的东西进行变形(或者转换)(Belting 1994)。因此,分门别类的努力紧接着伴随一个对于处理视觉艺术本身来说是至关重要的东西的可变更的观念。例如,詹姆斯·厄尔金斯(James Elkins)写的一篇强有力的短文表明,反对给那些在西方我们倾向于视为视觉艺术的艺术以特权,并提醒我们注意那些非常不同的艺术实践和传统,它们包括非西方的视觉"艺术","流行"艺术,以及在今天最重要的科学、技术和传播"信息"的"非艺术"图像——它们提供了大部分视觉图像。人们想要把它们作为"非艺术"来漠视(即它们被简单地排除在西方的标准之外),这却并不能证明否定这种事实是正确的,即(厄尔金斯雄辩地主张)"视觉的表现性、表达力和复杂性,并不是或'高级'艺术或'低级'艺术的专有特性,并且……我们有理由将艺术史视作图像史的分支,而无论这些图像在名义上是存在于科学、艺术、书写、考古学还是其他什么学科之中"(1999:4)。

要点在于,虽然我们的两个问题几乎是不同的,但它们不可分割;因为,一般说来,在不涉及我们对世界的可感知特征的感知的情况下,绝不可能对它们做出详细说明;我们将这个客观世界所看作的样子,必须对于我们去识别这些特征的能力来说是合适的。实际上这是最高的课题,它被以不同的方法来解释,它被康德发展并被黑格尔深化(后者考虑到了知觉是被历史化的)。这个课题为所有可捍卫的和真正的有关知识和现实的现代理论提供了一个"不可或缺的条件"(conditio sine qua non)。此外,如果我们同意,知觉的范例是人们能实际说出其感知的东西,或者是从它们自己的角度出发,勉强承认其他生物感知的东西(纵使其他生物自身并不能说出这一事实),再者,如果知觉是负载着理论的,而且容易受到历史的变迁、不同的特点以及不同的习惯形式的影响,(更直截了当地说)如果艺术作品是被精心制作的人造物,对它们的知觉是被规范一致的(也是人为的),那么艺术作品或者它们的知觉所产生的、涉及视觉艺术整体的普遍规范或必要性就是可疑的了(无论怎样小心地定义视觉艺术)。如果是这样的话,无论哪些东西无可辩驳地被涵括在西方概念中的世界伟大艺术里,我们最好就突出其最核心的和最重要的特征。

例如,据说是布鲁内莱斯基(Brunelleschi)和阿尔伯蒂(Alberti)首先发现了线性透视图的灭点;也就是说,对于受过训练、将空间的二维再现看作具有三维意义的眼睛来说,总会出现某种视觉幻象。在这个意义上,布鲁内莱斯基开始系统地表明"普遍的"、所谓"自然的"透视法要素;如果这样的话,那么马萨乔(Masaccio)和马索里诺(Masolino)就是第一个将布鲁内莱斯基的规则以"视线等高构图"的形式应用于布朗萨奇(Brancacci)小教堂壁画(卡尔米内的圣玛利亚[Santa Maria della Carmine],佛罗伦萨)的,即将人物头部排列在一个后退的距离里同样的感知深度中。然而,需要注意的重要一点是,在马萨乔的《贡金》(*Tribute Money*)和《跛男人的治愈和泰贝莎的复活》(*The Healing of the Lame Man and the Resurrection of Tabitha*)(被认为是马索里诺的作品)中,线性队列(the linear alignment)在某种程度上容忍了可感知的背离,这种背离受到可以被称作对整个排列的绘画的和知觉的"意向"的控制;因此我们看到被知觉的东西本身是被人为的(知觉的)空间的被假定的透视法规则所告知的(不冒太大偏离透视法则的风险,但存在偏离之可能)。需要牢记的关键是,如果我们不允许这个推论,即绘画的视觉结构本身是**我们的知觉绘画理论的人造物**,那么绘画的视觉结构就根本**不可能被感知**(White 1987:ch. 9;Edgerton 1975:ch. 2;对照 Danto 1991)。

扬·凡·爱克(Jan van Eyck)引人注目的绘画作品《乔贝尼·阿尔诺芬尼和他的新娘》(*Portrait of Giovanni Arnolfini and His Wife Gionvanna Cenami*)提出了(根据休伯特·达弥施[Hubert Damisch])由镜子的模糊功能所固定的两个灭点的问题：艺术家见证婚礼的点(他真实站着观看婚礼的位置)和反映在镜中的点(这意味着他在画中被规定的位置)，此两者都在这个镜子的环形空间之中(Damisch 1994：130 - 131)。据说这种情况在那个时期的弗莱芒作品中并不少见；欧文·潘诺夫斯基(Erwin Panofsky)确实在此画中找到了几个另外的灭点，它们在作为整体的作品中，在视觉上明显是可以接受的。实际上，潘诺夫斯基在阿尔诺芬尼研究(1434)中找到了"四个中心灭点而非一个"，他以此来对比"几乎同时代的和相对具有可比性的意大利作品"，即马索里诺的《圣安布罗斯之死》(*Death of Saint Ambrose*, c. 1430)，后者是被"相当'正确'地构图的"，即是根据布鲁内莱斯基的法则来构图的。爱克似乎并不熟悉布鲁内莱斯基的发现(Panofsky 1971：3,7)。但是，潘诺夫斯基和达弥施都把绘画中的透视法看作"**人为的**透视"(perspectiva artificialis)(而不单纯是**自然的**[naturalis]——自然光学的透视)。因此，达弥施把透视法看作"一种思维模式"(1994：xiii, 446 - 447)；而潘诺夫斯基把透视法看作一种"符号形式"——这或多或少是一种文化习惯的问题(1991)。因此，达弥施是用他的结构主义方式来看待透视法，而潘诺夫斯基则以支持恩斯特·卡西尔(Ernst Cassirer)的观点来看待透视法。

这样看来，图画透视法的"法则"几乎至少部分地是"启发性的"，或者有意地适应艺术家表现图像空间的目的。当然，达弥施对"乌比诺(Urbino)透视法"——在对"理想城市"(città ideale)的表现中(杰出的乌比诺木版画)——的冗长论述，确认了"科学的"透视法(布鲁内莱斯基的目标)的发展，是如何不可避免地产生以及必须产生在"人造的"透视结构里的，这种透视结构遍布于建筑、剧院、装饰中(如达弥施概括的那样)，如在透视模式的选择或各种这样的模式的混合中那样，甚至可能符合艺术家对于发明更复杂的构成模式的"需要"。(即，达弥施指出，在同一幅画中对"不相容的"甚至"不相称的"透视图式的知觉容忍，将**人为的透视法**与**自然的透视法**区别开来)。的确，正是这种复杂状况里的某些东西，启发了福柯(Foucault 1970)对委拉斯开兹(Velasquez)的《宫娥》(*Las Meninas*)中令人迷惑的透视的敏锐分析(即透视**是否**必须按照布鲁内莱斯基的观察孔统一起来)。似乎总是存在着对阿尔伯蒂的这种建议的遵从，即对"感觉智慧"的偏爱超过了自然透视法的"严格的"几何学；这里，多样性清楚地否定了任何单一的透视解读(Damisch 1994：425 - 432；Steinberg 1981, Damisch 引用)。

但是，如果这样的话，那么鲁道夫·阿恩海姆(Arnheim 1974)的关于"知觉模式的普遍性"的格式塔概念，就微妙地——尽管有些冒险地——丧失了相关性。阿恩海姆一向比较喜欢柯勒(Köhler)有关在神经系统的物质结构中被知觉的视觉模式(即使这些结构本身不被知觉到)的"因果性基础"的见解。但是他关于"中心性和离心性"(就是说，从个体性的中心，例如一个人那里发出的矢量力的离心定位，同时承认其他类似的中心，即在这些中心之中第一个只是算作之一)引人注目的启发性图解(我只能这样来称呼它)，并不真正是一个能够以纯粹格式塔术语来解释的区分，这些格式塔术语是建立在物理性质之基础上的，或者可以说(在视知觉中)它以某种方式不受意向性、叙述性、历史性或解释性的性质的任何影响。

阿恩海姆从来没有完全承认过这一点的重要性,即他自己承认他的视觉图式本身受到这种理解的影响——他所支持的两个"原则""普遍地"适用于人类生活本身:

> 我开始明白,中心性和离心性的相互作用直接反映了人类的双重任务,即来自产生自我内核的行为的传播与社会领域中其他这样的中心之间的相互作用。在自我的需求与其他实体的力量及需要之间努力寻找一个合适的比率,这个人生任务也是构图的任务。这种心理关联证明了对构图的形式规定的关注是正确的。(1988:ix;又见 ch. 11)

但是,阿恩海姆心中肯定有一个隐喻性的比率,这个比率也影响了他对视知觉的论述。在其备受推崇的《艺术与知觉》(*Art and Perception*)一书中,他自己提供了(并非有意地)一个搬弄是非的反证:在那里,他提到了一幅 15 世纪的绘画,其中圣·米歇尔(St Michael)认为,在一架天平上,"一个弱小的裸体(男人)",其"重量超过四个巨大的魔鬼加上两块磨石"(1974)。那些颜色、形式,甚至某些视觉强调的技巧(实际上)(在任何看似合理的格式塔意义上)都不足以让天平的重量倾向于对高尚灵魂的好感。对于"视觉"平衡唯一令人满意的解释,要求有对这个场景的叙述性解释的决策作用!阿恩海姆没有提供任何东西来弥补这个致命的暗示。甚至还可以指出某些更加引人注目的例子:比如,詹姆斯·恩索尔(James Ensor)的布面油画,那些丑怪形象被刻意安排得挤在画面空间的小角落里,(通过正常和平衡的缺失)提醒我们注意这种"正常的"空间分布和空间平衡。但是恩索尔的绘画充满了耀眼的色彩,几乎没有出离平衡:它们的表象的含义证明视觉秩序是正确的,并使得它是可接受的。

在最反对阿恩海姆的人中,最高明的看法来自马克思·瓦托夫斯基(Marx Wartofsky)。瓦托夫斯基将艺术作品(甚至更多东西)的知觉看作"制造图像的创造性行为的文化的和历史的产物"。他得出两个基本结论:首先,"所有建构一种视觉理论的理论尝试,如果它们预设看具有一种本质的、不变的过程的[原文如此,也许为'或'而非'的']结构;或者,人类的眼睛是可以用普通生理学方法描述的,如果这些理论没有根本上弄错的话,至少在本质上是不完全的";第二,"没有一个本质上真实的或'正确的'再现模式,即没有什么真实性的规范其自身不是对标准和视觉再现的社会的和历史的选择的产物"(Wartofsky 1979:272;又见 Wartofsky 1972)。最终,无法把对知觉功能有贡献的生物本性和文化历史区分开来:我们必须把视觉看作一个不可分解的"混合"能力,它可以在文化空间(被打上了人类叙述的痕迹)中被典范性地识别出来;这就是黑格尔对于知识和知觉——实际上,这是反对任何物自身(ding-an-sich)的知觉——理论之贡献的关键所在。无论什么被指派为知觉的神经生理学的稳定的潜在因素,它在解释性层面上都完全是推论性的东西;它在知觉上都是不可比较的。

在贡布里希(E. H. Gombrich)和古德曼之间的著名争论(Gombrich 1972)中,知觉的这两个表面上的根源的分量被弄混淆了(双方都是如此)。在二维再现中,"视觉的"平衡、透视的"正确性"等,原则上不能摆脱它们的意向性秩序的叙述性的或被解释的连贯性,但是它们当然也不能违反感官知觉的赤裸裸的物理条件。只是,对于任何"有意为之的"视觉"世界"的二维再现,从物理世界的知觉到类似规则的条件,它们之间完全没有什么直接的推断。比如,在毕加索的《三个音乐家》中，什么是对特殊空间（它具有某种三维的意义）的透视限制呢？（甚或在毕加索对《宫娥》的变形里这种限制是什么呢？）

贡布里希甚至有风度地承认："古德曼已经雄辩地推翻了基博森（J. J. Gibson）和我，认为'光的行为既不认可我们常规的空间表现，也不认可任何其他的空间表现方法；而透视法并不提供绝对的或独立的逼真度的标准'。"但是，当然，贡布里希非常推崇康斯特布尔（Constable）的再现风景画的"科学的"处理；于是他恰当地问："对什么逼真？"（Gombrich 1972：129）在此记录中古德曼说过的话当然是正确的（Goodman 1968：10 – 19）。（贡布里希承认他混淆了自己的论题。）但是，古德曼似乎从这个争论（和贡布里希的让步）中得出一个太极端的结论——贡布里希**从来不曾**宣称**有**任何唯一或独立的"自然的"方式去再现自然，即说"'类似'或'相似'［这样的术语］对于绘画标准的任何定义来说都是无用的"，这简直是错误的，而且是不符合逻辑的推断。[1]

根本点在于："自然的类似"**保持在再现的惯例**（或许说"文化的构造"更好些）的条件之内；因此，**现实主义**（在贡布里希的意义上）不必将布鲁内莱斯基的试验的有效性与**人为透视法**中对"自然的类似"的承认混淆起来。贡布里希明确断言，"肖像性是视觉图像的基础"（1982：278）。这也不是完全表达清楚了的。贡布里希本应说的是，肖像性是视觉现实主义的基础，在现实主义的这个意义上，它符合贡布里希自己对康斯特布尔风景画的解读，也符合这种差异：比如，在毕加索的《戴发髻的女人》（Woman with Chignon）（1904 年的一幅树胶水彩画，符合毕加索蓝色时期和相关时期的"现实主义"）的"现实主义"与 1927 年以油画颜料和石膏创作的《头》（Head）（贡布里希提供的这两个范本都藏于芝加哥艺术学院）之间的差异。后者显然是一个女人的头，却被毕加索以惯用的手法对再现的各部分的形状和安置进行了变形，以至于我们需要稍作一点努力才能辨认出那"一定是"一双眼睛、一张长满牙齿的嘴巴、"可能的"一段头发、一只有鼻孔的鼻子等。在有意为之的意义上，其相似并不是"现实主义的"。存在一种译解后者的"现实主义的"方式，这根本不是关键所在；因为关键在于，一旦在再现自然中可知觉对象的一系列可能的方式中得到训练，那么，对强烈和详细的"相似性"的自发性认知就进一步证实了康斯特布尔所实现的以及贡布里希视作现实主义的东西。**如果**古德曼打算否认存在任何**这样**的响应（这并不是在译解任何再现模式中的专门知识或灵敏性的问题），那他肯定是错了。相似性**是**"满载着理论的"；但是知觉**理论**解释了这么一种感觉，在此感觉里，知觉理论遇到一个野蛮的生物学限制（一种否则就不可得到说明的生理特性），我们可以通过比较知觉容忍和行为反应（它们自身以同样的方式负载着理论）来猜测它。

并且，古德曼（瓦托夫斯基也是如此）确实极端地宣称反对这种"自然的"现实主义——要知道，这种现实主义与图画再现的所谓"惯例的"（或"任意的"）自然是完全一致的。古德曼的错误——它们是明显的——根本上源于一种混淆，即混淆了自称的形式的或语义的固定性与知觉流畅性的证据。这儿有两处此类明显的错误：

> 与再现不同，相似性是对称的：B 有多像 A，A 就有多像 B。但是，尽管一幅画可以再现威灵顿的公爵，而公爵并不再现这幅画。

> 一幅康斯特布尔的马尔博勒城堡（Marborough Castle）的画，与其说像那座城

堡,不如说更像任何一幅另外的图画,然而它再现了城堡而不是其他的图画,甚至不是再现最近似的复制品。(Goodman 1968:4,5)

古德曼的意见当然为他的唯名论所束缚,而唯名论在知觉的术语中是完全站不住脚的。因为,**如果**你承认引入一个("任意的")惯例就可以得到对任何流畅程度都是确定的**相似性**,那么你肯定会输了这场辩论!相似性向一个新的情况的扩展,将引起有效意义的"自然的"扩展;而如果你在每一步都要求一个新鲜的惯例,你将摧毁(在你开始之前)那个原本的主张的要点。**贴切地说**,在知觉的流畅性方面,你将看到,威灵顿的"现实主义的"肖像和威灵顿之间,显然比威灵顿肖像和马尔博勒城堡的再现之间具有更大的相似性!而且,当然,(有意的)相似性的"直接性"**是**评价任何自称的(would-be)相似性的要素。在古德曼的陈述里,我们会困惑于这样一个主张:一幅马尔博勒城堡的画"与其说像那座城堡,不如说更像任何一幅另外的图画"。因为只是这样说的话,就忽视了我们所讨论的绘画样本的有意再现的相关特点(Tormey 1979)。

这进一步解释了为什么基博森如此困惑,他从图像中去译解和找回关于自然世界的"信息"的全部"生态学上"可感的努力都失败了。他认为这些信息(必然地)被嵌入二维的再现之中:他欣然抛弃了在自然知觉中认知主体的解释作用,因而似乎在绘画知觉中就不能恢复这种功能。但是,当然,这只是说,绘画的知觉并不是对任何生态环境中的动物知觉能力和它们的可感世界(甚至人也是如此)的先建和谐的恢复!这是基博森非常聪明的——但是明显被误导了的——归纳推断:

> 我一直主张,一幅画是一个被如此看待的表面,它使得在一个观察点的某种被限制的视觉排列成为可能。但它是个什么排列!这是困难所在。我的第一个回答是,**一个光线束的排列**。我的第二个回答是,**一个可见的立体角排列**,它在稍加思索之后就变成了**嵌套的立体角**。我的第三个回答是,**一个被作为结构来考虑的排列**。而我最终的回答是,**一种结构的不变式的排列**。(Gibson 1979:270;一般性地也见 pt Ⅳ)

当然基博森从来不能在任何描摹中发现这样的不变式,以便与任何他视为自然的知觉和透视法的信息的东西相分离。贡布里希(在他的现实主义理论中)足够坦率地承认他喜欢此理论,即把对再现的透视法的"惯例的"风格的考虑与在这些变化中的现实主义的坚持(比如埃及人,又如文艺复兴)结合在一起。

其实,这已经是潘诺夫斯基著名论文里的主要主张。现代意义上的透视法——比如说,与布鲁内莱斯基和丢勒(受到皮耶罗·德拉·弗朗西斯卡[Piero del la Francesca]的影响)相关——"从精神生理学空间转化到了数学空间;换句话说(用潘诺夫斯基的话说),是主观之物的客观化"(1991:66)。但是,当然,潘诺夫斯基指的是,对"主观的"或者视觉的东西**人为的**"客观化",作为一种感觉经验的形式;他并非意指(在再现中)用自然空间本身的"真正客观性"(无论那将被思考成什么)来**替代**视觉的东西。客观化是用来服务于主观的或视觉的东西的,不过如此一来就在某种程度上大幅度增加了整个被再现空间的控制性、合理性和易理解性:

> 透视法创造了人类与事物之间的距离(丢勒仿照皮耶罗·德拉·弗朗西斯卡说:"首先是在看的眼睛中,其次是在被看的对象中,再次是在二者间的距离中");但是接

着,透视法反过来又取消了这种距离,因为在某种意义上,它把这个事物的世界,一个面对不可见之物的自律世界,拉入了眼中……这样,透视法的历史可以同样被正确地理解为既是将真实事物的意义疏离和客观化的胜利,又是否定人类努力控制的距离的胜利。这既是对外部世界的巩固,又同样是自我领域的延伸。(Panofsky 1991: 67-68)

12.2

如果你接受前一节的论证,你肯定会明白,绘画的知觉分析如何和为什么不能与如此难解的对象的本质(或本体论)的分析相分离。当然,这并**不是说**,所有绘画都是再现或在自然中找到的事物的再现(或者说自然的或超自然的虚构的扩充)。但是绘画(和雕塑)是人造物,它们拥有意向性结构——"意向性"结构,我应该这么说(把首字母 I 大写)——这就意味着,它们那或意指的或符号的或象征的或再现的属性,是文化地形成的和在文化上可辨认的,而不仅仅是心理的。尽管(或者当然)文化上规定的东西,必须(必须是"适当的")与自我的出现、它们在文化上被形成的力量以及它们所栖息的文化世界之中所独有的东西相一致(进一步的论述见 Margolis 1995)。

那么,艺术作品的特殊性就在于此:纵然它们缺少心理学上的根据,但它们的意向性特征在本体论上仍是真实的。恰恰是透视法的灿烂历史使之如此清楚,那也就是例如潘诺夫斯基有关透视法的"两可方法"的主张所断言的(Panofsky 1991: 68)。[2] 因为,除非是把它作为占据现实的一个独特部分,否则无法承认艺术的存在,这种现实是由人类的双手和心灵以某种独特的(sui generis)方式(突现地和有意地)创造出来的,是它们以那种特别的力量的延伸创造出来的。通过这些力量,所有人类社会首次将其自身的后代(即智人[Homo sapiens]自己的"样本")转化成具有语言(和文化)倾向的自我的第二代,转化成一个显著密集的世界。这个世界是如此容易靠近我们,如此明白易晓,一如任何纯粹的物理事物那样。我的包括所有这一切的公式性表达,简单地说就是艺术和说话一样,是被聪明的自我**说出来的**,这些自我本身不是被不同地"说出来的"(或多或少地作为正在进行中的社会的流畅行为的副产品)。

在这里需要留一点心,因为一个至关重要的概念上的困难可能十分容易被忽略。例如,就在最近,列维森(Jerrold Levinson)提出了视觉艺术之本质的问题,并在一定程度上继承了沃尔海姆"绘画作为物理对象"的著名观念,而忽视了对这个问题的说明:确切地说,他是如何意欲依据一幅绘画的实际**本性**,也可以说一幅绘画的本体论地位,来说明表现性或再现性(或其他**意向性**的结构,可以说是那些含有**人造透视法**的意思的结构)的。列维森的论述是重要的,首先因为它是如此的新颖,并且如此明显地体现了对当前艺术分析哲学里那些最著名的观点的透彻了解。然而,他的主张中最重要的地方是有明显缺陷的。实际上,(在明证性上)无法说列维森的理论最终得出了什么结论。例如他说:

> 特定的物理的艺术作品,比如绘画,典型地具有一些微妙的审美属性,这些属性

是自然的物理对象(例如岩石或树木)和非艺术的人造物(例如椅子或铅笔)所不具备的。这既是由于它们在总体上拥有更加特殊的本质性的图案结构,也是由于复杂的历史意向性的控制,这种控制将它们带入一个在欣赏上与艺术史和艺术创作史相关的关联之中。但是,在重要的意义上,一个被意向的和被特殊构形的物理对象仍然是一个物理对象:它由物质构成,处于一定时空中,从属于与其他的物理对象有交互因果作用的一个常见的领域。(1996:135-136)

这是一个非常难以琢磨的和成问题的说法,但是它有助于将我们迅速导向一些主要问题。注意,列维森说的是"一个**被**意向的和被特殊构形的物理对象";他并没有说一个物理对象实际上**具有**或显示了"意向性**的**"(或者像我所指的,是"**意向性的**")属性;他说,绘画是"被构形的",即以通常的技艺手法来形成、塑造和设计,但是**它们**的"被构形"是否造成**它们**作为艺术作品实际上具有比如说"风格""流派"或者在表现上具有透视资格的结构(意向性结构),这一点并不清楚。岩石和树木,就像椅子和铅笔(当然除非指的是一把伊舍里克[Esherick]椅子,即陈列于费城艺术博物馆的那把椅子!而列维森并不是指这把椅子)一样,**可能被**依据自然透视法来**看待**;但是普通的椅子明显**缺乏**作为其自身**意向性**结构部分的透视属性。绘画的"**被意向的**"属性,似乎被"关系性地"指认为被奇怪地称作"复杂的历史意向性的**控制**"的东西的结果,这似乎要意味着产生于**物理**事物中的因果影响,要么意味着从艺术家生活中借来的意向性属性,这种意向性属性也被判定为包含在一定种类的工艺史和艺术史中的物理对象的结果。在列维森的主张中,并没有什么迹象表明,他真的能够验证爱克的阿尔诺芬尼夫妇像,并**从中发现潘**诺夫斯基所发现的透视法的弗莱芒式处理。根据列维森自己的主张,好像他只能看到帆布和油彩,并且由于他**记得**爱克的个人历史的一些东西(就是他将之称作"历史意向性的控制"的东西),他能够将爱克关于**它**的透视意向正当地归到这个物理对象上。当然,列维森决不会否认,我们能直接读到或听到彼此的话语,但是他不愿意去说(在相关意义上)我们能够看彼此的画并且看到它们!

有些人可能并不承认,在这些有点被扭曲的语言使用中,对于那种继唐纳德·戴维森(Donald Davidson)之后现在经常被称作"自然化"的东西有某种强烈的坚持,这是一种在现实主义范围中的哲学策略:这种策略把术语限制在物理的、外延的、非意向性的(除非是启发性的和便利的)实际事物的特征上,这些事物(在最优的条件下)完全以因果性术语来**解释**,这种因果术语的解释通常以物理科学所提供的东西为原型(Davidson 1986;Rorty 1986)。粗略地说,去说话因此就是去选择科学程序的统一体的贫乏形式的习惯用语(和精密的限制)。差不多同样贫乏的东西明显地吸引了门罗·比尔兹利、阿瑟·丹托、纳尔逊·古德曼,(在更少程度上)吸引了理查德·沃尔海姆。如果能够表明列维森的用语对于我们的调查需要来说是不适当的,那么刚刚提及的那些人的用语也是如此。那将是一个意外的收获。

总之,列维森补充道:

一幅画或一件雕塑并不是一个生糙的物质对象,属于团团块块之类东西,而毋宁说,它是一种被特别地清晰表达的东西;例如,如果一幅画是一片帆布和一些油彩,那么它只是以某种特殊方式**被规定**和**被构形**的帆布和油彩,在任何状态和安排下都保持着某种外观,而不是那些更简单的东西。(1996:134)

当然,他的意思是,绘画是有趣的团块,但它们说到底还是团块!

然而,只要你注意到,在布鲁内莱斯基的发现之后,鉴赏家对意大利绘画和弗莱芒绘画不同的透视精神的赏识,你就会明白,**不把"意向性的和被构形的"属性**(它们在最充分和最枝蔓的意义上是意向性的)直接归于**它们**,这是何等的不可能。当然,我们可以通过检验(比如说)阿尔诺芬尼夫妇像,来补充、纠正甚至检查关于我们的有关艺术家意向的记忆(或研究)。例如,这里是潘诺夫斯基对阿尔诺芬尼夫妇像和(前面提到过的)《圣安布罗斯之死》的比较:前者是弗莱芒画家的作品,后者是意大利画家的作品,还附带有对凡·爱克和皮耶罗·德拉·弗朗西斯卡的简短比较。(你必须牢牢记住已经说过的关于新透视法的双重用途的东西。)潘诺夫斯基说:

> 问题在于意大利大师将光设想为一个量的和孤立的而非质的和连续的原则,而且他将我们放在图画空间的前面而非里面……圣安布罗斯之死的房间是一个完整而封闭的整体,全然被包含在框架的限制里,与外部世界没有交流;阿尔诺芬尼夫妇的婚礼的房间,尽管属于舒适的狭小,却是一片无限。

接着,他说:

> 米勒德·迈斯(Millard Meiss)最近指出,扬·凡·爱克1436年创作的《卡农的圣母》(*Madonna with Canon van der Paele*)和皮耶罗在15世纪70年代早期为乌比诺的弗雷德里科(Frederico)所做的布雷拉(Brera)圣坛装饰画,两者之间有着密切关联……但是在肖像学和构图上如此密切相关的两幅画作在精神上如此不同,这是很少见的。皮耶罗的高耸的古罗马方形大教堂有着完好无损的无窗的外表,它宏伟庄严而且广袤;而爱克的小而低的圆形教堂,被看作一个"贴近",并以有窗的回廊与室外交流,与阿尔诺芬尼夫妇像一样,是对无限的亲近,又是对无限的暗示。(1971:7;又见1991:section 4)

我要请你着重考虑的是,如果不回忆起那个时代艺术家的艺术-历史的经验(当然也有我们的经验),这种评论就几乎不能做出;并且,假定那样的话,一些相当有分歧的**意**向性用语将不可避免。并没有可信的主张承认人类自身**被意向化了的**"第二自然",否认将它的特性应用到**它们自身**以词语和图画的方式"**讲述**"的东西上去的适当性。实际上,如果自然化用语说到底有何用处的话,它必须允许像潘诺夫斯基的分析那样的解释。而且,无论自然主义的还原倾向是否还能够维持,前面提到的哲学家中没有一位对此做过像样的辩护,实际上,其他哲学家也没有做过。没有人曾经表明,在"自然化的"模式中存在有语言的和解释的资源,它们能够令人信服地与**意**向性的(艺术-历史的)用语在精确、微妙和流畅上相媲美。但如果是这样的话,去做这样的假定就是完全不令人信服的:后者的客观性能够被一种不提供独立方法去检验实际绘画的实际属性的习惯用语打败!单纯对人类自身的文化才能做一般的评论——它并不能在知觉上验证关于特定绘画的任何客观分析,比方说按潘诺夫斯基的规格选出的特定绘画——这能够提供什么可能的意义吗?

有必要说一说其他的主张。将绘画解释成单纯的物理对象(以列维森的方法),其全部观点认为,在原则上,对特定绘画的描述和解释(在**它们的**方面)无非只需要考虑这些绘画的纯粹的物理性质。这就是为什么列维森强调单纯的帆布和油彩(无论它是如何"被构形"的):他清楚地希望能够用(因而允许)任何从艺术家和有见识的受众方面补充的东西,去补充已经枯竭的词汇,因为艺术家和受众在关于他们自身的话语中是同样不受限制的!正如我所说的那样,受限于他们的**意向性**生命的评论,如何能够以一种客观的方式恰当地应用到任何一组被承认的绘画中去,这是很难理解的。但是,无论如何,**如果**这样的性质能够被**客观地**归于**绘画**,我们就必须(首先)解释,**意向性**的属性**是**如何被正确地归于对象的,而根据这种意义的寓意,这种(物理)对象根本就缺乏这样的属性。

列维森不曾触及这个问题。这个问题有两种形式。第一种形式是,任何理论家都会发现,他自己被迫去说明一幅画的被承认的本性与它被认为可能会有的、更可客观地归于它的任何属性之间的"**等值性**"(adequation)。另一种形式是,一个理论家会希望提供一种理论,比方说绘画的本体论,这种理论适合我们的最好的直观,即对于鉴赏家、主流兴趣和哲学困惑如何能够符合一致却不互相矛盾的直观。众所周知,丹托(1964)在身份的"是"与"艺术的身份获得"的"是"之间做出了区分,这恰恰是因为,**在实际的可感知的对象方面**,显然缺乏(在物理本质和**意向性**特征之间的)等值性(又见 Margolis 1998)。因为其中一个缺乏另一个所拥有的东西。概念上的等值性意味着,一个自诩的特征可以被认为是由一个给定种类的东西所显明的,**如果**那个特征已经属于此物的本性,或者凭借一个改进的理论能够被正确地归于它的本性的话。(标准的例子是这样的:一块特定的石头微笑,并不是简单的对或错的问题,但是去断言任何石头微笑,这在概念上就是不合适的。)

丹托尝试过的解决方案,是以修辞学(他自己的术语)而非现实主义的方式来对待艺术作品,因此这种特性就是在比喻的意义上受到我们对**艺术家**的意向性生活而不是"一个单纯的实际事物"的主要理解的控制(根据丹托的解读,那种大写意义上"**意向性的**"**并没有**得到满足,因为小写的"意向性的"是心理学上的)。我相信任何这样的调和必定在内在的根据上失败。[3]但是,除去已经列举出的困难,丹托(或者列维森)将需要表明,**能够**通过把一个单纯的物理对象或"单纯真实的东西"个性化或身份化来达成一件艺术作品的个性和身份,如果它的错误并不明显,那么在深层意义上依然成问题;并且他还需要表明,被正确地归于任何艺术作品的属性能够或应该通过参照艺术家最初的**意**向来限制(或适当地控制),这在解释学的明证性上似乎过于乐观。

如果你在这些反对意见中再补充两点,即等值性问题,以及在有关人类社会的话语中承认一个不被限制的意向性用语的重要性,那么,对于关于自我的话语和关于自我"讲述"的东西(或者从他们所讲述的东西转变成名词的东西:他们的行为、言语、历史、艺术)的话语之间的等价性,似乎可以做出更好的辩护。因为,根据概念的资源,说人或自我,与说他们说了什么、做了什么和制作了什么,此二者之间到底有什么差别?要强行做出一种分离,似乎就是强行加给我们一个专断的和不可解释的贫乏。或者,如果没有造成贫乏的话,那么它就是一个明显的诡计:它想要以不合法的手段获得(哲学的)现实主义的时髦形式。我应该说,关于艺术家意向的现实主义,必须伴有(而不仅仅是松散地"暗示")关于艺术作品本身的**意向性**属性的现实主义。这可以作为一个中心目标,提供给所有关于绘画的认识论和本体论相结合的思考。

发现避免将"艺术作品"作为**实际的对象**来处理这一习惯在艺术理论家(哲学家)中间被传播得如此广泛,这会让人觉得相当惊讶。明显的理由就是,要说它**是**什么,以及它的身份条件、它的个体化的界限是什么,这的确是一件真正困难的事情!这是必须承认的。但是如果这样,那么关于感知一幅绘画的规则,我们断言的无论什么东西都将被我们这里的不确定性制约。(为了辨认艺术作品的身份以及为了遵守针对"实际"对象的客观性"规则"来进行批评的目的,)列维森和丹托求助于在艺术家进行加工的某种物理对象或材料的("被构形的")物理属性和相应地占据他的思想和技艺的东西(无论多么宽泛地解释)之间的一个明显的**裂缝**。

你已看到这个争论是如何(不可避免地)继续。一旦我们将绘画视作精心制作的人造物,我们必定要在**人为透视法**和**自然透视法**之间做一个区分:在绘画的再现中往往会有一个意向性的目的,一方面,它随着一个或另一个历史社会的兴趣的改变而改变;另一方面,它绝不可能(除非像坏了的时钟那样一天中两次正确报时)与"自然透视法"(布鲁内莱斯基的把戏)达成一致。但是如果是这样的话,那么根据绘画本身的客观知觉来对待绘画透视法的**意向性**特征就不是合情合理的了。不过这就要求一种绘画理论(如果你愿意,也可以称它为绘画的本体论),它要谨慎地区分自然的(或单纯物理的)和文化的东西。

以上是对调查结果做的一个精简的整合,虽然这个整合与当下艺术哲学中的很多强势观点不合。来冒险尝试一下最后一个样本:沃尔海姆以下列挑战开始了他1984年的美隆(Mellon)讲演。

> 视觉艺术的特殊特征是……什么?它是某种必须超出所有艺术关联于传统的一般方式的东西吗?它是某种据说具有这种结果——如果我们去理解绘画或雕塑或形象艺术,我们必须对它们达到一种历史性的理解——的东西吗?我不知道答案,而且鉴于艺术史在解释视觉艺术中进展不大,我倾向于认为,相信存在这种特征的信念本身,就是某种需要历史解释的东西:它是一个历史性事件。(1987:9)

或许如此吧,但是沃尔海姆并没有在他的演讲中大胆地表明任何支持性的论点,而且鉴赏的历史几乎无法支持他的看法。当然,你也知道,如果不去麻烦地解释绘画是什么**种类**的"事物",就无法解释对一幅绘画**的**知觉;如果不去麻烦地解释绘画**和**它们的知觉是(或不是)固有地受历史的(或历史化的)变迁的支配的,就无法解释**这一点**。就像讲演本身那样(虽然在它自身的媒介中),绘画的特性就在于它是一种意向性言说的模式。但是意向性言说在其根源(它的文化发生)中被固有地历史化了。对沃尔海姆的挑战的回答是,几乎所有流行的艺术哲学都希望避开这个更令人惧怕的问题。但是,它当然是避不开的。它已经在透视法的论证中现身了。

[注 释]

1. 贡布里希展示了一封古德曼所写的支持这个判断的信,但是,坦白讲,当他尖锐地反对这个观点——透视法的标准规则体现了实现和读解现实主义描摹的一个与生俱来的和最简单的方法——时,我发现古德曼在这里的让步。此为贡布里希书中的举例(1982:284),也见贡布里希(1961)。
2. 这就解释了潘诺夫斯基采纳卡西尔的比喻的意义。
3. 例证见于丹托(1987: ch.1)。作为对拙著的补充(1998),丹托已经回答了我的主张,我也回应了他的回答,这在这个问题上提供了一个终止的方法。(Danto 1999, Margolis 2000)

参考书目

Arnheim, Rudolf (1974). *Art and Visual Perception*. Berkeley: University of California Press.

——(1988). *The Power of the Center: A Study of Composition in the Visual Arts*. Berkeley: University of California Press.

Belting, Hans (1994). *Likeness and Presence: A History of the Image before the Era of Art*, trans. Edmund Jephcott. Chicago: University of Chicago Press.

Damisch, Hubert (1994). *The Origin of Perspective*, trans. John Goodman. Cambridge, MA: MIT Press.

Danto, Arthur C. (1964). "The Artworld." *Journal of Philosophy*, XCI.

——(1981). *The Transfiguration of the Commonplace: A Philosophy of Art*. Cambridge, MA: Harvard University Press.

——(1991). "Description and the Phenomenology of Perception." In Norman Bryson, Michael Ann Holly, and Keith Moxey (eds), *Visual Theory: Painting and Interpretation*. New York: HarperCollins.

——(1999). "Indiscernibility and Perception: A Reply to Joseph Margolis." *British Journal of Aesthetics*, XXXIX.

Davidson, Donald (1986). "A Coherence Theory of Truth and Knowledge." In Ernest Lepore (ed.), *Truth and Interpretation: Perspectives on the Philosophy of Donald Davidson*. Oxford: Blackwell.

Edgerton, Samuel Y., Jr (1975). *The Renaissance Rediscovery of Linear Perspective*. New York: Harper and Row.

Elkins, James (1999). *The Domain of Images*. Ithaca, NY: Cornell University Press.

Foucault, Michel (1970). *The Order of Things: An Archaeology of the Human Sciences*. New York: Vintage.

Gibson, J. J. (1979). *The Ecological Approach to Visual Perception*. Boston: Houghton Mifflin.

Gombrich, E. H. (1961). *Art and Illusion: A Study in the Psychology of Pictorial Representation*. 2nd edn. New York: Pantheon.

——(1972). "The 'What' and the 'How': Perspective Representation and the Phenomenal World." In Richard Rudner and Israel Schffler (eds), *Logic and Art: Essays in Honor of Nelson Goodman*. Indianapolis: Bobbs-Merrill.

——(1982). "Image and Code: Scope and Limits of Conventionalism in Pictorial Representation." In *The Image and the Eye: Further Studies in the Psychology of Pictorial Representation*. Oxford: Phaidon.

Goodman, Nelson (1968). *Languages of Art: An Approach to a Theory of Symbols*. Indianapolis: Bobbs-Merrill.

Levinson, Jerrold (1996). "The Work of Visual Art." In *The Pleasures of Aesthetics: Philosophical Essays*. Ithaca, NY: Cornell University Press.

Margolis, Joseph (1995). *Historied Thought, Constructed World: A Conceptual Primer for the Turn of Millennium*. Berkeley: University of California Press.

——(1998). "Farewell to Danto and Goodman." *British Journal of Aesthetics*, XXXVIII.

——(2000). "A Closer Look at Danto's Account of Art and Perception." *British Journal of Philosophy*, XL.

Panofsky, Erwin (1971). *Early Netherlandish Painting: Its Origins and Character*. Vol. 1. New York: Harper and Row.

——(1991). *Perspective as Symbolic Form*, trans. Christopher S. Wood. Cambridge, MA: MIT Press.

Rorty, Richard (1986). "Pragmatism, Davidson, and Truth." In Ernest Lepore (ed.), *Truth and Interpretation: Perspectives on the Philosophy of Donald Davidson*. Oxford: Blackwell.

Steinberg, Leo (1981). "Velasquez 'Las Meninas'." October, 19.

Tormey, Alan and Tormey, Judith Farr (1979). "Seeing, Believing and Picturing." In Calvin F. Nodine and Dennis F. Fisher (eds), *Perception and Pictorial Representation*. New York: Praeger.

Wartofsky, Marx W. (1972). "Pictures, Representation, and the Understanding." In Richard Rudner and Israel Scheffler (eds), *Logic and Art: Essays in Honor of Nelson Goodman*. Indianapolis: Bobbs-Merrill.

——(1979). "Picturing and Representing." In Calvin F. Nodine and Dennis F. Fisher (eds), *Perception and Pictorial Representation*. New York: Praeger.

White, John (1987). *The Birth and Rebirth of Pictorial Space*. 3rd edn. Cambridge, MA: Harvard University Press.

Wollheim, Richard (1987). *Painting as an Art*. Princeton, NJ: Princeton University Press.

第 13 章

电影哲学：电影的叙事

贝利斯·高特 著

张　颖 译

13.1　电影哲学中的一些问题

电影哲学在今天被确立为美学的一个分支，它涉及一系列细致描绘和不断增多的问题。我们将先简单地回顾一下其中一些比较重要的问题，然后转入从细节上检验一个问题——电影叙事的本质。

第一个问题涉及电影作为一种艺术形式的身份问题。在这个字眼的广泛意义上，"电影"（movies）是活动画面，它包含多种媒介，如录像、新兴的数字媒介和胶片（film）。胶片电影以摄影为基础的事实使其自身区别于其他的移动画面。正是胶片电影这种历史上最有影响力的移动画面媒介，在传统上一直得到哲学家和电影理论家们的关注。在这一章里我们将遵循这个传统。由于电影的摄影基础，那种按照规则因果地发生的进程所产生的结果，在没有人类介入的情况下也会出现，因此它就让自己面临这种指控：它不是一种真正的艺术形式，而仅仅是一种记录装置；它最多能记录由演员在摄像机前面表现的艺术才能，及创作电影剧本的作者的艺术才能，但它决不能凭自己就成为一种真正的艺术形式。这种忧虑在早期电影理论的形成中是有影响力的（Carroll 1988a），并引发了一些有关已制作的电影最有洞见的著述，其中包括鲁道夫·阿恩海姆（1957）的著述。阿恩海姆认为，电影显著背离现实，这是一个事实，因为对电影的观看显然不同于对它所记录的东西的观看，这就使得艺术家可以把它用作一个表现性的因而是艺术性的媒介。相比之下，罗杰·斯克鲁顿（Roger Scruton）在一篇讨论一般摄影的重要论文（1983）里认为，摄影不是一种真正的、独立的艺术；作为一种因果地产生的媒介，它的图像缺乏与世界的意向性关系，而这种意向性关系是它成为真正再现的必要条件，即对于摄影建立一种媒介来表达关于世界的思想来说，这种意向性关系是必要的条件。并且，鉴于电影的摄影基础，斯克鲁顿相信，同样的论点也适用于电影。他的文章引起了许多讨论，大多数的回应在广泛意义上属于阿恩海姆那样的,强调摄影和电影以多种方式来再现世界的能力,通过使用各种摄影和摄像技术来传达艺术家关于世界的思想(King 1992;Gaut 2002)。

第二个问题也围绕着基于摄影的电影的本质:它涉及这么一种主张,即认为电影在某种意义上是一种现实主义媒介。在这个争论中,涉及"现实主义"的各种各样的含义。一个含义是,电影中的摄影是现实主义的,因为据说它们看起来像其描摹的对象。尽人皆知,画面和它的对象之间的相似性的观念是可疑的(Goodman 1976:ch. 1);但是格雷戈里·柯里在近来关于电影的一本非常重要的书里认为,有一种方式可以详细说明这种相似性:由于能够引起同样的认知能力,所以照片和其对象看起来是相似的。由于两者都引起认知梅蕙丝(Mae West)的能力,梅蕙丝和她的照片看起来是相似的。在这个观点中,这种相关的相似性是由语境的和依赖反馈的因素给定的(Currie 1995:ch. 3)。

对于摄影和电影来讲,"现实主义"的另一个意义被宣称为透明性的意义。一些这方面的理论可以在电影理论家安德烈·巴赞(André Bazin 1967)的著作中见到,不过在瓦尔顿书中它得到了最练达的捍卫(1984;也见 Scruton 1983)。瓦尔顿认为,我们能够通过照片,因而通过以摄影为基础的电影,确切地看到被拍摄的对象。这和我们通过望远镜看到对象或在镜子里看到对象是一样的方式。在照片中看到的对象可能不再存在,但是通过望远镜看到的一颗星星同样也可能不再存在,这也是真实的。通过照片,对象确实被看到,但通过对它们的绘画不能确实地看到它们,因为就像上面指出的那样,照片和它的对象之间的关系是一种因果关系。因此,摄影的内容被认为是没有得到信念的中介,我们的视觉经验也同样如此,但一幅画的内容并非如此(画家所画的是他认为他所看到的东西,而不是他实际看到的东西)。照片还保持了对象和它的再现之间相应的相似关系,而不像——比如说——因果地产生的写作描述那样,与描述的对象没有相应的相似。但是,柯里怀疑这些观点是否足够保证我们能确切地通过照片看到对象(1995:ch. 2)。他指出,它们所能表明的只是存在两种再现类型:自然的(比如照片),这是因果地产生的;意向性的(比如绘画),它与其对象保持了意向性关系。柯里对于透明性的论题提出了一系列反例,最能说明问题的是两个时钟的例子:假定有 A 和 B 两个时钟,它们彼此相似,B 被 A 的电波信号所控制,因此两者显示相同的时间。既然在 A 和 B 之间有一个因果关系,并且它们看起来确实相似,那么依照瓦尔顿的主张,我们将被迫得出结论说,当一个人看着 B 时,他也在看 A。但这显然是错误的(Currie 1995:ch. 2)。瓦尔顿回答道,他并不否认照片是一些种类的再现(按柯里的术语是自然的再现),因为这与他主张人们能够通过照片来观看这一观点是一致的;他还认为,一个人不能通过时钟 B 看到时钟 A 的原因是,没有足够多的时钟 B 的特征依赖时钟 A 的特征(Walton 1997)。瓦尔顿关于一致性的观点是公允的,但是他对两个时钟的例子的回答是欠说服力的。一个人可以轻易地想象这样的情况:一个对象所有的可感特征因果地依赖于其他对象的可感特征,但是在此要说通过第二个对象来看到第一个对象是很难令人信服的。例如,一个人可以造一些被电波控制的机器人,它们看起来跟真的大猩猩一样,而且它们所有的特征和动作都由真的大猩猩的特征和动作来控制,但是,要说当我们看到这些机器人的时候也就看到了真正的大猩猩,那就不对了(Gaut 2003:637)。

第三个问题涉及在故事片的观看中观众想象力的作用(如果有这么一种作用的话)。电影理论家有的时候说,在观看故事片时,观众处于一种幻觉之中。但是,如果我们这样说意味着他们遭受着认知性的幻觉之苦,比如,他们对在面前出现的虚构角色的存在持有错误的信念,那么这种观点就很难维持。如果他们是这么想的话,那么,比如他们在看恐怖片的时候,将会大叫着跑向出口,而不是安心地大口咀嚼他们的爆米花。相反,知觉幻觉主义认为,观看者具有像似演员和虚构角色的经验,但是并没有相应的错误信念。这跟缪勒-莱耶(Müller-Lyer)错觉①类似:图示的观看者会具有好像两条不同长度的线的视觉经验,即使他们可能正确地认为这两条线具有一样的长度。同样地,这也被讨论过:一个观看者还可以具有像似尼莫(Nimoy)和像似斯波克(Spock)②的视觉经验,但是并不会错误地认为他们是在演员或虚构角色面前(Lopes 1998)。然而,甚至电影中知觉幻觉的存在也已经被否认了——柯里指出,电影的情况跟视觉幻觉的情况不同,"在面对矛盾的经验时,我们并不是坐在那儿尽力维持我们的信念"(Gurrie 1998:362)。

如果与幻觉无关,那么一个似乎合理的选择就是,观众在观看故事片时运用了他们的想象力。具有人格的想象力的支持者、参与理论家认为,观众看电影时想象看到了被描述的虚构角色和事件;这样,他们虚构地成了虚构世界的成员,从虚构世界的内里、从一个被图像的透视法所决定的点来观察事件(Walton 1990:ch.8)。相反,不具人格的想象力的支持者认为,观看者在知觉上想象虚构的事件,但是他们并非想象看到了那些事件,所以他们并不虚构地是虚构世界的成员,而在其内里观察事件。电影的观看者在使用他们的视觉想象力(想象力的一种或一类),而并没有把他们自己想象成虚拟世界内部的视觉参与者(Currie 1995:ch.6)。我们稍后会回到这个问题并寻求解决。

第四个问题涉及这个问题,即电影建立了一种语言,这种说法是否合适。许多电影理论家已经指出电影能够建立语言:谢尔盖·爱森斯坦(1999)把电影图像比作象形文字和象形图,克利丝汀·麦茨(Christian Metz 1974)尝试将语言结构系统化地应用到电影形式中去。分析哲学家们有力地驳斥了这个观点(Currie 1995:ch.4;Harman 1999)。电影并没有一种词汇:组成电影的影像与世界之间,有一种因果的而非单纯约定的关系;词汇是有限的,影像却可以拍摄无数;而且语言有最小的词汇单元,其部分并不指涉什么;影像却没有这样的单元,因为一个整体影像的每一个部分都分辨出了那个整体的一个部分(比如,"Morag"这个名字是最小的词汇单元,它的部分"rag"并不指涉任何东西,一位名叫 Morag 的人的头的影像却具有作为其部分的她的鼻子的影像)。而且因为在电影中没有像词汇一样的东西,在其中也就没有句法那样的东西,即没有什么有限的规则来递归式地结合词汇单元,产生出潜在地数量无限的有意义的句子。当然会有一些将镜头组织在一起的惯例,但是说这种关系是惯例的并非意味着它是合乎语法的;在交流(例如摇头)中甚至也使用惯例,但这些惯例并不就是合乎句法的。

---

① 缪勒-莱耶,德国心理学家,其著名的"缪氏错觉"(也叫"箭形错觉")理论指的是,两条长度相等的直线,如果一条直线的两端加上向外的两条斜线,另一条直线的两端加上向内的两条斜线,则前者会显得比后者长得多。——译者注

② 在美国科幻片《星舰迷航记》第三部中,尼莫(兼任本片导演)饰演斯波克。——译者注

第五个问题涉及是否可以合适地认为电影有一个单一的作者。在这个意义上,一个作者的存在不必要求人们去相信有电影语言,因而把电影看成一种文学文本,因为在这个语境里,"作者"一词涵盖一般艺术家,而并不仅仅指那些创作文学文本的艺术家。导演主创主义理论家,例如安德鲁·萨里斯(Andrew Sarris 1999),曾经主张,一部电影可以有一个单一的作者,并在大体上将这个作者定位为这部电影的导演;虽然他们在这一点上有分歧:人们应该将电影导演看作一个实际的个体,还是一个关键的结构,即隐含的电影作者。一些哲学家已经反驳了这些主张,他们认为,由于主流电影由大量的合作者创作,这些合作者包括作家、演员、导演、作曲家、摄像师,等等,所以这种电影的单个作者决不会出现,我们应该把它们看成多重作者的产物(Gaut 1997)。其他一些人从格莱斯交流模式出发,认为合作电影有时有一个单一的作者,即一个单一的个体,对于他作为电影的单一作者来说,其交流性意向在电影中是足可确认的(Livingston 1997)。其他人曾捍卫这个论断,认为对于单部电影的详细的批判性关注,能够揭示出它们有时有单一的隐含的作者(Wilson 1986:134–139)。

这五个问题包含了电影哲学中的一些基本问题,但是它们当然没有穷尽这个领域。哲学家们还曾批判过古典和当代电影理论的主要原则(Carroll 1988a,1988b),以及认知电影理论的主要原则(Gaut 1995;Wilson 1997a);他们曾检验过电影的含义是否是被电影制作者的意向所决定的(Currie 1995:ch. 8);他们论述过电影中音乐的作用(Levison 1996;Kivy 1997);他们还分析了电影时空现象学(Sesonske 1974);他们辩论过观众是否认同电影角色以及这在观众对电影的情感反应中可能起什么作用(Carroll 1990:88–96;Gaut 1999;Neill 1996);在分析单部电影时也做了一些精妙和有趣的工作(尤其见 Wilson 1986)。

13.2　电影叙事:对称还是不对称?

在电影哲学中一个重要的问题我还没有提及,但是我现在将细致地考察它。最广泛地讲,这个问题涉及电影叙事与其他叙事性艺术中叙事的相似性和差异性。电影是否是以一种独特的方式叙事,并以此区别于其他艺术?抑或,在电影和其他艺术的叙事能力之间是否有着强烈的相似性?

这个问题是很有趣的,有如下几个原因。首先,几乎所有的电影都有一个叙事,而观众的注意常常集中在它上面。不仅仅在故事片中如此,大多数纪录片也是叙事性电影。因此在讨论叙事时,我们是在讨论在观众中反响非常显著的一个电影特征。第二,在关注电影叙事能力和其他艺术的叙事能力之间的相似性和差异性的时候,我们希望能够让电影的本质以及它区别于其他艺术的本质清楚地显示出来。因为叙事是一种跨媒介的属性:除了电影叙事之外,许多艺术媒介的作品都有叙事。叙事性作品包括一些舞蹈、音乐作品和绘画,以及几乎所有的连环画和文学。由于存在它们都能够叙事的事实,这些不同的媒介之间必定有一定程度的共性;但是至于如何叙事,它们之间也可能有一些有趣的差异,这些差异有助于理解它们作为不同媒介的能力。第三,电影叙事的考察与电影哲学中的其他一些问题密切相关,例如对电影的反应中想象力的作用(上面第三个问题已经提及)问题,以及在电影理论中是否存在具有说明性分量的特定媒介属性的问题。

我们在此将主要关注电影叙事和文学叙事——尤其是小说叙事——之间的关系。我们称作**对称论题**的观点认为,文学和电影中的叙事在叙事的结构特征上是一样的。这些特征包括叙事的基本代理人和属性,如叙事者、暗含的作者、传达、观点及情节与故事的关系。对称理论家认为,在这两种媒介中,这些结构特征是一样的,而仅仅是叙述的交流模式不同——电影用显现叙事,文学以讲述叙事。相反,**不对称论题**认为,至少在一种基本的结构特征上,电影叙事不同于文学叙事。例如,不对称理论家可能认为,叙事者在文学中是无处不在的,在电影中却难以找到;或者可能认为,电影叙事并不是以文学叙事的方式来传达的。不对称理论的解释可能从两种媒介的不同交流模式方面来提出,因此与对称观点不同,不对称观点认为交流模式确实影响叙事的结构特征。

虽然上面刚刚提到的区分比大多数电影理论家和哲学家已经明确应用到他们自身中的区分更为宽泛,但我们还是能够貌似合理地把一些理论家分到这个或那个阵营里去。在已经进行过最广泛讨论的叙事的结构特征方面,这一点尤其清楚:比之文学叙事者,电影叙事者具有相对的普遍性。在这方面,对称理论的一个支持者西摩尔·查特曼(Seymour Chatman 1990)主张,所有叙事,无论是电影的叙事还是文学的叙事,都必须有叙事者;在电影叙事中往往有一个(通常是暗含的)视觉叙事者,就像在文学中往往有一个(经常是暗含的)给我们讲故事的口头叙事者一样。叙事是被讲述还是被显现,这对于查特曼来说是次要的问题,它并不影响如叙事者的存在、叙事者的传达和观点这样的结构特征。布鲁斯·卡温(Bruce Kawin)和其他许多当代电影理论家一起,也认为往往有一个暗含的电影叙事者,我们通过他的眼睛看到情节(Kawin 1978)。列维森支持对称观点,至少在电影叙事者的存在方面是支持对称观点的;他认为在叙事性电影中往往有一个电影叙事者(无论怎样被抹消),这个叙事者的任务甚至可能延伸到了一部电影的配乐之中(1996)。

有关叙事者的不对称理论家包括柯里(1995:ch. 9.2)、瓦尔顿(1990:357-358)以及暂且包括鲍德韦尔(Bordwell 1985:62)。所有这些理论家们都认为,电影中的叙事者不像在文学中那么普遍,但是正如我们要看到的,对于这一主张,他们的根据各不相同。

一些理论家已经开始改变他们对这一主题的看法,这一事实使得对称问题显示出几分复杂性。查特曼最初赞成电影中的叙事者比文学中的叙事者作用要小一些(1978),但是后来(1990)认为这两个领域是对称的。而威尔森(Wilson)似乎已经向相反的立场移动了一点,从赞成电影中叙事者的视角只是非常有限的(1986:ch. 7),转到这样的立场:至少承认电影叙事者有无处不在的可能性(1997b)。

我将为叙事者的不对称观点的正确性进行辩护;我将通过证明电影叙事者的作用非常有限,随后证明文学的情况并不如此来进行辩护。然而我将从这种差异追溯到电影媒介与文学媒介的差异。这些媒介差异也解释了电影和文学中的其他几个叙事特征。这样,我们也将看到电影理论中特定媒介说明的重要性。

13.3　先天论证

一些人认为,对于只要有叙事就有叙事者,存在一种先天的证据。查特曼主张这种观点并得到了列维森的赞成(1996：251-252)。如果这个论断是成功的,那么关于叙事者的对称观点的真实性就立刻建立起来了。查特曼(1990：115)写道:"我将证明,每一个叙事从定义上都是被叙述的——被叙述性地呈现的——而叙事、叙述性的呈现,则必须有一个代理人,即使这个代理人不具有任何人格迹象。"叙事在概念上必须有一个叙事者的存在,因为叙事就是讲故事,这就要求一个故事的讲述者。

鲍德韦尔曾反对这种观点,他认为我们不需要诉诸一个讲故事的代理人,因为能够归于代理人的每一种属性,也都能够归于叙事自身的过程,这些属性包括如对信息的抑制、知识的限制,等等(1985：62)。但是这么说的话,问题就在于,要么它是过程的人格化(这只是一种概念上的混淆),要么它只是说代理人正在做这些事情的一种简略说法,因为只有代理人才能做出像抑制信息这样的行为(Currie 1995：247-249)。

如果有叙事,我们就必须承认有故事的讲述者。但是这并不能必然得出那是一个叙事者的结论。要理解这一点,需要在叙事本体论和文学哲学里引出在实际的作者、暗指的作者和叙事者三者之间我们所熟知的区分。文本的实际作者是创作文本的真实的人。我们在这里将文本暗指的作者理解成在其文本中表明自己的作者。这两者并不必是同一个人,比如说,斯威夫特(Swift)真实生活中的个性可能迥异于我们在阅读《格列佛游记》(Gulliver's Travels)的基础上归于他的一系列性格特征。实际的作者和暗指的作者都不内在于故事世界,因为他们是故事实际的和暗指的创作者。相反,叙事者是内在于故事的虚构实体;他是虚构的人,在故事世界中交待故事的事件。更准确地说,我们可以把文本的叙事者定义为特殊的虚构人物,他说出或写下构成文本的话语(Walton 1990：355)。比如,格列佛是《格列佛游记》的叙事者,因为他写航海日志是虚构的,而航海日志的话语构成了这部小说。因此,在阅读这部小说时我们阅读格列佛的航海日志,这是虚拟的。格列佛区别于斯威夫特这个暗指的小说作者:格列佛是一个艰苦的航海者,如实地交代他的历险;而暗指的作者利用这些虚构的历险来讽刺18世纪英国的信仰和制度。

一旦注意到这个区分,我们就能承认,虽然叙事要求有一个故事的讲述者,却能明白他并不是叙事者。如果有一个故事,就必须有一个讲述者;但是符合这个必要要求的讲述者是实际的作者。因为如果我们把这个文本当作一个故事来解释,我们要求有一个代理人,这个代理人以交流性意向产生一个文本,而代理人不能是内在于虚构世界的叙事者,因为这个文本是真实的对象,不能被一个单纯虚构的存在所制作。所以,如果成功的话,这个先天论证就证明了实际的作者的必要性,而非叙事者的必要性。[1] 在许多情况下,故事也会有一个暗指的作者(即真实的作者在作品中表明自己的时候),但是这也并非必要的,因为无论是否有足够清楚的一系列特征在文本中为我们表明,有理由去把暗指的作者看作存在的作者,这都是偶然的事情。

要否认每一个叙事都要求一个叙事者,还有更深刻的理由。正如已经指出的那样,不是所有的叙事都是虚构的:比如,就存在历史性的叙事。既然叙事者是一个虚构的人物,那么在历史性的叙事中就本不应该有他的位置(Livingston 2001)。在西蒙·斯伽马(Simon Schama)的《公民们》(*Citizens*)中,历史故事的讲述者是西蒙·斯伽马,而不是某个虚构的实体。不可靠的叙事的存在也并非要求一个不可靠的叙事者。我们已经论述过,我们能根据暗指的作者的意图来分析这样的叙事(Currie 1995:269-270)。

13.4　暗含的电影叙事者的三种模式

因此,应该拒绝这样一个先天主张:有叙事就必然有个叙事者。但是这仍然悬而未决,人们仍然可以在更加具体的层面上认为电影中一直有叙事者。为了考虑这个主张,我们需要更详细地考察各种叙事者。

一些电影或电影片段有明确的叙事者——电影中明确地虚构的叙事者。一个明显的例子是画外音叙事者,他的声音越过电影画面被听到,出现在电影的开始,也经常出现在其他地方。另一个例子是角色叙事者:出现在电影中的一个角色,他叙述电影的部分或全部。画外音叙事者也经常是角色叙事者;例如,在《爱人谋杀》(*Murder, My Sweet*)中,菲利普·马罗威(Philip Marlowe)在几个地方以画外音讲述,但他也作为电影中的一个角色出现。但是在有的时候也有不在电影里出现因而不是角色叙事者的画外音叙事者:例如,在奥森·威尔斯(Orson Welles)的电影《太阳下的决斗》(*Duel in the Sun*)中,在电影的开始我们听到威尔斯画外音叙事,但是他没有在电影中以一个角色出现。相反,有一些角色叙事者并不以画外音的方式叙述:在《公民凯恩》中,凯恩的几个朋友在电影闪回中追述凯恩早期生涯的片断,但是这些片断是被他们在故事世界中的谈论所引入的,而不是以画外音的形式讲述的。

明确的叙事者在电影理论中获得了相对较小的注意,因为他们的存在是无可争议的。辩论集中在是否有一个**暗含的**电影叙事者。这种叙事者被认为把电影作为整体来叙述,而不是明确出现在画外音中或作为角色出现在电影中。既然他们把电影作为整体来叙述,他们的声音却听不到,他们就被认为是视觉叙事者,以某种方式制作便于我们观看的景象或图像。相信这种实体的人常常认为,即使有一个明确的叙事者,这样的暗含叙事者也能找到;暗含的叙事者站在明确的叙事者背后,控制后者从中现身的故事。例如,萨拉·卡兹洛夫(Sarah Kozloff)写道:"画外音叙事者往往被包含于因而从属于一个更有力的叙事代理人,即图像的制作者。"(Kozloff 1988:48-49)

238

有关叙事者的无处不在这个问题,我们将集中关注暗含的电影叙事者。这种暗含的叙事者有三种主要模式。我将逐个考察,逐个提出异议,并在下节中考虑这些异议是否能够得到答复。

13.4.1　叙事者作为不可见的观察者

这种电影叙事者模式是最老的,由古典电影理论家列夫·普多夫金(Lev Pudovkin)在其著作中提出。这在当代电影理论家中可能也是最流行的模式,也被其他人所支持,比如卡温(Bruce Kawin),又如让-皮埃尔·奥达塔(Jean-Pierre Oudart)的电影叙事的缝合理论①。根据这个模式,电影叙事者被当作一个不可见的观察者站在拍摄一个镜头的暗指的点上,通过他的眼睛,我们看到了所有情节。这个叙事者是故事的视觉呈现者;每一个镜头都被他从其主观视点来叙述。因此,这个模式在某种程度上概括了电影中的"视点"镜头:所有镜头被认为是从叙事者的视点拍摄的。就像是在文学故事里,我们通过阅读叙事者的话语来了解虚构的世界一样;因此在电影故事中,我们通过叙事者的眼睛了解虚构世界。

如果试图更加小心地讲清楚这个观点,我们就会遇到困难。一个选择是说,我们要想象我们就是叙事者,因此在这个意义上,我们与之融为一体,并虚拟地拥有他的经验。但是,别的且不论,这就会弄错叙事的基本特征,因为是叙事者选择如何叙述故事,而不是观看者选择故事如何进展。因此,或许我们应该根据它的虚构性来解释这个主张,即我们有与叙事者所经验的同样的知觉经验,但是我们并不是虚构地与之融为一体。

然而,这个说法也遇到了严重的困难。它认为我们通过叙事者的眼睛虚拟地看到了剧情。在这里我们就能回到第一节提到的第三个问题,它涉及在看电影时想象力的作用。即使同意瓦尔顿说的人们在电影中虚拟地看到虚构事件,这个"叙事者作为不可见的观察者"模式仍然失败了;因为在标准的电影镜头中,人不通过他人的眼睛而**直接**观看,这是虚构的。在看这样的电影时,好像通过一扇玻璃窗来看这个虚构的世界(Wilson 1986:55)。当然,有那么一些镜头(视点镜头),其中人在某种意义上通过一个人物的眼睛来看,这是虚构的;但是这样的镜头几乎总是能够被清楚地辨认出来,从而区别于组成大部分电影中的大多数镜头的一般"客观的"镜头。

然而,有一些反驳我们虚拟地看到电影中的虚构事件这个主张的强有力的论点。在这个竞争中,不具人格的想象力观点,即叙事者作为不可见的观察者模式失败了,这并不是因为我们虚拟地直接观看,而是因为,不管是直接地还是间接地,我们根本不是虚拟地观看。根据柯里的理论,如果我们虚拟地看到虚构事件,那么我们就虚拟地处在那个虚构的世界之中,站在摄像机的视点上。但是那样就会导致荒谬的结论。假定一个镜头是从一个房间的天花板拍摄,那么,我就必须虚构地被粘在天花板上。我如何到那里,我又如何待在那里呢?如果一个镜头从外太空拍摄,我就必须虚拟地待在那个点上。我是否要想象自己穿一件保命的太空服漂浮在外太空呢?当一个镜头片段从一个地点的镜头变到完全不同的地点的镜头时,我是否想象我有力量瞬间从一个地方移动到另一个地方?而且在其他情形下,似乎我必须想象不仅是荒谬的东西,而且是全然矛盾的东西:比如,如果一个电影中的谋杀被表现为不可见的,那么我必须想象我看到了不可见的某事(Currie 1995:ch. 6)。对此我们可以再做些补充。如何

---

① "缝合"(Suture)一说由拉康派的符号学家弥勒(J-A Miller)原创,后经法国学者奥达塔引入电影理论,成为一个流行的分析概念。粗略地说,我们观赏电影的机制是通过捕获一个视角,或者,在影片的人物中寻找一个"代偿"自我,将自己的经验"缝合"在作品的叙事中,以此填补自身"不在场"的缺失,从而在观赏过程中完成自身经验的缝补,获得意义。许多经典电影着力于强化观众的代偿机制,促使观众与人物相认同,在不断紧密的缝合中,达到"共命运,同悲欢"的共鸣效应。——译者注

说明不同透镜的使用？广角镜形成的图像(它产生"鱼缸"效果)与普通镜头形成的图像截然不同，而且两者都不同于长焦镜头(它用来把远处的物体拉近和使空间扁平)产生的效果，这一点是可知觉的。我们是否要想象我们的眼睛可以改变焦距从而模仿这些镜头的效果呢？如果是这样的话，还有其他什么东西对我们来说一定是真实的呢？而且，当一个图像以垂直带擦过屏幕的方式被另一个图像取代时，我们如何解释我们看到的镜头的划出划入呢？而且我们如何解释分镜头？我们能够虚构地同时看到两个屏幕——它们的图像之间有着清楚的视觉分割吗？

柯里提出了他对虚拟地看到剧情(我们是想象的观察者)的主张的反对意见。但如果成功的话，他的异议——也像刚刚补充的那样——有力地反对了这个观念：叙事者是一个不可见的观察者；因为，这种模式要求我们通过叙事者的眼睛，因而是从虚构空间的里面虚拟地观看。而且，通过叙事者眼睛虚拟地观看比直接虚拟地观看甚至要更加古怪一些。因为我们如何想象我们能够通过叙事者的眼睛去观看呢？我们能否想象有某种非凡的技术装置或魔术手段，通过它把叙事者的知觉经验直接呈现给我们呢？但这是被所有那些广义现实主义的电影的虚构世界所排除了的，也就是说，这些电影比较宽泛地像日常生活，在日常生活中，上面说的这些事情是不可能的。(确实，根据对争论中的东西的某些解释，这在概念上是不可能的：一个人会确切地拥有他人的知觉经验，而这些经验不同于在质上相似的经验。)因此，根据不具人格的想象力的理论，"叙事者作为观察者"也应该被坚决地摒弃。

13.4.2 叙事者作为向导

电影叙事的第二个模式避免了刚刚描述的困难。跟第一个模式的相似之处在于，它认为电影叙事者是每一个场景的虚拟的视觉呈现者或显现者；但不同之处在于，它认为，当我们虚拟地观看时，我们是直接通过自己的眼睛而不是叙事者的眼睛观看。叙事者宛如场景的知觉向导，为我们显现景象和声音，把它们指给我们，并把我们的注意力带到重要的东西上去。电影叙事者的这个模式为列维森所捍卫，他认为对于电影叙事来讲，这是"最好的默认假定"(1996：252)，查特曼似乎也采纳了这个模式(1990)。[2]

在支持这个模式时，列维森写道，假定我们虚拟地看到了虚构事件，我们就必须能回答这个问题："我们**如何**看我们所看到的东西……对于世界被如何变得对我们是可见的，理性……要求一个答案。"(1996：156)他认为，答案必须包含叙事者作为被观看的景象的知觉向导。在支持这个论点时，他反驳了威尔森的主张(1986)，后者认为发挥这种知觉作用的代理人是暗指的电影制作者，而不是叙事者。列维森恰当地指出，如果我们要把代理人看成虚构地向我们呈现景象，那个代理人必须内在于虚构，因为景象本身是虚构的。恰恰相反，作为电影作者的暗指的电影制作者外在于虚构，因此只能使虚构事件再现而非使虚构事件本身成为可能(Levinson 1996：255)。

"叙事者作为向导"的模式比之第一种模式明显占优势。它承认，在标准的电影镜头里，我们是直接观看的，而不是通过他者的眼睛观看，这样就避免了设法解决我们如何能够虚构地通过他人的眼睛观看这些额外的问题。但是，假定不具人格的想象力的观点是正确的，那么这第二个模式也要被排除;因为,如果被描述的事件虚拟地向我们显现,那么我们就必须虚拟地观看它们;因此,柯里对于虚拟地观看的异议也会不利于这种叙事者。同样的观点将适用于列维森的这一主张:我们必须能够回答这个来自虚构世界内部的问题——虚构的景象如何向我们显现。因为如果我们想象在看某物,这就要求必须把其他某物想象成虚构的,而正是这种要求导致了上面列举的那些令人尴尬的问题,这些问题对于我们虚拟地观看这一观点造成了困难。如果理性要求一个叙事者的存在,那么它也要求这些问题的答案。看起来,彻底否认虚拟观看的存在会好很多,那么这个问题——这些事件如何向我们虚拟地显现——就简单地终止了。

13.4.3 叙事者作为图像制作者

第三个模式认为,叙事者并不虚构地向我们呈现事件,但是虚构地向我们呈现事件的图像。我们在观看一部有关真实发生的事件的电影,这是虚构的。那么叙事者就是那部电影的制作者。这个观点似乎源于电影理论家阿贝尔·拉法依(Albert Laffay),并为麦茨所拥护。麦茨说,每一个镜头都是被一个**"伟大的图画家"**(grand imagier),即伟大的图像制作者所制作的(Metz 1974:20-21)。威尔森拥护这个观点的一个更谨慎的描述(1997b)。在一个比较温和的版本中,他捍卫他称之为"虚构显现假说"的说法:他主张,真实事件的**图像**向我们显现,这是虚构的。他似乎想把是否要求叙事者的存在留给某个将来时刻来决定;但是,由于一种类似于列维森所提出的反对威尔森的早期理论的原因(上面已经提到过),很难理解图像制作者如何能够是暗指的电影制作者。因为,如果这是虚构的(指真实事件的图像向我们显现),那么某人制作真实事件的图像就是虚构的;而且这不能是暗指的电影制作者所具有的作用,因为他外在于虚构,而不是内在于虚构的一个角色。所以,我认为,应该把这样的观点归于威尔森:图像制作者实际上是叙事者。

这第三个模式是在前两个模式的基础上的进步。它并不主张我们通过叙事者的眼睛观看,从而避开了我们所看到的那种主张所导致的问题。而且,既然我们已经在虚拟地观看真实事件的图像而非那些事件本身,我们就能回答前面列举的那些令人尴尬的问题。例如,不必想象我们有能够模仿广角镜和长焦镜头的眼睛,或者几乎达到划出划入银幕效果的眼睛:既然图像虚拟地向我们放映,那么在这种情况下,图像以各种镜头被拍摄或使用"划"的方式被剪辑,就是虚拟的;而想象这些事情也就不那么奇怪了。并且,这个观点产生了与文学叙事者最相近的类似。回想一下,文学的叙事者是这么一种人:我们在阅读小说时所读到的他的话语是虚构的。如前两种电影叙事模式所主张的那样,电影和文学叙事者之间的平行将不涉及景象和声音,而涉及叙事者正在虚构地制作的图像。所以,有一个这样的严格的类似:将叙事者看作事件的纪录片制作者,在观看故事片时,我们是在观看叙事者的纪录片,这是虚构的。

但是,如果这是理解叙事者的正确方式,那么我们似乎就得想象一些甚至更加荒唐的事情。为什么电影中的人物没有注意到有一个纪录片的全体剧组人员在场呢?当只有一个角色单独出场的时候,场景中如何可能有这种剧组全体工作人员在场呢?或者,就像柯里所指出的那样,如果我们把电影看作以前发生的某事的再创作,我们就不得不把叙事者想象为某个付出了巨大代价的人,他雇佣演员和技术人员重新创作以前的事件;而如果叙事者被认为生活在摄像机发明之前的时代,那么某些事情就会变得尤其古怪了(Currie 1995:267)。

威尔森认为,这些各种反对意见是错误的。如果我们假定我们观看真实事件的移动图画镜头这件事是虚构的,那么从定义上说,一架摄像机必须虚构地存在于场景中,这确实是对的。但是我们不必想象有一摄像机存在;我们能够想象我们是在观看自然的图像的镜头。它们被定义为镜头,镜头的这些特征体现了自然反过来依赖场景的事实。这些镜头缺乏一个被加工过的表面(跟一幅画不同),而且它们被设计成用来储存或传送视觉信息(Wilson 1997b:313)。这种定义的关键在于,通过一架摄像机来产生这些镜头,这在概念上是不必要的,但是它们以别的方式尽可能与真实的拍摄图像相似。那么想象我在看这些真实事件的镜头时,我不必想象一架摄像机存在于场景之中,所以就不会有荒唐的结论。

如果我们要想象我们是在观看自然的图像的镜头,那么我们就要想象某种远离大多数故事片的虚构的东西,这些故事片中再现的世界与真实世界十分相似。在真实世界里,我们能产生镜头的唯一方式是通过被拍摄的场景中摄像机的存在。根据这种方案,观看者将不得不想象,镜头正在以故事片的世界中不可能的方式制作出来。这种方案抓住了观看者想象的东西,这是非常难以置信的,因为自然的图像的镜头这个概念是一个艺术术语,大多数电影观看者都不太可能会想到它,或许对于他们中的许多人来说甚至是不可理解的。

然而,威尔森的回答的主要负担在于,是什么机械装置导致这些镜头的制作和组合,这在虚构上是**不确定**的。的确,他指出在虚构中看起来是这样的——飞侠哥顿(Flash Gordon)①的观看屏幕似乎给了他进入其他地方正在发生的事情的一个视觉通道,但是,一架摄像机存在于场景中似乎并不是虚构的,而且这种机械装置如何操作是不确定的(1997b:314-315)。这种依赖于虚构不确定性或相关概念的回答,向所有的叙事者模式开放,我们将在下一节来考虑它。但是不能证明这种回答是令人满意的,因此我们能够说:作为电影叙事的一般说明,叙事者作为图像制作者,连同另外两种模式,都应该被摒弃。

13.5 荒唐的想象和愚蠢的问题

有几个论证可以用来反对这三种形式的电影叙事者理论,不过也有一个共同的反对理由:叙事者的存在将要求我们进行荒唐的甚或是矛盾的想象。但是这是否是个好的反对理由呢?

一个担心是,同一种论证也可以排除明确的叙事者的存在。因为当这些明确的叙事者依靠视觉的方式来叙事时,我们应该如何想象他们达成叙事的呢? 在上面讨论过的三种模式中我们似乎有一个选择,但是这些针对它们的反对意见并不依赖叙事者是暗含的,所以它们同样反对明确的叙事者。这就表明,这么说的话,这种异议出了问题。

似乎有一种方式可以避免这种结论。柯里利用来自荒唐的想象的论证来反对**控制的叙事者**(即他在虚构的意义上是我们所看到的图像的根源)这个观念,他认为这样一个叙事者

---

① 美国科幻动作电影《飞侠哥顿》的主人公。——译者注

实际上是不合理的。相反,他认为**嵌入的**叙事者的观念是合理的:"在有一个嵌入的叙事者的地方,我们阅读的文本告诉我们某人在讲述,但是那个讲述者并不虚构地对我们所阅读的文本负责。更准确地说,我们所阅读的文本**交代**那个人在讲述,这是**虚构的**。"(1995:266)他举的例子包括《公民凯恩》中的那些角色,他们通过闪回来讲述他们所了解的凯恩。然而,嵌入的叙事者的观念也引起了一个相似的问题。因为,注意:柯里说文本(我们看到的电影片段)交待角色在讲述,这是虚构的。但是,既然这些交代讲述的片段是内在于虚构操作者的范围的,那这在虚构上如何实现呢?**角色**在从其过去给我们展现图像,这不是虚构的,因为角色并不是控制的叙事者,但是,如果讲述在视觉上被虚构地交代,那么我们就能利用从荒唐的想象而来的同样的论证得出这样的结论:这些图像**以某种方式**给予我们,这一定是虚构的。有内在于虚构世界的某个其他的代理人,他在制作有关角色的过去的电影,或者以某种方式把我们送入过去,这是虚构的吗?在此似乎又一次要求荒唐的想象。因此,由荒唐的想象而来的论证的某些方面似乎是错的。

  人们可以通过考虑一个明确的叙事者来坚持这个观点,这个明确的叙事者似乎在柯里的意义上是控制性的,即他对声音和图像负责。《彗星美人》(*All about Eve*)由艾迪逊·德威特(Addison DeWitt)以画外音来叙事,这个剧评家在电影的开头将我们介绍给出席女演员爱娃的一个颁奖典礼的诸角色。德威特控制电影的声音:他说到典礼上年老的发言人时说"你听到他说什么并不重要",于是我们就听不到那个角色讲话,也就是说,直到德威特告诉我们他决定让我们听到为止,我们都听不到他的讲话。当他介绍一个角色的时候,包括他自己在内,摄像机就向我们显示那个角色。令人难忘的是,就在爱娃即将接受她的奖项时有一个定格。德威特的声音越过这个定格继续,嘲讽地暗示:关于爱娃,我们所知道的并非如我们料想的那样多。正如卡兹洛夫在讨论这个片段时所恰当评论的那样:"人们注意到的头一件事是,这儿的声音实际上完全控制着图像……这个叙事者也掌管着声轨。"(Kozloff 1988:65)于是,这个片段表明,德威特对声音和图像负责。但是如果一个人尝试去想象这如何可能,就会导致想象荒唐的东西。德威特从故事世界之内对我们说话,当他有意看摄像机时,我们听到他的声音说:"介绍我自己或许是必要的。我的名字是艾迪逊·德威特。"但是他的嘴唇并没有动:当他控制了我们看见和听到的东西时,我们以某种方式直接听到了他的思想。这在虚构上是一种心灵感应么?当他端坐在我们面前,自身也是故事的一部分时,德威特如何能够控制图像和声音?颁奖典礼正被拍摄,而他的声音是后期加到电影上的画外音,这似乎不是虚构的。这个片段的意义在于,我们是在场的;的确,德威特告诉我们:"你知道自己在哪里和为什么在这儿是重要的。"但是,《彗星美人》的虚拟世界并非充满魔幻,而是与真实世界大致相像;而在真实世界中,这种叙事行为是不可能的。但毫无疑问,德威特在讲述这个片段,并且是通过控制声音和图像来讲述它。由荒唐的想象而来的论证会得出结论说,德威特不能是叙事者。但他是。

  对于由荒唐的想象而来的论证的最有力的回应是,认为它之所以失败,是因为它是一个关于虚构**愚蠢问题**的例子,提出和尝试解答这些问题都是不合理的。在人们认为奥赛罗言谈粗鲁的同时,他怎么可能说出如此伟大的诗句呢?怎么没有人指出这一点呢?为什么在列奥那多(Leonardo)的《最后的晚餐》(*Last Supper*)中,门徒们都坐在桌子的同一侧?是否是因为他们正努力去避开彼此那糟糕的呼吸?这样的问题都是愚蠢的,因为在虚构世界中没有它们的答案,而且我们并不被设想要去从事它们所激发的想象;毋宁说,问题的答案在虚构世界之外:在第一个例子里,答案在于要在审美上提高作品,在第二个例子中,答案是要便于我们认识门徒们的面部表情(Walton 1990: ch. 4.5)。同样,如果我们询问,暗含的叙事者如何拥有他在虚构上拥有的能力,那我们就不合理地提出了愚蠢的问题。这并不意味着他不存在,就像提出有关奥赛罗的愚蠢问题并不表明他不会说出伟大的诗句一样。

在这个一般回应背后有两种策略。第一,人们可以主张,即便当故事规定某人去想象一些事态时,他并不被要求去想象它的含意(Walton 1997: 62)。[3] 所以,即使某人被要求去想象一个叙事者,也不必想象他如何正在实现他的叙事行为(这样将会提出愚蠢的问题)。既然虚构的东西是一个人被规定去想象的东西,那么就可以这么提出观点:当某人想象某种事态的时候,在虚构上不能确定的可能是某种别的东西——正如前面提到的,这是威尔森的说法(Wilson 1997b: 306-309)。因此,尽管有一个图像制作者在叙事,这可能是虚构的,但他究竟如何进行叙事,这在虚构上是不确定的。第二种策略涉及那些人们被规定去想象矛盾的情形:例如,人在观看谋杀,而谋杀是看不到的。(在这种情况下,人们不能诉诸这个事实,即人不能被要求去想象他所想象的含意,因为在这儿人直接被规定去想象不相容的事情。)对它的回答是,这没有带来额外的困难,因为想象(比如梦)和故事有时就包含了这种不协调(Walton 1997: 65)。

如果成功的话,这个回答就表明了反驳暗含的叙事者的主要论点的失败,因而让我们可以承认暗含的叙事者的存在。而且这也破坏了对一个相关见解的异议,这个见解认为,我们想象正在看电影中的故事,而不是不具人格地从知觉上想象它们(在 13.1 中已经讨论过的第三个问题)。但是这个回答是成功的么?

考虑一下这个回答的第二部分——故事和想象可以包含不合理和不一致,因此假定包含想象矛盾的行为和实体就不会带来额外的问题。诸如时光旅行的故事和许多神话故事这样的虚构故事可能包含不合理性,这当然是正确的。但是我们可以将这一点作为一个一般的启发式原则提出来:当我们解释虚构世界时,在同等条件下,我们应该尽自己所能,努力把虚拟世界解释得跟真实世界相似。虚构世界中的许多因素是暗含的——我们通常不被告知角色的静脉中有血、他们不是化装成人类的机器人,等等。我们使用刚刚提到的那个解释原则来假定事情如此。如果我们不假定虚构世界与现实世界非常相似(除了那些明确不同的方面),那么,如何正确地去解释甚至被明确制作成虚构的东西,就会有大量的不确定。现在这一点意味着,在同等条件下人应该去寻求最小化虚构世界中的不合理和矛盾,因为在现实世界中并没有这种不合理和矛盾。如果有明显的虚构的异常之物,例如唱歌的罐子或时光旅行,人们就明显应该接受它们是虚构的。但是如果那些实体被假定为暗含的,例如假定的视觉叙事者,那就有理由不介绍它们,除非有强制性的论证支持我们应该这么做。但是我们已经看到,并不存在这样的论证:一般的先天论证,以及有关理性要求的列维森的论证,二者都失败了。所以,由于将暗含的视觉叙事者归于电影会产生不合理或不一致,所以它们都应该遭到摒弃。

现在考虑这个回答的第一部分。这可能是真的:当我们自己想象某物而没有虚构的向导时,我们并不总是被要求去想象我们的想象的含意(虽然这部分地依赖我们想象的程度)。但是,当我们欣赏故事时,我们一般是被要求想象一个明确的虚构之物的宽泛含意。虚构的世界中相对较少的东西被制作成明确的,我们就被要求去想象许多其他事态来正确地解释明确虚构的东西。考虑在一部小说中被交代的一个人物的话语:如果我们寻求理解她的动机,我们就需要想象她的心理状态在虚构上是什么,这种心理状态能够解释她的语言。所以我们必须想象这个被明确制作成虚构的东西的含意是什么。一般来讲,我们必须把明确虚构的东西的**含意作为对一部作品的欣赏的一部分**来想象。例如,作品可能因荒唐的和站不住脚的含意——比如它们的人物动机是不合理的——而遭到批评,这些批评可以有理地依赖想象虚构的东西的含意。所以,在考虑被明确虚构的东西的含意具有一般合理性的情况下,在我们没有好的论证去证明暗含的叙事者必须被归于电影的情况下,从荒唐的想象出发对暗含的叙事者的反驳就应该成立。然而,如果叙事者是明确的,我们就又不得不承认他们的存在,要么接受荒唐的含意,要么通过拒绝细想它们而把它们作为背景。

所以这个回答失败了,结论是我们应该只承认电影中有明确的叙事者。我们应该避免提出这样的实体——它们使得愚蠢的问题有了基础,除非这些实体是明确虚构的。这种讨论还有另一个结论。这个结论和叙事问题直接相关,但瓦尔顿的回答明确地被导向辩护他自己的观点(我们虚拟地看到故事),而反驳柯里的观点(我们不具人格地在视觉上想象故事)。既然我们已经论证了这个回答是失败的,就应该同样得出结论说,这个有缺陷的电影模式是我们不具人格地去想象视觉的虚构。但是,又一次地,这个立场必须虑及被明确虚构的东西,而且在虚拟地观看的问题上,这似乎是合理的:在一些情况下,如一些视点镜头,我们虚拟地看到角色看到的东西,这是虚构的。观众介入电影的这个有缺陷的模式是不具人格的视觉想象,但是可以存在被合适暗示的虚拟观看的片段(Gaut 1998:336)。

13.6　文学叙事者

到现在为止,我已经论证过:我们应该只承认电影中明确的(画外音或角色)叙事者。这就支持了不对称主张,因为电影的情况跟文学明显不同:一般认为,文学中有人物叙事者,也常常或一直有暗指的叙事者,无论怎么去抹消他们。为此提出的一个理由是,在文学中,我们往往会感觉到某"声音",这个声音说出文本的词语。对于表现细微差别和性格特征来说,语言是一种极端微妙的工具,所以,认为词语中体现了某个人格,这是很自然的。我们可以把它和电影比较;在电影中,尽管可以通过照明、摄像机移动等来传达某种人格,但这些装置比之语言的微妙性是粗糙的。然而,虽然有关语言比之电影技术相对微妙这个观点是正确的,但是在语言的使用中,"声音"的更重要的含意并不表明这是一个叙事者的声音。它可以是暗指的作者的声音。所以这个观点并不证明文学中叙事者的无处不在。

更有希望的是这个主张——我们普遍使用陈述句来交代或描述事件。在虚构的作品中,暗指的作者并不实际地使用句子来描述事件;这些句子只是在虚构上进行陈述,所以必须是某个虚构的实体,他通过这些句子进行叙述,这个虚构实体肯定是一个叙事者(Walton 1990:365-366)。我们又可以把这一点跟电影做对照。既然故事片——而非纪录片——是电影实践的主要类型,那么,同样的论证将不能证明,故事片将被看作虚构的纪录片(这就会产生叙事者作为图像制作者的说法)。现在这个观点是不错,它给出了一些根据来认为,我们有更多的理由去相信文学中而非电影中的暗含的叙事者。但是这些根据有多牢固呢?

有关愚蠢的问题的讨论结果是,如果我们能够将实体归于虚构(这些实体可能成为提出有关它们的愚蠢问题的基础),我们也应该避免将这种实体归于虚构。因此我主张,我们应该避免把暗含的叙事者归于电影。但相似的论点似乎会在文学上有同样的结论。因为,考虑一下这个据说是无所不知的叙事者的情况,例如乔治·艾略特的《米德尔马契》(Middlemarch)中的叙事者。这个无所不知的叙事者大概是一个人(虚构的讲述者不常是一个外星人或上帝)。一个人如何能够知道所有这些知识——经常是人们秘不示人的最私密的想法——呢?或者考虑一部关于某人孤独死去的小说,我们阅读到了他死时的想法;叙事者是如何知道这种事情的呢?显然,全部愚蠢的问题都可能发生;我们上述反对归于电影叙事者的相似的论证,应该可以用来证明在文学中暗含的叙事者远不比我们料想的普遍。

我认为这个结论是正确的,文学中叙事者的作用被高估了。我们归于叙事者的"声音",大多数应该更正确地归于一个暗含的作者。但是也不能因此就得出这样的结论:电影和文学在这个方面刚好是相似的。因为,在便于认识电影和文学的叙事者上,有一个至关重要的差别。要明白这一点,最简单的方法是看一个例子。在电影《西北偏北》(The North by Northwest)中,罗杰·索荷(Roger Thornhill)(加里·格兰特[Cary Grant]扮演)最后在鲁什莫峰(Mount Rushmore)上战斗,有那么一瞬间,他的生命悬于抓住一个总统石像的一只手,女主人公爱娃则吊在他的另一只手上。这个镜头明显地是从半空中的一点,即从索荷的右下方拍摄的。很明显,许多笨拙的问题又冒出来了:叙事者如何能虚构地悬在半空?是否虚构他有翅膀,四处盘旋却刚好碰不到索荷?我们已经论证过,最好避免把实体归于故事,这些故事是这些问题的对象。但是想象同样的场景在一部小说中被讲述,那就不会有类似的笨拙的问题被提出来了。因为这个叙事者可能从地面用望远镜安全地观察过这场战斗;或者索荷后来告诉了他;或者他可能在其中一个参与者的日记中读到过;等等。至关重要的差别在于,电影图像有一个内在的透视点,图像就是从这个透视点来获得的;在与真实世界极不可能类似的任何东西中,都会遵照这一点:从场景发生的那个时间和地点,某人或某物正在观察这个场景。但是语言就不是这样了。所以,**视觉**媒介和单纯**词汇**媒介之间是不同的,这就解释了为什么荒唐的想象基于第一个例子而非第二个。这个观点不仅适用于电影的视觉本质,还适用于它的听觉本质。因为我们从一个靠近他们的地方听到了索荷和爱娃的声音,我们又会问:叙事者(或观众)如何虚构地能飘浮在空中、处在这个位置?但是,同样的观点并不适用于小说中对人物言语的交代:我们可能随后才被告知他们说了什么,等等。所以差别就在于,在电影中有话语的**声音**,在小说中仅有一个词汇的交代。简言之,这是因为电影是**视听**媒介,而小说是**词汇**媒介,前者比后者更有根据引起荒唐的想象。

于是就有了这两点结论:第一,有更多的理由相信小说中而不是电影中有暗含的叙事者;

第二,这种差异要追溯到特定媒介差异,追溯到视听媒介和词汇媒介的不同本质。

13.7 特定媒介的说明

到现在为止,我们一直在集中谈论小说和电影中叙事者的存在问题。而这个有关叙事者的、以媒介为根据的不对称观点也概括了叙事的其他方面。

第一,我已经论证过,如果由于媒介的差异,叙事者在电影中不如在小说中普遍,那么这个观点对于电影的传达和观点问题(与小说不同)也同样适用。叙述者在这个意义上作为读者认识虚构世界的中介:被叙述的文本的词语是叙事者的词语,这是虚构的,因而读者对于世界的认识就依赖于叙事者。在叙事者不可靠的情况下,读者就必须根据他关于叙事者在各个地方是否可靠的判断来调整他对虚构世界的信念。就叙事者描述发生的事件的方式来说,他也体现一个对于事件的有情感感染力的观点,或中立地或赞成地或不赞成地交待事件。在那些没有叙事者的电影中,认识途径和观点就更加不能依靠叙事者。所以,有这么一种方式,在其中电影是没有叙事者和不被中介的,即它们是更加直接的,比有叙事者的文学作品更直接,而且这种特征依赖各自媒介的属性。然而,这并不意味着电影完全不被中介:电影中的中介可以用其他方式进行——例如,暗含的电影制作者可能起中介作用,并且正如我们已经提到的,柯里已经证明过,能够根据暗含的作者来解释电影中不可靠的叙事者。[4]

第二,考虑一下通达角色的主观状态这一问题。在文学中,对于人物的所思所感的细微之处,能够给我们一种高度具体和细致的描述。在电影中,我们则必须从他们的外表、手势、话语——简言之,从他们的行为举止来推断人物的内在状态。即便他们高声说出一个描述,这个描述可能在关于他们的小说中已经被勾勒了,但这个描述的情况是不同的;在电影中,他们所说出的话语本身是他们所展现的举止的一部分,从中我们推断他们的精神状态。但是小说中的描述会使得这一点直接在虚构上就是真实的:他们就在一定的精神状态中,而无须从我们这一方从他们的举止来推断。所以,小说能够以一种电影所不能的方式让我们直接通达主观状态。[5] 这是电影和小说叙事力量的一个差异,这也要追溯到特定媒介的差异上。一个人能描述人们的精神状态、他们的所思所感,但是他不能拍摄一个思想或感觉,也不能把它录下来,他仅仅能够录制这些东西的外在表征。所以对于为什么电影和文学在对主观的通达上有所不同,有了一个简单的解释。这就是普鲁斯特(Proust)的作品(有着精巧的和广泛细致的内在状态的描绘)很难被成功地改编成电影的一个原因。

第三点,与此相关,在虚构地明确表达的东西的范围上,电影与小说之间也存在着不同。在电影批评中,有时候会说电影留给想象力的东西比文学作品少。在听觉和视觉的事实范围内,这是对的。电影非常准确地展现了一个角色的外表和声音,而小说对于一个角色的外表和声音可能仅仅给出一个模糊的描述,或者干脆没有描述,甚至对于一个重要人物也是这样。所以,关于角色和布景的视听属性,电影留给想象力的余地的确较少,因为它们把相关属性制作成明确虚构的东西。但是,正如我们已经提到的那样,电影不能直接通达角色的主观状态,所以鉴于要求从举止上去推断,这些主观状态就仅仅是暗含地虚构的,也就是说,它们将要求从明确虚构的东西出发去推断这些主观状态。或者,确实,它们可能是相当不确定的:拥有电影中一个角色的外貌的确切知识这很正常,但是关于他的动机颇费琢磨。所以,这是正确的:在视听表象方面,电影的确通常较少给想象力留下余地;而这也是相当普遍的:电影会在角色的动机方面要求更多的想象力(在要求推断它们或任其不确定的意义上说)。很明显,这种差异又一次植根于特定媒介的差异:作为一种视听媒介,电影必须展现摄像机前的事物的视听属性,而它对于主观状态的获得是间接的和推论性的。相反,小说作为词语媒介,它有让视听属性相对地不太具体化的选择权,但它们能直接描摹人物的主观状态。[6]

最后,有这么一种方式,其中在电影中的叙事性评论比在小说中更加间接。在对改编自莫泊桑(Maupassant)同名短篇故事的让·雷诺阿(Jean Renoir)的电影《有限的村庄》(*Une Partie de campagne*)的杰出研究中,查特曼指出,莫泊桑只是简单地把一位年轻女孩描述为"可爱的",雷诺阿却没有这个选择权。他所做的是指派一位女演员,他希望许多人能在她身上找到"可爱"之处(Chatman 1999:442)。当然这一点概括了:语言可以是明确的评价性的;被拍摄的图像却不是,因为人们不能拍摄一个价值。所以在文学中可以有明确的评论的可能性,而这在电影的视觉图像中不能实现。

显然,媒介的本质影响它们的叙事能力还有其他方式,例如,在电影中,音乐可以帮助提供叙述性信息,但在所有小说里显然听不到音乐。但是刚才提到的那些观点应该用以阐释,媒介属性影响叙事有着丰富的方式。这为我最后的观察提供了根据:认为媒介特征在电影哲学中不起什么作用,这是错误的。几位古典电影理论家持一种本质主义的观点,认为人们能从电影媒介的本质得出关于电影评论的一般原则。例如(太过简单化地说),巴赞认为,因为电影是一种现实主义媒介,现实主义电影就优于非现实主义电影。卡罗尔公正地批评了这种彻底的本质主义的学说(Carroll 1988a)。不应该仅仅因为至少这种简单的特定媒介**评价**站不住脚,就认为特定媒介的**说明**也应该被放弃。实际上,我们恰恰已经看到了,这样的解释,在对电影叙事(作为小说叙事的比较而言)的说明中似乎是合情合理的。当然,这种主张的基础必须得到谨慎的具体说明,例如,特定媒介特征不应该被理解为一种媒介的必须**独一的**特征,因为摄影型电影的几个在解释上重要的特征都被(例如)数字电影所分有;而长篇小说、短篇小说和诗歌也同样分有文学媒介的属性。更准确地说,特定媒介特征不应该以绝对的术语来理解,而是应该理解为相对于其他媒介的区别性特征,即理解为一个媒介组与另一组特定媒介之间的区别性特征。例如,视听是胶片电影与文学的区别性特征,因为前者有这个属性而后者没有。但视听并不是胶片电影的独特特征,因为录像和数字电影也具有视听的特征。而且正如我们已经看到的那样,这种区别性特征解释了电影和小说的叙事能力之间的重要差异。因此,在诉诸媒介组之间的区别性属性的涉及媒介说明的意义上,特定媒介说明是一种重要的说明类型。确实,如果一个人认为根本找不到这样一种说明,那么电影哲学和电影理论有什么作用(如果有的话)就不清楚了。如果所有有趣的艺术属性和说明对于所有艺术媒介来说都是共有的,那么就可能有一个一般的艺术理论和艺术哲学,而单个艺术的作用将仅仅被简化为一般理论提供说明。但是我已经论证过,在电影中情况并非如此;对于电影哲学的一个丰富和复杂的调查研究,还有充裕的空间。

[注　释]

1　叙事要求一个实际的作者,这一先天论证的正确性可能被否定。比如,瓦尔顿认为,如果破裂声似乎是以自然的方式在一个岩石里讲故事,倘若听众决意同在讲故事的它们玩一个虚拟的游戏,那么这些破裂声是可以讲故事的(Walton 1990:ch. 1)。但是注意,即使这是正确的(虽然我将否定它),这仍将支持一个较弱的叙事要求一个代理人的主张,而且可以表明,这些代理人可以是观众,而非一个实际的作者。

2　虽然他不捍卫这个描述,但这个模式被威尔森(1997b)称作面对面描述的"虚构放映假说"。

3　为了使这个主张足够普遍,我建议含意应该在一个宽泛的意义上来理解。假如"p"和"q"表示事态,并假定在真实世界中,如果 p 是这样的,那么 q 就会是这样的。这可能是因为,p 在逻辑上必然得出 q;或者更弱一点是因为,q 是根据 p 鉴于某些自然法则得出的;或者再弱一些是因为,p 使 q 得以可能。在所有这些情况下,我们都能说 q 是 p 的含意。

4　电影的直接性可以部分地直接追溯到组成媒介的符号差异:我们理解世界的视觉能力早在孩童时代就有了,大大早于我们的语言知识,而且阅读能力更晚才获得,是学习能力发展的结果。这将不会令人吃惊:如果我们对电影的直接性的感觉部分在小说之上,那么就能得出电影建立在一种不太受文化决定的能力上的结论。以视听为途径的交流比书写语言更加直接。

5　有一个例外:在电影中一个画外音叙事者能使这一点直接在虚构上是真的,即一个人物在感受某事。但是如果这种技法在电影中使用得跟小说的描述一样广泛,那么电影就开始接近被朗诵出来的文学作品,只不过加上了视觉来说明它们而已。

6　当然这并不是说,小说必须确切地具体说明这样的状态,就像海明威的一些小说阐述的那样;而只是说,如果它们选择的话,它们能够直接具体说明这些状态,并且用这个能力达到审美效果。

参考书目

Arnheim,R.(1957). *Film as Art*. Berkeley:University of California Press.

Bazin,A.(1967). *What Is Cinema? Volume I*,trans. Hugh Gray. Berkeley:University of California Press.

Bordwell,D.(1985). *Narration in the Fiction Film*. Madison:University of Wisconsin Press.

Carroll,N.(1988a). *Philosophical Problems of Classical Film Theory*. Princeton,NJ:Princeton University Press.

——(1988b). *Mystifying Movies:Fads and Fallacies in Contemporary Film Theory*. New York:Columbia University Press.

——(1990). *The Philosophy of Horror or Paradoxes of the Heart*. London:Routledge.

Chatman,S.(1978). *Story and Discourse:Narrative Structure in Fiction and Film*. Ithaca,NY:Cornell University Press.

——(1990). *Coming to Terms:The Rhetoric of Narrative in Fiction and Film*. Ithaca,NY:Cornell University Press.

——(1999). "What Novels Can Do that Films Can't (and Vice Versa)." In L. Braudy and M. Cohen (eds), *Film Theory and Criticism: Introductory Readings*. New York: Oxford University Press: 435–451.

Currie, G. (1995). *Image and Mind: Film, Philsophy, and Cognitive Science*. Cambridge: Cambridge University Press.

——(1998). "Reply to My Critics." *Philosophical Studies*, 89: 355–366.

Eisenstein, S. (1999). "Beyond the Shot [The Cinematographic Principle and the Ideogram]." In L. Braudy and M. Cohen (eds), *Film Theory and Criticism: Introductory Readings*. New York: Oxford University Press: 15–25.

Gaut, B. (1995). "Making Sense of Films: Neoformalism and Its Limits." *Forum for Modern Language Studies*, 31: 8–23.

——(1997). "Film Authorship and Collaboration." In R. Allen and M. Smith (eds), *Film Theory and Philosophy*. Oxford: Oxford University Press: 149–172.

——(1998). "Imagination, Interpretation and Film." *Philosophical Studies*, 89: 331–341.

——(1999). "Identification and Emotion in Narrative Film." In C. Plantinga and G. Smith (eds), *Passionate Views: Film, Cognition and Emotion*. Baltimore: Johns Hopkins University Press: 200–216.

——(2002). "Cinematic Art." *Journal of Aesthetics and Art Criticism*, 60: 299–312.

——(2003). "Film." In J. Levinson (ed.), *Oxford Handbook of Aesthetics*. New York: Oxford University Press: 627–634.

Goodman, N. (1976). *Languages of Art: An Approach to the Theory of Symbols*. 2nd edn. Indianapolis: Hackett.

Harman, G. (1999). "Semiotics and the Cinema: Metz and Wollen." In L. Braudy and M. Cohen (eds), *Film Theory and Criticism: Introductory Readings*. New York: Oxford University Press: 90–98.

Kawin, B. (1978). *Mindscreen: Bergman, Godard, and First Person Film*. Princeton, NJ: Princeton University Press.

King, W. (1992). "Scruton and Reasons for Looking at Photograph." *British Journal of Aesthetics*, 32: 258–265.

Kivy, P. (1997). "Music in the Movies: A Philosophical Enquiry." In R. Allen and M. Smith (eds), *Film Theory and Philosophy*. Oxford: Oxford University Press: 308–328.

Kozloff, S. (1988). *Invisible Storytellers: Voice-Over Narration in American Fiction Film*. Berkeley: University of California Press.

Levinson, J. (1996). "Film Music and Narrative Agency." In D. Bordwell and N. Carroll (eds), *Post-Theory: Reconstructing Film Studies*. Madison: University of Wisconsin Press: 248–282.

Livingston, P. (1997). "Cinematic Authorship." In R. Allen and M. Smith (eds), *Film Theory and Philosophy*. Oxford: Oxford University Press: 132–148.

——(2001). "Narrative." In B. Gaut and D. Lopes (eds), *The Routledge Companion to Aesthetics*. London: Routledge: 275–284.

Lopes, D. (1988) "Imagination, Illusion and Experience in Film." *Philosophical Studies*, 89, 343–353.

Metz, C. (1974). *Film Language: A Semiotics of the Cinema*, trans. Michael Taylor. New York: Oxford University Press.

Neill, A. (1996). "Empathy and (Film) Fiction." In D. Bordwell and N. Carroll (eds), *Post-Theory: Reconstructing Film Studies*. Madison: University of Wisconsin Press: 175–194.

Sarris, A. (1999). "Notes on the Auteur Theory in 1962." In L. Braudy and M. Cohen (eds), *Film Theory and Criticism: Introductory Readings*. New York: Oxford University Press: 515–518.

Scruton, R. (1983). "Photography and Representation." In *The Aesthetic Understanding: Essays in the Philosophy of Art and Culture*. London: Methuen: 102–126.

Sesonske, A. (1974). "Aesthetics of Film, or a Funny Thing Happened on the Way to the Movies." *Journal of Aesthetics and Art Criticism*, 33: 51–57.

Walton, K. (1984). "Transparent Pictures: On the Nature of Photographic Realism." *Critical Inquiry*, 11: 246–277.

——(1990). *Mimesis as Make-Believe: On the Foundations of the Representational Arts*. Cambridge, MA: Harvard University Press.

——(1997). "On Pictures and Photographs: Objections Answered." In R. Allen and M. Smith (eds), *Film Theory and Philosophy*. Oxford: Oxford University Press: 60–75.

Wilson, G. (1986). *Narration in Light: Studies in Cinematic Point of View*. Baltimore: Johns Hopkins University Press.

——(1997a). "On Film Narrative and Narrative Meaning." In R. Allen and M. Smith (eds), *Film Theory and Philosophy*. Oxford: Oxford University Press.

——(1997b). "*Le Grand Imagier* Steps Out: The Primitive Basis of Film Narration." *Philosophical Topics*, 25: 295–318.

第 14 章

音乐哲学：形式主义及其他

菲利普·阿尔佩松　著

宋蕾　译

从毕达哥拉斯时代起，音乐就一直作为哲学关心的对象，或多或少地不断激发人们的哲学想象。直到今天，人们对此话题的兴趣依旧不减，而音乐美学也随即成为哲学美学领域内最具有活力、涉及范围最广、内容最丰富的课题之一。

为什么这么久以来，音乐一直可以作为哲学惊奇之源呢？这种现象可以借助音乐中几个互相关联的特征加以解释。首先，音乐具有可通达性（accessibility）。不可否认，有一些音乐很难懂，令人难以通达。而且在音乐中，确实存在一种人们熟知的划分：流行音乐和古典音乐。前者可以被普通大众所把握，而后者只能被在音乐上受过专门教育的精英人士充分理解并鉴赏。但是，即使这样，有很大一部分需要专业训练和敏锐的感受力才能被理解的音乐，依然有极大数量的作品相对地可以被未受过训练的欣赏者接受，这也是真的。另外，也许是更重要的一点，就是每个人天生都熟悉某种制作音乐的方式，比如哼、唱、吹口哨和各种音乐想象等。这些听音乐、鉴赏音乐或者制作音乐的活动，使大多数人从孩提时代就可以直接而亲密地介入音乐。所以，对于我们当中大多数人来说，音乐是我们世界的装备中非常熟悉的一部分。

音乐具有如此魅力的另一个原因是，音乐中可以利用各种各样的方式和器材。当然，它也可能由纯粹的人声构成而并不需要某种技术设备。可是，即使在这种情况下，音乐之间的差别也是惊人的，比如歌剧中的咏叹调、布鲁斯号子、藏族泛音歌唱以及图瓦（Tuvan）喉音唱法之间就明显存在不同。不同乐器之间的差别也同样令人印象颇深。例如钢琴、吉他、鲁特琴、小提琴和锡塔琴这类乐器，都有弦，可以拉、拨或弹。长笛、号管乐器和簧片乐器的声音则是由封闭的空气柱产生。锣、三角铁、响板、摇响器、排钟之类的乐器则是由敲击时可发出声音的硬弹性材料制成。另外，包括大多数的鼓在内，由皮革或者绷紧的薄膜制成的乐器则是击打时会发出声音。合成器、电脑和说唱盘之类的乐器所产生的音乐则是电子合成制造出来的。

同样，在音乐中乐音的结构和组合也是极其多样的。西方的音乐欣赏者对在一种特别的音调体系中所做的音乐会很熟悉，在这种体系内有三个音：一个最关键的音（主音）、比它高五度的音（属音）和比它低五度的音（次属音）所界定的一组相连的音阶就形成了这一音调体系的基础。传统的西方音乐很多都是由被称为"忠于"这种主音中心的东西构成的,但有的也游离于这一标准之外。也有多调的(polytonal)、无调的(atonal)和非调的(non-tonal)音乐。即使在西方的调式传统之下,音乐也有可能是相对简单或是极其复杂的,可能由和谐音或不和谐音构成。有一些音乐传统突出了旋律与和声的发展,而另一些音乐传统可能把节奏的律动置于最重要的位置。音乐也可能是器乐的、声乐的或者二者皆有的。音乐可能由一个单独的表演者演唱或演奏,也可能需要数百人共同合作。事实上,音乐表现的多样性是无穷无尽的。

对于大多数人来说,音乐也是非常个体化的东西。我们很难搞清楚为什么吹拉弹唱所产生的听觉效果会以它们特有的方式感染我们。当然,一部分原因存在于音乐的表现性(expressivity)和它与人们情感生活的联系之中。音乐总能以一种非同寻常的方式令我们产生亲切而特别的感动。当我们意欲描述我们对音乐的体验时,经常会发现自己处于一种失语状态。而音乐的深层意蕴同语言表达的苍白无力之间的鸿沟,恰恰有助于巩固这个观念:音乐表现得既深刻又神秘。也许,这就是费利克斯·门德尔松(Felix Mendelssohn)的著名论断中所意味的东西,他说,音乐"用成千上万种比语言更好的东西充满(人的)灵魂。对我来说,我热爱的音乐向我表达的思想,不是太不确定而无法诉诸言语,恰恰相反,而是太确定了"(Mendelssohn 1956:140)。

音乐无处不在,这也是它的显著特点。我们从来没有远离这种或那种类型的音乐。而这种普遍性的原因之一是音乐很容易复制。作为一种表演活动,只要有相关的资源,音乐的声音就可以被随意重复演奏。乐谱的存在和我们这个技术时代不断增长的多种多样的机械复制和视听复制手段,都大大增加了音乐复制的可能性。音乐的无处不在也是它具有很强的适应性的结果。音乐是特别具有兼容性的艺术。它可以出现在许多其他艺术的背景之中,比如舞蹈、电影、戏剧、歌剧等,也可以作为各种各样的人类活动和仪式的伴奏,包括宗教活动、体育运动以及重要的私人和社交场合的活动,比如初次约会、婚礼、葬礼、购物、电视广告等。当音乐跟无数的社会组织和活动联系起来时,它便具有非常多的用途。

当然,作为一种艺术,通过公共演出或录音的形式,音乐本身就可以作为人们直接关注的对象。人们可以不为任何原因,仅仅因为听音乐的渴望,而长时间保持身体的特定姿势。这种现象本身就已经非常特别了。音乐中到底有什么值得人们投入如此持久的关注?人们会感到奇怪,为什么会产生音乐这样一种艺术?为什么不可以根本没有音乐?为什么人们愿意为了这种绝没有什么明显实际效用的活动做出牺牲?列夫·托尔斯泰在其著作《什么是艺术》(What Is Art)中,敏锐地捕捉到这个问题,并且对一个粗暴而冗长的歌剧预演做了一番令人尴尬的描述,在该歌剧的预演中,歌手、演奏家和舞台工人都遭到了一位专横的音乐导演一连串毫不留情的辱骂。他写道:

> 急促地敲着棍子。让歌手、乐队、行进队列、舞蹈演员不断重复,调度他们的位置,对他们进行纠正——全部的命令都伴随着愤怒的责骂。在一个小时内,我听到他对乐手和歌手们说话时至少用了 40 次诸如"蠢驴""傻瓜""白痴""猪"之类的词儿。而那些被辱骂的对象——长笛手、号手和歌手——虽然身心俱疲,却并不顶嘴,依然按照该导演的要求照做不误……人们很难在别处见到比这更让人难受的场面了。

> 那么,在这里这些人到底在做什么?为了什么?又为了谁呢?这种令人为之牺牲劳力、生命甚至是善的艺术究竟是什么?以至于它对人类如此的重要?(Tolstoy 1960:12-16)

以上诸般列举并没有穷尽音乐引人入胜的特征。单单考虑我们提过的音乐的可通达性、无处不在、适应性、组织和表现形式的多样性、可表达性、个人的亲密性、深刻性、内在的兴趣,以及显然无实际功用,就不奇怪为什么这么久以来音乐一直是哲学感到好奇的对象了。

当代的音乐哲学一般可以看作针对这些音乐特征的讨论。音乐是怎样一种现象?对于它的创造、表演和接受,我们应该如何理解和说明?音乐具有什么样的价值?针对以上问题,本章将集中讨论三个主要问题:

1. 音乐的意义是什么?
2. 音乐活动和音乐产品具有什么样的性质?
3. 音乐具有什么样的价值?

我们不能期望这样短短的一章可以合理地解决当前音乐哲学领域讨论的所有复杂问题,甚至也不能全部体现某个哲学家的完整观点。以下将要涉及的是,对许多对当代音乐哲学论争做出重要贡献的思想家所体现的某些基本问题的说明,以及对当前哲学对此主题的思考所面临的挑战给出一种概述。

14.1 形式主义

当代美学关于音乐意义的讨论在很大程度上受惠于一本具有广泛影响的著作,即《论音乐中的美》(*On the Musically Beautiful* 1986),该书由维也纳音乐评论家汉斯立克(Eduard Hanslick)写于1854年。汉斯立克对音乐哲学的影响如此深远,以至于他的观点可以当之无愧地成为当代音乐美学各种观点赖以建立的一个范本。

该书在汉斯立克生前就曾十次再版,它的主要影响和昭著声名至少依赖三方面:汉斯立克对于音乐的独特洞见影响了一大批音乐家和音乐听众;汉斯立克的论证极为严密;另外,这本书之所以落得不太好的名声,一方面是因为汉斯立克好辩的写作风格,另一方面是该书的观点常被(误解)当作支持这样一种离谱的主张,即音乐与情感毫无关联。

在这本书中,汉斯立克试图完成两个主要目标。首先,他对器乐的意义提出了一种负面的主张,攻击音乐美学和音乐评论的主要对象可以用情感主义的术语加以阐释的观点。其次,他对音乐的意义提供了一种正面的说明,音乐的意义应该建立在他认为评论和美学应关注的正确对象上:"音乐的美,是一种自律之美。"

汉斯立克先举出若干论证来支持他的负面论点。汉斯立克指出,当人们说音乐在本质上"与情感有关"时,他们只是在关于音乐与情感的两种观点之间含糊其辞,而这两种观点都是缺乏依据的。按照第一种观点,音乐被看成为了唤起听众的某种情感。根据第二种观点,情感被认为是音乐中表现的内容或主题。这里,我们可以将这两种主张称为情感主义主张的**因果论**

和**表现论**。

针对因果论的主张,汉斯立克提出了四个反对的论证,我们可以将其分为两组。前两个论证主要源于汉斯立克关于美和关于作为一种艺术的音乐的本质的观点。这两个论证分别指向理解音乐时的主体和客体方面:

1. 客观地说,音乐中的美可以看作一种属性,存在于纯形式之中,不可能包含超出其自身之外的任何目的。对这种美的沉思可能令人产生愉快的情感,但是这些情感与诸如音乐美之类的东西无关。因果论的观点错误地假定了:因为音乐中的美可以激起人们愉悦的情感,所以确定音乐的目的就是引起这些情感。

2. 从主观的角度看,音乐作为一种艺术,它自身会引起一种活跃的音乐想象,一种对一系列声音形式的"纯粹沉思活动",而引起人的某种情感只是它次要的附带效果。的确,音乐中的美以其特有的方式令人愉悦,但是弄清音乐的这种一般的情感效果,就像通过醉酒去弄清楚酒的真正性质和微妙之处一样。

汉斯立克的第三和第四个反对因果论的论证,立足于他对情感本身的说明。

3. 因果论者混淆了"情感"(feelings)与"感觉"(sensations)的差别。感觉,尤其是对于诸如音调这类特殊感觉材料的感知,是感受音乐之美的先决条件。诸如爱、快乐或者悲痛之类的明确的情感,都涉及某种特别的现象学意义上的组成要素,涉及一种对"我们有关促进或抑制因而有关幸福或悲伤的心理状态"的意识。不能从音乐必须涉及感觉推断出音乐的目的是去诱导听众产生某种情感。

4. 更进一步说,作为一个经验事实,一首乐曲和它所可能引起的情感之间并没有严格的、不变的因果联系。正像事实证明的那样,不同的几代人会对相同的音乐作品做出不同的情感描述,根据音乐鉴赏经验和感受印象的不同,相同的音乐作品可以对我们产生不同的影响。

汉斯立克总结道,正如因果论者所说,音乐的确可以引起我们强烈的情感或情绪,但医生的诊断报告或中奖的彩票也可以看作具有类似的作用,我们不应该由此被误导去相信这种种情感与对音乐的恰当理解有任何关联。

情感主义表现论的境遇也好不了多少。按照表现论的观点,音乐据说可以表达爱、勇气、虔敬之类确定的情感,差不多就像绘画可以表现一个女花童的喜悦,或是英雄罗兰的冒险精神。在汉斯立克看来,音乐缺少具有这种表现力的资源。他从概念论的视角指出,将某种确定的情感与某种仅仅模糊不清的激动区别开来的东西,是一套特别的概念和判断。比如说,"希望"这种感情中必然含有一种相比较现在而言对未来的幸福状态的理念,即使这种理念在头脑中可能仅仅是一闪而过。音乐所提供的是纯粹的**音乐**理念:乐音的连续。的确,这些音乐理念在音调的关系中具有动力性质,比如具有这样的运动属性:一会儿加速,一会儿减速,一会儿增强,一会儿减弱,等等。人的心灵很容易将音乐的这些动力特征与具有同样动力特征的确定的情感联系起来。但这种关联是偶发的。音乐只可以表达某种附带的形容词,而不能表达具有实体的名词:也许它只能表达娓娓吟唱,而不能表达对爱的渴望。这也是这种现象的主要原因：人们可能会一致认为一首乐曲很美，却无法对其可能表现的情感内容达成共识。而如果对于所表现的特定内容并没有一致的见解，也就无所谓表现。对汉斯立克来说，通过断言音乐表现的是"某种不确定的情感"来挽救表现论，跟他们的正统主张——特定情感的表现是音乐应该追求的最高目标——一样，令人莫名其妙。

这里，指出汉斯立克的反再现主义论证中内含的三个限制条件，是非常重要的。首先，他同意我们可以用一些情感主义的词汇来**描述**一支乐曲，比如温柔、强劲、雅致、傲慢、不满或渴望等。实际上，汉斯立克自己的音乐评论中也充满了情感性的描述。比如，他在描述勃拉姆斯《第三交响乐》中间两个乐章时写道："使人心情平和……速度和表情适中，情绪表现温柔而得体。"（Hanslick 1950：212）而以一种更加充满激情的和富有修辞色彩的方式，他在柴可夫斯基的**柔板**小提琴协奏曲的终曲部分写道：

> 它把我们带到俄罗斯节日里蛮荒沉郁的欢闹场面之中。满目粗俗的面孔，满耳的咒骂声，空气中充满伏特加的味道。弗里德里希·维斯切（Friedrich Vischer）曾经指出，说到伤风败俗的绘画，它们是对眼睛的糟糕透顶的污染。柴可夫斯基的小提琴协奏曲第一次给我们这个可怕的想法：也可以存在对耳朵是糟糕透顶的污染的音乐。（Slonimsky 1965：207）

但是汉斯立克坚持认为，我们运用情感性的词汇时，只能恰当地指出音乐理念和情感状态共有的那种动力性质。就音乐的声音可能与别的听觉现象（比如说，公鸡啼鸣或者小鸟振翅）共有动力性质来说，他承认音乐描述"外部现象"的能力是有限的。而且，音乐的这种动态特征与除听觉之外的感觉形式的动力性质也具有相似之处。音乐也可以在一定程度上模仿雪花飘落或是闪电划过长空。汉斯立克指出，"在空间运动与时间运动之间，在物体的颜色、质料、大小与音调的音高、音色、音强之间有一种有充分根据的相似性。"但是如果认为音乐可以**表现**与这种现象相关联的情感，那就是概念上的严重混淆，而如果以这种方式来**解释**音乐，就会大有问题并且非常武断。

其次，汉斯立克承认诸如调式、和弦及音色这些被认为是独立的音乐素材，由于一种他称之为"象征的"内在的"心理-生理"联系，可能会具有独特的情感特征。在他的讨论中，这种关联的性质并不清楚，在因果解释和表现解释之间摇摆不定。但是，我们不能错误地认为由于他对艺术的有关情感意义的重视，就可以将情感意义自身附着于音乐之上。它们只是一些稍纵即逝的关联，在我们听到一段连续的音乐理念或者音乐事件时一闪而过，并且随着音乐的流逝而消失。若要最精确地描述一支乐曲的内容，通常可以纯粹地分析旋律、和声、节奏、结构以及它们之间无穷无尽的各种关系。

第三，汉斯立克同意在声乐作品中语言可以帮助确定某种感情。但是，这种同意也显得模棱两可，的确，语言有助于使某种情感显得很明确，但这样一来，隐含在语言之下的音乐就无法起到决定作用了。他认为，这就是这种现象的原因：某个音乐主题（比如格鲁克[Gluck]的歌剧《奥菲欧》[Orpheus]中的咏叹调《我失去了尤丽迪丝！》[Che faro senza Euridice!]）既可以适合痛苦的语言表现，也可以适合幸福的语言表现；而其他的主题（如《弥赛亚》[Messiah]中的某些主题)则既可适用于做虔诚的音乐,也可以适用于做表现情爱的二重唱。声乐作品的音乐主题就好像"我们难以辨认其身份的黑色轮廓剪影,除非有人给我们一些相关的提示"。进一步讲,即使声乐作品可以更清楚地表达某种确定的情感,这也几乎无法从普遍意义上改变音乐的境况。汉斯立克认为音乐美学应该是器乐音乐的美学。"对于**器乐**所不能做的,就不应该认为是**音乐**所能做的,因为只有器乐音乐是绝对的、纯粹的……为某段文本所创作之音乐,严格来讲,不配具有'音乐'这一概念。"(Hanslick 1986:15)与此相应,他看不起声乐音乐和歌剧,并把它们称作音乐屈就与诗歌的极不般配的结合,在这种结合中,音乐被贬低至从属于文学的地位。他把宣叙调作为音乐的灾难性结局的例子,因为音乐已经被做成再现特殊的和变化不定的心灵的"婢女"。在舞蹈中运用的音乐也遭到了同样的鄙视。

汉斯立克对音乐之意义的正面陈述同他对情感主义的批评一样影响深广。他说,音乐的内容就是"运动的乐音形式"(tönend bewegte Formen),这被广泛认为是对音乐中的形式主义立场的经典概括。然而,在考虑这样一个定义的时候,记住这一点非常重要:汉斯立克并不是只关心音符的简单聚合,而是更在乎他所说的音乐的**美的**形式,一种"特殊的音乐之美"。他并没有为这种美提出一个清晰明白的定义,但它的主要特征如下。

首先,对于汉斯立克来说,音乐中的美存在于**乐音和乐音的关系之中**,特别是全音阶体系中的旋律、和声以及节奏之间的关系中。他声称,这些关系"由自然律决定",尤其是和声的"规律",可以被"所有有教养的耳朵"本能地辨认出来。他指出,无论是心理学还是生理学都无法准确地解释,为什么音乐的声音会以其所呈现的方式被人作为音乐来听闻;对于音乐所产生的效果,最贴切的解释总是,它们是在音乐体系的语境中听到的乐音的结合:这一段扩增间隔,那一段加快节奏,这一部分增加半音阶的使用,等等。音乐形式,尤其是像交响乐、序曲和奏鸣曲这样较大型的"音乐形式",存在于其各部分的组合(音乐从中产生出来)的结构之中,并且与美的形式规则相一致,"自身以一种明确无误的次序有机地产生出来,就像一朵含苞的花即将怒放"(Hanslick 1986:81)。从这个角度来讲,贝多芬的作品是最标准的,那些不遵从这种"规律"的音乐,最好的不过是奇谲,差的则惨不忍闻。

其次,音乐的美是**自律**的。根据汉斯立克的观点,音乐以自身为目的,它主要不是一种表现感情或者服务于其他非音乐内容的手段。他把音乐的美比作阿拉伯风格的图案,也许更恰当地说,就像万花筒,尽管随即又说音乐"在一个无与伦比的高层次的理想世界"中显明自身。的确,对于汉斯立克来说,音乐中的美是绝无仅有的:

> 当思想中的形式看起来与内容不可分割之时,实际上就不存在独立的内容了。但是在音乐中,我们看到内容与形式、材料与布局、意象与观念,朦胧而浑全地融为一体。音乐中这种形式与内容的浑然一体,使其绝对地卓然独立,区别于用多种形式表现上述内容的文学和视觉艺术。(Hanslick 1986:80)

当然,作曲家在作曲时可能处于强烈的心情波动或者满脑俗事之中,但是,汉斯立克认为那些东西只具有历史和文献的价值。这一预见比威姆塞特和比尔兹利反对所谓的"意图的谬误"(intentional fallacy)的著名论证早一百年。我们无法从作品中分辨出它的产生原因和当时的可能情况,即使我们能够分析出来,它们也与作品本身的意义和价值无关。如果作曲家不认为那些原因仅仅是某种标志性的题名的话,那么他或她被骗了。音乐的自律性也对音乐与语言之间熟悉的相似性做出了严格的限制。音乐不像语言,它不具有语义功能:"关键的区别是语言只是一个标志,一种指向其目的而又与其目的完全不同的手段,而音乐中声音是一种客体,即它作为目的向我们显现其自身。"(Hanslick 1986:42)

第三,尽管汉斯立克承认音乐风格的发展是历史性的,但音乐美中至少有两种东西是**非历史的**。首先,他坚持认为音乐的美不代表也不依赖任何个人的、历史的或政治的事件、事务或环境。这符合其音乐美的自律概念。其次,尽管他承认听众已经拥有的某种音乐经验部分地影响到他可能听到的内容,但无论如何,从原则上讲,在任何风格的音乐中都存在音乐的美。然而,这种"无所偏袒"的姿态并没能阻止他对浪漫主义风格的音乐屡加指摘,因为这种音乐追求情感,而不是追求纯粹音乐的作曲原则。显而易见,有一些音乐风格要比其他的风格更近于音乐美。

第四,音乐**作品**之中的音乐美可以被理解成**理想对象**。汉斯立克说:"从哲学上讲,一件完成的作品,无论它是否被演奏,它都是一件完整的艺术品。"(Hanslick 1986:48)于是,就作曲是创作单个音乐作品本身来说,作曲是音乐活动的中心内容,它涉及严格意义上的音乐作品的创造。他承认音乐是一种演奏艺术,但演奏者的工作主要是把作曲家的作品对外呈现出来,使其成为可以为听众所接受的听觉形式罢了。听众是从演奏中寻回音乐作品。事实上,演奏者常常有很大的权限给他们的演奏加进表现性的姿势,而不是尽力做到忠实于原作,这和听众的情况一样,尤其是那些没有受过训练的听众,他们将音乐作为一种沉湎于情感梦幻的温柔沐浴的手段。而这两种习惯都要避免。要理解一首乐曲,需要给予极高的注意力去关注作品中作者的构思,紧跟作品的思路理解它已经展开的部分并且期待下一部分可能听到的内容。

最后,尽管这是事实:就作曲"规则"从更深的层面上讲是源于自然律这一点来说,音乐美是自然的,但是,它在某种意义上(考虑到它的材料)依然是**人造的**。严格来说,自然只给音乐材料提供原料:制成一支可以发出乐音的单簧管所需要的木料。自然中既没有旋律(鸟的音乐是不分音阶的),也没有和声,只有基本的节奏模式。汉斯立克说,旋律及和声是人类精神的产物。我们在自然中听到的东西不具有音乐美,而只是噪音。

14.2 扩大的形式主义

汉斯立克关于音乐的观点在很多方面都是引人注目的。他的看法的主要成就之一就是非常严肃地考虑音乐艺术。也就是说,汉斯立克的研究试图分辨就音乐作为艺术来说,什么是真正的(可商榷的)具有音乐性的东西。通过把乐音的运动形式单独分离出来当作音乐关注的对象,汉斯立克道出了音乐的一个重要方面,即很多音乐家和欣赏者公认的音乐经验的核心部分的那个方面。对很多读者来说,他对出现在这种经验中的音乐特征的论述是非常敏锐而精当的,并且他所强调的音乐形式之间的内在关系,与许多学者所持有的这个观点不谋而合:对音乐结构及其相互关系的形式分析是一种准确描述音乐对象的手段。他的观点适用于很多不同种类的音乐。他的这本著作的很多读者也对他从理论上努力限制音乐解释和评论中的情感主义泛滥这一做法颇为赞赏。

同时,汉斯立克对于音乐的形式主义探讨在某些方面显得过于褊狭。由于实际排除了所有音乐之外的相关因素,他不但对音乐意义的范围做出了极其严格的限制,也限制了被认为是音乐与世界的一般关联方式。这种孤立主义倾向得到了他关于音乐作品的本体论说明的支持,它必然会导致将演奏者也排除在外,这对于一向被看作演奏艺术的音乐来说,的确是一个匪夷所思的结果。另外,尽管汉斯立克向内转向对音乐形式富有想象力的沉思的愉快,但是还是有许多人认为他过于强调音乐经验中的技巧部分,而排除了音乐体验中情感的一面。

要克服汉斯立克的方法在感知上的狭隘性,同时又要挽救他关于音乐形式的重要性的洞见,可以运用一个这样的策略:采取一个有关音乐形式的较少限制的观念,主张一种相应地适合于音乐形式欣赏的更宽泛的关注模式的观点。我们可以将这样的变动叫作"扩大的形式主义"。[1]

从原则上讲,我们可以将这种扩大的形式主义的看法应用于所有被汉斯立克认为是"音乐之外"的意义,力图扩大音乐形式的范围,将事件、故事、声音以及哲学理念等都包括进来。[2] 然而,既然许多人都发现音乐与人类情感表现之间的关联是音乐经验的一个标志性的特征,那么就不奇怪为什么在汉斯立克的著作之后会出现如此之多的关注音乐表现性这个特殊问题的哲学思考。相应地,我们也将集中关注音乐意义的方面。让我们先从这个问题开始:扩大的形式主义者如何解决音乐中的情感表现问题。

讨论音乐的表现性,一开始至少存在两个概念上的问题。我们将它们称为**调和问题**(the problem of reconciliation)和**知解问题**(the problem of intelligibility)。调和问题所关注的两个密切相关的问题是,我们在聆听和欣赏音乐时应该注意什么,以及音乐中形式方面和情感方面如何才能被理解为彼此相关的。汉斯立克清楚地意识到,对于音乐的表现性方面的关注常常会转移人们对音乐形式的适当的注意力。对于调和问题的一种解决方式表明,对于音乐形式和情感这两方面的特征的关注,即使不是互相加强的话,至少也是彼此调和相容的。

知解问题是一个比较特殊的困难,它是由艺术品中普遍存在的表现意义的观念引起的,这个论题得到了博斯玛(O. K. Bouwsma 1950)的极好的阐明,不过它也被汉斯立克预见到了。这里的问题在于,我们通常把情感表现的观念与有感知能力的存在者(主要是指人类)联系在一起。既然艺术品本身并不是具有感知能力的存在,那么我们把类似悲伤或快乐的情感归于艺术作品,这本身就是一种概念上的混淆。一支乐曲肯定不会和人类一样悲伤。我们可以通过确定来自作曲家那里的悲伤来力图解释音乐作品的悲伤:一首悲伤的乐曲表现了作曲家的悲伤。但是,这样一种策略会让我们面对各种各样与艺术创作意图相关的问题,包括这个清楚明白的事实:悲伤的乐曲可能是由一些兴高采烈之人所作。换一种方式来说,人们也可以根据听众的情感状态来分析作品的情感表现(伤感的作品令听者悲伤)。但是,除了别的问题以外,这样一种方式又让我们面对前面讨论过的因果表现论的挑战。

根据调和问题和知解问题,这应该是不值得奇怪的,当今关于音乐的意义表现主题两种最有影响的解决方法所考虑的一系列问题都可以归结在称之为情感与形式的悖论的题目之下。苏珊·朗格(Susanne Langer 1953)在其著作《情感与形式》(Feeling and Form)中展开了对表现性的讨论,指出"情感"与"形式"这两个术语常常被认为是相互对立的。她指出,如果我们将音乐中的情感表现解释为作曲家的自我表达,那么我们将面对一个令人难以置信的结果,即只有作曲家本人才能判断一件作品的表现价值,因为只有他(或她)才能判断表现的准确性。如果我们说表现存在于对听众的某种心理状态的唤起之中,那么我们就把作曲活动降至一种心理策略,其目的也就跟广告的目的无甚差别了。看起来,我们只剩下这个悖论性的主张了:作品本身就是情感的表现(Langer 1953:chs 2 and 3)。

彼得·基维在他的重要著作《声音情感:论音乐的情感》(Sound Sentiment: An Essay on the Musical Emotions)中,将这个问题放到了对音乐描述的类型学研究之中。有一些关于音乐表现的描述是传记性的而非音乐性的,它们对于作曲家的情感状态的描述多于对其所作之乐曲本身的描述。另一些描述则是自传性质的:它们更多地指向评论家的心理状态而非音乐本身。那些看起来指向音乐自身的表现的描述("情感性的描述"),既无法前后一致,也难以证实。就音乐本身来说,似乎只有指向纯粹的音乐形式特征的技术性描述才是最可靠的,比如,这些形式性的特征有和弦的行进、声音引导、节拍变化等。但是,就像基维指出的那样,要达到这样一种目标,是以排除很大一部分没有经过技术训练的音乐爱好者为代价的。这种说法也并不合理:由于用情感的词汇来描述音乐,评论家使我们偏离音乐的真实特征,这种解释就把音乐批评变成了一种"精致的骗局"。基维指出,对音乐的表现性问题的清理需要一种"理性的可靠的音乐描述,而这种描述不应与人们对音乐自身传统上要求的那种人文主义理解相差太远",他也以此总结了调和问题与知解问题(Kivy 1989:10-11)。

朗格试图在一种一般艺术理论的背景下建构一套音乐表现的理论来解决这一矛盾,这种一般的艺术理论又根据事物是如何一般地具有意义来解释,也就是根据一种符号理论来解释。她区分了两个一般性的符号类别:记号(signal),它指向诸如对象或者事件之类的事实实体;象征(symbols),它指向观念。这种划分是非常重要的,因为就像我们所看到的那样,朗格力图否认音乐作为一种记号来起作用,指向作曲家实际具有的或欣赏者实际被唤起的情感。相反,她认为,像所有的艺术一样,音乐起一种象征性的作用,它指向关于生命情感的观念。她进一步主张,单个的艺术通过创造她称之为特定情感生活领域的"外观"(semblances)和"幻象"(illusions)而发挥象征作用。这些外观是诸如声音或者色彩之类的特性的安排而附带产生的突显性质。

因此,就音乐来说,朗格认为它是情感生活的一种声音类似物。更特别的是,音乐起那种"稍纵即逝"的特殊情感领域的象征作用,即起时间流逝经验的象征作用。音乐之所以能够起这种象征作用,是因为乐音的流动形式与我们所经历的时间形式类似。也就是说,音乐起一种"表象的象征"的作用:音乐中乐音的流动形式是时间感的外观或是幻象。通过我们对时间流逝的经验,我们在音乐中所听到的音乐形式和张力(如节奏、强弱、配乐的安排、和谐及不和谐、对应部等中的张力)与生理的、情感的以及理智的张力的运动模式具有同样的"逻辑形式"。由此,音乐体现了朗格所说的"音乐"时间或"内在"时间,这是一种可以直接由听觉感知的"绵延"

的幻象或意象,或称之为"心理时间"(Langer 1953:chs 3,4,7)。

朗格和汉斯立克都持有同样的观点,即音乐的动态形式和情感生活的动态形式之间具有某种相似性。而且,她也同意,音乐形式不可以被理解为作曲家实际情感生活的征候,也不可以理解为在听众那里刺激起来的情感结果的表征。并且,通过把音乐表现所指向的内容与某个情感领域的一般模式等同起来,她就回避了汉斯立克指出的这个难题:特定的音乐形式和某种确定的情感(比如爱或者怜悯)之间的关系问题。

朗格和汉斯立克的主要区别在于朗格对音乐与生命情感之间的相似性的意义的评价上。汉斯立克满足于指出这种形式的相似性,并且承认这种相似性的基础在于描述语言的运用。朗格则从另一个角度主张,这种相似性保证了一种指称关系,通过这种指称关系,音乐可以提供关于内在生命的知识:"它显示出[作曲家]对于情感的想象,而不是他们自己的情绪状态,也表达了他对于所谓'内在生命'的理解。这可能超出了他个人的事务,因为音乐对于他来说已经成了一种象征形式,通过这种象征形式他可以了解或者诉说人类感受力的观念。"(Langer 1953:28)

朗格的理论是非常富有吸引力的。该理论敏锐地捕捉到音乐和情感生活之间的密切关联。通过利用音乐结构和情感模式之间形式上的相似关系,它为这种关联如何成为可能提供了一种理智的解决方式。而且作为一种认识论,就其主张音乐为我们提供关于内在生命的知识而言,它支持这样一种观点,即在我们对音乐的纯形式理解之外,还有一些更重要、更深刻的东西。音乐的价值同人类的自我认识的欲望密切相关。这最后一点特别受到音乐教育者的赞同,他们频繁地引用它来佐证他们自己的研究(比如 Reimer 1989)。根据汉斯立克的观点,作曲家的情感状态对于音乐创作来说顶多是一个初始条件,而最终则毫无关联。与汉斯立克不同,朗格赋予作曲以更多的情感作用。对于音乐演奏,朗格同样也比汉斯立克给出了一个更合情理的解释。对于汉斯立克来说,演奏有一种"必需的恶"(necessary evil)的意味。这部分因为他们关于艺术品的本体论观点的差别。汉斯立克认为音乐作品在根本上就是作曲,朗格则从另一方面主张,"一首乐曲一旦公布于众,它具有成为一件活的艺术品的身份和生涯"。按照朗格的观点,一首乐曲仅仅是"一段有机地发展起来的可以听到的时间幻象"(Langer 1953:134),而演奏者对作品所呈现的听觉形式起到关键的作用。作曲本身所要求的形式并不能从完全意义上实现该作品。演奏者完成了作品,他不仅制造出朗格所说的"声音的声响想象"(sonorous imagination)和"声音的肌肉想象"(muscular imagination),而且要制造出适当的"自我表现",即演奏者对于传播的情感意味的"激情"。这些都是演奏者"讲述"意义上的特征,它们有助于呈现音乐声音所产生的幻觉。后面这些观点也表明了在音乐中演奏者如何具有特别的地位,即在性情上适合的演奏者的音乐范围(Langer 1953:chs 8,9)。

尽管朗格的理论对于音乐创作、演奏以及欣赏经验等各方面的特征都很敏感,但它也不可避免地具有其哲学上的困难。主张音乐表现关于一种一般情感领域的观念,而不是表现一种特定的情感,这的确可以回避人们附加到音乐表达明确的情感这个观点之上的诸多问题,但这样回避问题也付出了代价,即它将大量运用特定情感语言描述的音乐评论排除在外了。如此之多的关于音乐的谈论都是关于特定情感的谈论,我们将如何面对这一事实呢?或者就算音乐的主要功能被认为是"使时间变得可以听见",那为什么相对说来关于音乐作品的批评性讨论几乎没有涉及时间本身的观念的讨论呢?另外,该理论在一个重要的方面是证据不足的:在朗格的论述中,没有任何东西可以保证音乐形式与情感形式之间可能会有这种相似的结构,并且保证音乐的确是象征情感生命或者更特别的某种"稍纵即逝"的感觉。确实,人们会奇怪为什么情感生命要具有和音乐形式同构的某种"形式"或某些模式。另外,朗格对调和问题——就是这种观念,我们在聆听音乐时,结果给出了有关某种别的东西的观念,即情感生命的观念——的解决,似乎对欣赏音乐时的反思活动不太合适。最后,朗格关于突显的外观或虚幻性质,以及她对于音乐时间和心理时间的区分,都成了问题。

和朗格一样,彼得·基维对于给音乐表现提供一种说明也非常关注,这种说明要解释情感语言如何能清楚地应用于乐曲中,并且在这种应用中要试图避免他所认为的以因果论为基础的理论的错误。另外,他力图表明对音乐的描述如何才能算作客观的,也就是说,如何能具有一种标准来判断其准确程度。

基维的论证就几个方面展开。首先,他划清了由汉斯立克提出的,经朗格进一步深化的一种区分,也就是某物**表现**某种情感与某物具有某种情感**的表现**之间的区分。我们可以说一个人通过公开行为表达了某种情感,比如大声叫喊和握拳表达了我的愤怒。但是某物也有可能是某种情感的表现,即使我们并不需要去设想有某种情感或者心情实际上被表达出来了。比如基维所举的著名例证,圣伯纳犬(Saint Bernard)的脸看起来很悲伤。这张脸流露出悲伤之情,可以完全与狗的心理状态(假设它有的话)以及我们对于这样一种状态的推测无关。[3]

音乐中的悲伤有没有可能与圣伯纳犬脸上的悲伤表情一样呢?基维认为就是这样的。他并不想否认存在这样的情形:音乐中表现的情感是作曲家实际上具有的情感的显现。比如,我们从文献研究中发现,莫扎特确实认为他自己在《安魂曲》(K626)中表达了他对死亡的恐惧。基维的观点是,与其将音乐的核心问题看作表现情感,还不如将其看作情感的表现的例证。换句话说,绝大多数对于音乐作品的情感描述,从逻辑上讲,是与该音乐作品的作曲家的心理状态无关的。

根据基维的观点,音乐的表现性可以在两种解释理论的背景中来理解,他的这两种解释理论吸取了17和18世纪一些理论家的作品和他们所研究的音乐,包括丹尼尔·韦伯(Daniel Webb)、弗朗西斯·哈奇生、查尔斯·艾维生(Charles Avison)和约翰·马修生(Johann Mattheson)。基维把其中的第一种解释理论叫作音乐表现的"轮廓"(contuor)理论,该理论首先提出音乐具有类似于人的表现的某方面的特征,这一点也是汉斯立克和朗格都同意的。不过,与汉斯立克和朗格不同,基维否认音乐所类似的东西是人类情感的现象或"感受",无论是某种确定的情感还是一个一般的人类情感范围。基维说道,对于情感的"感受"是不可衡量的(Kivy 1989:52),而它们是否具有表现理论所要求的那种结构则是很值得怀疑的。相反,基维指出音乐类似于人类情感的行为显现,如讲话、手势、面部表情、动作、姿势等。因此,音乐的表现性虽然逻辑上与人的表现性无关,但实际上依存于人的表现。

这一分析同时达到了几个目的。首先,因为音乐表现依存于人的表现,所以基维的说法挽救了我们对音乐表现的特定情感的直觉。在音乐中,正常的或典型的人的表现模式都可以被辨认出来,这很像是人们在圣伯纳犬脸上识别出悲伤一样。按照基维的观点,存在一些公开的、客观的和众所周知的标准,我们可以根据这些标准去理解表现。例如,就圣伯纳犬的情形来说,我们可以注意到它的嘴角下垂,而这是人类悲伤的面部表情的特征。同样,巴赫的第一部勃兰登堡协奏曲的第二乐章开头的双簧管独奏,就像是一种表现的"舞蹈编排":"我们在这个复杂的乐句中听到了悲伤,我们听出来它是悲伤的表现,因为我们听到了音乐类似于适合于我们悲伤表现的姿势和姿态。它是在某种特定情感影响之下的人类身体的一种'声音示意图'。"(Kivy 1989:53)

一支乐曲和它所流露出的情感之间到底有多确切的关联呢?对于汉斯立克主张对于音乐作品的表现意义没有普遍的一致性这个观点,基维的回答是:"多大的不一致才算是太大的不一致?"基维的观点是,听众可以在相对普遍的意义上,对音乐所表现的内容达成普遍的共识。批评家们也许会在非常细小的特征上有所分歧,比如一支乐曲表现的是"高尚的悲悯"还是"鄙薄的哀伤",但是对于总的特征是有普遍共识的。基维说,这种共识就是我们所需要的东西。对于朗格的这个论点,即没有"语词"可以用来表达音乐表现之内容,基维质疑道,要从典型地加在自然语言的限制中得出关于音乐意义的认同标准,这是否是最恰当的。音乐的表现性问题所要求的东西只不过是对表现性的一般赞同的公众标准,这正是轮廓理论通过诉诸人类表现行为的总表所力图提供的东西。基维指出,音乐的表现性深植于人类赋予世界以生命的普遍心理倾向之中。我们不得不将周围的世界拟人化,包括我们所听到的音乐。这种心理条件使基维避免了朗格让音乐表现性过分依赖形式的相似性所面临的问题。我们在巴赫的《马太受难曲》(*Saint Matthew Passion*)的高音部听到悲伤的哭泣,并不仅仅是凭借乐句与变调的声音的相似。

然而,有一些音乐表现的特征并不是很容易适合这种关于音乐表现性的轮廓模式。比如,我们很难说出伤感的小三和弦类似于什么样的表现行为。为了处理这样的特例,基维提出了关于音乐表现性的第二种理论,即作为一种补充性的理论的**惯例**(convention)理论,这种理论只是简单地断定,某些音乐特征是与某些情感意义相关联的,而并不具有结构上的相似性。基维推测,这其中某些关联可能在过去某个时期曾经被听成类似于某种情感行为,或者是有助于形成这种类似。如果是这样的话,基维理论的"惯例"部分的主要任务就是要将这种理论适用的音乐表现特征的范围推广至音乐的基本元素,比如像"烦躁"的减三和弦之类的音乐元素,它们有助于表现轮廓的形成,即使它们本身并不与这些表现轮廓类似;那些诸如某些包含半音的旋律式样之类的音乐元素,它们可能曾经被听作与某种表现行为类似,却再也不被这样来聆听;而那些诸如小三和弦之类的音乐元素,它们曾经也具有相似性,但现在只是在惯例意义上具有表现的功能。

正如我们已经看到的那样,基维的理论应该得到赞赏,因为它超越了汉斯立克和朗格的理论所面临的困难。我们还应该关注基维理论其他的方面,即使是仅仅顺便提及也好。在消除"情感"唤起理论方面,基维与汉斯立克和朗格走到了一起,而且他提供了一种在一种新的意义上可以被称为"认识论"理论的东西:并不像朗格所说的那样,音乐提供了或者说应该提供一种关于世界(情感世界)的知识,相反,适合于音乐艺术的关注模式应该是一种仅仅对于音乐自身的理解。在这一点上,他更接近于汉斯立克,而不是朗格。对于基维来说,尽管音乐具有深邃的价值,但它仍然是一种"装饰性的"艺术。我们适当地感受到那些情感,是那些与我们被音乐自身的美或完善所打动的情形相关的情感。最后,基维对于音乐演奏的性质和价值以及真本性的概念做了重要的论述。[4]

汉斯立克、朗格和基维的理论是广义地理解的形式主义传统中对音乐意义的哲学解释的三个里程碑。其他受到音乐形式主义影响的哲学家包括比尔兹利(1981)、马尔科姆·巴德(1985)和罗杰·斯克鲁顿(1997)。(也见 Kivy 1993)

14.3 形式主义之外

一些哲学家寻求避免音乐形式主义的某些主题(如果不是完全避免其原则的话),他们对音乐的意义和价值提出了另外的说明。这些思考形式各异,有时互相之间有重合的部分,而且多数属于对音乐之自律性和被认为适合于音乐艺术作品的关注模式的形式主义强调之列。

例如,杰罗尔德·列维森(1997)提出一种他称之为"有效链接主义"(qualified concatenationism)的观点,反对将头脑中大量的结构关联作为理解音乐的最基本前提。由于受到埃德蒙·盖尼(Edmund Gurney)在1880年所著的《声音的力量》(*The Power of Sound*)一书的启发,列维森提出了一个有争议的主张:对音乐的理解存在于从一个瞬间到另一个瞬间的行进中对相对短的音乐片段的领会之中,音乐的价值就建立在单个音乐片断的魅力和它们之间合理的相续关系之上。他很谨慎地指出,聆听音乐必然要涉及将某段音乐放到有关的音乐历史的联系之中,并且这必定依靠将某种音乐结构的事实进行内在化的处理。但是,根据列维森的观点,对音乐的领悟实际上并不需要对某个乐曲的系统构造或大规模的结构有理智的意识。[5]

有一些理论家尽管反对音乐再现,却提出了一种这样的情形:音乐可以具有重要的叙事或文学的维度。比如说,爱德华·孔内(Edward T. Cone 1974)和安东尼·纽科姆(Anthony Newcomb 1984)主张,音乐的表现内容可以提供适当的基础来确定心理模式或者心理事件。弗瑞德·埃弗雷特·毛斯(Fred Everett Maus 1988)提出了关于这种情况如何能够发生的一种解释,他主张一首乐曲可以被看作表现了一系列动作,在其中,我们可以用描述人类动作的类似方式来描述音乐事件:一段音乐可以被理解和解释成对前面一段的"回应"。毛斯与包括格雷戈里·卡尔和杰内弗·罗宾逊(1995)在内的其他人一道主张,用这种方式理解音乐,就要更加密切地关注音乐的形式展开和表现展开,通常将心理的发展归结到某个音乐"人格"或某个"不确定的"音乐代理者之上,涉及诸如希望、怀旧和渴望之类的复杂感情。(也见 Levinson 1990b)

关于形式主义论者对音乐表现的情感唤起理论的消解,也一直存在大量的讨论。一些哲学家认为音乐的表现性即使不是一种完全的唤起情感的方式,也会涉及关于情感状态的想象或者意识。比如,瓦尔顿(1988)认为音乐激起人们想象上的情感:听众会想象他(或她)自己在内观着某种情感。按照列维森的观点,音乐表现包含一种初始的情感和一种认知上"弱化的"被表现出来的情感(Levinson 1990c)。斯蒂芬·戴维斯则进一步支持音乐对情感的完全唤起。戴维斯建立了一套关于音乐表现的理论,在某些方面与基维关于音乐表现的轮廓理论相似。戴维斯并没有真的去主张音乐中的情感表现可以完全根据在听众那里唤起的情感来解释,但是他同意某种"镜像式"(mirroring)的回应是音乐经验既可能又普遍的特征。他还建议这可以是理解听众获得音乐的一个方面(Davies 1994;esp. ch. 6)。杰内弗·罗宾逊(1998)则专门从事和发展了音乐唤起感情与我们对音乐及其表现性的理解之间的明显的理论联系,她认为音乐正是通过唤起情感才能够表现感情。(也见 Radford 1989,Matravers 1998)

关于音乐的自律性的一般性观念也引起了一番批判性的论辩。这种探讨以几种形式出现。一些哲学家赞成汉斯立克和基维所信奉的观点:音乐的表现性并不是"关于"(about)什么的表现,尤其不是关于情感的表现(例如见 Davies 1994;ch. 5)。也有更宽泛的本体论问题的讨论,尤其是对于音乐"作品"这一概念的本体论地位,以及在何种程度上对音乐作品这个概念的理解必须根据历史化的说明来理解。在众多的文献中,有两本重要著作值得提及。莉迪亚·戈尔(Lydia Goehr 1992,1998)主张,音乐作品的概念对于音乐实践和音乐哲学是一个起关键的规范性作用的概念,它起源于一个特定的、相对晚近的、处于历史之中的音乐传统的理想,也就是大致上西方近 200 年的古典音乐。她认为,对于音乐作品的概念做出不适当强调的哲学分析,无法处理音乐现象本身的复杂性,尤其是不能处理音乐作品概念在其中不起规范性作用的音乐实践。斯蒂芬·戴维斯(2001)承认,音乐哲学已经遭到一种范围狭窄的音乐例子的折磨。戴维斯认为,根据产生音乐的不同方式,实际上存在着若干种不同种类的音乐作品。他区分了六种音乐类型:即兴创作、为现场演奏的作品的现场演奏、为现场演奏的作品的录音棚演奏、为录音棚演奏而写的作品、用于录音播放而非用于演奏的作品,以及用于录音播放的纯电子音乐,同时也做出了"薄"(thinner)音乐和"厚"(thicker)音乐的区别,前者几乎不确定准确演奏的任何细节,后者则指定更多的演奏细节。他也将对此问题的分析结论用于其他方面加以检验,比如真本性的演奏、从其他文化中体现出来的对音乐的理解、音乐作品究竟是被发现的还是被创造的问题以及涉及录音棚和电子媒介的音乐。[6]

实际上,当代音乐哲学已经体现出对由音乐传统引发的音乐问题和论文问题的不断增长的兴趣,而不太关注由所谓的"共同实践"(commen-practice)时代所引发的问题,这个共同实践的时代就是指大约从 1725 年到 1900 年的西方音乐传统,其中的经典作品曾经一直是音乐哲学著作的众多例子的源泉。哲学家越来越多地关注实验和电子音乐、通俗音乐、摇滚乐、爵士乐、即兴音乐以及非西方文化中的音乐。在这些情况中,人们近来对音乐中的很多问题有了一种全新的兴趣,如对音乐的演奏和解释以及录音和作曲的技术影响;人们更加关注有关音乐的社会和政治背景的问题,比如,像摇滚和嘻哈(hip hop)这种大众音乐艺术的地位问题,以及有关某个文化之中的音乐被这个文化之外的人挪用的种族文化问题。(例如,参见 Alperson 1984;Gracyk 1996,2001;Godlovich 1998;Hagberg 2000;Shusterman 2000;chs 7,8)

最后,在当代哲学家中也有些人对于音乐与道德之间的古老联系有了新的兴趣,以往从孔子、柏拉图、亚里士多德,直至尼采和阿多诺,或多或少都有作者持续不断地在描述这种联系。一些哲学家认为音乐作品本身可能包含一个道德层面,这种道德层面是通过与音乐的表现性质的联系体现出来的,这种表现性质有节奏、速度、配乐、旋律、对位、和声、变调以及其他的音乐特征(例如,见 Radford 1991)。其他人则认为音乐的道德层面产生于音乐的审美经验能够有助于幸福或亚里士多德式的积极幸福(eudemonia)的说法(例如,见 Walhoult 1995)。苏珊·麦克莱莉(Susan McClary 1991)因为开始讨论音乐要素和风格可能包含有性别编码而具有广泛影响。凯瑟琳·辛吉斯(Kathleen Higgins 1991)采取了一种更加全面的研究方式,讨论了音乐的情感特征以及在西方和非西方社会中音乐和音乐实践所发挥的象征作用,讨论了音乐以何种方式成为伦理行为的典型或社会组织的模式。雅克·阿塔里(Jacques Attali 1985)则以一种适当的预言式的口吻提出了一种更大胆的主张,回到了柏拉图在很久以前提倡的那个主张,认为音乐可以作为社会和政治组织的预兆。

这种种考虑体现了对于西方创作音乐的美的艺术传统的一个相当彻底的估价,而现代音乐的形式主义正是在这样一种传统中产生的。也许应该是这样:对音乐的一种有生命力的哲学理解,必须既要对美的艺术传统中的音乐做出一种理论理解,也要对音乐所发挥的众多功能做出一种理论理解。从这一点上说,我们可以将最后要说的话留给弗朗西斯·斯帕肖特。他指出,在人类事务的更深背景中,音乐的基本概念不应该是"音调"(tone)而应该是"音素"(phone),即亚里士多德式的"声音"(voice)观念,"令我们马上联想到一个生命体发出的有意味的表达"的声音(Sparshott 1994:47)。正如斯帕肖特所指出的:

> 我们并排坐在同一间大厅欣赏同一首乐曲,就好像只有一位听众。我们并不知道如何解释这种现象,不过,即使无法解释也无关紧要,因为这正是人类最基本的社会存在状态:来自不同背景的陌生人互相理解也彼此误解,我们无法说清楚或寄希望于澄清这一事实,因为它包含了我们对于社会现实的知识的全部实质,所以它不可能被还原至任何更简单的(因而更不丰富的)东西。(1994:85-86)

这样一种深刻的音乐哲学观念,就是我们所要面对的挑战。

[注 释]

1 我在一篇文章中(Alperson 1991)对扩大的形式主义观念做了详细的说明。
2 关于音乐再现的主题,见 Peter Kivy (1984)、Walton (1998)以及 Davis (1994:ch. 2)。
3 关于"表现"与"……的表现"之间的详细区分,见 Tormey (1971)。
4 有关这些方面的论述,见 Kivy (1990,1995)。
5 关于音乐感知和理解的这种关联的进一步讨论,见 Raffman (1993)和 DeBellis (1995)。
6 也见 Jerrold Levinson (1990a),尤其是"What a Musical Work Is"(最初发表于 *Journal of Philosophy*, 77 [1980]:5-28)和"What a Musical Work Is, Again"。

参考书目

Alperson, P. (1984). "On Musical Improvisation." *Journal of Aesthetics and Art Criticism*, 63: 17–30.

—— (1991). "What Should One Expect from a Philosophy of Music Education?" *Journal of Aesthetic Education*, 25: 215–242.

——, ed. (1994). *What Is Music? An Introduction to the Philosophy of Music*. University Park, PA: Pennsylvania State University Press.

——, ed. (1998). *Musical Worlds: New Directions in the Philosophy of Music*. University Park, PA: Pennsylvania State University Press. (Many of the essays were originally published in *Journal of Aesthetics and Art Criticism* [1994]52.)

Attali, J. (1985). *Noise: The Political Economy of Music*, trans. B. Massumi. Minneapolis: University of Minnesota Press. (Original work pub. 1977)

Beardsley, M. (1981). "On Understanding Music." In K. Price (ed.), *On Criticizing Music: Five Philosophical Perspectives*. Baltimore: Johns Hopkins Press.

Bouwsma, O. K. (1950). "The Expression Theory of Art." In Max Black (ed.), *Philosophical Analysis*. Ithaca, NY: Cornell University Press: 75–101.

Budd, M. (1985). *Music and the Emotions*. London: Routledge and Kegan Paul.

Cone, E. T. (1974). *The Composer's Voice*. Berkley: University of California Press.

Davies, S. (1994). *Musical Meaning and Expression*. Ithaca, NY: Cornell University Press.

——(2001). *Musical Works and Performances: A Philosophical Exploration*. Oxford: Oxford University Press.

Debellis, M. (1995). *Music and Conceptualization*. Cambridge: Cambridge University Press.

Godlovich, S. (1998). *Musical Performance: A Philosophical Study*. London: Routledge.

Goehr, L. (1992). *The Imaginary Museum of Musical Works: An Essay in the Philosophy of Music*. Oxford: Oxford University Press.

——(1998). "Political Music and the Politics of Music." In P. Alperson (ed.), *Musical Worlds: New Directions in the Philosophy of Music*. University Park, PA: Pennsylvania State University Press: 131–144.

Gracyk, T. (1996). *Rhythm and Noise: An Aesthetics of Rock*. Durham, NC: Duke University Press.

—— (2001). *I Wanna Be Me: Rock Music and the Politics of Identity*. Philadelphia: Temple University Press.

Hagberg, G., ed. (2000). Special issue on improvisation. *Journal of Aesthetics and Art Criticism*, 58.

Hanslick, E. (1950). *Music Criticisms 1846–1899*, ed. and trans. H. Pleasants.

Harmondsworth: Penguin.

——(1986). *On the Musically Beautiful*, trans. G. Payzant. 8th edn. Indianapolis: Hackett (1st edn. 1891).

Higgins, K. M. (1991). *The Music of Our Lives*. Philadelphia: Temple University Press.

Karl, G. and Robinson, J. (1995). "Shostakovich's Tenth Symphony and the Musical Expression of Cognitively Complex Emotion." *Journal of Aesthetics and Art Criticism*, 53: 401–415.

Kivy, P. (1984). *Sound and Semblance: Reflections on Musical Representation*. Princeton, NJ: Princeton University Press.

—— (1989). *Sound Sentiment: An Essay on the Musical Emotions*. Philadelphia: Temple University Press. (Expanded version of *The Corded Shell: Reflections on Musical Expression*. Princeton, NJ: Princeton University Press, 1980.)

—— (1990). *Music Alone: Philosophical Reflections on the Purely Musical Experience*. Ithaca, NY: Cornell University Press

—— (1993). *The Fine Art of Repetition: Essays on the Philosophy of Music*. Cambridge: Cambridge University Press.

—— (1995). *Authenticities: Philosophical Reflections on Musical Performance*. Ithaca, NY: Cornell University Press.

Langer, S. K. (1953). *Feeling and Form*. New York: Charles Scribner's Sons.

Levinson, J. (1990a). *Music, Art, and Metaphysics*. Ithaca, NY: Cornell University Press.

—— (1990b). "Hope in *The Hebrides*." In *Music, Art, and Metaphysics*. Ithaca, NY: Cornell University Press: 336–375.

—— (1990c). "Music and Negative Emotions." In *Music, Art, and Metaphysics*. Ithaca, NY: Cornell University Press: 306–335. (Earlier version in *Pacific Philosophical Quarterly* [1982] 63: 327–346.)

—— (1997). *Music in the Moment*. Ithaca, NY: Cornell University Press: 336–375.

Matravers, D. (1998). *Art and Emotion*. Oxford: Oxford University Press.

Maus, F. E. (1988). "Music as Drama." *Music Theory Spectrum*, 10: 56–73.

McClary, S. (1991). *Feminine Endings: Music, Gender, and Sexuality*. Minneapolis: University of Minnesota Press.

Menderlssohn, F. (1956). Letter to Marc-André Souchay. In S. Morgenstern (ed.), *Composers on Music: An Anthology of Composers' Writings from Palestrina to Copland*. New York: Pantheon Books: 140. (Original letter 1842.)

Newcomb, A. (1984). "Sound and Feeling." *Critical Inquiry*, 10: 614–643.

Radford, C. (1989). "Emotions and Music: A Reply to the Cognitivists." *Journal of Aesthetics and Art Criticism*, 47: 69–76.

—— (1991). "How Can Music Be Moral?" In Peter French, Theodore E. Uehling, Jr, and Howard K. Wettstein(eds), *Midwest Studies in Philosophy. Volume XVI.* Notre Dame: University of Notre Dame Press: 421–438.

Raffman, D. (1993). *Language, Music, and Mind.* Cambridge, MA: MIT Press.

Reimer, B. (1989). *A Philosophy of Music Education.* 2nd edn. Englewood Cliffs, NJ: Prentice-Hall.

Robinson, J. (1998). "The Expression and Arousal of Emotion in Music." In P. Alperson (ed.), *Musical Worlds: New Directions in the Philosophy of Music.* University Park, PA: Pennsylvania State University Press: 13–22. (Earlier version in *Journal of Aesthetics and Art Criticism* [1994] 52: 13–22.)

Scruton, R. (1997). *The Aesthetics of Music.* Oxford: Oxford University Press.

Shusterman, R. (2000). *Pragmatist Aesthetics: Living Beauty, Rethinking Art.* 2nd edn. Lanham: Rowman and Littlefield.

Slonimsky, N. (1965). *Lexicon of Musical Invective: Critical Assaults on Composers since Beethoven's Time.* Seattle: University of Washington Press.

Sparshott, F. (1994). "Aesthetics of Music-Limits and Grounds." In P. Alperson (ed.), *What Is Music? An Introduction to the Philosophy of Music.* University Park, PA: Pennsylvania State University Press: 33–98.

Tolstoy, L. (1960). *What Is Art?*, trans. A. Maude. Indianapolis: Bobbs-Merrill. (Original work pub. 1896.)

Tormey, A. (1971). *The Concept of Expression: A Study in Philosophical Psychology and Aesthetics.* Princeton, NJ: Princeton University Press.

Walhout, D. (1995). "Music and Moral Goodness." *Journal of Aesthetics Education*, 29: 5–16.

Walton, K. (1988). "What Is Abstract about the Art of Music?" *Journal of Aesthetics and Art Criticism*, 46: 351–364.

—— (1998). "Listening with Imagination: Is Music Representational?" In P. Alperson (ed.), *Musical Worlds: New Directions in the Philosophy of Music.* University Park, PA: Pennsylvania State University Press: 47–62. (Originally pub. in *Journal of Aesthetics and Art Criticism* [1994] 52: 47–61.)

延伸阅读书目

Addis, L. (1999). *Of Mind and Music.* Ithaca, NY: Cornell University Press.

Cook, N. (1990). *Music, Imagination, and Culture.* Oxford: Oxford University Press.

—— (1998). *Music: A Very Short Introduction.* Oxford: Oxford University Press.

Kerman, J. (1985). *Contemplating Music: Challenges to Musicology.* Cambridge, MA:

Harvard University Press.

Krausz, M., ed. (1993). *The Interpretation of Music*. Cambridge: Cambridge University Press.

Levinson, J. (1996). *The Pleasures of Aesthetics*. Ithaca, NY: Cornell University Press.

Meyer, L. B. (1956). *Emotion and Meaning in Music*. Chicago: University of Chicago Press.

—— (1967). *Music, the Arts, and Ideas: Patterns and Predictions in Twentieth-Century Culture*. Chicago: University of Chicago Press.

Nettl, B. (1983). *The Study of Ethnomusicology: Twenty-Nine Issues and Concepts*. Urbana: University of Illinois Press.

Sharpe, R. A. (2000). *Music and Humanism: An Essay in the Aesthetics of Music*. Oxford: Oxford University Press.

第 15 章

舞蹈哲学：动静中的身体

弗朗西斯·斯帕肖特　著
刘　伟　译

舞蹈美学的中心乃是这一明显的事实：人的动作之所以能在其所有的形式和情境中为我们所读解和欣赏，只是因为这是人的动作；并且与此对应的是整个世界范围里人们所进行的实践活动，即以能够被系统地表达、探究、发展的诸多方法去创造独特的身体运动，比如舞蹈、传统活动。舞蹈美学的实质在于建构舞蹈之所以能发生的那些决定性方面。舞蹈美学所面临的挑战是如何做到思想脉络的贯通。舞蹈美学的尴尬或者说矛盾则是在于此论题长期被美学研究者及学术刊物所忽略。

对舞蹈哲学的讨论，通常是由针对如下事实的批评开始的，即舞蹈哲学这个议题本身就缺乏相应的处理，而且美学和艺术哲学的一般性讨论又很少从舞蹈中找寻范例和实证。由于舞蹈在传统上即被归于艺术活动的若干主要形式之中，所以它几乎从学院美学的日常关注中缺席，其原因属于舞蹈哲学自身的一个中心议题。对此的解释，仅仅只是因为舞蹈自身一直没有形成一种相应的讨论传统，还是因为某种道德或理智的偏见？难道说舞蹈表演没有底稿、转瞬即逝的特点剥夺了理论家和舞蹈教师获得一套有关为人熟知的舞蹈杰作的标准原则，一套所有的论争可以依靠的标准原则的权利？难道只是简单地因为绝大多数的美学学生不认为舞蹈应受重视，或者经过审视也证明舞蹈不值得加以讨论吗？或许如此吧。但是，原因可能是舞蹈中有某种东西普遍抗拒了美学和哲学所偏爱的那些研究方法。如果是这样的话，艺术哲学就需要考虑舞蹈中的这种东西可能是什么。

如果艺术舞蹈并不适合美学所偏爱的那些研究论题和套路，这可能是因为它属于某种不同的领域。近几十年来，有意义的消遣、交流以及富于表现性的行为模式，已经进入某些初步的研讨领域所关注的范围：比如说符号学，它广泛研究有意义的行为及意义的一般领域；再比如批评理论（或简称为"理论"），它将文学批评和解释的方法、立场一般性地扩展至整个人类世界中那些可辨别的形式；另外，如最近的"文化研究"，借取人类学的新近研究方法用以阐释文化领域。这些研究的发展反映了这样一种流行的信念，即日新月异的电子化交流方式正在重塑使用者对于他们自身和对于他们所处世界的看待方式，可能也正是在这种背景下，舞蹈现象最强烈地要求人们的关注。要将以上研究与作为一种哲学学科的美学联系起来,目前看来还并非易事,因为这些研究活动仍然是在一种观察、暗示而非论证的水平之上进行的。

舞蹈哲学自然有其自身的历史。当代哲学的总体视界大体上是由其始自古希腊的漫长传统构成的。对于美的艺术(fine arts)的哲学辩论借助理性关照的更为广泛领域的探究,这些探究仿佛关联着艺术:比如,音乐借助数学宇宙论和心理秩序,绘画借助再现和空间的认知秩序,诗歌借助真实与想象之界限及维度,以及建筑借助城邦典礼。那么舞蹈呢?舞蹈传统上被系于诸如个人与群体、创造力("生命之舞")、人类社会和星空宇宙中的优雅与秩序这些观念之上;然而这些观念自身是在奇思异想中而非实实在在的论争中得出的。当人们的话题是复杂系统的相互顺应时,他们便开始使用舞蹈这样的隐喻手段,这些复杂系统虽具有自身明晰的规律,却无法缩减为形式上的综合。理论家对舞蹈言之甚少的一个可能原因在于,人们恰恰正是在他们希望传达的意义不可能或者不可以变为言语之时,才诉诸舞蹈和姿势。

哲学的思辨传统中包含着一些思想,赋予了舞蹈认知意义和道德意义。尽管对柏拉图艺术观的整理一般着重于巨著《理想国》中诗歌问题的处理,但他对艺术行为最为显著的关注是在《法律篇》中,文中作为城邦政体秩序原则之体现和象征的仪式由舞蹈表现出来,并被迷狂之舞这样的反正统文化形式所平衡(Lonsdale 1993)。正是通过参与舞蹈,社会关系进入了人们的意识。因舞蹈而表现出的秩序被普遍地认为源于宇宙行星之"舞"(Miller 1986)。诸如意大利和法国早期现代宫廷芭蕾舞这样的正式舞蹈形式正是沿着这些思路为人们所读解。这种思考方式极为深远地影响后世直至18世纪君主制意识形态的崩溃。现代和后现代舞蹈的阐释者和理论家们则惯常以一种体现并象征民主形式的新思考方式来替代它。

柏拉图利用舞蹈形式作为社会秩序的范式,对此的一个重要改变是普洛丁对"舞动的身体"的运用,他将"舞动的身体"看作完整的有智力表达的自动统一体的形成,看作世间万物彰显统一智力的一种典范的方式。舞动的身体自然而然地体现了这种有智力的统一秩序,对于这种秩序的反思一直是舞蹈哲学永久回响的主题。

在亚里士多德《诗学》的开篇中,有关再现(模仿)形式的系统列举中有一句关于舞蹈的话。《诗学》在文艺复兴时期被赋予的重大意义使得这句话获得了与其简短的叙述不太相称的重视。在亚里士多德看来,再现是人类认识的中心形式,各种再现因其对象、方式和材料的不同而相互区别:舞蹈则是通过身体的程式化运动再现人物的动作、情感和精神状态。美的艺术(fine arts)这一概念于18世纪正式提出后,人们遵循亚里士多德的做法,在诸多艺术舞蹈中给予那些其姿态意义至高无上的舞蹈以首要的地位。结果出现了形式性舞蹈与模仿性舞蹈之间的持续张力,舞蹈认知的复杂性也成为舞蹈哲学的标准议题。

18世纪,美学和艺术哲学成为公认的学科,人们试图把舞蹈看作一种模仿艺术,与绘画、诗歌这样的"姊妹艺术"相提并论(Noverre 1760)。然而此时,有关人类语言起源的思考则构想了某种前语言的阶段,在此阶段未分化的声音和动作被用于自发性的表情达意,随后便发展为言语、音乐和图像艺术这些具体形式。这种思路是要将舞蹈归为人类行为的亚文明的、前艺术的阶段。黑格尔尤其认为在他的美的艺术体系中,针对舞蹈并没有什么与众不同的认识方式。艺术性舞蹈普遍呈现出明确形式的事实,也并不足以为其在**精神**(Geist)的艺术呈现中挣得一席之地。黑格尔在这点上无疑具有决定性的影响。朗格提出了自己的理论系统,试图赋予舞蹈象征心理力量的功能,这一构想被认为启发性胜于说服性(Langer 1953)。

背景的介绍至此为止。舞蹈哲学自身如何?大致说来,一种舞蹈形式被归类为"艺术",总归是根据某一种或某几种正被运用的艺术理论和美学理论,并且如果某一种艺术的主要媒介是在动静中的沉默的身体,它就也随之会被划归为舞蹈。关键的概念是"身体":要用人的肉身化的重要性来克除黑格尔对此的轻视。尽管每种真实的舞蹈形式都或多或少利用某种姿势与动作的修饰限制系统,通过这种系统舞蹈开始具有自己的特征,而且这种系统要求有专门的训练,但事实总归在于我们人类恰恰是借助自己的身体才得以从事我们所做的一切。在身体的运动中,我们实际上都一定会有无穷无尽的灵活与变换的能力。从身体所具有的这种无特定功能的才艺禀赋来看,可以得出三种明显的推论:首先,似乎很容易这样来降格舞蹈艺术,即宣称舞蹈无非是任何人在扭动肢体以表达情感的同时自动进行的活动。所有人,在其生命追寻情感律动的舞动样式中,那富于表现力的舞蹈特性无须反思便可彰显出来。其次,20世纪60年代反文化浪潮中,前卫舞蹈的倡导者同样轻易地说:无论何处,只要有人的身体运动属性参与"有如舞蹈"的活动之中,那么它便可以被认为是舞蹈,或者被作为舞蹈来实践,也就是说,完全不必考虑那舞动的人到底是在参与什么样的活动。第三,舞蹈传统中可以被发展出来的有意味的动作,其范围在实践上是无法穷尽的。

于是便存在着这样一种情形,即任何人类的身体运动都能够成为舞蹈而且能被视为舞蹈。但舞蹈哲学仍然面临着这样的问题:到底何种运动特质能作为舞蹈而值得我们重视和培养呢?对此,一般性的艺术理论马上会提供三种可能的回答:表现性;"美"和其他形式属性;以及模仿力。舞蹈美学传统上是在探寻这三者具体的可能性、它们在艺术舞蹈中的相对重要性以及三者互相作用的方式。特别是人的身体运动中最值得探寻的那些形式性特质,其本质与重要性一直在传统上得到了广泛探讨,这尤其与"舞蹈课"为提升社交风度所一直强调的优雅、端庄、高贵、**健迈**密切相关。一个颇为复杂的因素在于人类是语言的使用者,他们能言善辩、滔滔不绝。这种伶俐的口齿在姿态行为中具有一个类似物,那就是"身体语言",它与清楚的言语表达相互伴随或者不相伴随,在与这种言语表达的多样关联中系统化地产生和理解。此种身体语言的行为是如何被辨认和分类的,其阐释的途径和限制是什么,以及其在艺术舞蹈诸多资源中又处在何种地位,这些都是舞蹈美学中的突出问题,并且与普遍人类理性的研究密切相关。在印度古典舞蹈、欧洲芭蕾基本形式及其他舞蹈中,姿势的形式语汇得以发展;而我们需要研究的问题是这种语汇是如何使用于、整合于舞蹈的情感和形式意义之中的。如果说没有这种所谓舞蹈语汇,那么流行于整个社会生活中的那些公认的姿态举止(如亲吻、正步、握手、鞠躬)便又提供了一种源泉,会引发关于有意味之修饰与综合的相同问题(Humphrey 1962;Shawn 1953)。

上一段充分表明:一个人的运动被赋予的意义,依赖于可利用的语汇或符号系统,依赖于必须处于切实运用中的系统,依赖于运动者运用这种选择系统的方法,依赖于相关地起作用的语境,以及依赖于一种无限众多的变化,它适合人类交流所必需的那种开放的灵活性。如果我们讨论中的动作属于(或者被构想为属于)艺术舞蹈,或者属于一个具体的舞蹈或一个种类的舞蹈，那么也就是假定将以某些具体的价值赋予这些部分或者全部的动作变化，或者至少对这种动作的可变性施加了某种限制；否则，无论是作为一个具体的舞蹈，还是一个种类的舞蹈，舞蹈所被赋予的意义都将变得非常空洞。但由于下述原因，要了解这种假定到底会给人带来什么东西，并非易事。

舞蹈艺术是见诸运动的人体艺术。那么人的身体是什么？舞者，无论其展现的是已编排好的舞蹈片断，还是创作新的舞蹈，或是随着技法条件的发展去创新改进某一舞蹈片断，无论其是在表达他们自身，还是只是单纯地移动，这都是人在以人的方式所做的一切。如果他们的舞蹈是其舞艺的一种运用，那么他们就可能正在做某种被人观看的活动——为一个真正存在的观众，或是为可能存在的观众，如果是唯一的观众那就是为上帝。但观众在舞蹈中注视舞者的身体运动时，他们又到底是在看什么？"舞蹈中"这三个字并不会对呈现给观众的东西施加某种限制。当然，观众所看到的身体一定是包含以下所述几点的绝大部分，而这几点如何最完美地整理归序则是需经哲学来考虑的问题。首先是"肉体"，运动中真实的物质材料。接着是在其四肢、关节、肌肉能允许的情况下身体运动的清楚表达的机械系统。接着是有机的身体，作为一个由其神经系统控制下的活物而运动。接着是用姿态来表现的人，其动作不仅充满活力，而且在根本上作为一种有意识、有知觉、有动机的存在物的表达而具有意义。接着是一个具有特定年龄和性别的具体的人，此人与其为之舞蹈、与之舞蹈的那些人处于一种本质的关系中。接着是具有社会性的身体，着装打扮，并有如所有别的人的身体那样，被赋予一种一目了然的社会实存。接着是或者可能是在某一特定正式场合具有象征意义地装备起来的身体，因为很多艺术舞蹈唯有在此场合中才能实现，并且模仿性舞蹈经常利用这一点去组织它们的表演。或许我们应当再补充那参与仪式之中的身体，这种仪式会赋予仪式的参与者一种额外的象征意义。这里的关键在于，除了用存在，首先是用人的存在之外，舞者不可能呈现这些看得见的序列层次，只有认识到(无须明确地承认)这些层次是根植于肉体存在这个最基本层次之中，我们才能接受他的行为和实在。有些人提出"身体是舞者的工具"以图回避这一问题，而其他人反驳道："我并不是在**使用**我的身体，我就**是**我的身体"，我呈现在我的舞蹈之中。极为重要的是，对其舞动着的自我，舞者自身的认识之错综复杂绝不亚于且颇异于观众在他们身上所看到的那一切(以至于舞者在练习时，即使没有像惯常那样被真实镜子所围绕，心里头也好像萦绕着某些虚拟的镜子)。所有的艺术当其试图将艺术家从艺术中分离时都难免遭遇不小的困难，然而唯有对于舞蹈来说，这种分离威胁到舞蹈艺术作为艺术的真正核心。

艺术舞蹈作为一种可教、可学而且服从技术批评的职业，集中关注舞蹈"本身"，这也就是处于身体运动范围的中间层次的那些现象：包含着有教养的生物性和人类情智的有机体的运动，它们在自身的范围内而非在心理的和社会的层面上而具有意义。此种舞蹈在很多传统中被分解为可以跳动的单元，即"舞步"，它们是可以练习和完善的。舞蹈的完善常与以上提及的具体的舞蹈特性相关；特别是针对"优雅"的恰当分析，"优雅"作为动物运动以及人的运动中被赞誉的、最具有典型特征的美的形式，一度成为理论界热烈讨论的话题(例如 Bayer 1933)。

从传授舞蹈动作到允许将舞蹈分析为舞步，这一趋向已经促使舞蹈教师和编舞者尝试对那些公认为在舞蹈中反复出现的、与舞蹈之构成及完善密切相关的舞蹈动作进行编码汇编，从而发展出大量的舞蹈记谱法,在这些记谱法中可重复的舞蹈结构得以记录保存。特别是两种所基于的原则相差甚广的记谱系统在当今职业化艺术舞蹈中被广泛使用,这就是针对芭蕾舞的贝内斯记谱法(Benes notation)和适用于所有人类动作的拉班记谱法(Labanotation)。拉班记谱法的成功促使纳尔逊·古德曼(1968)推测舞蹈自身可以成为某种"记谱艺术"。也就是说,在这种艺术中,舞蹈表演可以通过遵循某种成文的舞谱而制作出来,这种实质上同一的舞谱是由对表演观察、转录而来,因而是无限的。古德曼的公式化表达的精确和优雅,停留在一种美学很少达到的智力水平上,而且引起了广泛的关注。古德曼指出,如果舞蹈真的成为一种记谱艺术,那么它将与我们所了解的舞蹈极为不同。考虑到我以上指出过的,在舞蹈中被理解和被欣赏的舞动的"身体"具有的多种模糊的特点,因此我们可以说任何舞蹈记谱法都不可避免地侧重某些关系而忽视另一些关系,而这在实践中意味着(仅仅因为其为作为**舞蹈**记谱而设计出来)其将紧扣那些属于"作为舞蹈的舞蹈"的动作和解释的中间层次,也就是那些专业上可学习的技法。但是艺术舞蹈的一个本质特征在于这些动作并不是我们在舞蹈中所注视和欣赏的全部;如果舞蹈是一种记谱艺术,那也就是在假设唯有通过这些舞谱中的动作,舞蹈才能得到规定,从而才能为人们所欣赏和评价。不管怎样,针对舞蹈记谱法之创制、运用以及对限制适用范围的考虑,可以说仍是我们思考如何将人类理智运用于舞蹈之创制、识别与赏鉴的一个极具成效的思想源泉。

舞蹈记谱法倾向于把舞动的身体作为一种清楚表达的系统来对待,它表明了可识别的、运行中的身体部分是如何运动的,它们朝何处运行、何时运行以及如何运行。然而一些富于思考的编舞家和人类学分析者强调指出:身体动作具有意义的方式,并不能相应地简化为那些记谱术语,因此舞蹈也就不可能刚好像任何记谱体系所描述的那样。我们的眼睛,如同其他动物的眼睛一样,是一整套视觉系统的组成部分,此系统针对动物运动类型的不同,特别是针对我们人类运动类型的不同,而产生不一样的反应。我们会以极其细微的分辨力去读解人们的面孔:面孔具有表现性,而且被人们看作具有表现性的。双腿、双臂、躯干、双手、手指具有不同的形状和节律,其在机体结构中行使着不同的功能,并且承担着不同的意义。传统上针对舞蹈的探讨,常常在那些对以腿的跳跃为中心的舞蹈与那些强调手的姿势的舞蹈的差异问题之上大做文章(此种探讨伴之以对腰部之上和腰部以下的粗陋区分)。此种区分并非理论的架构,而是一种理论不得不尽量与之协调的文化(或者说是心理的)传统。正因为舞者是舞动的人,这些区分被建构于我们制作舞蹈和观看舞蹈的过程之中。那么这些区分就是我们研究舞蹈的素材吗?或者说是我们如何处理素材的角度吗?不管怎么说,结果总还在于舞蹈不可避免地具有无限多的情感丰富的意义,而这些意义是在拓展人类经验可能性的过程中被发掘出来的,正如那些在诸如音乐、绘画、诗歌等其他艺术中发展出来的意义一样。因而"模仿"不应被看作描写和叙述的方式的总汇,而应被理解为给我们原始的感知和感受方式拓展出新的范围和能力。

运动中的人体是关注的焦点,这作为对舞蹈艺术的一种总体的指明,展开了两种解释的选择,有时候依据这些不同解释将评论家区分成两组。首先,要么强调身体,要么强调运动。根据强调身体的观点,舞蹈欣赏的中心是具有体积和重量、柔顺和抵抗的实在的身体,对它们的肯定和否定;舞蹈的荣耀与悲悯都建立在它是运动与被运动的人的身体之上。根据强调运动的观点,舞者释放的一整套能量体系构成了舞蹈,因而如若最终说身体不过是舞者的工具也并非全无道理。有人撰文指出也许正是由于尖头鞋的使用才促成了浪漫主义芭蕾这一想象中的舞蹈。另一些人则强调19世纪后期"长裙舞"的繁荣和其产生视觉效果的形式,主要依赖于对面纱、披巾、衣服摇曳摆动的表现形式,精妙的舞台灯光使得这些方式成为可能,它们都集中体现在罗伊·富勒(Loie Fuller)的作品之中。这些作品被某些评论家奚落为无非是些显摆,而绝非什么舞蹈,但事实上这些作品的确能够而且也已经被视为表演者生命能量的散发和再现。

由舞动的人体这一模糊概念所带来的另一种解释的选择在于:有技艺的舞者要么被视为专业的表演者,投身于一种有资格限制要求的艺术活动之中(除非我们也受过训练,否则绝不可能成为这样的表演者);要么被视为疲于应对生存坎坷的常人(如你我这样的芸芸众生一样)。舞者既是前种人也是后种人,他们可被视为其中之一,也可以被视为二者皆是,而且可以不同地将这种双重境遇作为自己模仿的主题。艺术中这种双重性无处不在,从事职业活动的艺术家同样也是一个其艺术融于其生活的人;但舞蹈尤其如此,跳舞的人直接呈现于我们面前,此种双重性也随之一直为我们所体察。舞蹈诸多源泉中永恒突出的问题,在于将某人以身体创造舞蹈的那种辛劳、努力、责任和疲惫都转变为其舞蹈的真正实质,或者以一种极具风格的形式展现所做的这一切。舞蹈必须展现舞动的人,对此就必须强调舞蹈的主题,正如亚里士多德所说,舞蹈的主题是人的精神的诸多状态。这些精神状态可能是也可能不是在形式上或实际上与舞者的思想和情感相一致。舞者个人的出场,相应地使整个人生过程和身体的实际智慧似乎可能得以显现。一些舞蹈形式和传统特别擅长于此;然而这到底是什么,它又是如何达到这些效果的,仍然需要等待现象学的分析——或者启发与提示。在一种反思性的文明之中,我们对人类生命形态的思考得到了充分的培养,以至于这种思考可以在视觉上向公众展现出来,这种事情似乎是只有在对一种反思性文明的理解之内才能做到,如果我们已经做到了这一点的话。

一个舞者正表演的舞蹈,连同作为这个舞蹈的表演者的舞者,与一个正在表演舞蹈的人及这个人的全部活动,这之间的区分显然是极为容易和熟悉的。然而,这种将舞蹈孤立出来的尝试只会失败,因为舞蹈作为舞蹈,无论如何只能被标准地视为一个人的身体所具有的特定动作,因而也就是这个人的动作;这个人一直呈现于舞蹈之中。这种思考,不断将对舞蹈进行哲学思索的人们指向一种现象学认识论的探寻,这种现象学认识论并不将经验与视听系统本身的起源相联系,而是与那个融会于其所经验的(被看到的、听到的、触摸到的)世界之中的感知者的人相联系。莫里斯·梅洛-庞蒂(Maurice Merleau-Ponty)的著作已朝此目的开始探索。最近的一种研究方法则引证实用主义而非现象学的研究传统,如理查德·舒斯特曼(Richard Shusterman 1999)认为:对鲍姆加通的《美学》的一种比我们绝大多数人更为耐心的阅读,将会把美学的基础建立在肉体化的感知者的直接属性之上。这种研究方法可能是未来舞蹈哲学的发展方向。

另一种现象学的思想方法则主张,由于舞蹈本身是从现实利害关系中剥离出来的或从舞者的实际生活中抽象出来的动作序列,因而任何舞蹈的内在意义都必然是某种舞者在维持他们存在的环境中翩然起舞的基本方式,因而对于他们自己和其他人来说,舞蹈含蓄地实现和呈现人(或者说是最基本的人,无论那到底可能是什么)在世界中存在的基本方式。但是在这里,世界又该做何种解释,这本身仍是需要研究的问题。现象学是一片广阔的而今却很少垦殖的领域,这里提供的这些议题与其说是舞蹈哲学的成果,不如说是需要未来的舞蹈哲学进一步整理与阐明的领域。

上述材料可能暗含了这样一种情况:娴熟的演员为相应敏锐的观众表演的舞台舞蹈,如果不被特别的符号学限定所严格控制,将很可能会遭受严重的符号学超载之苦。一出舞蹈如果给人感觉毫无组织或杂乱无章,这并不是因为它的意义不那么确定,而是因为表演中并没有什么东西可以持续地表明观众的注意力应该聚集于舞蹈的何种意义层面之上。这似乎通常体现在我们的后现代时期,当受训于不同方法和流派的舞蹈演员在同一剧团合作演出时,如若观众能以其选择性经验应对这些舞者混杂的演练,也还是有可能对这种符号的风暴做出解读。

以上评论是以相应的一般方式加以表述的;其中必须做出这种假设:诸如常人与艺人、文化与自然之间的这种关系,在具体的历史/文化背景中将呈现决定性的形式。也正是这些形式组成了"我们"作为"舞蹈"来"理解"的东西的实质。舞蹈是如此普遍,以致人类的生理、行为以及心理在其文化的延展性中,均提供了形成舞蹈传统的全部地域与历史的共同材料。这些传统自身也在诸多舞蹈活动的系统中得以实现。不同的文化中这些活动有所不同,参与者无须将他们一起划归为"舞蹈"这个单一的分类;文化中完全没有任何像"舞蹈"这样的一般概念可以把他们都划归其下,即便可能有这种概念亦无多大用处。但是本章的读者,如果有了"舞蹈"这一概念并且很可能(由于这是我们文化中的既成事实)思考过这一概念的范围的话,不妨将其作为一种包含性的概念跨文化地运用于各种行为。其他文化的代表如果有这类灵活的包含性概念,也可以用相同的方式加以运用。

这种跨文化的运用是如何起作用的呢?比如:如果我把一种异域活动(仪式,或别的什么)认作舞蹈,那也就意味着我所了解和看作舞蹈的东西在某些方面已把这种异域活动作为一种可能的扩充囊括进来。经过反思,我应当能说出这是如何辨认又是如何被囊括的。这种事情总是持续发生,它可以说是有关整个世界范围内舞蹈的一个重要且不断被承认的事实。

如果文化可被承认为人类的文化,其必然是置于人类全部的基本行为因素及组织结构之上的某种派生,无论这些行为因素和组织结构到底是什么。此种思考在一定程度上证明了以上提到的古老见解:舞蹈最初是(或曾是)一种对身体资源的精心安排的、富于表现性的自由运用,用以交流和赞美那日后发展为语言和艺术的事物,并且也正是由于这一资源,特定文化中那些形式精美的、形成实际舞蹈之基础的动作和姿势系统才得以建立并继而发展下去。同样的道理,我们常常说基本的人类舞蹈如同动物界类似的舞蹈行为,是以自然表达的形式对身体能力的自发的灵活运用。毕竟,我们尽其所能都是在以我们的神经和肌肉去完成和完善那些范围无限的身体动作;那么舞蹈为何不能在最为基本的层次上成为对这种自由的无拘无束的运用呢?不过,这里所谓的"自由",很可能是一种幻想。这些自发的表现性动作的表演场所以及它们究竟采取怎样的形式,都最有可能是由人们根据塑造他们习性和情感的那种文化来确定的。

在我们的文明中,各种知识的学科组成的那个系统的知识体系业已建构起来,任何艺术的哲学都总是围绕着艺术活动的经典传统展开的。而我们的文明中其他的传统,以及其他文化的传统,实际上被作为这些经典传统的外围来对待。就舞蹈哲学而言,芭蕾舞的传统以及"现代"舞与其后继者的传统,占据了这一中心位置。然而这么做并非理所当然,也并非显得成功。文化之所以成为可能,在于人类身体所必然潜在地具有的那种无差别、无限的艺术力(因为文化的生存价值只有积累到具有无限的适应性以及不受限制的适宜度时,才能得到专门的发展),特定的舞蹈传统和舞蹈技艺正是由这种艺术力的系统化发展而来,因此给予任何具体的舞蹈传统以某种文化优先权都必然是专横武断的做法。戴维·贝思特(David Best 1978)主张,没有什么舞蹈传统可算作"艺术",除非其具有与重大生活问题相关联的可能性;但是,即使我们肯定这一论断,它也不足为训,因为可被算作重大生活问题的东西自身也必须依靠文化选择,依靠那些结果是可行的表现方式的发展。

"舞蹈艺术"(the art of dance)这一表述,错误地使人觉得有这么一种人们可以成为其中的参与者的统一的实践系统。我们或许应当避免这一表述,代之以"诸多舞蹈艺术"(arts of dance),这些舞蹈艺术独自成长于不同的文化之中,属于相互分离的"舞蹈世界",在这些舞蹈世界之间不存在任何有意义的交往。这一说法可能有些言过其实了,因为在今天这个全球化交流的世界,彼此之间的认识与了解正被日益制度化;但正在发生的这一切到底是怎么回事,此种相互了解的范围和界限又是什么,这仍是需要哲学家和社会科学家关注的问题。同时,"艺术"(art)这一概念,负载着理论而且很容易以词害意,因此它可能并不适合用于对舞蹈所具有的那些意义类型的哲学化探索。我曾经建议可以发展"实践"(practice)这一概念,来提供某种有用的基本建构框架(Sparshott 1988:113-S40),但结果尚待观察。无论如何,舞蹈现象在人类行为中所处的独一无二的地位,要求其在艺术哲学中扮演一种比人们惯常认为的更为关键的角色。

舞蹈作为这样一种职业舞者为观众表演的表演艺术,可能因为其意义不仅依于其本身,而且根植于整个意义系统,从而得以区别于其他艺术门类。舞蹈不仅作为其他表演活动的组成部分而被专业化地表演(我们将马上转入这一问题),而且表演性舞蹈的形式和价值也是那些别的境况下舞蹈活动的延续,或与之有所关联。现今芭蕾舞所承袭的法国、意大利宫廷芭蕾,其所包含的精妙绝伦的舞蹈成分在当时整合于典礼仪式之中,这些仪式中轻松闲逸的舞蹈动作具有象征性和形式性的意义;世界上的舞蹈很多都是那些宗教仪式的组成部分;在我们的文明中,人们参与的社会性舞蹈的多种多样的形式是从审美上构成的实践活动,这些活动作为那些人类学家、社会学家所关注的特殊生存状态的构成或例示而具有意义;即便我们把其作为单纯的消遣娱乐而不加理会,但当探寻娱乐自身的重要意义时,我们的这种不加理会就不会具有任何结果。

在任何社会里,如果某一场合想要被强调为独特的事件,那么其为数不多的基本方式之一便是表演特殊的动作(做这些事情并不总是为了实际原因,或者以非实际的方式来进行)。这种活动的完成方式与表演性舞者在舞蹈表演中所做的一切相互关联,并且具有显著的类似。在这里,舞蹈意义根植于生命过程的意义的方式,是值得进行哲学反思的问题。相应的问题也在别的艺术（如诗和歌）中体现出来，这些艺术中整套技法便构成了其基本组成材料；舞蹈与此显著不同的是，它的艺术意义内在于别的一些意义系统之中。

我们已经指出：跳舞一般来说是跳一个舞，至少总是跳**一种**舞，并且舞蹈一般被表述为或适合表述为步法、姿势、手势、连续动作及其他相类似的片段，虽然如此，舞者终归是而且被看作一个在运动中的活跃的人。舞是人做的事情，舞者运动中的身体也必须被视为在各种可能状态中都被看作肉身化的人的身体。对此我们现在必须补充一点，通过在特定舞蹈传统中训练和实践从而形成其特有的身体形态和动作习惯的舞者，必然如同通常情况那样，可以学会（并且经常的确学会了）去表演另一种传统中的舞蹈。这种叠加的结果很可能是某种或多或少具有特异风格的结合与折中。此种现象自身也正是那可能未被有自觉意识地实现的或被认真发掘出的舞蹈资源。此外，一个人如果学会一个舞蹈或一种舞蹈风格，那么也就因此学会了舞蹈，这是因为正是通过自身亲历，他或她现在知道学会一个舞蹈和一种舞蹈是怎么回事。此人在任何舞蹈中的动作，从较为明显的方面来看，都似乎是**一位舞者**的动作。由这个熟悉的事实一定可以确立起两个不太为人知晓的事实：首先，一个并不是在跳舞的人，在表演某些非舞蹈的动作时特别在乎自己的动作品质，那么这个人就可被视为"在舞蹈"；其次，在较弱的意义上，不管任何人是动还是静，都可以被人视为"在舞蹈"，只要这些观看者的知觉范围包括实际的舞蹈，只要这些观看者在自己看到的东西上加上相应的分析、解释、欣赏的技巧。这些观看者仅仅观看着发生的一切，**如同观看某一舞蹈那样**，无论在特定情形下这种观看能达到些什么。如果我说某人能被视为在舞蹈，或者看上去好像是在舞蹈，我也无非是在说某种起着分析、解释或定性作用的滤网，我将这种滤网相应地运用于我对此人所进行的活动的知觉之中。

舞蹈在典型特征上就是被观看。它们为观众或似乎为观众而表演。事实上，在我们的文明中，艺术舞蹈在典型特征上就是剧场艺术，舞者们在舞台上为观众表演。（尽管"舞台"常常是某片实实在在的、界限分明的场地，但假如观看者与被观看者之间的区分能被辨认出来，那么舞台也未必需要如此。）这是个宽泛的话题；为自己舞蹈、为他人舞蹈，以及作为某个组织的成员而舞蹈且在这个组织关系中寻得满足，这之间的诸多关系引发了有关感知与自我认知的诸多更为广大的问题。这里需立即强调的一点：尽管舞蹈是在舞台上表演的，但并不是所有在舞台上表演的都是或都意味着是舞蹈。

剧场舞台是一个极为强势的机构。我们可以说舞台是一个公认的大众场所，我们去那里看某些人表演。这些人各式各样：戏剧演员、音乐家、魔术师、体操运动员、任何被公认为是表演者的人，这其中包括"表演艺术家"和那些表演怪诞离奇、唯有凭借其所冠之名方能理解的特殊表演者。所有这些人都分享着同一个舞台；在 20 世纪早期俄国实践者构想的"戏剧"[1]（theater）的背景中，存在着一种长期的可能性让那些不同的表演类型相互融合或者相互影响。如果戏剧舞台成为艺术舞蹈的表演场所，那些将他们自身限定在他们所构想的纯粹舞蹈之上的舞者，就和那些并不承认此种纯粹主义的表演者，以及那些可能并不强加给自己此种限定或并不期待任何内容限制的观众分有着同一个表演环境。舞者不可避免地在舞台上出场，既作为他们本人也作为"表演者"，在这种舞台背景中，在"剧场"包容性的和塑造性的经验（无论它此时此地是以何种方式运作的）中，舞者所进行的一切都可被接受为是在表演。一直以来舞蹈表演(其中心定义是以期获得人们观看和意义探寻的有序的身体动作)便具有这样一种趋势,即将任何被认为值得获得相同的一般类型的关注的事物都囊括其中,所谓"相同类型"则被从实用主义的角度定义为那些没有争议地接受的东西。而且,正是因为特殊的技法与舞蹈才艺的获得需要利用身体运动所具有的一切潜能,所以舞者在剧场背景的表演情景中所做的一切,对于剧场已经为其准备好的观众来说,都能直接呈现所有值得解释和欣赏的维度。另一点更需牢记:正是因为舞台在本质上是所有这些多样意义和乐趣的潜在承载者,所以剧院中的经验包含的某个重要的成分,便始终是戏剧的经验。[2]

舞台的一项功能是宣告并且强化艺术家与观众之间的区分。此种区分可能带有多方面的意义。有些女权主义者就强调指出,在剧场舞蹈中,女性舞者的身体典型地屈从于男性猥亵的凝视下;对另一些人来说,问题则在于下层表演者是在给上流社会纨绔子弟们表演,或者舞者年轻俊美的身体是展现给他们那年老色衰的长辈的。

即使舞蹈作为一门艺术是在剧场和宗教队列展演中向公众实现出来的,但舞蹈也是在练功房中学习和发展起来的。一些艺术纯粹主义者觉得其艺术在面向大众后,就失去了自身的完整性,而且那些必然愚钝无知的观众会默默地宣称:艺术忠贞的使命就是为了满足他们那些愚蠢的诉求。这种紧张关系常常以多种方式体现在所有的艺术之中,绝大多数公众对于所有艺术家所了解的东西都茫然无知。然而,在舞蹈中这种紧张情况可能尤其让人辛酸,虽然用某人自己的身体所创造的一出舞蹈,意味着与介入同样艰苦过程的同伴们一道的一种自我改造,这样的舞蹈的表演却沦落到给那些对此一无所知甚至毫不关心的观众去演出。无论这是否是问题,一个歌剧院的宏大组成与那个在某个晚上作为个人亲自进行表演的舞者之间,在原则上必然存在着某种隔阂。这种隔阂的一个后果,可以说是舞蹈设计过程的拖沓延缓。处在终端的是剧团经理,他要提供演出机会并且要求填满容易获得票房的演出季节。接着是编剧,他要构思一场舞蹈表演的大致轮廓,这也许包括要表演的一个大概的叙述故事,或者构想有关舞蹈表现的情感主题。再下来就是舞蹈设计,他要根据每个舞蹈节目所具有的特定形式、所需舞者的特定人数、所占用的时间长度,以及所分配的在整个舞蹈中的某种突出特征,清楚地表达一个大致的轮廓或大纲。然后就轮到编舞了,为使舞者能够表演,编舞要用实际的动作和联系去充实那些构想,要用实际的表演者将这一切付诸实施。这以后,如果说这场舞蹈计划规模宏大,或者经中断后又要重演的话,那么将不得不需要导演或者教练——他们的作用犹如经纪人——连接那编排好的整个设计和在特定场合由那些形体不同、才能相异的演员实际上所做的表演。最终这一切将落到具体的舞蹈演员身上,他们每个人都最终是其演出的创造者,这是因为无论他们多么忠于编导的意图和指导,只有他们才是最终演出舞蹈的那个人。甚至在这里还可以说,作为某种不断被示范的设计,那些被学习、发展、完善、精益求精的可重复的舞蹈或者角色(比如说,她的吉塞尔[Giselle]),与那些由舞者表演的、在某一特定夜晚被所有真正观众观看的真实演出之间存在着某种重大的区别。(如果舞蹈需要音乐的话,在每一个舞台上都很可能会伴有一个舞台,用于音乐的创作和表演;音乐与舞蹈的关系是如此不同地建构起来的,它们带给舞蹈哲学一个极为复杂的问题。)这些连锁的创作进程因其机制迥异,虽不必须却可能被分而执行。然而,这种层次不是必须要以这一连串的艺术附属行为加以实行。一场舞蹈的艺术创新和美学意义可能集中于这一过程的任何一点,并且任何这样的焦点都可能成为这场著名的舞蹈为人所知的缘由。从整体来看,这一接合是戏剧舞蹈整个形式所必需的,正如相应的创作结构对于电影艺术来说一样。

那么一场舞蹈的身份的前提条件是什么?又是什么使得某一舞蹈被认为是与另一舞蹈"相同",或者适于给予相同的名称?这里引发的思考可能没有确定的答案。如果一家剧团宣布要创作新版《天鹅湖》,那么这个新《天鹅湖》将要以那些让舞蹈领域的人们非常熟悉却又觉得不同的内容来与该节目那错综复杂的传承建立某种联系,除此之外,很难说他们该怎么去做。这一传承我们都能意识到却无人能真正了解。《天鹅湖》之所是,决定了舞蹈创作者、批评家、观众可以将其作为确证他们的程序和身份来发觉和接受的那些关系,并且是由这些关系所决定的(Cohen 1982)。在讨论这些现象时,人们经常援引维特根斯坦的"家族联系"观念来构造概念,然而这个观念失去了某种本质的东西,即实践传统之形成与确立中的历史意识的动态过程。

对于有志于从事舞蹈哲学研究的人来说,舞蹈哲学大体上并不太难。我们所要做的是采取某种一般的艺术或美学理论,并且详细地考察这一理论是怎样应用于我们所了解或感兴趣的舞蹈现象的(例如 Redfern 1983)。我自己的工作已经开了个头:收集现有文献中有关此课题的话题与观点,并以一种有序的面貌加以组织整理,这些都是任何试图对艺术哲学进行严肃思考的人所需要了解和接触的话题和观点。这一雄心勃勃的尝试带来一些问题,即这些是否是真正的论题?是否是真正的思想?它们是否是以一种最具启发性的顺序组织起来的?对于这些问题是否值得回答我不置可否。毋庸置疑,我们最好还是做我们都在做的事:说出我们需要说的话。

[注　释]

1　查尔斯·巴特(Charles Batteux)于 1746 年就认为,一般的舞台表演场面可以被当作戏剧、音乐或舞蹈,这取决于创造的中心和兴趣的焦点。(有关巴特,见 Sparshott 1980:70)
2　舞台上的舞者的艺术地位与长期被广泛探讨的戏剧演员的艺术地位有很大的共通之处——特别参见 Huston (1992)。

参考书目

Bayer, Raymond (1933). *L'Esthétique de la grâce*. Paris：Felix Alcan.

Best, David (1978). *Philosophy and Human Movement*. London：Unwin.

Cohen, S. J. (1982). *Next Week, Swan Lake*. Middletown：Wesleyan University Press.

Goodman, Nelson (1968). *Languages of Art*. Indianapolis：Bobbs-Merill.

Humphrey, Doris (1962). *The Art of Making Dances*. New York：Grove Press.

Huston, Hollis (1992). *The Actor's Instrument：Body, Theory, Stage*. Ann, Arbor：University of Michigan Press.

Langer, S. K. (1953). *Feeling and Form*. New York：Scribners.

Lonsdale, S. H. (1993). *Dance and Ritual Play in Greek Religion*. Baltimore: Johns Hopkins University Press.

Miller, James (1986). *Measures of Wisdom: The Cosmic Dance in Classical and Christian Antiquity*. Toronto: University of Toronto Press.

Noverre, J.-G. (1760). *Letters on Dancing and Ballets*, trans. Cyril W. Beaumont. London: Beaumont.

Redfern, Betty (1983). *Dance, Art and Aesthetics*. London: Dance Books.

Shawn, Ted (1953). *Every Little Movement: A Book about Delsarte*. Reprint New York: Dance Horizons, 1968.

Shusterman, Richard (1999). "Somaesthetics: A Discipinary Proposal."*Journal of Aesthetics and Art Criticism*, 57: 299–313.

Sparshott, Francis (1988). *Off the Ground: First Steps to a Philosophical Consideration of the Dance*. Princeton, NJ: Princeton University Press.

延伸阅读书目

Armelagos, Adina and Sirridge, Mary (1978). "The Identity Crisis in Dance."*Journal of Aesthetics and Art Criticism*, 37: 129–139.

Bose, Mandrakanta (1991). *Movement and Mimesis: The Idea of Dance in the Sanskrit Tradition*. Dordrecht: Kluwer.

Carroll, Noël and Banes, Sally (1989). "Working and Dancing: A Response to Monroe Beardsley's 'What's Going On in a Dance'?" In G. Dickie, R. J. Sclafani and R. Roblin (eds), *Aesthetics: A Critical Anthology*. 2nd edn. New York: St Martin's Press: 645–650.

Copeland, Roger and Cohen, Marshall, eds (1983). *What Is Dance?* New York: Oxford University Press.

Fancher, Gordon and Myers, Gerald, eds (1981). *Philosophical Essays on Dance*. Brooklyn: Dance Horizons.

Foster, Suan Leigh (1986). *Reading Dancing: Bodies and Subjects in Contemporary American Dance*. Berkeley: University of California Press.

Fraleigh, Sondra Horton (1987). *Dance and the Lived Body: A Descriptive Aesthetics*. Pittsburgh: University of Pittsburgh Press.

Hanna, Judith Lynne (1979). *To Dance Is Human: A Theory of Non-Verbal Communication*. Austin: University of Texas Press.

Kaeppler, Adrienne L. (1972). "Method and Theory in Analyzing Dance Structure with an Analysis of Tongan Dance."*Ethnomusicology*, 16: 173–215.

McFee, Graham (1992). *Understanding Dance*. London: Routledge.

Novack, Cynthia J. (1990). *Sharing the Dance: Contact Improvisation and American Culture*. Madison: University of Wisconsin Press.

Royce, Anya Peterson (1984). *Movement and Meaning: Creativity and Interpretation in Ballet and Mime*. Bloomington: Indiana University Press.

Sheets, Maxine (1966). *The Phenomenology of Dance*. Madison: University of Wisconsin Press.

Sheets-Johnstone, Maxine, ed. (1984). *Illuminating Dance*. Lewisberg: Bucknell University Press.

Souriau, Paul (1983). *The Aesthetics of Movement*. (Manon Souriau, trans.). Amherst: University of Massachusetts Press. (Original work pub. 1889).

Sparshott, Francis (1995). *A Measured Pace: Toward a Philosophical Understanding of the Arts of Dance*. Toronto: University of Toronto Press.

Thomas, Helen, ed. (1993). *Dance, Gender and Culture*. Basingstoke: Macmillan.

Van Camp, Julie (1982). "Philosophical Problems of Dance Criticism." PhD dissertation, Temple University. Ann Arbor: University Microfilms International.

Willianms, Drid (1991). *Ten Lectures on Theories of the Dance*. Metuchen, NJ, and London: Scarecrow Press.

第16章
悲剧

苏珊·菲金 著

彭 锋 译

> 人到死时方快乐。
> ——希腊谚语

从理论和实践上来看,悲剧的历史都可以被有效地视为对亚里士多德的一系列注释。我们有很好的理由说,亚里士多德一直是检验新的悲剧观念的试金石。尽管如此,在哲学上,对于亚里士多德的说法的某些至关重要的方面一直存在不同的意见,比如亚里士多德所说的悲剧的目标或**目的**(telos)究竟是什么?亚里士多德所说的净化(catharsis)和模仿究竟是什么意思?为什么怜悯和恐惧的结合会如此重要?亚里士多德之后,莎士比亚、休谟、高乃依以及拉辛、康德、黑格尔、尼采和席勒,可以称得上是以适合他们自己时代的方式重新构想悲剧的最重要的剧作家和理论家。关于某些类型的情节在悲剧中的核心地位,存在着反反复复的争论。也就是,究竟是由于必须在相互冲突的善之间进行选择,好人有意地选择受伤害,还是某人在没有意识的情况下受到伤害。反复出现的主题还有悲剧反应中的快感与痛感的适当性,以及对于人在响应不愉快或痛苦的东西时所经验的那种明显矛盾的快感的无数说明方式。宽泛地说,由于悲剧的主题正是好的、幸福的或有意义的生活的本性(某种与所有人类有关的东西),以及这种生活可能遭到威胁的种种方式,所以悲剧被认为具有持久的意义。然而,在20世纪,许多理论家宣称悲剧的概念与现代生活的信仰和关心背道而驰,因此,试图改编悲剧使之适合现代生活将不再具有意义。为了反对这种宣称,我将讨论三部20世纪的美国电影。我将证明,其中两部电影具有完全符合地道的亚里士多德意义上的悲剧的标准的情节。第三部电影是一部20世纪后期的喜剧片,通过证明人们如何保持他们的幸福进而避免悲剧,这个片子可以证明悲剧与当代生活的相关性。

16.1 亚里士多德

至少从荷马时代开始,诗人被认为是教导什么是善的东西、进而教导如何过一种善的生活的导师(Thayer 1975)。比柏拉图早一代的智者高吉阿斯(Gorgias)对这种常识发起了挑战,他宣称诗在本质上是一种戏法、诡计或**欺骗**(apate)。柏拉图反对这种说法,认为诗歌在本质上并不是欺骗,而是**模仿**(mimesis)。而且,在以伊安(Ion)命名的对话中,柏拉图认为,诗人和他们的戏剧性的解释者如伊安,模仿的是人而不是观念或事件,因此只是从一个观点来表现观念和事件(见 Pappas 1992,对照 Halliwell 1986)。柏拉图得出一个臭名昭著的结论说,就作为知识的来源来说,诗歌并不比仅仅体现它所描绘的对象的一个方面的绘画更好。正如帕帕斯(Pappas)指出的那样,"诗的模仿甚至并不力图给出关于其对象的一般说明"(1992:92),柏拉图的对话中的许多人物也都体现了这样一个缺点,即他们甚至都不懂究竟什么是追求真理,或者一个人应该怎样去追求真理。在早期的作品(如《伊安篇》)中,柏拉图在苏格拉底的名义下表达了这个观点:诗人感动观众的力量是通过灵感从神那里来的。在后期的作品中,尤其是在《理想国》第十卷中,他对诗人的力量采取了一种另外的、心理学的解释,即他们运用各种各样的窍门和诀窍,直到最终能够将诗歌完全背诵(tribe)下来。因此诗人掩盖了他们的技巧而运用一种似乎是自然的、可信的、有说服力的语言,就好像在交流某种真实的东西一样。最重要的是,无论是诗人还是他们的解释者,为了有效地进行模仿,都不需要依靠对于他们模仿的东西的真理的了解。

亚里士多德的《诗学》是对悲剧的本性和目的的一种系统阐释,同时也是对柏拉图攻击悲剧的一种回应。亚里士多德主张,写一部好的悲剧是一种技艺或技术(techne),这种技艺的训练需要知识,尤其需要关于悲剧的**本性**(phusis)和**目的**(telos)或功能的知识。显然,在悲剧的目的中,怜悯和恐惧扮演了至关重要的角色;亚里士多德也提到了受难。悲剧的"真正本性"(1449a16)可以提供一种基本原理,将悲剧确定为一种具有一系列特别属性的戏剧类型。这在很大程度上可以被认为是理所当然的,不过在有关亚里士多德的某些观点的细节上,也存在相当广泛的异议,比如亚里士多德关于悲剧目的的看法,他和柏拉图在那个费解的模仿概念上究竟存在怎样的差别,模仿究竟能否作为知识的一个来源,以及怜悯和恐惧的结合如何与净化有关。

亚里士多德不断说,有关悲剧的最重要的东西就是它的**情节**(muthos)。情节是构架。情节不是诗人在世界中发现和复制的,而是诗人制作的,或者是诗人精心挑选的。因此,写作悲剧不仅是模仿,而且是**技艺**(techne)——这个词语通常被翻译为"艺术",艺术这个词语的印欧词根的意思是将东西组合在一起。亚里士多德关于悲剧的论文被称为"诗学",部分是因为他的文章所涉及的悲剧是用韵文写成的,这种写作方式差不多一直延续到 18 世纪。韵文是构造起来的,而不只是日常口头语言的模仿,这体现了这个事实:悲剧是关于普遍适用的问题,而不只是表现一个方面的观点。亚里士多德以类似的方式对悲剧进行辩护,认为它比抒情诗高级,因为后者只是模仿个人的观点和感受。亚里士多德还认为悲剧比历史更具有哲学性,因为它的情节的普遍性、行动的类型性,这些都与实际的个人的所作所为不同。

人们去看悲剧,悲剧的重要性却在于人们所听到的东西。也就是说,悲剧的表现方式是**视觉的**(opsis),而它的意义是听觉的,是通过**语言**(lexis)和**歌曲**(melopoieia)表达的。在公元前5世纪,一般的希腊人通过观看演出来接近语言,进而接近语言表达的观念,差不多就像我们今天观看电影而不是阅读电影剧本一样。视觉经验有助于抓住观众的注意力,并增强戏剧的影响力,但在最好的悲剧中,意义是通过语词来传递的。视觉(opsis)通常被不幸地翻译为"景象"(spectacle),在英语中这个词语的内涵包括某种炫耀的甚或炫目的东西,但是在希腊语中它只是指某物的外表或外观。亚里士多德将视觉(opsis)确定为可以实现统一或整体的方式之一,尽管它要低于通过情节所创造的统一。在好的悲剧中,人们能够单独通过语言就经验到怜悯和恐惧(1453b2)。

我们一般确信亚里士多德在《修辞学》中提出了最初的关于情感的认识理论,并且在《诗学》中明显有所涉及。根据亚里士多德的观点,我们对那种人们判断在根本上是好人却不是因为他自己的过失而受难的人感到怜悯。我们在意识到自己处于一种潜在的危险境遇之中而对自己感到恐惧。通过认识到他们也有可能像剧中的悲剧人物或悲剧人物行动的结果一样受难,观众被期待在认识上和感受上将这两种情感联系起来。也就是说,我们负责任地和勤勉地工作,只是为了随后发现我们的努力刚好造成了我们正力图避免的结果。玛莎·努斯鲍姆(1986)非常精彩地将人类境遇的这种特征确定为"善的脆弱"。"人到死时方快乐",作为这一章的卷首引言的这句希腊谚语,已经确认了这种脆弱的根本意义。

努斯鲍姆也认为,悲剧人物的受难起源于价值之间的冲突,因此人们不能在实现一种价值的同时不违反另一种价值。例如,阿伽门农(Agamemnon)被责令要牺牲他的女儿依菲琴尼亚(Iphigenia)。他有两种选择:要么违背诸神,这样将导致更大的苦难;要么杀死他的女儿。人们通常会喜欢更大范围的选择,尽管阿伽门农显然应该选择后者。努斯鲍姆认为,阿伽门农在奉献女儿作为牺牲品时,至少能够在情感上承认他的行为的恐怖。亚伦·里得雷(Aaron Ridley)告诫说,这种承认并不是在所有情形中都有可能。悲剧人物可能被要求做出的某些行为,他称之为"效忠的"行为,要求"一种极高的精神专注状态",不允许有"表达情感的道德正直的奢侈"(1993:241)。例如,厄特俄克勒斯(Eteocles)就处于这种两难之中:要么拿起武器反对他的弟弟,要么让底比斯(Thebes)的人民遭受他弟弟的奴役。他正确地决定在这两种邪恶之中,前者的程度较轻。然而,在跟他弟弟的战斗中,如果他希望有机会获得胜利的话,他就必须使出他的全部能力并且集中注意力。他必须努力打败他的弟弟;他的成功并没有得到保证。在这种情形中,当事人"必须选择……变得邪恶,无论他的行动花费的时间有多长——变成一个用最坏的名字来称呼的人"(Ridley 1993:244)。对于为莎士比亚的《威尼斯商人》辩护,以免遭此剧是反犹太人的指责来说,这一点也至关重要。根据这种解释,夏洛克(Shylock)是一个悲剧人物,因为他所生活的社会并没有给他过好的生活而不是坏的生活的任何选择,进而还嘲笑他选择了一种不受人尊重的职业。

悲剧人物的行为以某种方式导致受难应该归咎于他的性格缺点(诸如傲慢),这种观点至少要面对两个方面的反驳。按照杰拉尔德·艾尔斯(Gerald Else 1986)的观点,在语言学的层面上,有时候用来指一个性格缺点的"性格缺陷"(hamartia)这个希腊词语,实际上指的是一种错误或意外,一种无法控制地和无意识地犯错误或招致伤害的方式。在概念的层面上,如果悲剧人物的受难是由性格缺点引起的,那么这种受难就是不应该遭受的,因而当事人就不是合适的怜悯的对象。不过,这种概念上的反对得到了这种事实的缓解:即使是在道德上有所缺陷,当事人遭受的痛苦也可能比他的性格缺陷所允许的痛苦要大得多,而其他人可能由于他的傲慢而受苦。

对于亚里士多德当作悲剧的目的或"目标"(telos)的东西,长期以来都存在争议。候选意见包括以或这或那的方式拥有某种类型的情节,引起观众的怜悯和恐惧,实施净化,或者引起愉快。将净化当作悲剧目的的一种严肃的候选意见会面临这个困难:在《诗学》中,亚里士多德只提到它一次,而且对于他将净化当作什么没有给出任何说明。也许他对净化的解释的段落已经失传,但是另一条似乎有理的思路能在表面上解释这种缺失,也就是说,它表明亚里士多德并没有将净化当作悲剧的定义条件,即使它可能在某个方面与悲剧的价值有关。实际上,任何根据悲剧对观众产生的实际效果对其目的的说明都是可疑的。当然,所有可以被认为负责任的悲剧作家,都应该写出怜悯和恐惧作为其适当反应的作品,并且像亚里士多德强调的那样,应该写出具有某种情节类型的作品。

在《尼各马科伦理学》(Nicomachean Ethics)中,亚里士多德提出了这样一个观点:"相似的活动产生相似的性情。"(1103b21)就悲剧来说,对于(在悲剧中再现的)适当情形中的适当对象做出怜悯和恐惧的反应,有助于巩固人们在非常相似的实际情形中具有这种情感的性格倾向。无论是在对虚构的情形还是在对实际的情形的反应中,怜悯和恐惧的认识内容都是一样的。因此,在观看悲剧演出时,人们有机会巩固自己的这种性格倾向:像应该做出的感受那样去感受,去做正确的事情。在亚里士多德的时代,净化的最重要的医疗意义在于顺势治疗(hemeopathic),这很好地符合这个观念:对于悲剧的适当的情感反应,有助于确立以适当的情感在适当的程度上对适当的环境中的适当类型的对象做出反应的习惯。也就是说,它有助于我们维持和恢复道德品德,即使处于一个人的正当行为必然导致他自己的死亡这种极端困难的境遇之中,就像悲剧中通常发生的那样。

对于悲剧目的的另一个候选解释是,它可以给予关于如何行动的知识,尤其是道德知识。亚里士多德明确地在道德优点与智力优点之间做出了区分。道德优点是通过习惯获得的,而智力优点是通过受教育获得的。与习惯不同,知识可以通过描述性话语来传达。悲剧都不采用描述性话语,除了合唱队之外——它有时将需要学习的道德教训"总结起来",不过它通常只是表达共同体中的常识观点。即便如此,道德教训也不太可能是观众不知道的某种东西。我们可以说,悲剧让我们将道德知识"内化",而不是扩展道德知识。不过,这种观点可能将悲剧的这种独特贡献遮蔽起来,即悲剧可以适当地对过上一种不能用描述性话语来描述的好的生活做出独特贡献。内化的东西不是知识,而是一种性格倾向,即以适当的方式对适当环境中的适当对象进行感受的性格倾向。

16.2 亚里士多德之后

现存的古希腊悲剧作品都是为竞赛而写作的,它们受到明确的规则的限制,要发挥具体的政治和社会功用,这在许多方面都是它们自己的时代所独有的(Buxton 1998)。例如,它们要写成三部曲的形式参加年度竞赛。前三名可以演出,随后还有森林之神(Satyr)的喜剧表演,作为每年公民庆典的一部分,在庆典上选出少数公民来决定最终获胜者。悲剧只演出一次,而且是在这种非常特殊的背景中演出。悲剧作者在根本上不同于后来所有的剧作家,他们不用担心是否某些潜在的观众会选择在星期六晚上到下一家剧场去看另一场演出。他们当然也不必担心重演的事情。莎士比亚尽管对政治上的得宠并不太关心,却不得不花更多的精力去关注商业效果。[1] 莎士比亚喜欢毫无拘束地将喜剧和淫秽加入悲剧自身之中,由此既能够令人愉快,又能够让人们从演出的紧张和受难中解脱出来。虽然莎士比亚以藐视戏剧类型的纯粹性而出名,但不应该忘记,古希腊剧作家也让观众大笑着回家——不是紧接在悲剧之后,而是在森林之神的演出之后。

快乐与受难之间的张力,是对悲剧以及悲剧在人类生活中的价值和适当作用进行理论化的一个永恒主题。在《论悲剧》一文中,休谟寻求从心理学上来解释观众为什么会喜欢悲剧。他同意杜博斯的这个看法:人们通常更偏爱某种令人痛苦和厌恶的东西,而不喜欢让人厌倦和无聊的东西。他同意丰特奈尔(Fontenelle)的这个主张:通过观众知道故事或叙事是虚构的,悲伤可以变得"令人愉快"。休谟自己的说明完全是亚里士多德式的,他要求作者组织恰当的词句,运用他们的修辞技巧去制造比如说惊奇和悬念。如何解释所谓的悲剧的悖论——在对受难或痛苦的反应中如何可能经验到快乐——或者如何将这种悖论解释过去,这已经变成21世纪开始以来最经常讨论的哲学问题之一。毫无疑问,对于情感的认识理论和哲学心理学的其他研究工作的重新关注,在一定程度上助长了这种兴趣。此外,这个问题也不限于悲剧,它差不多与任何处理相冲突的情感的艺术作品都有关系,包括喜剧在内。

一些理性主义的看法主张,世界上所有东西都可以由一个适当运行的人的心灵来理解和欣赏,因此存在的任何心理冲突都是心灵不适当运行的一种表征,需要暴露和纠正。17世纪法国理论家和剧作家高乃依和拉辛拘泥于笛卡儿的理性主义,将他们的注意力集中在作为一种类型的悲剧的逻辑上,而不关注别人视为戏剧的矛盾的情感力量的东西。于是,有关悲剧的特别严格的规则系统开始盛行,这些规则比亚里士多德倡导的任何东西都要严格得多:不允许幽默,不允许次要情节,不允许场景的改变,行动必须发生在24小时的时间跨度之内。某些规则甚至规定,在真正的悲剧中,戏剧表演的时间必须与它虚构的内容是同样的长度。这种限制体现了重新对严肃性和精致性的迫切需要,这是悲剧可以给剧场提供的东西;为达到这种目的付出的代价是将悲剧高度理智化,使得它远离观众的日常生活。

在康德的第三批判即《判断力批判》(1790)的第一部分,他将悲剧作为崇高经验的一个源泉。崇高的基础在我们自身之中,而不是在世界之中;根据康德的观点,这是一种既包含快感又包含**痛感**(unlust)的经验。数学的崇高涉及人们对于"头上的星空"的经验,因为它伴随着无限的理念,尽管这种无限并没有在这种经验中呈现给我们。力学的崇高涉及人们对"自身之内的道德律"的经验,因为它伴随着要在道德上对自己的行为负责的理念,尽管道德负责的形而上基础并没有在这种经验中呈现给我们。在悲剧中,悲剧事件的不可避免性是由自然的决定论控制的,然而人也具有一种道德责任感,它是如此深入人心和坚不可摧,以至于即使在人无意识地或不自觉地做出某种行为的时候,他也要对他的行为负责。在悲剧的世界中,"应该"不意味着"能够","不应该有"不意味着"能够不有"。当然,就像康德指出的那样,世界是在我们面前存在的,而不是为我们存在的。愉快的潜力是由这种认识提供的:我们并不是由自然决定的,因为比起认识到人是依照宇宙法则建构起来的,我们的全部理念都显得微不足道。不过,康德无论如何都没有让愉快在他的道德理论中发挥太大的作用。人在做正确的事情,即使意味着自身的死亡也要对自己的行为负责,这种感觉可以具有某种积极的情感潜力,即便不是彻头彻尾的愉快。

莱辛在他的《汉堡剧评》(*Hamburg Dramaturgy*)中阐述了他早期关于戏剧的思想。在很大程度上,莱辛同意戏剧是一个拘泥于形式的、受规则控制的领域,就像仿效法国理性主义者的高特雪特(Johann Gottsched)所做的理论概括那样。后来,由于受到康德的深刻影响,莱辛开始写作我们熟知的《拉奥孔》。在这部著作中,莱辛根据先验的基础来辩护:评价视觉艺术与评价非戏剧的诗歌需要不同的标准。令人遗憾的是,在未完成的《拉奥孔》中还有一项未完成的任务,那就是解释如何将这些观念一般地运用于戏剧,以及特别是运用于悲剧。尽管如此,他的戏剧作品依然提供某些东西可以让我们洞察他的思想是如何改变的。《萨拉·萨姆逊小姐》(*Miss Sara Sampson*)通常被称作第一部现代悲剧,因为它容忍虚构人物来自较低层次的贵族阶层,而不是来自历史上或神话中的著名人物,还因为它不是用韵文写成的。具有讽刺意味的是,这种戏剧类型有时候被称作"家庭悲剧",因为家和家庭是悲剧行动的来源,就好像在俄狄浦斯、克瑞翁和阿伽门农的悲剧中不涉及家和家庭似的!让悲剧的概念适应新的文化环境的挑战之一,是要说明在18世纪家庭的政治作用是如何变得不同的,以及在财富与权力较少依赖出身的政治系统中,家庭的重要性是如何持续衰退的。一旦家庭从政治义务中解放出来,例如,根据后来由西格蒙德·弗洛伊德(Sigmund Freud)所描述的思路,家庭就会发挥作为对小孩的精神的情感折磨之所的潜力。[2]

黑格尔重新构想悲剧源于两种善之间的冲突,在完成甚或追求的意义上,它们势不两立,一方必然摧毁另一方。如果我们将这种类型的冲突作为悲剧的本质,那么悲剧人物就可能是在有意做错事。如果俄狄浦斯已经知道他的父母是谁,那么他就不会做他所做的事情,尽管他当然不可能知道这一点。相反,阿伽门农和厄特俄克勒斯知道他们必须做的事情所具有的恐怖性质。根据亚里士多德的想法,最高的悲剧类型开始于对某种东西是错误的有一种朦胧的意识,它随后导致发现错误的东西就在某人自身之中,最终得出主要人物不得不悲剧性地做出正确的事情的结论,这种想法与黑格尔的这个看法具有惊人的相似性:作为精神前进过程的历史开始认识到既作为主体又作为对象,既作为认识者又作为已认识的东西,既作为主动者又作为被动者的自身。[3]

内在的、心理的冲突处于尼采著作的核心,作为对悲剧这个主题的最有说服力的文本,他的早期论文《悲剧的诞生》可以与亚里士多德的《诗学》相抗衡。《悲剧的诞生》似乎认可一种对于生活的困难的阿波罗式的(Apollonian)处理,强调控制和理性,因为可以将它们运用到一个被给予的境遇之中。然而,在尼采后期的作品中,他更喜欢狄俄尼索斯式的(Dionysian)沉醉和放纵的做法——至少对他自己来说是如此。他完全不将寻求知识作为有意义的人类生活的核心,而是复活了希腊人具有非理性的迷狂,并且赞颂那种能够接受这种迷狂而无须道歉和饶恕的勇气。从柏拉图到弗洛伊德,从亚里士多德到认知科学,这种自我之中的分裂、对自身的异化以及自我自身的不足性,都是在西方文明和艺术中变得根深蒂固的主题。

差不多跟黑格尔同时代的弗里德里希·席勒,鼓吹悲剧是**崇高**(das Erhabene)经验的来源,在这种经验中"我们的感性本性感觉到它的局限,而我们的理性本性感觉到它的优越,感觉到它的自由"(转引自 Norton 1991:8)。因此,悲剧"必须将我们提升到对于我们的内在自由的直观上,即自由地服从义务的提示"(同上)。毫无疑问,席勒式的悲剧的主要角色充分意识到了善的冲突,而且他们的受难包含在他们努力去做他们知道自己应该去做而又无法做到的事情之中。因此,根据席勒的观点,他们是合适的怜悯对象,席勒将怜悯定义为类似于情感上的**受难**(mitleid),也许可以更好地理解为同情(同上:7)。

席勒也辩护称,悲剧通过净化(以某种亚里士多德认可的方式)而具有道德效用。净化是一种顺势疗法、医疗上的澄净或清洗,通过配制具有很大破坏性的少量物质,通常以复合药剂的形式,对病人进行保护、恢复、增强,或者让病人受益。席勒扩展了这种医疗隐喻,用它去描述受难的有意效果:"痛苦是无情命运的一剂预防针,命运因此而被剥夺了它的恶毒性。"这种好处是通过"**不断的**崇高经验"获得的,并且由这种崇高经验所维持,这种崇高经验使得"履行义务……成为人的更强的一面"(转引自 Norton 1991:9)。

16.3　20 世纪的悲剧

20 世纪绝大部分时间里,美国文学的时代精神质疑悲剧作为一种戏剧文学形式的生存能力。如果公元前 5 世纪的希腊悲剧建立在善的脆弱性之上,那么悲剧在 20 世纪的所谓不相干性就建立在善的绝对不可能上。文化环境可以提供解决问题的良药——从宗教信仰到笛卡儿的我思——但并不能提供最终的解决方案。约瑟夫·伍德·克鲁奇(Joseph Wood Krutch 1929)充满激情地写到个人行动和选择的可悲的无意义。乌纳穆诺(Unamuno 1924)更加断然地用"悲剧感的生活"来代替悲剧概念,将为他人的利益而做出自我牺牲的高尚的人视为悲剧英雄,尤其典型的是不为他们自己留下任何希望。与这种悲剧感的生活相对应的是存在主义的荒谬自由观念。在其唯一一本小说《恶心》(*Nausea* 1964,初版 1938)中,萨特表达了这种看法:生活像艺术一样是一种建构,人通过认可如此这般的生活而使自己的生活具有价值。根据这种观点,观众变成了诗人:他们将事情集中起来;他们自己做事。他们将自己的生活做成艺术作品。

对于一个任意定义的时期的复杂文化环境做简单化的一般概括,总是一件危险的事情,尤其当这一时期有长达百年之久就更是这样。然而,事实是,悲剧在 20 世纪不是一种戏剧、叙事文学或者诗歌的活的类型。作为一种艺术类型，悲剧是过时的，是过去时代的一种遗物，因而是一种需要严肃对待的障碍。尽管如此，古典悲剧，不仅包括希腊的戏剧，而且包括莎士比亚、易卜生，甚至偶尔也包括高乃依和拉辛的作品，仍然继续被阅读和演出。戏剧表演的习惯允许以时代错位的方式上演剧目，鼓励我们将作品的信息**制作**得与当代生活相关。尽管悲剧这种类型已经不再有活力，但是各种与亚里士多德描述的那些情节类型具有足够相似性的情节类型，可以作为修正了的最好的悲剧类型，根据这一点我们可以有理由认为具有这种情节的作品就是悲剧。这种情节在当代许多公认的艺术类型中都存在，如科幻小说、恐怖故事以及政治惊悚小说。即使是喜剧，也能通过表明如何避免悲剧来向我们阐明悲剧的重要性。

正如通常指出的那样，电影在当代刚好处于柏拉图所谴责的戏剧中的东西的位置，而且电影同样可以很好地充当表现具有悲剧特征的情节的媒介。音乐差不多也都可以包含进来，尽管通常是作为背景，而不是作为对话的对应物。对话差不多都不再用韵文，但存在其他的方式表明：电影努力体现某种具有人类普遍重要性的东西，而不只是体现某个特别的观点，例如在彩色已经变成标准模式的情况下去拍摄黑白影片。这种技术细节不应该阻碍我们承认对于悲剧来说最重要的东西是情节。于是，我们可以假定，悲剧的潜力存在于家庭、文化、宗教和个人努力过一种幸福生活的行动的核心之中，在这里总会出现悲剧。我们应该在人们不应该遭受的苦难中去寻找情节，在某人无意识地招致的苦难中去寻找情节，这样怜悯和恐惧就会在亚里士多德所描述的意义上成为对这种情形的适当反应。

一个更加严重的挑战与神话、宗教和命运的作用有关，过去它们常常提供一个背景，让人们将事情看作必然的、超出人力控制的，但今天它们不再是常识的一部分。尼采宣称上帝死了，这通常被视为在神学解释——甚至包括根据比喻和寓言的解释——不再被严肃地对待之后的一个转折点。然而，不可避免和超出人力控制的东西可以很容易地在科学领域中被重新构想出来：包括自然科学、社会科学以及那种描述自我的心灵科学。在20世纪50年代，弗洛伊德心理学和精神分析的一些普及的说法，一方面与行为主义和一般的实验心理学形成对抗，另一方面成为人们这种想法的知识框架：人类在根本上是由某些超出他们的（我们的）控制的力量所决定的。在20世纪末，认知科学、基因工程、动物和人类克隆的可能性、神经学知识、人工智能以及机器人，为试图理解心灵、人格以及个人身份而不断提供新的途径。关于自我的本性问题在实体主义（noumenalism）中达到了它们的顶峰。实体主义的看法是，不管人的本性是什么，人的心灵都不能理解它自己的本性，因而它们也不能为科学所理解，尽管（具有讽刺意味的是）它们建立在心理学的普遍原则之上。

首先让我们来看看科幻小说这种类型中的某些可能性。在科幻小说这种类型中，一个常见的情节类型是，科学家发明或发现了某种东西，这种东西却不可预知地引起巨大的伤害。科幻小说中充斥着科学家创造出怪物时所引起的恐怖，诺埃尔·卡罗尔（1990）指出这就是这种类型的本质特征。在由科幻小说改编的"怪物大片"《校园中的怪物》（*A Monster on Campus* 1958）中，主人公是一位人类学家，他是一名敏感而可靠的科学家，在他的校园社区中获得了尊重和相当可观的喜爱。（尽管他并不妄自尊大，但他有一个嗜好，即喜欢在事先未得到他的主任的批准的情况下打昂贵的长途电话。）他的研究工作是要找到**现代智人**（Homo sapiens）与我们进化祖先之间"缺少的一环"。我们的科学家发明了一种药剂,他相信通过这种药剂有可能发现那种原人(proto-humans)究竟像什么样子。在电影的世界中,人类从中进化而来的那种动物基因仍然继续在我们每个人身上存在。那种药剂可以暂时让我们的"文明的"基因休眠,从而允许那种更"原始的"基因来控制我们的行为。尽管没有今天控制人类研究课题的无数规章制度的妨碍,这位科学家还是不愿意让别人拿生命去冒险,而是决定自己喝下药剂。他长得更大、更强,特别像猿猴,而且有不由自主的暴力行为。他杀人了。当药剂的效力消失的时候,他什么也记不起来了。最后他将杀人的时间与他受药剂影响的时间联系起来,发现他就是校园里的那个怪物。在知道他之所是和他之所为之后,他无法坚持活下来。然而,自杀并不是最终的解决方法。必须杀死**怪物**,怪物必须被**杀死**而不仅仅是不再出现。因此,他将朋友和同事引入一个他们遭受怪物攻击的场景,然后他们出于自卫而杀死怪物。由此他们让社区恢复了它的正常状态,实现了某种净化作用。

卡罗尔认为,怪物既是危险的,因而引起了恐惧,同时又是不纯粹的或者"处于裂缝间的",因为它们在某个方面跨越了可以接受的科学的范畴。校园里的怪物不是传统的"缺少的一环",即一个确切的生物学范畴的构成部分,而是生物学上的不纯粹性,影响了后来的种类的同一性。我们怜悯科学家,他由于在不知情的情况下破坏了我们生物本性的不同方面的平衡而不得不去受难。通过认识到每个人在一定程度上都有这种较低级的生命形式,因而都有可能像那位科学家一样受到伤害,这就给我们打开了另一条引起恐惧的途径。这部电影传达着这种信息:我们只能是我们之所是,因此最好不要画蛇添足,最好别去知道。

《满洲里候选人》(1962,由约翰·弗兰克海默导演,约翰·弗兰克海默与乔治·阿克塞尔罗德[George Axelrod]联合编写和制作)是一部政治惊悚片和悲剧,在很大程度上它在两个方面都获得了成功,尽管作为悲剧可能比作为政治惊悚片更为成功。基本情节为一个诡计多端的妻子参与一项共产主义者推翻世界的阴谋,其中部分是通过让她的傻瓜丈夫(第二任丈夫)成为美国总统的方式。悲剧人物是她在第一次婚姻中得到的儿子。他看不起他们俩,却在不知情的情况下帮助了他们的阴谋。当他认识到他所做的一切之后,他有意识地采取了一项行动,从道德上来讲,这项行动比他无意识地采取的行动要更加可恶,然后他杀死了自己。

电影以闪回到1952年的朝鲜战争开始。悲剧人物雷蒙德·肖(Raymond Shaw)和他小组的九个成员被俘,被带到位于满洲里的巴甫洛夫研究所,这是"一所世界上最重要的研究条件反射治疗的研究所"。所有人都被"洗脑",以便忘记在他们被囚禁期间发生的所有事情。肖被单独安排去接受催眠后的暗示的控制,并且记不起他所做的事情。因此他变得没有罪疚和恐惧之情——这是研究所主管所描述的美国人独有的两种特征。罪疚与怜悯之间具有一种有趣的联系:罪疚是怜悯的第一人称的对应物。这两种情感都具有这种认识的成分:某人做了某种极端恐怖的错事。从罪疚的角度来说,它是对自身的看法;从怜悯的角度来说,它是对别人的看法。通过剥夺肖的罪疚,研究所剥夺他的人格、他的能动行为、他的道德责任、他的自由。这使得他变得不再是人,在服从催眠后的暗示所发出的命令时,处于一种由他那像机器人一样的行为所表征的状态。我们怜悯他,因为这种不应该遭受的不幸,无论肖变得多么不可爱,这一点是不可动摇的:他对自己有一种蛮不讲理的忠诚,这是保持他能够负起责任来的唯一的东西。

亚里士多德在《尼各马科伦理学》中指出，某种行为是非自愿的，因为受到某种外在力量的胁迫。在某种程度上这种非自愿的行为的典型特征是，很难澄清它们的责任类型。其他行为是非自愿的是因为其是出于无知而做出的，这种类型的行为的道德特征取决于随后是否对某人所做的事情引起痛苦和遗憾这一事实有所认识。肖和俄狄浦斯的行为都属于后面这种类型，因为他们两人在采取行动的时候无法知道他们正在做的事情的性质。巴甫洛夫研究所的主管让我们再一次确认了这一点，他说人们以为一个人在催眠状态下不能做他不在催眠状态下所不能做的事情，这种常识看法是错误的。言外之意是，作为有意安排的条件反射过程的结果，一个人可以做某种可怕的事情，而在其他情况下他是绝不可能做这种事情的。就像夏洛克一样，肖被弄成了一个比他在其他情况下显得更坏的人。在这种意义上，他们二人都是条件作用过程的牺牲品。由于对他的所作所为有了审慎的和全面的了解，尽管在催眠后的暗示的控制下他处于一种行尸走肉的状态，肖还是射杀了他的继父。在等了一两秒钟让他的母亲明白谁杀了他时，他又开枪杀死了自己的母亲。由于痛恨自己所变成的那个人，他自杀了，故事就此结束。

虽然操控性的条件作用和弗洛伊德心理学是一对临时伙伴，但是在这部影片中，它们成了一对惬意的同居者，因为对于一个人如何能够相当审慎地然而又是无意识地做出某些行为，每一方都提供了一种解释。在这部影片中，伪善上升到了副题的层面，它在伊泽林夫人（Mrs Iselin）这个人物形象中得到了最好的体现。白天，她是狂热的反共产主义者；晚上，她穿着中国的晨衣，举行宴会，其中开胃小菜炫耀着用俄罗斯鱼子酱做成的美国国旗的图像。她是发展洗脑计划并让一名战士去执行暗杀的工具，却又发誓要报复那些满洲里人，因为他们将她的儿子选作实施计划的人。当一名参议员宣称拥有是共产党员的政府工作人员的名单的时候，伊泽林夫妇为了自己的政治利益有意地毁灭别人的生命。这里有一种聪明的手法使得影片制作者免受阴魂不散的麦卡锡（McCarthy）的同情者的攻击，因为在这部影片中，那些攻击别人是共产党人的人结果证明他们自己就是共产党人。

影片的情节明显在一个很高的层次上符合悲剧的要求。它以全球阴谋的形式而具有普遍的意义。存在着无辜的人受到伤害，这会让人感到恐惧，也有怜悯和罪疚。对于一个人如何可以走出去有意地杀死四个人，又扼死另一个人，并且是非自愿地做出这一系列行为，影片也有一个很好的解释。一开始有一名合唱队队员（珍妮特·利〔Janet Leigh〕扮演的角色）在表达流行的、浪漫的爱的观念。往下开展，影片充满了关于悲剧类型及其历史的线索：关于俄瑞斯忒斯（Orestes）和克莱德姆内斯特拉（Clytemnestra）的旁白、化装舞会、一些双关语以及可能是关于净化的玩笑（当肖被说成不仅是洗了脑的，而且是干洗的时候）。实际上，幽默的双面特性也是一个副题，从治疗中心的极坏的主管（他对一切都发笑），到伊泽林夫人（她对一切都不发笑），再到肖（他高兴地发现他确实具有开玩笑的才能）。影片甚至还提到了那种圆形舞台（encyclion），即一个圆形平台，可以向前移动到希腊舞台上，在上面演出将悲剧引导出来的背景事件。在电影开始的时候，巴甫洛夫研究所的主管正在展示他最近的"成果"，即一位被洗脑的美国士兵，"条件作用治疗"可以做出来的一流样品。镜头从场景的中心点不断摇动拍摄圆形讲堂的全景，体现出催眠暗示和实际事实的蒙太奇。圆形舞台的背面的视野展现的是肖和其他士兵所经验的那种图像轰炸的屏幕,制造了一种对于究竟是什么东西引发悲剧本身的行为的不断增长的好奇心。不过,最首要的是,电影体现了关于个人身份的模糊性,既包括观看也包括被观看,这是悲剧特有的主题。[4]

电影《强大的阿佛洛狄忒》(*Mighty Aphrodite* 1995,伍迪·艾伦[Woody Allen]导演)由一个直接运用索福克勒斯(Sophocles)的文本的古希腊的合唱队开始,不过随后立即转入当代的说话方式,猥亵地利用戴面具和穿长袍的、念着僵硬的译文的合唱队队员的喜剧潜力,连同伍迪·艾伦的口语表达和经典俏皮话。故事情节顺着兰尼·温瑞伯(Lenny Weinrib)想知道他的养子的父母的身份开始。一旦有了想了解养子父母身份的想法,他就陷入了麻烦的困扰。合唱队以戏弄的口吻嘲笑不祥的悲剧气氛:"哦,该死的命运!某些思想最好不要去想。"就像在《满洲里候选人》中一样,影片从头至尾都充满了对古典悲剧的暗示和关于古典悲剧的理论理解。影片存在大量关于词语是否吻合世界上存在的东西、名字的意义以及某人的名字与某人的个人和职业身份的关系[的思考]。所有这些都非常具有悲剧精神,而不是当代关于语言的看法。当代关于语言的看法认为名称没有意义。当一个合唱队队员建议兰尼不要继续下去,兰尼斥责说:"这就是为什么**你**总是一个合唱队队员。我要做出行动。我要弄出事情来。"最终,琳达和兰尼发生了性关系。在兰尼不知情的情况下,琳达怀了孕,有了兰尼的孩子,尽管她后来嫁给了另一个人。在影片的倒数第二个场景中,两年后兰尼和琳达两人各自带着对方的孩子在一家玩具店不期而遇。他们很高兴相互见面,欣喜对方都还很好,并且对他们分开生活继续感到很开心。这使合唱队感到大吃一惊。"不过他们各自有对方的孩子,而且他们并不知道",对此的回答是:"是的,是的,难道生活不是这样具有讽刺意味吗?"在最后一个场景中,合唱队转变成了一种欢快的、有爵士风格的齐唱和群舞。**这**是避免悲剧的一种方式。与悲剧不同,在电影结束的时候,这个故事还没有结束。

在公元前6世纪末,悲剧成了一种高度制度化的戏剧表演类型,它将雅典人生活的个人、家庭、宗教和政治诸方面有机的结合起来。与古希腊悲剧类似并且从中衍生出来的戏剧形式,就这样在大部分西方文明中被创作和认可,在其发展过程中也经历了重大的修改。在莎士比亚时代,悲剧是大众娱乐的源泉,混杂着幽默和色情,但没有与政治或宗教的深刻的、形式上的联系。不认可宗教的或其他明显官方的、仪式的背景或职能的悲剧不断遭遇的一个挑战是,要在表面上不过于严肃对待它自身的情况下,努力维持它的高尚品格和对真正普遍意义的要求。所谓的"家庭悲剧"反对根植于宗教神话中的情节,反对将历史神话化,因而也面临着让它的观众足够严肃地对待它这个相似的问题。

生命科学不断给我们提供关于我们的生物自我的知识,这些知识远远超出古希腊人能够预想的任何东西之外,并且在一定程度上提供了自称的心灵科学所热望的东西。然而,严格说来,很可能还是没有任何科学能够有助于我们理解我们作为个人和作为道德行动者究竟是谁。悲剧情节预先假定个人可以有很大的不同。对于某人选择或拒绝参与的何种文化和知识传统要有自我意识,这种道德命令是20世纪后期对于苏格拉底的劝告"认识你自己"的一种变换形式。亚里士多德通过将诗人的作品视为静观真、美和正义的真正本性的知性源泉,而与诗人和解。在我们自己的时代,这种反思得到了悲剧和某些其他类型的情节的帮助和鼓励,在这些情节中,有意识地提及了与悲剧的本质和重要性有关的哲学思想和文学传统的历史。

[注 释]

1 罗伯特·奥特曼(Robert Altman)在《演员》(*The Player*)一书中对于"推销"提供了一个快乐的却绝对愤世嫉俗的看法。迈尔·布鲁克斯(Mel Brooks)的《制片人》(*The Producers*)则采取了一种更加搞笑的处理方法。

2 在随后将要详细讨论的约翰·弗兰克海默(John Frankenheimer)的《满洲里候选人》(*The Manchurian Candidate*)中,悲剧英雄出生在一个具有"较低贵族阶层"资格的美国家庭中。

3 当进入日常生活的语境而不是宇宙意义的语境时,主体变成自身思想的对象,在约翰·佩里(John Perry 1979)对一个关于事物(de re)的信念被一个关于自身(de se)的信念取代的说明中得到了很好的例示。在他的例子中,一个杂货店的顾客沿着一条糖的踪迹去警告正在离开那条踪迹的顾客,最终发现**他**就是那位顾客。

4 这也是弗兰克海默的电影的一个特色。黑色厌世片《瞬间》(*Seconds* 1966)包括了一个洛克·哈德森(Rock Hudson)的特别表演,而且同《满洲里候选人》一样,共有一种未公开承认的、通常被标明为"不自然的"性欲的"幕后操纵者"。在影片《罗林》(*Ronin* 1997)中,出现了一些更为积极的可能性,尽管作为电影它不太令人满意。

参考书目

Aristotle (1941). "Nicomachean Ethics," trans. W. D. Ross. "Poetics," trans. I. Bywater. "Rhetoric," trans. W. R. Roberts. In R. Mckeon (ed.), *The Basic Works of Aristotle*. New York: Random House: 935–1112, 1455–1487, 1325–1451.

Buxton, R. (1998). "Tragedy: Greek Tragedy." In M. Kelly (ed.), *Encyclopedia of Aesthetics*. New York: Oxford University Press: IV, 396–399.

Carroll, N. (1990). *The Philosophy of Horror, or, Paradoxes of the Heart*. New York: Routledge.

Else, G. (1986). *Plato and Aristotle on Poetry*. Chapel Hill: University of North Carolina Press.

Halliwell, S. (1986) *Aristotle's Poetics*. London: Duckworth.

Hume, D. (1970). "Of tragedy." In *Four Dissertations*. (Original work pub. 1757). New York: Garland: 3–24.

Kant, I. (1951). *The Critique of Judgement*, trans. J. H. Bernard. New York: Hafner. (Original work pub. 1790).

Krutch, J. W. (1929). *The Modern Temper: A Study and a Confession*. New York: Harcourt, Brace.

Lessing, G. (1957). *Laocoön: An Essay upon the Limits of Painting and Poetry*, trans. Ellen Frothingham. New York: Noonday Press.

——(1962). *Hamburg Dramaturgy*, trans. Victor Lange. New York: Dover.

Nietzsche, F. (1967). *The Birth of Tragedy and the Case of Wagner*, trans. Walter Kaufmann. New York: Vintage.

Norton, R. E. (1991). "The Aesthetics Education of Humanity: George Eliot's *Romola* and Schiller's *Theory of Tragedy*." *Journal of Aesthetic Education*, 25: 3–20.

Nussbaum, M. C. (1986). *The Fragility of Goodness*. Cambridge: Cambridge University Press.

Pappas, N. (1992). "The 'Poetics' Argument against Plato." *Southern Journal of Philosophy*, 30: 83–100.

Perry, J. (1979). "The Problem of the Essential Indexical." *Nous*, 13: 3–21.

Plato (1961). "Ion," trans. L. Cooper. (Originally pub. 1938.) "Republic," trans. P. Shorey. In E. Hamilton and H. Cairns (eds), *The Collected Dialogues of Plato*. Princeton, NJ: Princeton University Press: 216–228, 576–584.

Ridley, A. (1993). "Tragedy and the Tender-Hearted." *Philosophy and Literature*, 17: 234–245.

Sartre, J.-P. (1964). *Nausea*, trans. Lloyd Alexander. New York: New Directions. (Original work pub. 1938.)

Schiller, F. (1965). *On the Aesthetics Education of Man, in a Series of Letters*, trans. Reginald Snell. New York: Ungar.

Thayer, H. S. (1975). "Plato's Quarrel with Poetry: Simonides." *Journal of the History of Ideas*, 36: 3–26.

Unamuno, M. (1924). *The Tragic Sense of Life*, trans. J. E. Crawford Flitch. New York: Dover. (Original work pub. 1913.)

延伸阅读书目

Bassi, Karen (1998). *Acting Like Men: Gender, Drama, and Nostalgia in Ancient Greece*. Ann Arbor: University of Michigan Press.

Hegel, G. W. F. (1975). *Aesthetics: Lectures on Fine Art*, trans. T. M. Konx. 2 vols. Oxford: Clarendon Press.

Lamport, F. J. (1981). *Lessing and the Drama*. Oxford: Clarendon Press.

Lattimore, R. (1967). *Story Patterns in Greek Tragedy*. Ann Arbor: University of Michigan Press.

Orr, J. (1981). *Tragic Drama and Modern Society: Studies in the Social and Literary Theory of Drama from 1870 to the Present*. London: Macmillan.

Schwarz, A. (1978). *From Buchner to Beckett: Dramatic Theory and the Modes of Tragic Drama*. Athens, OH: Ohio University Press.

Vernant, J.-P. (1981). *Tragedy and Myth in Ancient Greece*, trans. J. Lloyd. Atlantic Highlands, NJ: Humanities Press. (Original work pub. 1972.)

第 17 章
自然和环境的美学

唐纳德·W.克劳福德 著

彭 锋 译

我们在自然和自然物上发现的审美兴趣或愉悦是什么？我们对美丽的动物、贝壳、花朵和风景有反应，仅仅是因为它们的颜色、质地和样式特征，还是我们的反应受到科学知识的引领？我们的生物学和社会学的需要和兴趣在对自然的审美欣赏中扮演怎样的角色？自然审美与美的艺术的审美如何相关？我们发现自然是美的，是因为它像艺术，还是艺术是美的因为它像自然？审美价值如何组成当今对于环境的和生态的关注的一部分？从哲学角度着眼，对于自然的审美欣赏，引发了许多有挑战性的问题。

17.1 审美

审美概念作为一种知觉形式或框定人的注意力的方式，它的历史至少可以追溯到康德在其《判断力批判》(2—5节)中关于无利害性(disinterestedness)的讨论和叔本华要求对于优美和崇高的欣赏必须要有纯粹无意志沉思。但20世纪的看法引发了关于审美态度的争论，这一争论最早开始于1912—1913年爱德华·布洛(Edward Bullough)所提出的心理距离概念。尤其值得注意的是，布洛的心理距离概念并不是在艺术的背景下提出的，而是通过对海雾的审美特征的经验这个例子提出的，即"可以说，通过把现象置于我们实践的、实际的自我之外；通过允许它处于我们个人的需要和目的的关系之外——总之，通过'客观地'看待它"(1912-1913，再版于 Townsend 1996：303)。但审美态度的拥护者，例如杰罗姆·斯图尼茨(Jerome Stolnitz)、伊莱索·维瓦斯(Eliseo Vivas)、维吉尔·奥尔德里奇(Virgil Aldrich)和审美态度的批评者如乔治·迪基，在很大程度上都忽视了它在自然美学中是否是一个可行的概念的问题。[1] 一个著名的例外是阿诺德·伯林特(Arnold Berleant)，他在一系列著作(1991，1992，1997)中探讨了以介入(engagement)为特征的自然审美欣赏的模式，即一种参与的(participatory)美学而非静观的(contemplative)美学。

马尔科姆·巴德已经正确地指出,"只有建立在一种关于欣赏何以是审美的欣赏的想法之上,一种关于自然的审美欣赏的理论才能被很好地确立起来"(1998:1)。在最近《美学与艺术批评杂志》(Journal of Aesthetics and Art Criticism)的题为"环境美学"的特刊中(Carlson and Berleant 1998),许多作者看上去都与巴德的说法一致。通过关注自然的审美欣赏的认识的和想象的这两种模式,他们试图对审美的概念做出分析。争论集中在对自然的审美欣赏是否必须要受到关于它的知识的指引,尤其是关于自然运作过程的科学理解所提供的知识(例如生态学),或者是否更应该或者还应该包括情绪、对自然的身体的介入、冥想的和想象的经验和反应。这是一个当前讨论成果颇丰的领域。

17.1.1 审美的自然

巴德的断言确实是正确的,从其断言中必然导出的推论虽然具有同等重要性但相形之下是一个被忽视的论题,即"只有建立在一种关于审美欣赏何以是自然的审美欣赏的想法之上,一种关于**自然**的审美欣赏的理论才能被很好地确立起来"。和艺术哲学相似,要试图澄清自然的审美价值就必须意识到,我们对于自然物和环境的审美特性的态度,是由至少可以上溯到17世纪末的复杂的理智和哲学的历史塑造的。并且正像艺术哲学要求对艺术概念进行仔细检查那样,自然美学也要求在审美欣赏的背景中对**自然**(nature)和**自然的**(the natural)概念进行澄清。在总结了当前关于自然和环境美学所讨论的主要问题后,我要在这一章的随后几节中深入探讨这个问题。

17.1.2 自然中的优美、崇高和如画(picturesque)

常见的切入这些论题的方式,是检审传统审美理论中与欣赏自然相关的内容。例如古典的美的概念,即因其部分之间的和谐与对称而悦耳目的东西,就同等地适用于艺术和自然。美是形式的——甚或是逻辑的或数学的——和理性沉思的对象。将其运用于自然,我们就能够欣赏在自然机体和结构中发现的对称和设计。的确,这是艺术通常被称为对自然的模仿的一种方式,即通过呈现一个体现理性设计的统一整体。如果艺术以这种方式来改造自然,其结果就是一个在形式上设计好的人工制品,体现出平衡、匀称和统一的设计(正如在一个布置整齐的花园中一样)——一个与古典的美相一致的结果。

一些人会认为,当自然因由各种部分构成的精妙整体而体现出复杂性的时候,要比具有严整形式、几何设计的自然更好,无论这些形式和设计多么精巧。多样性不仅本身自行就能令人愉快,而且能作为一个更大的复杂整体的组成部分而让人愉快。很多18世纪的美学理论都利用了多样性统一原理,它们采取了不同的形式,如从弗朗西斯·哈奇生的"多样统一"到康德的"无目的的合目的性"。相同的概念一直延伸到20世纪的很多作家那里,并且进入21世纪,它们很容易被运用到自然之上。

然而,在这些概念中,自然经验被集中在有组织的、合理的结构上。但是,自然令人愉悦还在于它的野蛮、浩瀚和残暴的力量。看上去无际的大海和沙漠或者星空,能够引发敬畏和惊异的积极情感,传统上已将这些并入美学之中。雷鸣电闪的暴风雨、强大的瀑布甚至飓风和地震,如果一个人能够置身真正的危险之外而感到安全,就会有醉人的体验。关于自然的崇高的哲学理论在18世纪获得了发展,并且在那些把我们对于自然的经验与潜在的形而上学实在相勾连的哲学体系中一直都尤为重要。[2]

根据词源学,"如画的"(picturesque)意思是"像在画中发现的东西一样"或"像画家的眼光一样"。在任何一种意思中,自然中的如画都与能被看作艺术家的作品的东西相关。这并不必具有对称的设计或秩序。18世纪末发展起来的如画理论所依据的审美原则,仍然适用于我们大多数人对自然的共同的审美知觉。我们关于什么组成一幅美景的观念,正像在一张明信片或一张照片中所展现的那样,与早先的那个如画的观念没有什么不同。[3]

17.1.3 自然和艺术

尤其是如画,引发了关于自然美学与艺术美学之间的同异问题。从历史上来看,对于欣赏实际风景和通过景观园艺的艺术来改造实际风景来说,似乎都是由风景画来提供模式。近来的建筑理论注重一幢建筑与其自然位置之间的交互作用,以便创造一个审美整体。摄影也塑造了我们对自然风景的欣赏。当代的大地艺术和装置艺术有时呈现出与自然的冲突,但另一些时候也创造出自然与艺术的动人和谐。[4]

17.1.4 自然美学作为社会规范

将自然作为艺术对其进行审美欣赏,这就将自然与社会和文化价值联系起来了。在好几个方面都已经更加直接地建立起了这种联系,其中有两个方面值得考量。首先,自然环境可以被视为从社会退隐之所,在其中,自然的审美性质提供了一个自足、平静、安宁的田园生活的背景,并且培养了个体的道德品质。"回归自然"运动在历史上曾经有好几次具有很大的影响。其次,审美和社会价值为公园和自然保护区的建立提供了基础,无论在城市还是乡村,这些公园和自然保护区都具有这种目的:为人们离开工作场所的精神恢复提供休闲的机会。

17.1.5 旷野美学

自从圣经时代以来,旷野对于我们就具有双重含义。一方面,作为原始自然,它是野蛮的、未被驯服的,充满了许多真实的和更多想象的对生命与文明的威胁。另一方面,作为与社会和文化相对照的自然,它被认为是赎罪的场所,应该作为精神避难所被尊崇和保持。尤其在西方文化中,旷野美学处于与自然积极的但并非完全单一的关系的中心方面。[5]

17.1.6 环境美学

略与此相关,还有这样一个论题,即从诸如生态系统之类的自然环境中究竟发现了怎样的审美价值。当自然被看作环境或生态系统时,它就不再仅仅作为知觉对象、现象或景色来欣赏,它也不再是其审美价值源于对于文化核心的积极贡献的自然环境。将自然(或自然的一个方面)作为环境来欣赏,需要知识或至少是非常强的信念,无论是形而上学的还是科学的,即存在值得我们以最少干扰的形式进行欣赏和付出尊重的自然力量。重要的哲学问题是,在何种程度上这种欣赏仍旧是审美欣赏(在这个术语的任何有意义的意义上)？我们已经从对自然的审美视野转向伦理视野了吗？如果是这样,那么这一转向合乎解释吗？在美学与伦理学之间有重要的关联吗？[6]

17.1.7 评价判断

最后,有两个重要的审美评价的论题。存在关于自然美和环境的有意义的、可比的审美判断吗？关于自然美的评价判断有等级吗？例如,根据纯粹的审美兴趣声称一只天鹅比一只蟑螂更美有意义吗？一个甚至更为基础性的问题是,在自然中是否存在任何否定的审美价值？关于自然界的每个方面都是美的的观点——被称作"肯定美学"(positive aesthetic)——正在引起热烈的讨论。[7]

17.2 欣赏自然

让我们从显而易见处开始。自然、自然美和自然环境这些概念,在今天可以唤起积极情感及对它们进行保持和保护的关注。我们的自然公园、荒野和自然保护区的存在,是为了保护自然之美免受人类破坏,并使我们这一代和后代都可利用。关于自然的著作在本地的书店和图书馆都相当丰富,自然纪录片也一直是受欢迎的电视节目。在中小学和大学的教育计划中,加入了在公园和自然界中进行实践操作的更加专门化的自然科目,它们提供多种多样的课程、讲座和有引导的旅游,这些都被设计用来发展一种对于自然的有机系统、生态栖息地和环境的意识。一些课程着重于学习如何辨别植物的种属和类别,另一些则强调对处于其自然环境中的对象和生物体进行整体的探究。这种课程致力于发展对自然的审美愉悦能力,以得到更充分的欣赏,这也并不少见。当然,关注自然美也并不是什么新鲜的事情。人们很久以来就在花园和家里培育、安置、陈设花卉和草木,近十几年来,则是搜集和陈设诸如海贝、浮木、岩石之类的自然物,因为它们具有在审美上令人感兴趣的特征。延续了数世纪的风光游也是一种休闲方式。所有这些活动都是有意识地计划和实施的,尽管它们在很大程度上依靠文化标准。同时,它们蕴藏着深层的回报。自然作为审美欣赏的对象是我们文化遗产和价值的重要组成部分。

尽管如此,一种对自然的更古老的、更少从文化上发展的,以及更充满孩子气的迷恋仍然存在,并且作为立即可在感性经验中被发觉的价值而要求在审美领域中争得一席之地。当一些人漫步海滨,看到贝壳和小鹅卵石时会发现这种魅力;而每一个春天当第一棵嫩芽从冷湿的土壤中冒出时,这种魅力会让另一些人迷恋不已;一些人因日落穿过云层的视觉美景或新雨的声音和味道而被自然的魅力所震撼;还有一些简单的欢乐,比如往平静的池塘中扔一块石头,看圈圈涟漪从中心漫溢开去,让细沙从指间滑过,沿着海滨看海浪起伏等。这些简单的审美魅力的出现往往好像是自发的,某种程度上与文化实践完全不同,并且也不被对于生态和环境更具有智性的关注所引领。然而,这些对自然前反思的(pre-reflective)、充满孩子气的迷恋组成了对自然物、事件和现象的审美欣赏的重要部分,它可以与文化的、科学的和生态的欣赏模式一并存在。

从历史上看,自然美理论集中在自然的四个方面:人的身体、自然生物体和自然物、自然现象以及风景。传统的对人体的自然美的讨论,把人的形体美看作智力或体力的表现(美德)。例如,托马斯·里德(Thomas Reid)对人体美进行了分析,认为它取决于其各部分的比例,体现了"女性的优美和柔软,男性的力量或敏捷"(1785,1967再版:Ⅰ,506)。但近来的自然美理论几乎全部集中在与人类、人工制品和文明创造物相对的较狭窄意义上的自然。这是否是事实仍在争论之中(参见Eaton 1998:150)。

自然美的第二类是非人类的自然物。它是一个非常宽泛的类,包括植物和动物,它们的组成部分,它们的产物,还有展现出有序结构或坚密质地的无机复合体。我们可以用一串例子来显示这些众多的亚门类中的一部分:一只天鹅(有机体),一株西洋杉(植物),一朵郁金香(植物的部分),一只鸟的羽翼(动物的部分),鸟巢(动物的创造物),松果(植物的产物),一片雪花(有序的无机结构),一颗蓝宝石(具有坚密质地的有序的无机结构)。

欣赏自然的第三个聚焦点由自然事件和现象组成——彩虹,云层,落日,太阳或月亮透过云层放出光亮,波浪拍打海岸。关于这一类,令人惊讶的是它涉及观者的视点;也就是说,这是在人们观看时从他们所处的位置体现出来的自然方面。它们的美在观看者的眼中——这并不必然意味着它们的美是主观的,而是因为对它们的美的感受依赖人所处的位置。

第四种类型的自然美在文艺之中,它也需要人的视角。这是风景美的一类,在景观这一概念中得到了非常清晰的表现,并且是自然美学中与艺术美学联系最紧密的领域(风景画就是例证)。

第五种也是近来对于自然的审美欣赏的兴趣,集中于自然环境和生态系统,它涉及根据自然科学尤其是地理学、生物学和生态学提供的知识对自然的欣赏。生态群落,像人类社区,并不总是简单地进化出来的。有时,事实上或许是更通常的情况是,它们的发展建基于合作和冲突的状态之上。例如,想想这样一个发展过程的连续阶段:从冰湖到草甸,再到针叶林,再到阔叶林,紧跟其后的是一场森林大火,然后是通过完全不同的植物群落的确立而再生的植物——而且这种不可重复的循环还在持续。

简言之,这些丰富形态的自然是一个与审美相关的概念。把自然纳入一个有哲学基础的审美理论的主要挑战,在于阐明我们对自然的基本审美反应的美学意义,以及这些反应与我们对艺术的审美欣赏如何是相同的或是相异的。仅有一些大理论家做了这样的尝试,例如康德。并且,甚至康德也仅满足于非常简单的关于自然欣赏的例子,并且只是微弱地暗示,他的关于在审美上欣赏自然的意义的讨论,与他那作为一个庞大系统的更具理论性的自然模型有关。

17.3 关于审美自然的怀疑论

如今,审美地欣赏自然的重要性对于我们而言仿佛是显而易见的。很少(如果有的话)有人认为他们自己对于自然美没有反应,因此这个话题就具有当下的紧迫性。但情况并非总是如此。对于自然美的确实存在的意义的否认,可见于西方文明史的神学和哲学两种主要形式中。

第一个构成对审美的自然的褊狭否弃的观念,建基于有关人类堕落之后在地面上繁衍乃毫无意义的神学信条。根据这一思路,很多最惊人的地貌构成都是上帝愤怒的产物,因而不是合适的审美欣赏的对象。土壤拒绝带来丰产的努力;自然力产生洪水和自然灾害;并且大部分地表不适宜居住。尤其是高山,被认为是上帝不悦的证明,因为它们被做得与伊甸园平静、富饶的平原完全背离。这一受神学启发的观念直到18世纪仍然可见,例如,在查尔斯·詹内斯(Charles Jennens)1741年为汉德尔(Handel)的歌剧《弥赛亚》(*Messiah*)所做的歌词中得到了很好的例证,它是在字面上直接翻译《旧约》的《以赛亚书》(Isaiah),赞美对这样的时刻的期待:

一切山谷都要提升,大小山冈都要削平;高高低低的要改为平坦,崎崎岖岖的必成为平原。

(Isaiah:40:4)

各种各样的哲学唯心论提出了对于审美的自然的第二种类型的非议。如果价值仅仅被置于精神界,那么物质自然将仅因其缺乏精神性而被排除在真正的美的宝库之外。柏拉图在《理想国》卷五(*Republic* Ⅴ:476d)中轻蔑地写到了那些仅仅是"图像和声音的爱好者"而对根本的、不变的实体毫无反应的人。尽管柏拉图主义者看上去在批评那些被戏剧和音乐表演所迷惑的人,同样也诽谤了那些对自然美而不是对理智美富有热情的人。夏夫兹伯里继承新柏拉图主义传统,描述自然美的特征为"肤浅的美",并声称"自然中一切美的或有魅力的东西仅是第一性美的淡影"(1709,见1900:Ⅱ,130,126)。从哲学上对自然美的否弃,到19世纪的后康德唯心论那里达到顶峰。弗里德里希·谢林仅在自然形式,例如水晶显示自身为创造性精神的产物的层面承认自然美(1800:pt Ⅵ,sec. 2)。卡尔·索格尔(Karl Solger 1829)仅在明确显现精神的艺术中发现美,而完全拒绝自然美的概念。还有黑格尔,这个最著名的后康德唯心论者,尽管并未完全否弃自然美,但他将其贬谪于作为精神显现的美的层级的最低点(1823:intro.,ch.Ⅱ)。

关于自然美的怀疑论在这一时期也绝不是普遍的。19世纪的其他思想线索把自然美学提升到精神启蒙的领域。在诗歌和绘画中,甚至某种程度上在音乐中,浪漫主义者们并没有忽视自然美和风景美。康德对于自然美的强调在叔本华、华兹华斯和柯勒律治的作品中获得了持续的生命,并且通过他们传到了美国的超验主义者如拉尔夫·沃尔多·爱默生和亨利·大卫·梭罗那儿。事实上,美国超验主义的笔调激发了对自然的多维的美国式迷恋的持续之流。

17.4 美学和自然的概念

"自然"这个术语的多重含义都可以出传奇故事集了,[8]但有一个主要的含义似乎与美学语境中"自然"的用法无关,即据说每一种事物都拥有它自己的自然本性这种用法。在这种意义上,某物的自然,就是指它的本质的或具有典型特征的属性,使它成为它自身的东西。拉丁词 natura 和希腊词 phusis 的词根意义就是这种意义的"自然",并且它的用法一直在哲学和日常话语中存在,如我们可以谈到一个问题的自然本性、土壤的自然本性、一种发现的自然本性,甚至人的自然本性。这种意义看上去并不在任何显见的方面与我们在谈到审美地欣赏自然中的"自然"的意义相关。对于前苏格拉底的哲学家来说,甚至包括柏拉图,自然的概念似乎仅在谈到某物的自然或事物的自然本性——它的本质特征——的语境下出现。因此,这种意义上的自然就不是一个存在领域而是一种属性。它是一些而并非所有事物拥有的东西。不管什么存在物意义上的自然——物理宇宙和它的所有部分,有机的和无机的——都不是一个在早期希腊思想中可以明确找到的概念,尽管它在今天很流行。我们称这一概念为"无限制的自然"(unrestricted nature)。在这种意义上,任何事物都是自然的一部分,无论野兽还是人类、物质还是精神、物体还是能量、事件还是场所。奇怪的是,《牛津英语词典》(*Oxford English Dictionary*)最早提到这种意义的"自然"始于1862年。[9] 这种把自然作为无限制的、无所不包的东西的观点,使自然与人、自然与艺术之间没了区别,这种观点可以回溯到斯多葛主义者(Stoic)的观念:任何存在物都是理性的、复杂的、活力的宇宙系统的部分。因此,任何人类的技能的产物,甚至最高形式的艺术,在此无限的意义上仍然是自然的一部分。新柏拉图主义者也倾向于这样的观点,即任何事物都是一个唯一的、理性秩序的一部分,尽管从我们有限的观点,我们不能看到所有事物之间的相互依赖关系。《牛津英语词源词典》(*Oxford Dictionary of English Etymology*)声称,在"物质世界"意义上的"自然"的用法仅能追溯到17世纪(Onions 1966:606)。而《韦伯斯特新国际英语语言词典第三版》(*Webster's Third New International Dictionary of the English Language*)关于"自然"给出了以下相关的条目:

    a. (1) 全部创造的世界。

       (2) 不包含精神事物的全部物质实在。

    b. 能被同一系统中的其他事件解释的"时-空"现象和事件的整个系统。

然而,值得怀疑的是,无限制的自然概念是否很好地描画了我们当代美学语境中的自然概念,既然几乎每个人都同意它依赖于自然与艺术的某种程度的区分。不过,自然作为一个有限的或具有两极性的概念,却表明它是一个可以证明是在阐释更具可行性、更少极端性的审美的自然概念时有所助益的概念。

17.4.1 亚里士多德的自然

亚里士多德关于 phusis 这个词语的不同用法的讨论包含了他将自然与艺术区分开来的主要方式,正如他主张的那样,依**自然**而存在的事物与凭**技艺**而存在的事物不同。依自然而存在的事物具备某些技艺的产物所不具备的东西,即运动和静止的原则——它们自身之内的变化原则和一旦秉得就**固执**于它们自然的完满状态的内在倾向性。橡子变成橡树,猫崽变成大猫,甚至苹果落地都是它们内部变化原则的结果(它们缘于土,复归于土)。根据亚里士多德的观点,这样的事物是依自然而存在的事物。当然,橡树也能够变成船只,大理石块也可以变成雕塑,但在这些变化中,人工制品——至少其形式——并非任何变化的**内部**规则运作的结果。相反,对于木头变成船只,石块变成雕塑来说,需要外部的原因。亚里士多德提醒我们,根据经验,通过注意反复出现的事件类型,我们可以意识到这种重要的区分。我们所看到的情况是,树木并不总是自愿地变成船只。在一个非常罕见的幽默场合,亚里士多德报道了安提封(Antiphon)的观察:如果你打算种植一张木质的床,而且它发嫩芽了,但嫩芽将长成一株小植物,而非一张小床。根据亚里士多德所说,这个例子的幽默揭示了一个哲学的或概念的真理。他说它表明"依技艺规则的配置仅仅是一个偶发的属性",而非一个本质的、持续的存在(*Physics*,Ⅱ,193a)。[10]"由于那些事物是自然的,通过缘于内部原则的持续运动,到达某种程度的完满。"(*Physics*,Ⅱ,199b)。

当然,技艺产品在没有从外面施加行为的情况下也会改变。因此,一只木船如果不保养,最终会腐坏,但它腐坏并非因为它是船(技艺的产物)而是因为它是木头(由木头制成)。由此,亚里士多德暗示,完全相同的实体(成形的物质)要么是自然物要么是技艺的产物,这取决于它的起因。如果它达到它之所是,也就是说**凭自身而成为它自己**,那么它就是自然物。对于亚里士多德来说,这就是"自然地"或"就其自然而言"的核心含义。

迄今探讨的例子,将凭自然而存在的事物与那些依技艺而存在(或进入存在)的事物对照起来。但是,根据亚里士多德的观点,艺术并非唯一的非自然的存在样态。对于依自然而存在之物来说,还有另外两种可选的存在样态。首先是第一推动者——它是依自身而存在的。它是恒在不变的;没有任何变化规则,因而它不是自然物。其次是纯粹偶发的事物。它们的存在既非依自然亦非凭技艺,但又不像第一推动者,它们确实遭逢变化并且源自变化,但此处的变化并非缘自内在于它们的原则。当两个或多个自然事件的链条相碰撞时,便会产生偶发事情或事件。如果你散步踩在了一个从树上落下的苹果上,那个压烂的苹果就既不是内在于它的,也不是内在于你的变化原则的结果。

为了本文的准确,我们必须指出,亚里士多德从来没有明确地在一般意义上给出自然的特征概括,尽管他多次声称他已经说了自然是什么。但可以合理得出结论说,就亚里士多德而言,自然就是**依自然**(本性)而存在的事物的总体(作为与超自然、艺术、偶然事件或许还有数学相对的)。自然由所有其变化原则是内在的事物组成。亚里士多德甚至开始列举它们:"动物和它们的器官,植物,以及基质——土、火、气、水——我说这些和它们的类似物就是依自然的存在。"(*Physics*,Ⅱ,192b)显然,亚里士多德的观点是我们自然美学的观念遗产的主要部分。

17.4.2 审美的自然和无限制的自然

因此,在一般意义上,亚里士多德的自然概念**并非无限制**的自然;亚里士多德的自然概念受到了更多的限制。我们作为审美欣赏的自然概念——我称之为"审美的自然"(aesthetic nature)——亦是如此。这并非说我们没有无限制的自然的概念。事实上我们拥有无限制的自然的概念。我们仍然在无限制的自然的意义上使用自然概念,并且认为我们自身是它的一部分,不管那个概念被解释成时空中单个事物和复合物的总体,还是多种系统的统一体。

但审美的自然并不等于无限制的自然,而是比它受到更多的限制。今天,当我们谈到审美地欣赏的自然的时候,我们脑海中一般出现的是物理世界,通常是户外的、直接为我们的感官所把握的并且重点是可见的世界。审美的自然包含在其天然环境中的生物,但通常将人类及其活动、组织和产品排除在外。这一概念与亚里士多德一样,将希腊人在广义上使用的艺术的产品排除在外。

但我们的审美的自然概念在两个重要方面不同于亚里士多德的自然概念。**首先**,它几乎总是将人类及依其本性的活动(呼吸、吃、喝、排泄和繁殖)排除在外。**其次**,我们的审美的自然概念包含亚里士多德意义上的由偶然引起的非人造事物。例如,审美的自然包括诸如优胜美地峡谷(Yosemite)之类的冰川作用形成的峡谷,落日景观,以及在化石中保存的史前生物的形貌。这些定然被排除在亚里士多德的自然概念之外,因为它们的发生不是一个内部规律促使事物朝向完满状态变化的过程,而仅仅是因为亚里士多德意义上的"偶然"——两个或多个严密的因果链条的偶然碰撞,它们并非缘于任何被卷入的个体的内在的变化原则(W. D. Ross 1959:80)。我们的审美的自然的概念,包含这些绝对不能归因于人的努力的"意外"和"偶发事件"。因此,自然在我们的审美的自然概念中比亚里士多德的自然概念更宽泛,因为它包含一些两个或多个偶然相互作用力的过程和结果;同时,它也比亚里士多德的自然概念更狭窄,因为它几乎总是把人类及其活动排除在外,无论它们可能是多么得"自然"。

17.4.3 审美的自然和有限的自然

在这一点上,任何企图通过在无限制的自然概念之上添加限制的方式来定义审美自然的成果,都将受到质疑。为什么最终不采纳一个更加开放的概念图式呢?毕竟总是存在着一种朝向广阔无边的视野的哲学诱惑。导致企鹅与其有翼祖先显著偏离的进化发展,与博德牧羊犬(border collie)从狼进化而来区别甚微,尽管后者是在人类帮助选择育种的情况下进行的。就宽泛的视野来看,在特定地点的植物和动物群落的暂时承继是一个自然事件,而不把人类行动与否的影响考虑在内。并且,当一个人倾向于这样的观点,即审美在本质上是一种感知的态度或情绪,不管面对什么样的感知对象都可以采纳(例如,见 Stolnitz 1960:35;Sparshott 1982:111-112),那么无限制的自然似乎是最中肯的概念。白色金盏草,无籽葡萄,农场的田地和方形西红柿,都是无限制的自然的部分,并且它们是潜在的审美欣赏的对象。但不幸的是,对于头脑清楚的理论家们来说,蜡制香蕉、绢花和足球赛也是如此。问题是,对所有现象同等地开怀拥抱,仅坚持无限制的自然的概念,就无法考虑到自然美学与艺术美学的分别。因此,在无限制的自然概念之上加诸一些限制,对于使研究领域(至少作为历史上构成的领域)变得有意义来说,似乎是必要的。

对于无限制的自然的多种可能的限定,表明它们本身与历史的和当下的自然概念相应。一个限定体现在我们有时候在以自然为一方、以天堂或宇宙为另一方所做的或暗指的对照之中。将自然限制在地上,这种观念在中世纪非常突出,并且可以追溯到亚里士多德在地上和天上之间所做的区分(*De Mundo*, 292a)。在亚里士多德主张自然的天堂和尘世都依赖第一推动(the Prime Mover)中(*Metaphysics*, Ⅻ, 1072b),也暗含着这种限制。不过,20 世纪的发展要求我们放弃亚里士多德的想法。对于审美目的来说,将自然的概念限制在地球和地球周围的大气,甚或限制在地上或行星的领域,这似乎都没有什么用。审美的自然的范围必须足够大,以便能够将宇宙的未知部分的发现纳入进来,无论是在宏观的层面上,还是在微观的层面上。

17.4.4 纯粹的自然

对自然概念的与审美有关的最简单的限制,也许是将自然理解为没有人类存在或影响的东西。我们把这种自然概念标明为**纯粹的自然**(pure nature)。这就是作为纯粹荒野、原始自然——作为远离任何人类干扰而存在的自然——的自然观念。无疑,这是一种理想化的想法,不过我们仍然很容易构想纯粹的自然,而不应该将这种观念草率地抛弃。纯粹的自然的问题不在于它的概念,而在于它的实现。真正的荒野差不多已不再存在,因此纯粹的自然的概念也许有过多的限制而变得不是非常有用。不过,这个概念仍然可以在某些情形中有效。海平面数千英尺之下活跃的火山口区域里从前未知的生命形式的发现,已经显示令人惊叹的利用非太阳能源的新的生物亚种。我们对这些生物体的好奇和审美迷恋,也许部分是因为它们是纯粹自然的标本,(至今)还完全未受到人类的干扰。非洲荒野中的巨大蚁丘,也会引起同样的迷恋,因为它让我们遭遇好像独立于人类而存在的复杂的生物学单元。

对于纯粹的自然与无限制的自然之间的对照,可以做如下概括。

纯粹的自然:完全不受人类修改和影响。例如,在原始环境中的针叶林的天然状态(从未受到人类的接近、人类的道路、交通工具、污染等的影响);加拉帕哥斯(Galapagos)峡谷的生态系统;蚁群的内部世界。

无限制的自然:宇宙中的所有东西,个别的和一般的,对象和能量,上面的和下面的,在地球、太阳和月亮之上、之中和之外的,不管怎样进行个体化的和无论从哪里起源的。因此,不仅是上面列举的原始状态的针叶林是无限制的自然的一部分,人工种植的圣诞树甚或人造树都是无限制的自然的一部分。

"自然"在"纯粹的自然"的意义上的用法,不允许任何受到人类修缮、改变甚或些微干扰的自然部分称作审美的自然。纯粹的自然完全排除人工制品和人类对自然的修改,但它也排除了所有受到人类影响的自然的方面。这对于一种切实可行的自然美学理论来说,会引起极大的困难。除了作为一种理想或边界之外,它似乎过于严格,以至于不能让这种概念发挥任何用处。

然而,什么是可供选择的自然概念呢? 就像我们已经看到的那样,在另一方面是在"无限制的自然"意义上的"自然",它包括人类、人类的产品以及人类以任何方式、形状或形式对自然的修改。而这也不能很好地适合我们在美学语境中的"自然"的用法。

我们不可避免地要得出这样的结论:**这两种极端的自然概念——纯粹的自然或无限制的自然——都不能适当地显示审美的自然**。换句话说,**纯粹的自然**的概念不允许任何人类对自然的改造,不管这种改变多么轻微,都会导致对象不再是自然的对象,而**无限制的自然**允许所有这种改变。纯粹的自然过于稀罕,而无限制的自然过于丰富。因此,我们似乎不得不到别处去寻找对审美的自然概念的澄清,而最有希望的地方是以自然的为一方、以人造的或人为的为另一方的这个古老的二分。

17.4.5 自然的对人为的

我们的审美的自然概念,似乎直接与那个长期存在的自然的与人为的之间的对立有关,并且认同一种理想化的经验世界的状态的概念,即将经验世界当作或多或少独立于人类活动而存在和发展的东西。因此,审美的自然与传统上将美学划分为两种即自然的美学和艺术的(或者人造物的)美学相一致。不过,任何在这两者之间划出严格区分的界线的努力,都注定要遭到严重的阻碍。少许反思就能显露作为这个领域的美学理论的主要障碍的冰山一角。

首先,人们可能会担心我们对审美的自然的初步大致刻画过于局限了。难道我们不是将其存在依赖人类文明的生物世界的一大部分都排除出去了吗?动物的驯养在于人类对某一动物种类的控制,以至于这一种类的成员被带进了人类活动的范围,并且通过有选择的饲养而在遗传上发生改变。作为结果,它们当中的绝大部分的生存现在几乎完全依赖我们(Tuan 1984:99-109)。它们是审美的自然的一部分吗?不管这个问题如何回答,都会遭遇更加深刻的难题。存在许多种类的植物和动物,它们**延续性的**存在不仅依赖人类,而且它们**获得**存在和它们的本质特征本身(它们的"自然本性"),就是人类有意的努力和技艺的结果。今天在世界上农业发达的地区饲养的绝大多数驯养的动物,种植的绝大多数水果、谷物、蔬菜和花卉,都是我们有意识地操纵生物资源的结果。而且,即使不用考虑当代的基因技术,这也是真的。自然环境已经并且将继续变得如此多地受到人类干扰修改,以至于亚里士多德"依据自然"存在的标准实际上已经完全过时。

对于为审美的自然提供一个否定性的必要条件来说,**人为性**(artifactuality)这个概念自身也不再足够清晰。为了减少运输过程中的损伤,人们培育了方形西红柿。它不是一种人工的(或人为的)西红柿。不过,它仍然是某种人类依据地球上的资源生产出来的东西。如果我们想要将审美的自然概念与处于其纯粹的、质朴状态的自然等同起来,就会遭遇大量棘手的例子。对于修复的草原和荒野、杂交橘柚、杂交皮弗娄牛(由水牛和黄牛杂交而成),以及家养的猫和狗之类的更普通的控制饲养的结果,我们究竟该怎么分类?再生产真正的没有人类干涉的东西的能力似乎是一个合适的标准,可以消除引进的杂交品种,但是仍然容易发现诸多反例。毕竟也存在自然产生的杂交品种——也许没有像无籽葡萄或杂交橘柚这样十分显著的东西,但当然存在着古老的例子和亚里士多德称之为"报应"的东西,即骡子(*Generation of Animals*,Ⅱ,747a)。尽管如此,所谓的"自然的畸变"也是无限制的自然的部分,也可以成为审美的自然的部分,也可以完全摆脱人类的干扰。

17.4.6 改变的自然和扰乱的自然

也许存在一种不太直接的方式,使得人为性的概念在澄清审美的自然概念上发挥作用。让我们将纯粹的自然和人为性作为一个连续体的两个极端:

纯粹的自然……………………人造物品

这允许认可一个大范围的中间概念，它们的内容可以是人类侵入或修改的方式或范围的一种作用。在这个连续体中是否存在有用的环节，这将部分地取决于我们的特别兴趣。不过，它也将取决于经验论据——是否能够形成重要的例子群。换句话说，某些类型的人类对自然的修改仍然允许（甚或促进）将某物作为自然来欣赏。我们可以力图指出关于这些环节的一些有关的限制因素。如果我们从自然的一极沿着这个连续体向前移动，人类修改的程度或类型会开始悄悄地混进仍然被认为是自然的东西。在同一个环节上我们可以达到这种领域，在那里我们不再称那里的东西或事件为自然（或自然的），而认为它们是人工制品。我们有理由认为这里绝没有一个清晰的边界。

不过，存在一种重要的复杂性。对于我们的目的来说，单维度的连续体并不是十分有用，因为还必须要注意有两种主要类型的对纯粹自然的修改：有些是为了审美的原因做出的修改，有些则不是为了审美的原因做出的修改。也就是说，有时候我们为了审美的目的改变自然，有时候我们因为其他的理由或者完全无意识地修改（或仅仅是干扰）自然。这就提供了一个两维度的连续体：

具有审美意向

纯粹的自然……………………**人造物品**

不具有审美意向

我们首先来看审美的维度，我们可以区分几种有关的对自然的不同的修改。

1. 在接近纯粹自然的地方是这样一些情形：自然被改变了，但我们仍然希望将改变的结果作为自然来欣赏。例如，我们可以打磨石头以便更好地体现它的颜色和条纹，或者将一块浮木或海贝壳从海滩上拿走，把它放到家里的一个架子上。或者我们可以观察在鸟的浴盆中洗澡的鸟儿们。自然被改变了——鸟儿们被某人做的某种东西吸引到水中——不过我们的兴趣在于鸟儿们在水中的自然活动。

2. 进一步向人为性方向移动会碰到修复的天然生态系统，比如大草原，它仍然可以被作为自然生态系统而不仅是作为修复物来欣赏。

3. 动物园、植物园、水族馆和飞禽饲养场，虽然所有这些都涉及对自然的较强的改造，但它们依然能够提供作为自然来欣赏的样品，某些东西甚至就在它们的自然环境之中。

因此，在我们抵达对自然的改造的产品**只能**被认为是人工制品的那个环节之前，存在着许多对自然进行修改的层次。即使是一株盆景树，也可以作为自然来欣赏。

连续体的下面那个分支自身就是多维度的，存在对于自然的无意的与有意的非审美的修改之间的分别。从有意的行为中产生的烟雾，其自身却不是有意的。它应该被更好地标明为对自然的**干扰**而不是对自然的**改变**或**修改**。当然，干扰的自然与改变的自然之间的分界线并不明显；我们没有理由认为可以划出精确的界线来。[11]

17.4.7 审美的自然的概念

当自然被认为是与审美欣赏有关的时候，那么自然的那种相应的意义是什么？就哲学分析的有用性来说，我相信人们一定具有相当的自由，沿着无限制的自然概念那一极的方向进行选择，并且抵制那种将自然概念限制在某种接近于纯粹自然的东西上的诱惑。从我个人的观点来看，我认为植物可以施肥和浇灌，保持成行，或者种在花盆中，甚或移栽，动物可以迁移到新的地方或者防止它们越过自然栖息地，这些都不会让我不将它们**作为自然**来欣赏。通过改变生物的行为、生长和迁移特性，无论我们是有意的还是无意的，我们的确干扰了生物的自然本性。一个干扰自然而不是改变自然的好例子（根据上面的分类），是路边的植物带。选择让哪种植物存在和繁盛，甚至诸如高度、颜色和花叶类型之类的个体植物的某些特征，都是部分地由人对纯粹自然的修改所决定的。同样，水族馆提供了一个人工控制的自然环境，海洋生物可以在其中以或多或少的自然状态生存。当然，至于它所能达到的程度，要取决于个别水族馆的特征；不过任何水族馆都不可能与纯粹自然一样。

对于我们目前的目的来说，为上述概念设置必要和充分条件并不是必需的，而且在任何情况下都可以怀疑是否能够给出这些条件，而不会导致过分的人为限定。在承认那个连续体的限定条件的情况下，总会出现边界的问题。无论如何，上述概要描述的重要性只在于这一点：对自然的审美欣赏，不能与相对清楚的**无限制的**自然的概念或者**纯粹的**自然的概念等同起来。要制定的行为原则：在将自然作为审美标准来考虑的时候，我们应该警惕，不要将与审美相关的范畴限制在纯粹的自然的概念上，或者限制在无限制的自然的概念上。

一个附带的警告是整齐性问题。上述范畴没有一个可以仅仅根据个体的某个单一的特征来界定。无论某种东西是纯粹的自然、改造的自然，还是干扰的自然，都不必仅仅依赖它所具有的独立于它与其他东西的联系的性质。因此，将任何这些概念应用于个别案例，都不总是可以一刀切的。对自然的审美欣赏的许多例子都针对个体的集合（如一窝猫、一群鹅、一群鱼），或者个体的部分（如羽毛、花、叶），或者个体的产物（如贝壳、蛛网、兽迹、鸟巢）。其他的例子集中关注现象或事件，而不是关于个别的对象、集合、部分，或产物。某些现象或事件几乎是瞬间的（如闪电或流星）；其他现象或事件是短时间的（如日落、月晕）；还有一些现象或事件是长时间的（如侵蚀）；而且许多现象或事件是持续或重复的（如瀑布、季节更替、潮汐）。审美欣赏的自然对象的另一个重要范畴，在于不同对象以或多或少偶然的方式相互联系起来（如海上的日落、山顶上的云层）。这些东西构成了与作为自然美的典范的有生命的生物体的彻底分离，因为它们直接提出了人类视野和主体性对于自然美学的适当性问题。各种陆地和水域形式（山、湖）以及它们的接触面（如海岸线）的审美魅力与它们在视觉上从一个特定的人的视角显现的特性有关。它们是美的景色、迷人的景致、可爱的风景。总之，我们对它们的审美享受是相对于观察者（在真正的字面意义上）的**视点**的。尽管如此，这些都是最通常的审美的自然的例子，就像在景观概念中所体现的那样，在我们现代对自然的审美敏感的历史发展中，景观（landscape）也许是最核心的概念。[12]

我相信，从这种对于我们对自然所进行的概念描述的简要考察中，可以得出几个结论。首要的结论可以被明确地表述为一种单纯的行为原则:从哲学美学的角度来看,一个单一的概念(更不用说是一个纯粹的和简单的概念)不太可能适合于处理我们对自然的审美欣赏的各种模式的复杂性。因此,审美的自然和艺术,连同人类对自然的生糙材料的其他形式的修改,都很可能比我们的直觉(甚或我们主体的历史)让我们相信的那样更紧密地相互联系在一起。

[注 释]

1 乔治·迪基在他的著作(George Dickie 1997:28-37)中提供了 20 世纪关于审美态度的一个有用的、简明扼要的讨论。

2 许多 18 世纪的重要文本,包含在 Ashfield and de Bolla(1996)之中。关于这些观点的详细讨论,见 Monk(1935);Hipple(1957)。

3 关于这个主题的奠基性著作有 Hussey(1927);Pevsner(1944)。最近的讨论,见 S. Ross(1987);Andrews(1989)。

4 关于艺术与自然之间的某些复杂关系的讨论,见 Crawford(1983);Carlson(2000:chs 8,10,11,and 12)。关于园林美学的讨论,见 Miller(1993);S. Ross(1998)。

5 关于旷野美学的历史,见 Nicolson(1959);Nash(1967);Graber(1970)。

6 《美学与艺术批评杂志》(*Journal of Aesthetics and Art Criticism*)的环境美学专辑所收录的文章处理了许多这些问题,见 Carlson and Berleant(1998),也见 Carlson(2000:chs 4,5,and 7)。

7 对于这个观点的细致辩护和分析,见 Carlson(1984)。

8 阿瑟·拉夫卓伊(Arthur Lovejoy)那篇现在已经成为经典的文章《作为审美标准的"自然"》(1927),以对弗里德里希·尼科莱(Friedrich Nicolai)的名言"'自然'这个概念和词语,是一盒真正的万金油"的评论开始,尼科莱在 200 年前发表的这句名言对于任何有关自然概念的探究来说仍然都是合适的。见 Lovejoy(1927:444,reprinted 1948:69)。

9 "'自然'在狭义上用作物理自然……不过我们自己的自我也属于'自然'"(引自 *Edinburgh Review*,CXVI,p. 381)。这段话接下来是 1873 年的一条说明:"将自然理解为代表整个宇宙,既包括物质的也包括精神的在内。"(引自 Dawson,*Earth & Man*,XIV,p. 343)

10 引文引自 *The Basic Works of Aristotle*(1941)。

11 斯蒂芬妮·罗斯(Stephanie Ross n. d.)写道:"也许我们可以按照下列思路给出[关于自然的]某种复杂的递归式的定义:自然存在于(1)未被开发的荒野领域(原本的'被给予的事物')中;(2)原本是荒野、后来有人类进入,但还没有被发展起来的领域中;(3)已经有人类进入、已经受到人类影响,但在一些能列举出来的方面还明显地保持着比其他领域更有野性的领域中;(4)已经有人类进入、得到开发,但后来通过细心的管理又恢复到更自然状态的领域中。"

12 弗朗西斯·斯帕肖特对于非艺术的美略做了另一种概念上的描述,见 Francis Sparshott(1982:111 and 555,notes 20 and 21)。

参考书目

Andrews, M. (1989). *The Search for the Picturesque*. Stanford: Stanford University Press.

Aristotle (1941). *The Basic Works of Aristotle*, ed. Richard McKeon. New York: Random House.

Ashfield, A. and de Bolla, P., eds. (1996). *The Sublime: A Reader in British Eighteenth-Century Theory*. Cambridge: Cambridge University Press.

Berleant, A. (1991). *Art and Engagement*. Philadelphia: Temple University Press.

——(1992). *The Aesthetics of Environment*. Philadelphia: Temple University Press.

——(1997). *Living in the Landscape: Toward an Aesthetics of Environment*. Lawrence, KS: University Press of Kansas.

Budd, M. (1998). "Delight in the Natural World: Kant on the Aesthetic Appreciation of Nature. Part Ⅰ: Natural Beauty." *British Journal of Aesthetics*, 38(1): 1-18.

Bullough, E. (1912-1913). "'Psychical Distance' as a Factor in Art and as an Aesthetic Principle." *British Journal of Psychology*, Ⅴ: 87-118. (Widely reprinted in anthologies.)

Carlson, A. (1984). "Nature and Positive Aesthetics." *Environmental Ethics*, 6: 5-34. (Reproduced in *Aesthetics and the Environment: The Appreciation of Nature, Art and Architecture*. London and New York: Routledge, 2000: 72-101.)

——(2000). *Aesthetics and the Environment: The Appreciation of Nature, Art and Architecture*. London and New York: Routledge.

Carlson, A. and Berleant, A. (eds.) (1998). *Journal of Aesthetics and Art Criticism*, special issue, 56(2).

Chadwick, G. F. (1996). *The Park and the Town: Public Landscape in the 19th and 20th Centuries*. London: Architectural Press; New York: Praeger.

Crawford, D. (1983). "Nature and Art: Some Dialectical Relationships." *Journal of Aesthetics and Art Criticism*, 42: 49-58.

Dickie, G. (1997). *Introduction to Aesthetics: An Analytic Approach*. Oxford and New York: Oxford University Press.

Eaton, M. M. (1998). "Fact and Fiction in the Aesthetic Appreciation of Nature." *Journal of Aesthetics and Art Criticism*, 56(2): 150-156.

Fitch, J. M. (1961). "American Pleasure Gardens." In *Architecture and the Aesthetics of Plenty*. New York: Columbia University Press: 173-187.

Graber, L. H. (1970). *Wilderness as Sacred Space*. Monograph Series No. 8. Washington, DC: Association of American Geographers.

Hegel, G. W. F. (1823). *Vorlesungen über die Philosophie der Kunst*. (Trans. T. M. Knox [1988] as *Aesthetics: Lectures on the Fine Arts*. Oxford: Clarendon Press.)

Hipple, W. J. Jr (1957). *The Beautiful, the Sublime, and the Picturesque in Eighteenth-Century British Aesthetics Theory*. Carbondale, IL: Southern Illinois University Press.

Hussey, C. (1927). *The Picturesque: Studies in a Point of View*. London: G. P. Putnam's Sons. (Reprinted, London: Frank Cass, 1967.)

Lovejoy, A. O. (1927). "'Nature' as Aesthetic Norm." *Modern Language Notes*, 47. (Reprinted in *Essay in the History of Ideas*. Baltimore: Johns Hopkins University Press, 1948.)

Miller, M. (1993). *The Garden as an Art*. Albany, NY: State University of New York Press.

Monk, S. H. (1935). *The Sublime: A Study of Critical Theories in 18th Century England*. New York: Language Association. (Reprinted Ann Arbor: University of Michigan Press, 1970.)

Nash, R. (1967). *Wilderness and the American Mind*. New Haven, CT: Yale University Press. (Revised edn 1973.)

Nicolson, M. H. (1959). *Mountain Gloom and Mountain Glory: The Development of the Aesthetics of the Infinite*. Ithaca, NY: Cornell University Press. (Reprinted New York: Norton, 1963.)

Onions, C. T., ed. (1996). *Oxford Dictionary of England Etymology*. Oxford: Clarendon Press.

Pevsner, N. (1944). "The Genesis of the Picturesque." *Architectural Review*, 96: 139 – 146. (Included in Pevsner, *Studies in Art, Architecture and Design*. New York: Walker, 1968: 78 – 101.)

Reid, T. (1785). "Of Taste." In *Essay on the Intellectual Powers of Man*. Edinburgh. (Also in *The Philosophical Works of Thomas Reid*, ed. William Hamilton. 8th edn, 2 vols. Edinburgh: James Thin, 1895. Reprinted as *Thomas Reid: Philosophical Works*. 2 vols. Hildesheim: Georg Olms, 1967: I, 506.)

Ross, S. (1987). "The Picturesque: An Eighteenth-Century Debate." *Journal of Aesthetics and Art Criticism*, 46(2): 271 – 279.

——(1998). *What Gardens Mean*. Chicago and London: University of Chicago Press.

——(n. d.). "Ecofeminism: A Misguided Marriage." Unpublished manuscript.

Ross, W. D. (1959). *Aristotle*. New York: Barnes & Noble.

Schelling, F. W. J. (1800). *System des Transcendentalen Idealismus*. (Trans Peter Heath [1978] as *System of Transcendental Idealism*. Charlottesville: University Press of Virginia.)

Shaftesbury, Anthony Ashley Cooper, third Earl of, *The Moralists: A Philosophical Rhapsody* (1709). (Ed. John M. Robertson. London, 1900.)

Solger, K. W. F. (1829). *Vorlesungen über Ästhetik* [*Lectures on Aesthetics*]. Leipzig: Brockhaus. (Delivered 1819.)

Sparshott, F. (1982). *The Theory of the Arts*. Princeton, NJ: Princeton University Press.

Stolnitz, J. (1960). *Aesthetics and Philosophy of Art Criticism*. Boston: Houghton Mifflin.

Townsend, D., ed. (1996). *Aesthetics: Classical Readings from the Western Tradition*. Sudbury, MA: Jones and Bartlett.

Tuan, Y.-F. (1984). *Dominance and Affection: The Making of Pets*. New Haven, CT: Yale University Press.

Webster's Third New International Dictionary of the English Language (1961). Unabridged edn. Springfield, MA: G. & C. Merriam Co.

第 18 章

艺术和美学：宗教的维度

尼古拉斯·沃尔特斯托夫 著

赵 翔 译

18.1

在为学生介绍 20 世纪美学的教科书中，一个标准的部分就是克莱夫·贝尔的《艺术》(Bell 1994)中的第一章第一节，题为"美学的假设"。任何一个人都会发现，这一节重印在几乎所有的权威选集中。从不重印的是题为"形而上假设"的第三节和题为"艺术和宗教"的第二章的第二节。进入我们主题的一个好方法是考虑贝尔在这两节中所说的内容。虽然如此，我们还是必须从第一节开始。

在这篇文章中，贝尔干脆有力地断言存在一种审美情感，以此开始了他的思想行程，他说："所有敏感的人都会同意，存在着一种被艺术作品激发的特殊情感。"他补充说，他并不认为"所有作品都激发同一种情感，相反，每一作品产生不同的情感。但是，所有这些情感在种类上被认为是一样的；不管怎么讲，迄今为止大部分意见站在我这一边"(Bell 1914：17)。随着他的继续论述，很显然贝尔心目中的"情感"是一种愉悦——或正如他经常所说的那样，是"狂喜"(ecstasy)。同样清楚的是，当一个人以沉思的方式介入艺术作品时，就能体验到这种审美情感。

接着，贝尔在该书第一节提出的问题是：在沉思时，艺术品中的什么东西激发了这种属于审美情感的愉悦。他认为，对这个问题的回答是美学中的核心问题。而且，如果能发现是什么激发了审美情感，我们也就将"发现艺术品的根本性质——一种能将艺术品与其他各类对象区分开的性质"(Bell 1914：17)。对美学这一核心问题的回答将同时也是对艺术理论中基本问题的回答。

对于这个问题，贝尔众所周知的回答是，是**形式**激起了审美情感。有时他称之为"**有意味的形式**"。但是，他用"有意味的"这个形容词，仅仅指的是在有资格的感受者那里激起审美情感的形式。因此他的理论只不过是说,是一件艺术作品的形式激起了一种(对于沉思的)特殊种类的愉悦,这种愉悦就是审美情感。

不管什么类型的内容——再现、象征、表现——都与审美情感无关。内容本身没有问题;贝尔并不坚持认为只有抽象艺术才是真正的艺术。"不要让人认为再现本身就不好;就其作为设计的一部分而言,一个现实主义的形式,可能与一个抽象的形式一样有意义。但是如果一个再现性的形式具有价值,那它是作为形式,而不是作为再现。"(Bell 1914:27)欣赏内容,或者欣赏由于专注于内容而可能被激发的那些幻想,或者甚至欣赏专注于形式而可能被激发的幻想,这都没错。可是,如此将会"从审美升华的庄严高峰跌落到多情人性的温暖舒适的小山丘。它是一个快乐之乡。在这里人们都不必为尽情享乐而羞愧。"但是"不要让人以为因为他已经在温暖的耕过的土地上,在浪漫文学离奇有趣的波折中获得了快乐,他就甚至能猜中那些爬上了寒冷的、雪白的艺术高峰的人的严肃的和令人激动的狂喜"(Bell 1914:31)。

最后一段清楚表明了贝尔对于审美情感价值的评价。他说,它是"世界上最珍贵的东西"之一——"无价之宝"。因此它"确实是如此珍贵,以至于在我眩晕的一瞬间,我被诱惑而相信艺术可以证明世界的拯救"(Bell 1914:32)。可以说明这种崇高价值的,是对形式的注意使我们接触另外一个"世界",这个"世界"超越了人类庸常的实用性的操心。"艺术把我们从人类活动的世界提升到了审美超越的世界。刹那间,我们被切断了与人类利益的联系,我们的预知和记忆都被囚禁起来;我们被提升出了生活之流。"(Bell 1914:27)我们"居住于一个自身有着强烈和具体的意义的世界中;这种意义与生活的意义无关。在这个世界中,生活的情感无立足之地。它是一个有着自己情感的世界"(Bell 1914:28)。

这里贝尔发展他的"美学假设"所使用的语言,明显是对宗教语言的模仿;的确,它就是宗教语言。诸如"无价之宝""世界的拯救""提升出了生活之流""脱离生活进入狂喜"、一个"其意义与生活的意义无关的"世界。这种隐藏于宗教语言后的思想,在我曾提到的关于**艺术**的其他两个部分——"形而上的假设"和"艺术和宗教"——中显现出来了。

贝尔通过提出他称为"形而上的问题"开始了他的形而上的假设部分:为什么对形式的某种安排和联结会如此奇怪地让我们感动? 由此,他开始提出他的意见:形式感动我们,"因为它表达了创造者的情感"(Bell 1914:43)。这是一种怎样的情感? 通常,这是艺术家在把某种自然物体当作**纯形式**来沉思时所感受到的情感,艺术家表达的这种情感与我们在沉思他的作品时所感受到的情感是同一种。"艺术家在他产生灵感的一刹那间感受到的那种情感,他在把对象看作手段时是感受不到的,只有在将对象看作纯粹的形式——就是说看作它们自身中的目的——时才能感受得到……在审美景象的瞬间他看到的对象,不是作为在联想中被遮蔽的手段,而是作为纯粹的形式。"(Bell 1914:44-45)

把客体看"纯形式就是把它们看作以自身为目的"(Bell 1914:45)。因此,这个问题接着变成了"以自身为目的的某物的意义是什么? 当我们剥去了它的所有联系和它作为手段的意义后,剩下的东西是什么"(Bell 1914:45)? 贝尔声称有点羞于提供他的答案;不过他所假设的是,剩下的东西就是"哲学家们过去常称为'物自体'而现在称为'终极实在'的东西"(Bell 1914:45)。

如果一个被认为以自身为目的的客体比被认为是达到实用目的的手段或与人类利益相关的东西的同一客体更深刻地感动了我们(即有更大的意义)——毫无疑问就是如此——那么我们就只能假设,当我们把某物看作以自身为目的时,我们注意到的是它自身内比因与人类联系而获得的任何特性具有更大重要性的东西。我们没有去承认它的偶然的和有条件的重要性,而是意识到它本质的实在,万物中的神,特殊中的普遍,遍布一切的节奏,随你用你愿意的名字来称呼它,我正在谈的这个东西就是存在于万物现象后面的东西,就是给万物以个体性意义的东西,就是物自身,就是终极实在。(Bell 1914:54)

因此回到这个问题:为什么我们在静观形式时会被深深地感动?贝尔说,因为我们正在回应艺术家在形式中所表达的那种对终极实在的感受的情感,这种终极实在自身是通过形式显示出来的。有意味的形式是:

在其背后我们感受到终极实在的形式……艺术家在产生灵感的一刹那间感受到的情感,其他人在从艺术上欣赏对象的难得的瞬间感受到的情感,以及我们沉思艺术作品时感受到的情感,三者在种类上并无二致,它们都是对通过纯粹形式显现自身的实在所感受到的情感。(Bell 1914:46)

艺术是"达到一种超越状态的手段,这是一致同意的;它源于人类本性的精神深度,这几乎没有异议……实际上,艺术是精神生活的必需,同时是精神生活的产品……艺术既给予精神生活,也从精神生活中……进行吸取"(Bell 1914:59)。总之,对于某些人来说,正是因为这种原因,艺术"使得生活值得一过"(Bell 1914:59)。

因而艺术近于宗教。对于神秘主义者就像对于艺术家一样,物质世界是

达到狂喜的一种手段。神秘主义者把物体看作"目的"而非"手段"。他在万物中寻找引起情感升华的终极实在;并且他如果通过纯粹的形式没有达到它,有……远非唯一的途径可达到这个领域。宗教,正如我理解的那样,就是个体对宇宙情感意义的感受的表达。(Bell 1914:62)

艺术和宗教"都有把人提升到超人的狂喜境界的能力;两者都是达到心灵的非尘世状态的手段。艺术和宗教属于同一世界……这两个王国都不是这个世界"(Bell 1914:63)。

"(因此)在审美和宗教的狂喜之间有一种家族相似。""艺术和宗教是……人得以从现实环境逃到狂喜境界的……两条道路"(Bell 1914:68),是一对人类的"宗教感"的完全相似的表现——假若我们用它来指称人对终极实在的感觉(Bell 1914:69)。艺术不是任何特殊宗教的表达或显示。如此考虑将会"混淆宗教精神和它得以流出的通道"(Bell 1914:69)。确实,"许多描述性的绘画是宗教信条的表现和展示",这的确没错。"但只要一幅画是一件艺术品,那么它与信条和教义、事实和理论就没有关系,就像它与日常生活的利益和情感没有关系一样"(Bell 1914:69)。相反,艺术与"那种普遍情感"有关,我们可以"在一千种不同的信条中发现这种普遍情感的一些不可靠的和断断续续的表达"(Bell 1914:69)。神秘主义者和艺术爱好

者代表了"这种精神的表现的一对双胞胎"(Bell 1914:63)。

18.2

贝尔的讨论的大量特征显示他是一位现代的理论家。一会儿我将对这些特征做一些说明。但在做这些说明之前,让我先关注这一事实:贝尔认为最终说明审美愉悦特征的是我们与终极实在发生联系时体验到的那种愉悦,这种看法背后有久远的渊源。我们都熟悉康德对审美愉悦所做的非宗教的说明。这种审美愉悦的根源——或者对美产生的喜悦,正如康德描述的那样——源于认识能力自由游戏时产生的愉悦。这里没什么超越性的东西。但是在康德后面有一个更古老的传统;贝尔以他自己的方式坚持的正是这种更古老的传统——是否是有意的,对此我不清楚。

普洛丁(Plotinus)的《九章书Ⅰ.6》(*Enneads* Ⅰ.6)的主题是美。这里的解释从整体上讲,很容易让人回想起柏拉图在《会饮篇》(*Symposium*)中的讨论。和柏拉图一样,普洛丁好像没有从最高级开始,而是在最底层从美的物质表现开始。他问道,是什么东西"吸引了那些看着某物的人的目光,将目光转向它和吸引到它那里,让人们享受所看见的东西? 如果我们能找到它,也许我们就能用它作为垫脚石去看到其他的东西"(*Enneads* Ⅰ.6.1)。根据定义,美就是在静观中给予快乐的东西。如果能发现是什么在静观中给予快乐,我们将因此发现美的本质。贝尔的问题同普洛丁的问题具有惊人的相似。

毕达哥拉斯-柏拉图主义传统对这个首要问题的回答是:美在于各部分的合适比例。普洛丁不同意这个回答。在美的东西中,有一些没有感性上可辨别的部分,它们以某种比例的方式彼此相关,例如,颜色和太阳、金子、星星、夜空中的闪电的光,这些都是或可能是美的,证据是它们在沉思中会给我们以愉悦,然而这儿并没有感性上可辨别的部分的合适比例。当它涉及非感性的东西时,像美的生活方式、美的性格、美的思想方式、美的完善的法律,**各部分的比例**的概念看上去毫无用武之地——不管怎么说也不会有**字面上**的应用。

随着毕达哥拉斯-柏拉图主义解释的失效,普洛丁再次提出了他的问题:什么构成身体中的美?我们知道,它是"某种我们在乍看之下就注意到的东西,灵魂在谈及它时就好像已经理解了它,灵魂认出了它和欢迎它,并且使它自己适应它"。因此普洛丁说,他将做出的解释是:"灵魂既然根据它本性是其所是,并且与存在领域中更高的实在相关,当它看见与它同类的某种东西或者它的同类实在的某种痕迹时,它就高兴和兴奋起来,回复自身,并且回忆起自身和自己的领地。"(*Enneads* Ⅰ.6.2)

身体中的美只是更高的实在的一种"痕迹",这种痕迹使我们高兴和激动,因为它使我们想起真正属于我们的东西,那么这种"更高的实在"是什么呢?普洛丁说,是**形式**;"此世之物因分有了形式所以是美的"。更具体地说,是**整一**(unity)。"当物质性事物结成整一的时候,美就开始存在于其中了"——美是一种复杂的整一或简单的整一。

从呈现给感官的美的事物开始,普洛丁沿着一条古典柏拉图主义的攀登之路,到达仅仅显示给理智的美,直到超出了形式,最终达到太一、神、"每个灵魂都渴望的善"(Enneads I.6.7)。沿着这条道路,我们发现的是自身同一的美和这种美的所在。同其他东西一样,"灵魂变成善和美的东西,就是它变成近似于神的存在,因为美从神而来"(Enneads I.6.6)。一个整一的美的自我必然是一个道德自我,因为伦理被显示为美学的一个分支。同时,它被显示为一个审美超越的条件;因为我们发现,如果我们自己不变成美的,我们就不能前进到美的尺度之上。如果任何一个人:

> 因为邪恶、不纯或软弱而双眼蒙胧,并且因为他的卑怯而不能看到明亮之物,他将一无所见,即使有人向他显示存在某种东西并且可能看见。因为一个人必须具备与被看见之物相似或同质的视觉力量才能看见。如果眼睛没变成和太阳一样,就不能看见太阳,如果灵魂不变成美的,就不能看见美。如果你打算看到神和美,你首先必须变得彻底像神而且美。(Enneads I.6.9)

当一个人沿着这种美的尺度上升时,他在对美的沉思中经验到的愉悦就变得更加强烈了。即使在说到我们对感官对象的美的享受时,普洛丁的语言也是狂热的。他说:"不论什么时候与任何一种美的东西相联系,(结果都是)惊奇、愉悦的冲击、期望、激情和幸福的激动。"(Enneads I.6.4)但是当沉思不能被感觉而只能被理智地理解的东西中的美时,我们就不仅是愉悦和激动,而且是"被完全吞没"(Enneads I.6.4)。当我们最终达到太一时,如果我们曾达到过的话,我们所体验的是"愉悦的冲击"和对整一的渴望。"没见过它的人会把它想象成善,但是见到它的人在它的美中欢天喜地,并且满怀惊奇和喜悦、无害的持久的冲击、带有真正的激情和热烈的期望的爱"(Enneads I.6.7)。

18.3

我曾略过了普洛丁的说明的很多细节,例如他的关于一方面神(太一)是典型地美的,另一方面神又是超美的争论,因为我在此的目的不是致力于普洛丁的解释,而是说明克莱夫·贝尔在当代世界中所代表的在西方世界中的悠久传统,这种传统把美(或审美的优点)从一种或另一种意义上看作与超越之物相联系,并且把我们在沉思美(或审美的优点)的东西时所体验到的愉悦看作建基于对这种超越物的某种暗示之上。

我们中的许多人,在听音乐、看油画或雕刻或者欣赏建筑作品时,会有一种很奇特的、神秘的升华的感觉,那些利用和参加到对美的超越性解释的传统中的人正是从这种经验开始;他们确信纯粹的世俗解释,例如康德提出的那种解释,是不充分的。他们如何从这个出发点前进,更多地取决于他们的形而上学和神学。普洛丁与一种一般性的柏拉图主义的想法站到一起,根据这种柏拉图主义的想法,此世之物的美,是因为它们类似于和分有了那个典型的美的存在,也就是形式美,以及形式美背后的神圣的太一。与此相对,贝尔描绘了一幅泛神论的图像,根据这种泛神论的看法,神或终极实在显现于形式之中。这些只是许多对照中的两点不同。

因此，一个人对关于美的具体的超越性的说明的估价，更多地取决于他对神学的估价。我自己的神学在有关方面更切近于普洛丁的而非贝尔的：我将上帝视为典型的卓越存在，并且我坚持认为，只有根据某个上帝之外的实体处于与那种典型的卓越存在的某种卓越-传递关系之中，才能说明它在某个方面是卓越的。当代根据明显违反事实的欲望满足去说明卓越的方式，对于我而言似乎是一个死胡同。但是我并没被说服，认为这个对卓越的形而上的说明——只有上帝是内在的卓越，其他一切只是外在的卓越，它们根据与内在卓越的关系而拥有被传递的卓越——与我们对于上帝之外的实体中的卓越性的经验有何重要关系。我正在聆听的音乐是卓越的，更具体地说，是美的；虽然它的卓越是从某种内在卓越的东西传递给它的，但是现在它本身就是卓越的。其卓越是外在的这个形而上的事实如何解释我在聆听它时所感受到的超越？这个形而上的事实怎样把它自己仿佛塞进了这种经验，以至于在某种初级的方面我所感到快乐的东西就是音乐中的上帝——典型的、内在的卓越存在？我不明白这是如何发生的。不过，我也感觉到，世俗的说明没有解释我的这种超越的感觉。认为我正在享受我的诸认识能力的和谐合作，这种意见我也不以为然。

18.4

我们看到，在他的关于宗教和艺术的讨论中，贝尔轻易摒除了对艺术和**现实**宗教的关系的任何考虑。当涉及现实的宗教时，我们就是在涉及"教义和教条"、信条、对历史事实的主张、"形而上的幻想"，诸如此类的事情。艺术经常以这些东西作为它的内容。但是，内容与审美情感无关，也与艺术的本质无关。贝尔的形式主义让他避免去考虑艺术和宗教是如何在实际上互相作用的。

在这方面，贝尔的方法很像许多当代那些系统讨论过艺术和宗教关系的神学家的方法。让我引用于我而言最有意义的两位：杰纳都斯·范德·莱乌(Gerardus Vander Leeuw)和保罗·蒂利希(Paul Tillich)。

范德·莱乌是一位杰出的荷兰学者，在其职业生涯的前三分之一时间里，他是一位宗教人类学者；在其后的三分之一时间里，他是一位神学家和美学家；在最后三分之一时间里，他则是一个礼拜仪式的理论家。他职业生涯中期创作的伟大的、无限迷人的著作是《宗教的美和凡俗的美：艺术中的神圣》(*Sacred and Profane Beauty：The Holy in Art*)，在这本书中，他探讨了艺术和宗教，或者如他所说的那样，美和神圣之间的关系。和贝尔一样，范德·莱乌承认美和神圣之间的各种"外部联系"——正如他称呼它们的那样。但是，这些联系都不能引起他的兴趣。他寻找的是"本质的关联"。为了得到它，我们必须"保护我们自己，免除那把它自己强加给我们的外在连续性。我们确证'宗教艺术品'的十分之九在神圣和美之间没有内在的、实质的连续性，而仅有纯粹外在的关联，它们被公认是非常纯洁的，既不违反艺术也不违反宗教，但没表示它们的统一"(Vander Leeuw 1963：230)。但是，抓住范德·莱乌兴趣的不是审美情感和它的宗教意义，而是那些艺术品在根本上是神的表现的事例。既然关于贝尔是否把表现性看作形式的特征这点在他的讨论中并不明显,那么他是否赞同这种方法就不得而知。

保罗·蒂利希是德国著名的神学家,他于二战前不久迁到了美国。与他的系统神学一道,他发展了一种文化神学;在文化神学中他讨论了宗教与艺术的关系。在蒂利希的情况中,导致他对艺术与宗教的介入现状缺乏兴趣的,更多的是他对宗教的理解,而不是他对艺术形式主义的承诺。

他说,宗教可以被理解成"一群人中的活动,这群人具有一系列同神圣的力量相关的符号和仪式"。但它也可被理解成"对终极之物的终极关切状态"(Tillich 1987:172)。如果我们心目中拥有的是第一种意义上的宗教,"那么艺术的宗教维度也就只不过意味着艺术对过去的宗教所提供的象征材料的应用。因此,作为艺术题材来采用的有基督故事、圣徒传奇、创世的神秘象征、拯救、圆满"等。

作为一个文化神学家,蒂利希说,这种艺术不能引起他的关注。当代世界这种艺术为数很少。由于面对我们当代人"与实在的遭遇"的严重世俗化的特征,我们理解的宗教已经衰落,在这种情况下,宗教于20世纪在这种意义上"为视觉艺术提供的内容数量是惊人得少"(Tillich 1987:172)。然而,我们不必假定,当代世俗主义的出现意味着宗教在其他更广阔的意义上的消失。刚好相反,世俗主义

> 并不拒绝对生活终极意义的追问。就广义的宗教概念来说,世俗主义间接地就是宗教的。正如狭义的宗教有许多形式一样,世俗主义对生活意义的追问也表现为许多形式,不仅是理智的追问,而且是以全面的关注和无限的严肃去追问。(Tillich 1987:173)

因此,当审视20世纪的艺术时——事实上包括任何世纪的艺术——根据被如此理解的宗教维度,蒂利希说,他的论点是所有的创造性艺术,包括源于20世纪世俗文化的艺术,都"是对遭遇……'终极实在'的表现。(所有的艺术)都包含对意义问题的回答"(Tillich 1987:173)。蒂利希认为,艺术主题中具有决定性的是风格(style),艺术固有的因素是表现性(expressiveness)。因此,蒂利希建议仔细考虑的是风格所具有的宗教的表现;正是通过风格的表现性,"宗教维度得到了显现"。

18.5

我上面引用过的这些思想家的方法是有些奇怪的,并且它们只是有关艺术和宗教问题的样品。当然,偶像在东正教的宗教实践中起作用的方式、赞美诗在犹太教的宗教实践中起作用的方式、集体圣歌在新教的宗教实践中起作用的方式——只提少数几个例子——对于参加这些实践的人来说,代表着宗教与艺术的极为重要的介入。然而,所有的这些介入的方式都被认为不值得注意,因而被这些思想家置之不理。尽管所提供的理由在每一种情况中都稍有不同,但结果完全一样。引起他们兴趣的唯一方式是沉思;圣像崇拜和集体圣歌的演唱这两种介入

方式的任何一种都落在他们的视界之外。而且,虽然挂在教堂里的油画表现的内容引起了东正教崇拜者的极大关注,如同在犹太教堂中由领唱者所唱的和在新教教堂中由全体圣徒所唱的那些歌词引起崇拜者的极大关注一样,这也没引起这些思想家的兴趣。引起兴趣的仅是艺术品的形式特征和艺术作品的表现性。

宗教人士介入艺术的现状,他们介入的作品再现的和象征的内容,理论家对这些方面令人奇怪地缺乏任何兴趣,有什么东西可以对此做出说明?正如已经指出的那样,被给出的用以解释把再现的和象征的内容排除在外的理由在不同的思想家那里差别不大。可是,令人吃惊的是,对于完全关注于介入的静观模式,他们根本没提供任何理由。这种模式的妥当性仅仅是想当然的。我认为,这所说明的是他们全都毫无异议接受了关于艺术在人类生存中的位置的宏大叙事,这种宏大叙事产生于18世纪,并且自那时以来一直保持为西方的一种最有势力的叙事。

此时此地,我必须要突破情节以达到它的实质。事情是这样进行的。很久以前,艺术服务于外在于艺术本身的各种利益:教会利益,政治利益,贵族政权利益,商业利益,甚至还有魔术的利益。接着在18世纪,艺术在显著的程度上开始从这些外在的利益下解放出来,被允许回到其自身。艺术家们在探索中可以自由地遵循艺术的内在动力,而不是服务于国君、主教、经纪人,等等;艺术独立自主了,以自身为标准。公众同样可以自由地把艺术品当作艺术品来看待,而不再将艺术作为拜神、求雨或者无论什么的手段。我们自由地把艺术品看作以自身为目的。如此看待它们使我们关注它们的内在性质和关系,而不是关注它们如何同外在于它们自身的一个又一个的东西相关联。我们现在关注的是它们的"内在的合理性"。

这就是那种宏大叙事的实质。我认为,正是因为贝尔、范德·莱乌、蒂利希以及他们的追随者们毫无异议地接受了这种叙事,所以他们在对艺术和宗教的讨论中只是全神贯注于那种静观的介入模式,甚至懒得给一个解释如此全神贯注的理由。在他们的心目中,值得思考的仅是当关注静观的艺术的宗教维度时,我们是应该关注那些可能出现的再现的和象征的内容,还是应该专注于形式和它的内在的表现性。

关于这个故事有许多奇特之处,即使假定它经常被认为是理所当然的。我只解释一件古怪的事情。艺术品,比如椅子和铲子,是人工制品,为了心中的某种目的被生产出来——这种目的通常是某种想要达到的用处。椅子为了坐而被做出来;因此当被用来坐的时候它们"进入了它们自身"。它们也可以被派上其他用场,或者被弃置不用。它们也可以在艺术博物馆展出或者被贮藏在阁楼里而从未被使用过。但在这种情况下,这把椅子没有"进入它自身"。至于宏大叙事密切注意的那种艺术品:那种为沉思而制作的艺术,它可能被用作其他目的;一个为沉思而制作的雕刻可被用作一个门挚。但被如此使用的时候,这个雕塑没有"进入它自身"。当人们把它当作沉思对象时,它"进入它自身"。

现在考虑东正教的偶像。它们进入自身是当它们挂在东正教的教堂里被崇敬的时候,而不是当它们在某个艺术博物馆里展出被当作沉思的对象的时候。在后一种方式中,它们能发挥作用;它们大多数也是如此发挥作用的。但是当如此发挥作用的时候,它们没有"进入它们自身"。犹太的圣歌和新教的赞美诗也是如此:当它们在仪式中发挥作用而不是当约书亚·

科恩(Joshua Cohen)和他的波士顿室内乐团(Boston Camerata)把它们录在唱片上的时候,它们才进入它们自身。

寓意应该清楚了:当考虑艺术和宗教的关系的时候,如果我们关注的是艺术"进入它自身",我们必须超越预定为审美沉思的艺术的范围。这一点并不是说,关于博物馆的油画、音乐厅的音乐和阅览室的诗歌的宗教意义,没有什么有趣的东西可以谈论;这种主张是说那些全神贯注于此的人忽视了最重要的东西,即人类宗教介入艺术的现实方式。

18.6

假设我们具有更宽广的视野,那么我们将会注意什么?我们将注意到这个事实:对于那些宗教人士而言,诗歌经常与其说是被沉思的不如说是深入内心的,因此诗歌语言变成了人们表达自己的情感、信念、理解等的语言。我们将注意到这个事实:对于宗教人士而言,故事不是经常作为审美愉悦的对象而起作用,而是适合于某人自己的生活和他人的生活的叙事。我们将注意到这个事实:对于那些宗教人士而言,音乐的作用经常是用于增强人们对神的赞美,而不是作为一个沉思的对象,也不是为了审美和其他的目的。我们将注意到这个事实:对于宗教人士而言,符号的作用经常是用作**提醒物**,对大部分宗教而言,记忆是最基本的东西。如此等等。由于已经注意到了宗教人士介入艺术的多样性,我们就可以试图从理论上理解它们了。

当然,一旦一个人注意到了艺术在宗教实践中发生作用方式的多样性,这些方式中的许多在宗教外部也有密切的类似物的想法就会涌上心头。对这些宗教和艺术互相介入的方式的注意,通过将我们从由宏大叙事导致的狭窄眼界中解放出来,可以在总体上有益于艺术理论。静观,特别是以审美愉悦为目的的静观,只是介入艺术的多种方式中的一种——只是多种**重要**方式中的一种。

在关于艺术和宗教的讨论中,贝尔、范德·莱乌和蒂利希特别轻视视觉图像。让我们接过这个话题,从前面的普遍性的较高层次上退下来,谈谈图像在宗教中的作用。为理解这种作用,我们对图像如何发挥作用需要有比在当代艺术理论中发现的那种典型的狭隘观点更加丰富的理解;这种更加丰富的理解一旦获得,回过头来会使我们注意那些在宗教之外的图像的作用中我们曾忽略的东西。

为了不让我的讨论变得太杂乱,我将不得不集中于图像在宗教中发挥作用的诸多方式中的一种,并且只是关注一种宗教。我将集中论述的这种宗教是我最熟悉的,即基督教;读者能够很容易地推广到其他宗教。(对我正在讨论的图像的作用的一个优秀的历史性介绍,是汉斯·贝尔廷的《相似和在场:前艺术时代的图像的历史》[*Likeness and Presence*:*A History of the Image before the Era of Art*,1994]。)

对于使基督教传统变得清晰的最根本的东西,是那些认同这个传统的人讲的神处置人类的故事,这个故事开始于包含在基督教经典中的叙述,并从那里一直持续到现在。正如人们可以想到的那样，人与人之间、社区与社区之间所讲述的这个故事有些不同；因此，严格讲来，我们不应该谈及基督教的故事，而应该谈及基督教故事的**家族**。不过，好像只有一个基督教的故事一样地来谈论，这对我们这里的目的并没什么损害。

根据我们心中这个坚定的事实：基督教的传统有一个基督教的故事，假定一个人看着这些跨越数世纪的时间由基督教团体的成员制作出来并且是为他们而制作的再现性的视觉艺术，那么，打动我们的东西是，大量——如果不是绝大部分的话——这样的艺术再现了来自基督教故事的重要的人和事件。

对此我们应当怎样理解？我认为，这种艺术的功用应该作为我将称之为**纪念性**的艺术（memorial art）的东西来理解。让我做一些解释。总体来说，对人类生活重要的是**纪念**（commemoration）。在纪念中我们做各种事情，各种东西作为纪念物被生产出来：铸造纪念币，发行邮票，燃放焰火，做演讲，植树，建造城市，召开学术会议，等等。显然，深存于我们内心的某种东西，凭借有纪念意义的对象在我们周围的环境中表达了出来，也在我们对纪念性的活动的不断介入中被表达了出来。

这种东西是什么？对我们每个人而言，总有特定的人和事件我们将之看得非常重要，值得我们和我们的社会去纪念。可事实上却发现，我们和我们的社会经常忘记我们认为重要而值得记住的东西；或者纵然我们确实没忘，也发现我们不能使这些东西记忆犹新。纪念仪式能帮助我们对不想忘记的人和事保持鲜活生动的记忆。纪念增强记忆。

为什么我们认为增强记忆是重要的呢？毫无疑问原因很多。但是希望增强记忆的原因中最突出的，是对赞扬和荣誉的渴望：我们在纪念苏珊·安东尼（Susan B. Anthony）的活动中发行一枚硬币，这不仅是要记住她，而且是给予她荣誉。的确，我倾向于认为，如果我们足够密切地关注纪念物，我们将总是能够辨别出一些给予荣誉的因素——虽然这并不总是首先引人注意的东西。

关于纪念物还有更多的东西可说。但让我限制我自己以转移到应用上来：在这种种作为纪念物生产出来的东西中，视觉再现性艺术作品是最为突出的。在校长退休的时候，大学会制作一幅肖像以纪念他；美国建造了林肯纪念碑和壮观的雕像以纪念这位伟大的解放者。这两个都是记忆的艺术、纪念的艺术的事例。是的，一个人可以沉思于它们以便确认、评价，并可能沉浸在它们的审美性质之中。但这并不是我们要拥有它们的理由，对于大多数观看者而言，它们也不是如此发挥作用的。

由基督教团体并且为基督教团体创造的相当多的视觉再现艺术，都是纪念的艺术，它们就像（例如）由佛教团体并且为佛教团体创作的大量视觉艺术一样。认为教堂的图像的作用是教育没有文化的人，这种说法在中世纪的基督教中变得很普遍。于我而言，这好像并不错，只是不完整。图像完成的这种教导是**提醒**对基督教故事中重要人物和事件的信仰。但是它们的作用不只是提醒；它们也是纪念。它们的纪念功能对有文化的人和没文化的人是一样的紧密相关。

艺术曾经一直激起争论，直到今天依然如此。但是关于艺术的争论没有哪次能赶上东罗马帝国偶像崇拜反对者的争论的长度和强度，这次争论开始于大约725年，持续了近一百二十五年。后来在这场争论中,一位皇后发现她与儿子的论点相对立,竟然挖出了儿子的双眼;我们的争论在这个实例面前黯然失色。

这场争论是关于纪念性艺术的;事实上,圣像的保卫者相当经常地把它们称为神圣者的"纪念碑"。关于这场争论,存在着几个明显的焦点。圣像保卫者的对手,所谓"偶像崇拜反对者",怀疑把基督和圣徒的图像组合在一起的价值;他们主张,在一个人的灵魂和生活中刻画圣徒的图像比在木板上刻画更重要。他们指责保卫者,即"偶像崇拜者",无疑是信奉基督的偶像的异端。但是争论的主要观点之一,涉及对待这些圣像纪念物的恰当方式。"圣像崇拜者"坚持它应该通过诸如亲吻、下跪和在它们面前点蜡烛等方式来崇拜。偶像崇拜反对者主张这类事情都不应该去做;崇敬成了盲目的崇拜。

作为他们为崇敬辩护的论证的一部分,圣像崇拜者发展了关于圣像图像的理论,根据这些理论,假若一幅图像作为一个人的替代而被制造了出来,那么在观看这幅图像的时候,就会看到这个人。既然一个人在圣徒面前观看他的时候做出崇敬的姿势确实是恰当的,那么当一个人通过观看他或她的圣像的方式看到这个圣徒的时候,做出这样的崇敬的姿势怎能算是错的呢?

这提出了许多复杂而有趣的问题。我敢说,我们大部分人会很不情愿去说,当看到现任美国总统肖像画的时候,我们就是正在看这位总统;但对我们来讲,会很自然地说,我在电视上看到这个总统。好,如果我们能在电视上看到他,那么在肖像画上看到他又怎么啦?如果在照片上可以的话,为什么在绘画中不可以呢?

可是在所有的这些可能性中,我想强调的是这场争论所围绕的那种崇敬行动。如果我们被艺术的现代宏大叙事所诱惑,只把静观思考作为介入艺术的方式,那么崇敬就会像一种过时的巫术,但并非如此。我们中的大部分人都不情愿践踏母亲的照片——除非我们恨她,这是为什么?当我们看到一幅伦勃朗的画被撕裂时所经历的那种恐惧的情感,与有人朝圣像吐口水时一个圣徒将会感受到的那种情感,又有怎样的不同呢?在最后这两个例子中,的确有一关键的差别:在伦勃朗的情况中,我们崇敬的是画家;他的内容与我们关系不大。在圣像的情况中,圣像崇拜者崇敬的是内容;他甚至几乎不知道是谁画的。但是崇敬在我们对艺术的介入中从没有消失过。

18.7

让我提出第三种通达我们的题目——"艺术和美学:宗教的维度"——的方法来结束本章,但这里并不深究。根据先前我们简洁地讨论过的对艺术的现代宏大叙事,艺术在18世纪最终使它自己从宗教的仆从地位解放出来。可是,让那些贯彻对这种叙事的各种讲述的人感到震惊的是,被解放的艺术是多么经常用宗教术语来描述,宗教的希望和期待是多么经常寄寓于艺术之中。在贝尔对美的超越性的解释中,我把他描述为用他自己的方式延续了一个悠久的传统,这一传统上溯到普洛丁,之后又远追到柏拉图。不过,贝尔同时又完全是现代的。这种对艺术的现代叙事被浪漫主义者吸收进他们甚至更加宏大的现代性叙事之中,根据这种现代性的叙事,政治、学术、经济、制度性的宗教中的现代性,代表了很久以前曾是统一的东西的各个分支。可是艺术——假设它是被解放的艺术,是纯粹为沉思而被制造出来的艺术——表现了极大的社会的例外:在这里我们仍然发现统一。可能,仅仅可能,我们在艺术中发现的统一将证明是具有救世的能力。

文学理论家艾布拉姆斯在他的优秀文章《如此的艺术:现代美学的社会学》中,首次指出了一些关于"对上帝终极之美的无私和无偿的沉思"这种奥古斯丁传统(Augustinian tradition)的简洁表述(Abrams 1989:156)。接着他又指出,在这个传统里用于沉思的行为和对象的语言,是如何被18世纪后期和19世纪前期的艺术理论家大量借用,用于明确表达他们对静观地介入艺术的优先权的辩护。例如,这里有艾布拉姆斯从卡尔·菲力普·莫利茨(Karl Philipp Moritz)写于1785年的著作中摘引的一段文字,它很容易让人回想起奥古斯丁的语言:

> 当美把我们的注意力全部吸引到它身上时……我们好像遗失自身于美的对象之中;确切地说,这种遗失,自我遗忘,是美赐给我们的纯粹的、无利害的愉悦的最高程度。在这一时刻,我们牺牲了我们个体的有限存在,达到了一种更高的存在……一件艺术作品中的美是不纯粹的……直到我们把它沉思为完全为它自身的缘故而被生产出的某种东西,以便它应该是某种自身完成的东西。(Abrams 1989:156)

一项关于对艺术的著名现代宗教理解及其力量的研究,将把我们带到19世纪的人物中,诸如席勒、叔本华和马修·阿诺德,也把我们带入20世纪的人物中,诸如海德格尔、马尔库塞和阿多诺。

参考书目

Abrams, M. H. (1971). *Natural Supernaturalism*. New York: W. W. Norton.

——(1989). *Doing Things with Texts: Essays in Criticism and Critical Theory*, ed. Michael Fischer. New York: W. W. Norton. (See esp. "Art-as-such: The Sociology of Modern Aesthetics" [135 - 158] and "From Addison to Kant: Modern Aesthetics and the Exemplary Art" [159 - 185].)

Adorno, T. W. (1984). *Aesthetic Theory*, trans. C. Lenhardt. London: Routledge and Kegan Paul.

Bell, C. (1914). *Art*. London: Chatto & Windus.

Belting, H. (1994). *Likeness and Presence: A History of the Image before the Era of Art*. Chicago: University of Chicago Press.

Brown, F. B. (1989). *Religious Aesthetics: A Theological Study of Making and Meaning*. Princeton, NJ: Princeton University Press.

Heidegger, M. (1971). *Poetry, Language, Thought*, trans. and intro. Albert Hofstadter. New York: Harper Colophon.

John of Damascus (1980). *On the Divine Images*, trans. David Anderson. Crestwood, NY: St Vladimir's Press.

Marcuse, H. (1978). *The Aesthetic Dimension: Toward a Critique of Marxist Aesthetics*. Boston: Beacon Press.

Plotinus (1966). *Enneads*, trans. M. H. Armstrong. Cambridge, MA: Harvard University Press.

Schiller, F. (1967). *On the Aesthetic Education of Man*, trans. E. Wilkinson and L. Willoughby. Oxford: Oxford University Press.

Schopenhauer, A. (1969). *The World as Will and Representation*, Vol. I, trans. E. F. J. Payne. New York: Dover Press.

Theodore of Studios (1980). *On the Holy Icons*, trans. Catharine Roth. Crestwood, NY: St Vladimir's Press.

Tillich, P. (1987). *On Art and Architecture*, eds John and Jane Dillenberger. New York: Crossroad. (See esp. "Existentialist Aspects of Modern Art" [89–101] and "Religious Dimension of Contemporary Art" [171–187].)

Vander Leeuw, G. (1963). *Sacred and Profane Beauty: The Holy in Art*, trans. David C. Green, pref. Mircea Eliade. New York: Holt, Rinehart & Winston.

Wolterstorff, N. (1980). *Art in Action*. Grand Rapids: Eerdmans.

索 引

（索引中的页码为原著页码，检索时请查本书边码）

A

aboutness 相关性 58, 206

Abrams, M. H. M. H. 艾布拉姆斯 16, 196, 197, 338

abstract kinds/entities/types 抽象种类/实体/类型 79, 82, 83, 86, 90, 130 – 131, 182, 183, 189

absurd imaginings 荒唐的想象 242 – 246

action-type hypothesis 行动类型假设 83

Addison, Joseph 约瑟夫·艾迪生 18, 29, 37, 39, 42, 160；
Spectator essays《瞭望者》短文 16, 30, 31, 32, 33, 34 – 35, 153

adequation 等值性 225, 226

Adorno, Theodor 西奥多·阿多诺 338

aesthetic concepts 美学概念 164

"Aesthetic" movement "唯美"运动 174

aesthetic objects 审美对象 63, 67, 69, 71 – 76 多处, 143；
require imaginative acts of consciousness 需要意识富有想象的活动 81

aesthetic values 审美价值 68, 69, 99, 106, 107, 142, 152, 156, 157, 162； in nature 自然的审美价值 310

aesthetics 美学 1 – 4, 63 – 77, 142 – 146; interpretation in 美学中的解释 109 – 125; modern, origins of 现代美学的缘起 15 – 44; musical 音乐美学 254, 257, 260; nature and environment 自然和环境美学 10 – 11, 66, 67, 306 – 324; properties and principles 审美属性和审美原则 96 – 98; remapping 重绘美学 152 – 166

affects 情感 36, 37, 98

Agamemnon 阿伽门农 293, 297

Albers, Josef 约瑟夫·阿尔勃斯 180 – 181

Alberti, L. B. L. B. 阿尔伯蒂 216, 218

Aldrich, Virgil 维吉尔·奥尔德里奇 306

alienation 间离 182

All About Eve (Mankiewicz)《彗星美人》243 – 244

allegories 寓言 299

allusion 暗示 89, 303

Alperson, Philip 菲利普·阿尔佩松 9, 271

ambiguity 模糊,暧昧 86, 207, 208, 217, 282, 302；moral 道德上的暧昧 105; multiple 多种模糊 281

American transcendentalism 美国超验主义 313

analogy 相似, 类似 50, 181, 259, 261, 265, 268

analytical philosophy 分析哲学 204, 205, 223, 233

Andersen, Hans Christian 汉斯·克里斯蒂安·安徒生 120

anthropology 人类学 3, 175, 277, 285, 331

anti-intentionalism 反意图主义 110, 115, 116, 123

anti-rationalism 反理性主义 199

anxiety 焦虑 182, 188, 190

appearance 显现 38

appreciation 欣赏 65，93，104，106，115，119，245，287；aesthetic 审美欣赏 66，67，72，75，76，306－324；artistic 艺术欣赏 72，98；characterizing 描述欣赏的特征 154；cognitive aspects of 欣赏的认识方面 206；design 对设计的欣赏 71；formalism and 形式主义和欣赏 207－208；literary 文学欣赏 203－211 多处；musical 音乐欣赏 102，256；nature 自然欣赏 66，76，310－312；paradigms for 欣赏的典范 101；poetry 诗的欣赏 153；precondition for 欣赏的前提条件 205－206；tragedy 悲剧的欣赏 103

approval 赞同 101

Aquinas, St Thomas 圣托马斯·阿奎那 153, 157

architecture 建筑 18，39，80，83，189，308，330

arguments 论证 29，85，257－258，261；a priori 先天论证 235－237，245；aesthetic 美学论证 127，142－146；anti-representationalist 反再现主义的论证 259；cognitive 认识论证 127；empirical 经验论证 24；epistemic 经验的论证 127，128，129－140；inductive 归纳的论证 24；moralizing claims leading to 从道德方面要求的论证 116；ontological 本体论论证 127，140－141；transcendental 先验的论证 170

Aristotle 亚里士多德 5，10，48，104，132，153，172－173，174，184－185，186，271，291，295，297，298，299，316；*De Mundo* 317；*Generations of Animals* 319；*Metaphysics* 317；*Nicomachean Ethics* 294, 301；*Physics* 314－315；*Poetics* 196，206，278，292，294；*Rhetoric* 293

Arnheim, Rudolf 鲁道夫·阿恩海姆 218, 230

Arnold, Matthew 马修·阿诺德 197，198，199，338

arousal 唤起 26，29，184，185，257，258，270

arrangement 安排 32

art: and the aesthetic 艺术：艺术和审美 63－77，325－339；bad 坏的艺术 104；defining 定义艺术 45－62，78；emotions in 艺术中的情感 132，174－192；evaluating 评价艺术 6，7，67，93－108；function of 艺术的功能 28，68，107，135；good 好的艺术 104；morality and 道德和艺术 126－151；music as 音乐作为艺术 257；nature and 自然和艺术 10－11，21，34－35，308；ontology of 艺术的本体论 6，78－92，140－141；philosophy of 艺术哲学 3，10，16，47，157，162，223，250，276，285，307；religious dimensions 艺术的宗教维度 10，126，325－339

artifacts 人造物 58，59，68，69，82，86，140，163，217；abstract 抽象人造物 90；admired 被赞美的人造物 162；attention given to 给予人造物的关注 72；beauty of 人造物的美 153；deliberately contrived 精心制作的人造物 216，227；destroying 摧毁人造物 70；formally designed 形式上设计好的人造物 308；pure nature excludes 排除人造物的纯自然 318；works of art and 艺术作品和人造物 157, 334

artifactuality 人工性 74，159，319，320

artistic objects 艺术对象 63－64，65－66，67，69，71，73，75，76

artists 艺术家 58，95，110；conceptual 概念艺术家 70

artworlds 艺术界 49，50，51，58，59，69，81，87

assessment criteria 评价标准 84－88

asymmetry 不对称 234, 235

atomists 原子论者 45，46，47，48，60

Attali, Jacques 雅克·阿塔里 272

attention 注意,关注 72，101，102，188－189，269，287；cognitive and affective 认识的关注和情感的关注 104；intransitive 无物的注意 162；paradigmatic aesthetic 典型的审美关注 71；sustained 持久的关注 256

attitudes 态度 116，183；aesthetic 审美态度 161，162；blameworthy 值得责备的态度 103；emotional 情感态度 178，181；evaluative 评价态度 182；impartial 公平态度 133；praiseworthy 值得赞扬的态度 103

Austen, Jane 简·奥斯汀 83，105；*Emma*《爱玛》78，83，130，131，186，187；*Pride and Prejudice*

《傲慢与偏见》205
Austin, J. L. J. L. 奥斯丁 152
authenticity 真本性 269
autonomism 自律主义 142, 143, 144, 145, 146
autonomy 自律 17; musical 音乐的自律 261, 270
avant-garde art 前卫艺术 95, 106, 107, 128
Avison, Charles 查尔斯·艾维生 267

B

Bach, Johann Sebastian 约翰·塞巴斯蒂安·巴赫 164, 170, 171; 1st Brandenburg Concerto 第一勃兰登堡协奏曲 268; *Saint Matthew Passion* 《马太受难曲》268
Baker, L. R. L. R. 贝克 82
Baldick, Chris 克里斯·巴尔迪克 197, 198
ballet 芭蕾 157, 277, 279, 282, 284
Barthes, Roland 罗兰·巴特 203, 207
Bartók, Béla 贝拉·巴托克 97
basic needs 基本需求 23
Baumgarten, Alexander Gottlieb 亚历山大·戈特利布·鲍姆加通 1, 2, 16, 18, 19, 35, 39, 42, 71, 73, 156; *Aesthetica* 《美学》36, 37, 38, 40, 64, 153, 283; *Meditationes philosophicae* 《哲学默想录》15, 36, 152; *Metaphysica* 《形而上学》36, 37
Bayer, Raymond 雷蒙德·拜尔 280
Bazin, André 安德烈·巴赞 231, 250
Beardsley, Monroe C. 门罗·C. 比尔兹利 58, 68, 69, 105, 109, 116, 128, 204, 224, 261, 269
beauty 美 2, 3, 7, 17, 18, 19, 21, 38, 168; character and value of 美的特征与价值 15; comparative 比较的美 25; critic's judgment 美与批评家的判断 152-166; delight and 愉快和美 328-329; emotions can be expressed with 可以用美来表现情感 182; evaluative judgments about 关于美的价值判断 310; formal 形式美 94; foundations for 美的基础 22, 37; freedom of imagination in experience of 美的体验中的想象自由 41; intelligible 理智美 313; musical 音乐美 257, 258, 260, 261, 269; natural 自然美 66, 307-308, 310, 311, 313, 322; perception of 对美的知觉 32; pleasure in 对美的愉悦 20, 23, 24, 26, 31, 73, 328; sentiment of 对美的敏感 27; simplicity and 简单和美 189; sublime and 崇高和美 16; transcendental accounts of 对美的超越性解释 330; unity in variety or complexity and 美与多样统一 105; visual nature of 美的视觉本性 31-32
Beethoven, Ludwig van 路德维希·凡·贝多芬 99, 101, 107, 164, 171, 172, 178, 260; *Hammerklavier Sonata* 《汉马克拉维亚奏鸣曲》113
behavior patterns 行为模式 94
beliefs 信念 48, 83, 86, 87, 90, 116, 119, 159, 185; common-sense 信念与常识 84, 85, 88; evaluative 评价性信念 176, 177; interconnections between 信念之间的相互联系 135; justified, true 合理的、真正的信念 128, 130; non-esoteric, about beauty... 关于美的不太深奥的想法 158; satirized... 讽刺……信仰 236; self... 301; unacknowledged 尚未认可的信念 132; warranted 被保证了的信念 136
Bell, Clive 克莱夫·贝尔 174, 325-329, 330, 331, 332, 334, 335, 338
belles-lettres 纯文学 207
Belting, Hans 汉斯·贝尔廷 216, 335
Bender, J. J. 本德 96
Benes notation 贝内斯记谱法 281
Berg, Alban 阿尔班·贝尔格 171
Berleant, Arnold 阿诺德·伯林特 307
Best, David 戴维·贝思特 284
bildungsroman 教育小说 134
biological resources 生物资源 319
body 身体 278, 279, 280, 281, 285, 287
Boileau, Nicolas 尼古拉斯·布瓦洛 196
Bordwell, D. D. D. D. 鲍德韦尔 235, 236
boredom 厌倦 18, 26, 32
Bosch, Hieronymus 包西 103

bottom-up approach 从下到上的方法 48

Bourdieu, P. P. P. P. 布尔迪厄 95

Bouwsma, O. K. O. K. 博斯玛 263

Brahmins 文人雅士 141

Brahms, Johannes 约翰内斯·勃拉姆斯 259

brainwashing 洗脑 301

Brancacci Chapel 布朗萨奇小教堂 216

Braque, Georges 乔治·布拉克 94

Brecht, Bertolt 贝尔托·布莱希特 136-137

bricks 砖 120,121

Brontë, Charlotte 夏洛蒂·勃朗特 208

Brooke, Rupert 鲁佩特·布鲁克 209

Brooks, Cleanth 克林斯·布鲁克斯 207

Brunelleschi, Filippo 菲利波·布鲁内莱斯基 216, 217, 219, 221, 224, 227

Budd, Malcolm 马尔科姆·巴德 102, 269, 307

Buddhist community 佛教团体 336

buildings 建筑 190

Bullough, Edward 爱德华·布洛 306

Bunyan, John 约翰·班扬 160,169

burden of proof 提供证据的责任 162

Burke, Edmund 埃德蒙·伯克 31,153,154

Buxton, R. R. 巴克斯顿 295

C

Carlson, Allen 艾伦·卡尔松 66-67,76,307

Carlyle, Thomas 托马斯·卡莱尔 199

Carney, James 詹姆斯·卡利 48-50,51,52,53-54,59

Carrol, Lewis 刘易斯·卡罗尔 103

Carrol, Noël 诺埃尔·卡罗尔 7,58,71,131,145, 188,205,230,233,234,250,300

Cartersianism 笛卡儿主义 296,298

Cassirer, Ernst 恩斯特·卡西尔 217

categories 范畴 66,89,129; ontological 本体论范畴 79,86,88,90

catharsis 净化 184,292,294,298,300,302

causality 因果关系 45,84—85,86,87,180,218, 231,233,257,258

Cavell, Stanley 斯坦利·卡维尔 164

censorship 审查制度 146

centricity and eccentricity 中心性和离心性 218

Cézanne, Paul 保罗·塞尚 163,174

Chadwick, G. F. G. F. 查德威克 309

Chalmers, A. A. 查默斯 30

chanting 歌唱 254

characterization 特征描述,特征刻画 154,164,206, 260,318,320; emotional 情感特征 258; non-intentional 非意向的特征 224

Chardin, J. B. S. J. B. S. 夏尔丹 158,182,189

Chartres 沙特尔大教堂 215

Chatman, Seymour 西摩尔·查特曼 235,236, 240,249

choreography 编舞 287-288

Christianity 基督教 126,335,336,337

cinematic narration 电影叙事 *see* movies 见电影

Clair de Lune(Debussy)《月光》(德彪西) 78

clarity 清晰 37,104

classes 种类 83

classical music 古典音乐 254,270

"classical" western tradition 西方传统中的"古典" 79

cognition 认识 15, 17, 31, 32, 36, 38, 66, 98, 106; art and an element of 艺术和认识的要素 135; central mode of 认识的中心形式 278; education tied to 与认识密切联系的教育 132; imagination a powerful alternative to 作为认识的强有力的替代的想象 28; moral 道德认识 130,131; multiple kinds of 多种认识 37; "quickening" of 认识的"振奋" 72; volition and 意志和认识 23,24,25

cognitive capacity 认识能力 35

"cognitivist" theory "认识论"理论 269

Cohen, Joshua 约书亚·科恩 334

Cohen, Ted 特德·科恩 7-8

Cohen, S. J. S. J. 科恩 288

coherence 一致性 87,88,102,143,159

Coleridge, Samuel Taylor 塞缪尔·泰勒·柯勒律

治 313

collaboration 合作 233

Collingwood, R. G. R. G. 科林伍德 80，81，83，99，100-101，178-179，180，181，184，187

Collini, Stefan 斯蒂劳·科林尼 197

colors 颜色，色彩 40，53，65，67，72，80，83，89，100，320；character of 色彩的特质 183-184；sensuous beauty of 色彩的感观美

comedies 喜剧 94，295

commemoration 纪念 336

common-practice era 共同实践时代 271

common sense 常识 79-80，84，85，88，127，129，132，134，140；two species of 两种常识 160

compassion 同情 185，186，188

complexity 复杂性 102，105，288，308；clarity and 清晰性和复杂性 104；cognitive 认识的复杂性 278；musical 音乐的复杂性 255

composers 作曲家 80，82，90，110，261，262；emotional state 作曲家的情感状态 265-266；implied 暗含的作曲家 180

composition 乐曲，作曲 40，168，189，217，218；musical 音乐作品 69，102，261，264，265-266；nature as 自然作为艺术作品 308

comprehensibility 可理解性 37

conceptual art 概念艺术 69，70，73

conditioning 条件作用 301，302

Cone, Edward T. 爱德华·T. 孔内 269-270

Confucius 孔子 271

connoisseurs 鉴赏家 116，118-123 各处，224，225；musical 音乐鉴赏家 172

consciousness 意识 81，177，270，277；common 共同意识 299；self 自我意识 303

consonance 和谐音 255

conspiracy 共谋 116，121

Constable, John 约翰·康斯特布尔 219，220

constructivism 构成主义 106

contemplation 沉思 189，257，263，325，329，330，333，334；praise of God as an object of 对上帝的赞美作为沉思对象 335；pure will-less 纯粹无意志沉思 306；rational 理性沉思 307

content 内容 40，102，105，326，331；moral 道德内容 143，146，206；representational 再现内容 334；symbolic 象征的内容 333，334；thematic 主题内容 206

context 语境，背景 96，98，99，131；aesthetic 美学语境 313；political 政治背景 271；social 社会背景 188，271

contour theory 轮廓理论 270

contradiction 矛盾 160，232，239，244；imagining 想象矛盾 242，245

controlling narrator idea 控制的叙事者观念 243

convention theory 惯例理论 268

conversation 交流 205

Coover, Robert 罗伯特·库弗 190

copies 复制 75，79，82，83，87，89，90

Corneille, P. P. P. 高乃依 291，296，299

Corot, J.-B.-C. J.-B.-C. 柯洛 183

correctness 正确性 83；standards of 正确性的标准 110，111，112，114，115，116

craft 手工艺，技艺 64，227

craftsmanship 工艺 223

Crawford, Donald W. 唐纳德·W. 克劳福德 10-11

creation 创造，创作 40，80，110，112，153；dissatisfaction with 不满意创作 111；musical 音乐创造 256，261，266

critical theory 批评理论 199-200，277

criticism/critics 批评/批评家 111，119，122，207；anti-philosophical trends 批评中的反哲学倾向 198-200；art 艺术批评 3，117，127；classical 古典批评 195-196；cultural 文化批评 197-198；ethical 伦理批评 127，129，130；exemplary 典范的批评家 118，121；ideal 理想批评家 98-101，105-106，118；intentionality in 批评中的意图性 109，115，117；judgment of 批评家的判断 101，113-114，120，121，152-166；moral 道德批评 127，198；musical 音乐批评 257-259；practical 实践批评 121；role of 批评家的职能 112，115；social 社会批评 198；

see also literary criticism 也见文学批评

Croce, B. B. B. B. 克罗齐 156, 179

Culler, J. J. 卡勒 199

cultural phenomena 文化现象 55, 56, 61, 89, 90, 115, 178, 184; appropriation of music 音乐文化现象的挪用 271; Catholic 天主教文化 126; consumer capitalist 资本主义文化消费者 157; dance 舞蹈文化 283-284; determination 文化决定 60; developments 文化发展 54; knowledge 文化知识 183; legitimacy 文化合法性 197-198, 206; practices 文化实践 53, 64; theology 文化神学 332; underlying 起基础性作用的文化 58, 59

cultural studies 文化研究 277

curiosity 惊奇 32

Currie, Gregory 格雷戈里·柯里 83, 84, 88, 231, 232, 233, 235, 236, 237, 239, 241-242, 243, 246, 248

Czech formalism 捷克形式主义 207

D

Dada objects 达达主义的物品 57

Damisch, Hubert 休伯特·达弥施 217, 218

dance 舞蹈 9-10, 82, 189, 276-290; contemporary abstract 当代抽象舞蹈 182

Danto, Arthur 阿瑟·丹托 49, 50-51, 58, 69, 217, 224, 226

Darwinian tradition 达尔文传统 177

Davidson, Donald 唐纳德·戴维森 223-224

Davies, Stephen 斯蒂芬·戴维斯 187, 270, 271

de Man, Paul 保罗·德曼 199

De Sousa, R. R. 德索萨 176

deception 欺骗 158, 292

deconstruction 解构主义 199

defects: aesthetic 审美缺陷 145, 146; moral 道德缺陷 144, 145

delight 愉悦,愉快,快乐 112, 113, 163, 329, 330; aesthetic 审美愉悦 116, 328, 334; musical 音乐愉悦 171; sensuous forms of 感观形式的快乐 209-210

DeLillo, Don 唐·德里洛 190

"dematerialization" 非物质化 70

Derrida, Jacques 雅克·德里达 119

design 设计,构思 21, 22, 39, 41, 65, 71, 74; aesthetic 审美构思 144; argument from (上帝)设计的论证 159; formal flaw in 构思的形式上的缺陷 145; graceful, harmonious 优雅和谐的设计 190; rational 理性设计 307

desire 意欲,欲望 23; male 男性欲望 144-145; sexual 性欲 31

determinacy 确定性 36, 39

Devitt, M. M. M. M. 德维特 86

Dewey, John 约翰·杜威 178, 179

dialogue 对话 299

Dickens, Charles 查尔斯·狄更斯 105; *David Copperfield*《大卫·科波菲尔》131; *Great Expectations*《远大前程》137-138

Dickie, George 乔治·迪基 5, 49, 51, 58, 97, 162, 306

diction 措辞 38, 40

Diderot, Denis 丹尼斯·狄德罗 155

dilettantes 业余的艺术爱好者 116, 118, 119, 120, 121, 122

Dilthey, Wilhelm 威廉·狄尔泰 201

disanalogy 不相似 50

disapproval 不赞同 101

discussions 讨论 70, 71

disinterestedness 无利害性 17, 18, 19, 20, 22, 30, 42

disposition 部署,性情 32, 294; long-term 长期的性情 175

dissonance 不和谐音 255

division of labor 劳动分工 60

doctrines 教义,学说 328, 331; essentialist 本质主义的学说 250

documentaries 纪录片 241, 246

dogmas 教条 328, 331

Don Quixote (Cervantes)《堂吉诃德》(塞万提斯)

167, 168-169

Donne, John 约翰·多恩 161, 209

Dostoevsky, F. F. F. F. 陀思妥耶夫斯基 130

drama 戏剧 82, 83, 104, 134, 154, 210, 297; psychologic 心理戏剧 189; tragic 悲剧性戏剧 209; well-told 讲述得好的戏剧 185

drawing 素描 40; linear-perspective 直线透视绘画 216

Dryden, John 约翰·德莱顿 35, 196

Du Bos, abbé, Jean-Baptiste 艾伯·吉恩-巴普蒂斯特·杜博斯 18, 30, 32, 36, 39, 42, 295; *Critical Reflections* 《关于诗歌、绘画和音乐的批判性反思》16, 25-29

Duchamp, Marcel 马塞尔·杜尚 107

Dürer, Albrecht 阿尔布雷特·丢勒 164, 221, 222

Dutton, Dennis 丹尼斯·杜通 55

E

Eagleton, Terry 特里·伊格尔顿 16, 200

Eaton, Marcia Muelder 玛西娅·缪尔德·伊顿 6, 311

ecology 生态学 310

ecstasy 狂喜 325, 326, 328

Edgerton, S. Y. S. Y. 埃杰顿 217

edification 启迪 206, 207; moral 道德启迪 211

education 教育 117, 120, 135-136, 153, 310; emotional 情感教育 188; experiential 体验教育 188; literary 文学教育 210; moral 道德教育 127, 128, 130, 131, 132, 134, 136; musical 音乐教育 254

egocentric partiality 利己主义的偏向 133

Eisenstein, Sergei 谢尔盖·爱森斯坦 143, 233

Ekman, P. P. 埃克曼 177

Eliot, George 乔治·艾略特 197; *Middlemarch* 《米德尔马契》247

Eliot, T. S. T. S. 艾略特 188, 209

elitism 精英主义 95, 111, 254

Elkins, James 詹姆斯·厄尔金斯 216

Ellis, J. M. J. M. 埃利斯 117

Else, Gerald 杰拉尔德·艾尔斯 294

Elton, William 威廉·埃尔顿 2

embedded narrator idea 嵌入的叙事者的观念 243

Emerson, Ralph Waldo 拉尔夫·沃尔多·爱默生 199, 313

emotion 情感 26-28, 51, 208, 234; aesthetic 审美情感 325, 326-327, 331; art and 艺术与情感 8, 132, 134, 174-192; cognitive theories of 情感认识理论 296; engagement of 情感介入 42; imitating 模仿情感 51; moral 道德情感 132, 144; music and 音乐与情感 257-270 多处; negative 消极的情感 103; poetry and 诗与情感 36; *see also* feelings 参见"feelings（情感）"

empathy 移情 133, 134, 186, 189, 190

empirical inquiry 经验性的研究 46, 54, 115

Empson, William 威廉·燕卜荪 207

enculturation 同化 129, 132

encyclion 圆形舞台 302

engagement 介入 11, 26, 29, 42, 98, 101-105, 111, 122, 131, 246; cognitive 认识上介入 107; commemorative 纪念性介入 336; contemplative mode of 静观点介入方式 325, 333, 334; full 完全介入 106

England 英国 196, 197, 199

enjoyment 享受 23, 26, 102, 202-203; diminished 消减的享受 75

Enlightenment 启蒙 5

ennui 厌倦, *see* boredom 参见"boredom"

Ensor, James 詹姆斯·恩索尔 218

entertainments 娱乐 32

entities 实体 85, 87, 88; abstract 抽象实体 82; imaginary 想象性实体 81, 82, 83; mental 心理实体 79; mind-independent and mind-internal 外在于心灵和内在于心灵的实体 89

environment 环境 10, 66, 67, 306-324; interaction between person and 人与环境之间的相互作用 176, 185

epistemic arguments 认识论论证 127, 128, 129-140

epistemology 认识论 152, 157, 226; phenomenological 现象学认识论 283

erasures 擦除 70

Esherick, Wharton 沃顿·伊舍里克 223

essences 本质 45, 46; cultural 文化本质 58; underlying 起基础性作用的本质 51-52

essentialist doctrines 本质主义的学说 250

Eteocles 厄特俄克勒斯 293-294, 297

ethics 伦理学 3, 127, 128, 129, 133, 152; aesthetics and 美学与伦理学 309

ethnocentric partiality 种族主义的偏向 133

eudemonia 积极幸福 271

evaluation 评价 6, 7, 67, 93-108, 109, 110, 177, 185, 309-310; aesthetic 审美评价 129, 143, 146-147, 309; cognitive 认知性评价 189; culturally specific 特定文化的评价 178; ethical 伦理评价 146; medium-specific 特定媒介评价 250; moral 道德评价 127, 129

evil 恶,邪恶 23, 104, 129, 140

exaltation 超越 326, 327, 330, 331

excellence 卓越 330-331; artistic 艺术上的卓越性 104

existence 存在 89, 90, 319

expectation 期待, 286

"experts" "专家", 159

explication 阐述, 205

explicit narrators 明确的叙事者 242-243, 246

expression 表达, 表现 38, 40, 57, 201, 210, 332, 333; emotional 情感的表现 101, 178-184, 263; inarticulate 不可言传 29; musical 音乐表达 255, 256, 259, 263, 264, 267-268, 270; see also facial expressions; gestures; posture; tone of voice 参见 "facial expressions; gestures; posture; tone of voice"

extensions 外延 47, 48, 49, 55, 57, 58, 59

Eyck, Jan van 扬·凡·爱克 217, 223, 224-225

F

facial expressions 面部表情,面部表达 175, 177, 180, 181, 182, 183, 185, 281

fakes and forgeries 伪造和伪造物 75, 76

Falck, C. C. 福尔克 206

falsity 谬误 103, 162

fantasy 幻想 162

fate 命运 299

Feagin, Susan 苏珊·菲金 10, 186, 187, 204, 209

fear 恐惧 301; pity and 怜悯和恐惧 184-185, 292, 294, 300

feelings 情感,感受 178, 186, 257, 260, 264, 278, 295; definite 确定的情感 258; evocation of 情感唤起 270; inner 内在感受 184

fiction 虚构,小说 103, 132, 134, 136, 138, 139, 172, 236; film 电影虚构 232, 238-248 多处; morally upright, evil in 在道德上正直的小说中存在的邪恶(人物) 140; paradox of 虚构的悖论 185; see also science fiction 参见 "science fiction"

Fictional Showing Hypothesis 虚构显现假说 241

Fielding, Henry 亨利·菲尔丁 196

fight-or-flight responses 战或逃反应 177

fine arts 美的艺术 39, 41, 98, 102, 157, 215; philosophical debates about 对于美的艺术的哲学辩论 277

Fitch, J. M. J. M. 菲奇 309

Fitzgerald, Penelope 佩内洛普·菲茨杰拉德 190

flaneurs 纨绔子弟 287

Flaubert, Gustave 居斯塔夫·福楼拜 182

flaws 缺陷 145, 146; character 性格缺陷 294

Fo, Dario 达里奥·福 134

Fontenelle, Bernard le Bovier de 丰特奈尔 295-296

foregrounding 置于前景 207

formal-perceptual structures 形式感知结构 98

formalism 形式主义 68, 70, 71, 74, 209, 257-262; appreciation and 欣赏和形式主义 207-208; beyond 形式主义之外 269-272; enhanced 扩大的形式主义 9, 262-269

forms 形式 23, 39, 45, 46, 65, 104, 143, 329; beautiful 美的形式 21, 153; elegant 高雅的形

式 102；perceptual 知觉形式 40；rational intuition of 形式的理性直观 60-61；visual 视觉形式 89；*see also* tonal forms 参见"tonal forms"

Foucault, Michel 米歇尔·福柯 217

fraud 欺骗 116, 121, 292

"freaks of nature" "自然的畸变" 319

free play 自由游戏 17, 20, 40, 41, 42, 72

freedom 自由 16, 29, 34；inner 内在自由 298

freedom of imagination 想象的自由 20, 33, 36, 39, 72；conceptions of 自由的概念 17-19, 22, 25, 30, 32, 41

Frege, G. G. G. G. 弗雷格 157

French, Marilyn 玛里琳·弗伦奇 135

French, P. A. P. A. 弗伦奇 126

Freud, Sigmund 西格蒙德·弗洛伊德 297, 298, 299, 302

Fugard, Athol 阿索·傅伽德 132

Fuller, Loie 罗伊·富勒 282

G

garish works 华丽的作品 106, 218

Gass, William 威廉·盖斯 142-143

Gauguin, Paul 保罗·高更 174

Gaut, Berys 贝利斯·高特 9, 231, 232, 233, 234

generalizations 普遍化，一般化 161, 174, 210, 299

Genesis《创世纪》110

genius 天才 40

Genome Project 基因工程 299

genres 类型 78, 94, 98, 105, 134, 155, 199, 223, 300, 302；archaic 过时的类型 299；deeply institutionalized 高度制度化的类型 303；defying the purity of 藐视类型的纯粹性 295；possibility for blending 类型融合的可能性 286

German rationalism 德国理性主义 1, 152

gestalt 格式塔 180, 218

gestures 姿势 123, 177, 181, 248, 267, 280, 281；dynamic 动态的姿势 182；emotional 情感姿势 189；formal vocabularies of 姿势的形式语汇 279；musical 音乐姿势 183

Gibson, J. J. J. J. 基博森 219, 221

Gluck, Christoff Willibald von 格鲁克 260

God 上帝 24, 280, 299, 327, 329, 330, 331；praise of 赞美上帝 335；wrath of 上帝的愤怒 312

Godlovich, S. S. 戈德拉夫 271

Goedvingers, Christina van 克里斯蒂娜·凡·格特芬格丝 75

Goehr, Lydia 莉迪亚·戈尔 270-271

Goethe, J. W. von 歌德 199

Gogh, Vincent van 文森特·凡·高 119, 187

Goldman, Alan 艾伦·戈德曼 6

Gombrich, E. H. E. H. 贡布里希 219-220

Goodman, Nelson 尼尔森·古德曼 4, 179, 183, 184, 219, 220, 224, 231, 281

goodness 善 20, 22, 23, 96；fragility of 善的脆弱 293；moral 道德上的善 142；sacrifices of 善的牺牲 256

Gordon, R. M. R. M. 戈登 175

Gorgias 高吉阿斯 292

Gothic architecture 哥特建筑 18

Gottsched, Johann 高特雪特 297

Gracyk, T. T. 格雷西克 271

grand narrative 宏大叙事 334, 335, 337, 338

grandeur 庄严 18, 31, 32, 33

Grant, Cary 加里·格兰特 247

gratification 满足 31, 32, 39；immediate 直接的满足 22

greatness 伟大 32, 33, 34

Greenspan, G. G. 格林斯潘 177

Grice, H. P. H. P. 格莱斯 159, 233

Grofé, F. F. F. F. 格罗斐 171

grotesque figures 丑怪形象 218

"grounding" 提供基础，构成基础 84, 85, 87

guilt 罪疚 301, 302

Gulliver's Travels (Swift)《格列佛游记》(斯威夫特) 236

Gurney, Edmund 埃德蒙·盖尼 269

Guyer, Paul 保罗·盖耶 5

H

Hagberg, G. G. 哈格伯格 271

Halliwell, S. S. 哈利韦尔 292

hamartia 性格缺陷 294

Hampshire, Stuart 斯图尔特·汉普夏尔 2-3, 4

Handel, George Frederick; *Messiah* 汉德尔:《弥赛亚》260, 312

Hanslick, Eduard 爱德华·汉斯立克 257-263, 265, 266, 267, 268, 269, 270

"happenings" 偶发事件 69

Hardy, Thomas 托马斯·哈代 209

Harlequin romances 哈利昆的传奇 187

Harman, G. G. 哈曼 233

harmony 和谐 17, 19, 22, 38, 41, 72, 189, 308; musical 音乐 190, 255, 259, 260, 262

Haydn, Joseph 约瑟夫·海顿 94, 107, 164, 171

healing 治疗 69

Hebrew Bible 希伯来圣经 110

Hegel, G. W. F. G. W. F. 黑格尔 155-156, 157, 159, 216, 219, 278, 291, 313

Heidegger, Martin 马丁·海德格尔 118, 119, 338

hermeneutics 解释学 201, 203, 204, 226

Hernstein Smith, Barbara 巴巴拉·赫恩斯坦·史密斯 209

heuristics 启发性的 38, 83, 217, 218, 224

Higgins, Kathleen 凯瑟琳·辛吉斯 271

hip hop 嘻哈 271

Hirsch, E. D. E. D. 赫尔希 115

history of art 艺术的历史 3, 69, 105, 110, 157, 223

holism 整体主义 133, 134, 310

Homer 荷马 34, 126, 184, 292

Hopkins, G. M. G. M. 霍普金斯 164

Horace 贺拉斯 196

"horizon line isocephaly" 视线等高构图 216

horticulture 园艺 39

Hospers, John 约翰·霍斯珀斯 179, 206

"human studies" 人文研究 201

Hume, David 大卫·休谟 25, 97, 98, 153, 154, 161, 165, 169-170, 171, 209, 291; "Of the Delicacy of Taste"《论趣味的精致》167-168; "Of the Standard of Taste"《论趣味的标准》159, 160, 167, 168; "Of Tragedy"《论悲剧》295-296; *Treatise of Human Nature*《人性论》168

humming 哼唱 254

humor 幽默 97, 181, 302

Hutcheson, Francis 弗朗西斯·哈奇生 1-2, 18, 20, 28, 29, 32, 39, 41, 42, 153, 267, 308; *Inquiry into Beauty and Virtue*《对德行和美德的质询》16, 19, 22-25, 26, 105

hypnotic suggestion 催眠暗示 301, 302

I

Ibsen, Henrik 亨利克·易卜生 299

iconic shots 图像的镜头 242

iconicity 肖像性 220

icons 偶像 190, 333, 334, 336-337

ideas 观念, 理念 69, 70, 168, 293; aesthetic 审美理念 40, 41; intellectual 智性观念 40; musical 音乐理念 258, 259, 265; representation of 理念的再现 33; similarities in 观念之间的相似性 64; summation and synthesis of 观念的总结与综合 41-42; symbolization of 理念的象征 18

identity 同一性, 身份, 识别 82, 83, 86, 88, 226, 288, 302-303; infecting 影响了同一性 300

ideologies 意识形态 117, 200

idolatry 偶像崇拜 337

illusions 幻觉 265, 266; perceptual 知觉幻觉 232

imagery 形象 36, 207

images 形象, 图像 28, 35, 42, 75, 179, 230, 237, 243, 302; "fish-bowl" 鱼缸图像 239; iconic 圣像图像 337; image-makers 图像制作者 238, 241-242; rich, dense, indeterminate 丰富的、密集的、不确定的形象 36; visual 视觉形象 216, 220, 249, 335

imaginary objects/entities 想象性对象/想象性实体

79, 81, 82, 83, 88, 89

imagination 想象,想象力 28, 29, 31, 35, 38, 42, 81, 113, 115; autonomous power of 自律的想象力量 32, 34; cultivation of 想象力的培养 197; engagement of 想象的介入 26; impersonal 不具人格的想象力 239, 246; leaving less to 较少留给想象力余地 249; literary appreciation an exercise in 文学欣赏是一种想象力的锻炼 207; moral 道德想象力 146; music and 音乐和想象 254, 257, 270; nature beautiful without aid of 没有想象力帮助的自然美 156; object of 想象的对象 185; representation of 想象的表象 40; sonorous 声音的声响想象 266; tactile 触觉想象 80; veracity and 真实与想象 277; visual 视觉想象 80, 232; see also freedom of imagination 参见"freedom of imagination"

imitations 模仿 25, 26, 28, 29, 51, 52, 57, 66, 75, 292

immorality 不道德 104, 145

impartiality 公正 133

impersonal-imagination theory 不具人格的想象理论 238–239

implicit cinematic narrators 暗含的电影叙事者 237–242, 244, 245, 247, 248

impressions 印象 168, 258

incoherence 不连贯,不合理 143, 145, 245; virtual 实际上不合理 243

indeterminacy 不确定性 244, 245, 249, 270; radical 彻底的未决定 86

India 印度 279

individuality 个体性 16

individuation 个体化 83, 86, 226, 261

infatuation 痴迷 153

inferences 推论,推断 180, 248–249; invalid 无效的推论 161

infinity 无限 224, 225, 296

Ingarden, R. R. R. R. 英伽登 82, 89

inner life 内在生命 265

inner states 内在状态 182, 248, 249

inner subjective self 内在主观自我 197

insensitivity 缺乏敏感性 100, 101

instrumental music 器乐 189, 254–255, 257, 26

instrumentation 乐器 40

intellects 智力 107

intelligence 智力 278, 281; artificial 人工智能 300; creative 创造性智慧 21; divine 神圣智慧 21

intelligibility problem 知解问题 263, 264

intension 内涵 46, 47–48, 54, 57, 58, 59, 60; specifiable 能阐明的内涵 53

intentional fallacy 意图的谬误 109–110, 205, 261

intentionality 意图性 69, 89, 90, 109, 123, 223, 224, 225, 226; see also anti-intentionalism 参见"anti-intentionalism"; realized intentions 实现的意图; unrealized intentions 未实现的意图

interaction 相互作用 70, 176, 185, 188

internal rationality 内在的合理性 333

internet 互联网 70

interpretation 解释 72, 93, 99, 100, 109–112, 121–122, 157, 202–205 各处; complicated processes of 复杂的解释过程 209; conflicting 相互冲突的解释 113–115, 120; emotionalist 情感主义的解释 262; musical 音乐解释 189; off-the-wall 荒谬解释 118–119, 123; prompting 增进解释 106

intuition 直觉,直观 18, 40, 63, 66, 162, 298; rational 理性直观 60–61

irony 反语,讽刺 56, 68, 69

irrationality 非理性 298

Isaiah《以赛亚书》312

Iseminger, G. G. 伊斯明格 205

Isenberg, Arnold 阿诺德·艾森伯格 143, 172

isomorphism 同构 266

J

Jakobson, Roman 罗曼·雅各布森 207

James, Henry 亨利·詹姆斯 137, 209

James, William 威廉·詹姆斯 177

jazz 爵士 271

Jennens, Charles 查尔斯·詹内斯 312

Johnson, Samuel 塞缪尔·约翰逊 155，200

Johnston, M. M. 约翰斯顿 82

Judaism 犹太教 333，334

judgment 判断 176，177，209；aesthetic 审美判断 2，17，39，41，99，100，107，309；critical 批评判断 101，113-114，120，121，152-166；evaluative 评价判断 99，309-310；foundation for explaining and justifying 为解释和辩护（关于什么是美的什么不是美的）判断提供基础 64；moral 道德判断 1，72，104，130，131，132，134，139，140，141，146；scientific 科学判断 72

junk 垃圾 163

justice 公正 133，136

K

Kames, Henry Home, Lord 克姆斯 153

Kandinsky, Wassily 瓦西里·康定斯基 183-184

Kant, Immanuel 伊曼劳尔·康德 3，18，19，25，29，30，34，35-36，37，42，66-75 各处，94，97，137，159，161，165，216，291，308，312，313，328，330；*Critique of Judgment*《判断力批判》4，38，39-41，64-65，121-122，153-154，155，156，157，160，170，296-297，306；*Critique of Pure Reason*《纯粹理性批判》1；*Grundlegung*《道德形而上学基础》2，16-17；*Reflexionen*《札记》1

Karl, G. 格雷戈里·卡尔 189，270

katharsis 净化 see catharsis 参见"catharsis"

Kawin, Bruce 布鲁斯·卡温 235，238

Keats, John: *Ode to a Nightingale* 济慈：《夜莺颂》181，186，187

Kennedy, George A. 乔治·A.肯尼迪 195-196

Kiefer, Anselm 安塞姆·基弗 215

King, W. W. 金 231

Kivy, Peter 彼得·基维 50，51，52，180，183，190，233，264，266-269，270

Kneller, J. J. 内勒 19

know-how 知道怎样 134

knowledge 知识 66，67，100，102，115，117，216；communicating 交流知识 136，138，139，295；conceptual 概念知识 137，139；contributions to 对知识的贡献 199；cultural 文化知识 183；ethical/moral 伦理/道德知识 128，129，135，138，295；insufficient 知识欠缺 121；neurological 神经学知识 300；propositional 命题知识 130，131，134，137，138，139-140；superior 出众的知识 120；theory of 知识理论 219；see also epistemology 参见"epistemology"

Köhler, Wolfgang 沃尔夫冈·柯勒 218

Kozloff, Sarah 萨拉·卡兹洛夫 237-238，243

Kripke, S. S. S. S. 克里普克 84

Kristeller, Paul O. 保罗·O.克里斯特勒 5，16，157

Krutch, Joseph Wood 约瑟夫·伍德·克鲁奇 298

L

Labanotation 拉班舞谱 281

Laffay, Albert 阿贝尔·拉法依 241

Lamarque, Peter 彼得·拉马克 8，204，205，206，207，210

Langer, Susanne 苏珊·朗格 264-265，266，268，269，278

language 语言 52，53-54，55，56，64，84，268，279；access to 接近语言 293；acquaintance with 熟悉语言 115；explicitly evaluative 明确的评价性的语言 249；imprecise use of 对语言的不准确的使用 63；literary 文学语言 209；minimal lexical units 最小词汇单元的语言 233；philosophy of 语言哲学 45，46，48，204；pretheoretical informal talk 前理论的非正式谈话语言 157；religious 宗教语言 326；speculation on origins of 有关语言起源的思考 278；use in literature 运用于文学作品中的语言 104，207；see also words 参见"words"

law 法律 59

lawfulness 合规律性 39，40，41

Lazarus, R. S. R. S. 拉扎勒斯 175-176, 177
Leavis, F. R. F. R. 利维斯 198, 209
Leddy, Thomas 托马斯·勒迪 50, 51, 52
Leonardo da Vinci 列奥那多·达·芬奇 244
Lessing, G. E. G. E. 莱辛 29, 297
Levinson, Jerrold 杰罗尔德·列维森 58, 83, 89, 181, 182-183, 222-223, 224, 225, 226, 233, 235, 236, 240, 269, 270
Lewes, George Henry 乔治·亨利·刘易斯 208
Lewis, C. I. C. I. 刘易斯 152
libraries 图书馆 70
life stories 生活故事 134
linguistics 语言学 2, 175
listeners/listening 听众/倾听 111, 121, 137, 255, 256, 257, 258, 262; emotional states 听众的情感状态 263; evocation of feelings 听众情感的唤起 270; favorable conditions for 倾听的有利条件 99; psychologic states 听众的心理状态 264; suitably backgrounded 有适当的背景知识的听众 182-183; untrained 没有受过训练的听众 254
literary criticism 文学批评 117, 153, 199, 203, 205, 206; formal expression in 文学批评中的形式化表达 210; value-free 无涉及价值的文学批评 209
literary narrators 文学叙事者 234, 235, 246-248
literature 文学,文学作品 8, 79, 82, 83, 90, 111, 115, 133, 250; dramatic plots 文学作品中的戏剧性情节 104; fiction 虚构的文学作品 132, 134, 138; film and 电影与文学 235; intentional fallacy in 文学作品中的意图的谬误 110; naming of work of 命名文学作品 87; non-fiction 非虚构的文学作品 103; philosophy of 文学哲学 195-214; use of language 文学作品中的语言运用 104
liveliness 生动性 37
Livingston, P. P. 利文斯顿 233, 237
Locke, John 约翰·洛克 19
Lodge, D. D. 洛奇 207

logical positivism 逻辑实证主义 2
longing 渴望 330
Longinus 朗吉弩斯 154, 196
looks 观看 248, 249
Lopes, D. D. 洛佩斯 232
love 爱 153, 188, 258, 265; selfless 无私的爱 138

M

Macaulay, T. B. T. B. 麦考利 199
McClary, Susan 苏珊·麦克莱莉 271
McEwan, Ian 伊恩·麦克尤恩 190
McMahan, J. J. 麦克马汉 84
Magic Mountain, *The* (Mann)《魔山》(曼) 134
Mahler, Gustav 古斯塔夫·马勒 94
make-believe 虚拟 238, 239, 240, 246
Malcolm, Norman 诺曼·马尔科姆 172
Manchurian Candidate, *The* (Frankenheimer/Axelrod)《满洲里候选人》(弗兰克海默/阿克塞尔罗德) 300-302, 303
Mapplethorpe, Robert 罗伯特·梅普尔索普 215
Marcuse, Herbert 赫伯特·马尔库塞 338
Margolis, Joseph 约瑟夫·马戈利斯 8-9, 222, 226
Marxism 马克思主义 95
Masaccio 马萨乔 216-217
Masolino 马索里诺 216, 217
masterpieces 杰作 146, 276
Matravers, D. D. 马特拉沃斯 270
matter 质料 40, 81, 82, 90
Mattheson, Johann 约翰·马修生 267
Maupassant, Guy de 居伊·德·莫泊桑 249
Maus, Fred Everett 弗瑞德·埃弗雷特·毛斯 270
meaning(s) 意义 46, 54, 55, 56, 82, 158, 159, 160, 202, 203, 303; aesthetic 审美的意义 73; answer to the question of 对意义问题的回答 332; contextual 上下文意义 204; cultural determination of 意义的文化决定 60; embedded 根植于……的意义 285; emotive 情感意义 259; "extra-musical" "音乐之外" 的意义 263; hidden 隐秘的意义 209; linguistic fact possess-

ing 具有意义的语言学事实 201；multiple 多重的意义 209，313；musical 音乐的意义 255，256，257，263，268，268；Platonic-tinged approach to 柏拉图主义色彩对待意义的方法 47；relational 关系性意义 176；role of 意义的角色 204-206；see also semantics；semiotics 参见"semantics；semiotics"

media 媒介 102，104，234，235，271；auditory 听觉 247；auditory-visual 视听媒介 248；digital 数字媒介 230；lexical 词汇媒介 247，248；realist 现实主义媒介 250；verbal 语言媒介 31；visual 视觉媒介 31，38，247

medium-specific differences 特定媒介差异 248-250

Meir, G. F. G. F. 迈尔 153

Meiss, Millard 米勒德·迈斯 224

melancholy 忧郁 179，180，181，183

melodrama 情节剧 106

melody 旋律 255，259，260，262；chromatic 包含半音的旋律 268

Melville, Herman 赫尔曼·梅尔维尔 137

memorial art 纪念性的艺术 335-336，337

memories 记忆 89，135

Mendelssohn, Felix 费利克斯·门德尔松 255

mental capacities 心理能力 102，103，105

mental states 心理状态 81，143，248，249，258，264

Merleau-Ponty, Maurice 莫里斯·梅洛-庞蒂 283

metaphor 隐喻 207，277，298

metaphysics 形而上学 6，46，80，85，88，89，90，152，296，331

methodology 方法论 38，84

Metz, Christian 克利丝汀·麦茨 233，241

Miami 迈阿密 95，97

Michelangelo 米开朗琪罗 215

micro-structures 微观结构 45，47

Mighty Aphrodite（Allen）《强大的阿佛洛狄忒》（艾伦）302-303

Miller, James 詹姆斯·米勒 277

Milton, John 约翰·弥尔顿 137，160，169，170

mimesis 模仿 278，279，292

mind 心灵 89，105，156，162，202；not capable of understanding its own nature 心灵不能理解它自己的本性 300；philosophy of 心灵哲学 102；sciences of 心灵科学 299；states of 心灵状态 180，182，293

"mirroring" responses "镜像式"的回应 270

misinterpretation 错误解释 116-118，123

modification 修改 319-320

Molière 莫里哀 181-182，186

Mondrian, Piet 彼埃·蒙德里安 116，117

Monet, Claude 克劳德·莫奈 182

monsters 怪物 300

Monteverdi, Claudio 克劳迪奥·蒙特威尔第 183

moods 心情 258，267

moral philosophy 道德哲学 2，3；Kant's 康德的道德哲学 17，18

moral responsibility 道德责任 110，134，301

morality 道德 7，65，103-104，126-151；essence of 道德的本质 18；Kantian 康德的道德观 115；symbols of 道德的象征 17，18

Morgenstern, S. S. 摩根斯顿 178

Moritz, Karl Philipp 卡尔·菲力普·莫利茨 338

Morley, John 约翰·莫利 197

Morrison, Toni 托妮·莫里森 133

Mothersill, Mary 玛丽·马泽斯尔 7

motion 运动 259，276-290

motivations 动机 249

movies 电影 8，9，102，115，134，142，291，299，300-303；horror 恐怖电影 187；philosophy of 电影哲学 230-254

Mozart, Wolfgang Amadeus 沃尔夫冈·阿玛多伊斯·莫扎特 97，105，107，170，171；*Requiem*《安魂曲》267

Mukarovsky, Jan 让·莫卡洛夫斯基 207

Müller-Lyer illusion 缪勒-莱耶错觉 232

Munch, Edvard 爱德华·蒙克 182，186，187

Murder, My Sweet《爱人谋杀》(Dmytryk/Chandler) 237

Murdoch, Iris 艾里斯·默多克 207

music 音乐 29, 30, 38, 72, 81, 83, 277; absolute 绝对音乐 9; adaptability of 音乐的适应性 255, 256; anxiety of "persona" in 音乐中"人物"的焦虑 190; autonomy of 音乐的自律 261; copies 音乐的复制品 79, 83; graceful 优美的音乐 98; hearability of 音乐的可听性 182-183; instrumental 器乐 189, 254-255, 257, 260; intentional fallacy in 音乐中的意图谬误 110; melancholy 音乐中的忧郁 179, 180; mythology 神话音乐 299, 303; naming of work of 命名音乐作品 86-87; performances 演奏音乐 79, 83, 256, 266, 269, 271; philosophy of 音乐哲学 254-275; pure 纯粹音乐 102, 260; Romantic 浪漫主义音乐 313; silence in 哑乐 69; structures 音乐结构 89-90, 104; taste in 对音乐的趣味 170, 172; ubiquity of 音乐的无处不在 255, 256

N

names 命名, 名称 84-85, 6-7, 303; proper 专用名 48

narration/narrators 叙事/叙事者: cinematic 电影的 9, 230-254; literary 文学的 234, 235, 246-248; narrative artworks 叙事性艺术作品 131, 132-133; metaphoric and metonymic 隐喻的和换喻的 207

natural kinds 自然种类 48, 50, 51, 85, 86

"naturalizing" "自然化" 224

nature (physical phenomena) 自然（物理现象）21, 34-35, 67, 262; aesthetic appreciation of 对自然的审美欣赏 66, 76, 306-324; art and 艺术和自然 158, 159, 163; beauty in 自然美 154, 156, 307-308; culture and 文化和自然 283; determinism of 自然的决定论 296; mechanical reproductions of 对自然的机械复制 75; representing perceivable objects in 再现自然中可知觉对象 220; see also pure nature; unrestricted nature 参见 "pure nature; unrestricted nature"

nature (universal properties) 自然（普遍特性）49, 50, 292, 298

Neill, A. A. 尼尔 185, 234

neo-Platonism 新柏拉图主义 22, 24, 314

Nero 尼禄 144

neurophysiology 神经生理学 219

neuroscience 神经系统科学 175

"never lie" axiom "决不说谎"的教条 136-137

New Criticism 新批评 201, 203, 209

New Testament 新约 126

New York 纽约 95

New York Times Book Review 《〈纽约时报〉书刊评论》190

Newcomb, Anthony 安东尼·纽科姆 269-270

Newton-de-Molina, D. D. 牛顿-德-莫利纳 205

Nietzsche, F. F. F. F. 尼采 271, 291, 297-298, 299

Nimoy, Leonard 伦纳德·尼莫 232

noises 噪音 80, 262

nominalism 唯名论 220

norm-kinds 范型种类 83

norms 标准, 规范 199, 219; aesthetic 审美标准 321; cultural 文化标准 177, 310; social 社会规范 177, 309

North by Northwest (Hitchcock) 《西北偏北》（希区柯克）247

Norton, R. E. R. E. 诺顿 298

nostalgia 怀旧 183, 270

notational art 记谱艺术 281

noumenalism 实体主义 300

novels 小说 83, 85, 87, 102, 133, 134, 210, 248; character's words reported in 小说中被交代的人物的话语 245; education offered by 小说提供的教育 188; engagement with 介入小说 131; feminist 女性主义小说 135; fictional characters 虚构的小说人物 141; morally good 道德上的善 141; narrative power 叙事力量 249; trashy 低劣的小说 187; understanding 理

解小说 128; value of 小说的价值 94

novelty 新奇 31, 32, 34

Noverre, J.-G. J.-G. 诺维尔 278

Nugent, Thomas 托马斯·努根特 25

nurture 养育 132

Nussbaum, Martha 玛莎·努斯鲍姆 137, 187, 188, 293

Nuttall, A. D. A. D. 纳托尔 209

O

objectivity 客观性 159, 160, 164, 221, 225, 257; "rules" of 客观性的"规则" 226

obligations 义务 133, 139

Oedipus 俄狄浦斯 297, 301; see also Sophocles

Ogilby, John 约翰·奥格尔比 160, 169, 170

Old Testament 旧约 110, 312

Olsen, Stein Haugom 斯坦·郝高姆·奥尔森 8, 205, 206, 210

Onions, C. T. C. T. 奥尼恩斯 314

opera 歌剧 95, 164, 256, 260

order 秩序 21, 22, 38; social or cultural 社会或文化秩序 200

originality 原创性 103, 105

Orthodoxy 东正教 333, 334

Oudart, Jean-Pierre 让-皮埃尔·奥达塔 238

Ovid 奥维德 34

P

pain 痛苦 64, 69, 291, 296

paintings 绘画 28-29, 39, 80, 81, 82, 83, 87, 183; abstract 抽象绘画 189; beliefs and practices regarding 关于绘画的信念和实践 89; common-sense beliefs about 关于绘画的常识信念 85; descriptive 描述性的绘画 328; emotional responses to 对绘画的情感反应 188, 189; expressionist 表现主义绘画 182; landscape 风景画 308; museum, religious significance of 博物馆、绘画的宗教意义 334; Op-art 光效应绘画艺术 181; perceived 知觉绘画 8-9, 215-229; restoring 修复绘画 79; Romantic 浪漫主义绘画 313; sensuous beauty of colors 绘画色彩的感观美 94; terms to describe 描述绘画的术语 96; thematized elements 主题化的因素 105; unified 统一 105; way we treat 我们对待绘画的方式 84

palpability of signs 符号的可感性 207

Panofsky, Erwin 欧文·潘诺夫斯基 217, 221-222, 224-225

Pappas, N. N. 帕帕斯 292

parables 寓言 299

paradox 悖论 185, 207, 264, 296

Parker, D. D. 帕克 126

participation 参与 45, 61, 71, 146

passions 激情 27, 28, 330; arousal of 激情的唤起 26, 29

Passmore, John 约翰·帕斯默 2, 3, 4

pathos 痛苦 298

patronage 资助 155

patterns 模式 86; intelligible 可理解的模式 105

perception 知觉,感知 23, 32, 71, 72, 202, 286, 316; aesthetic 审美知觉 308; moral 道德感知 131, 132, 134, 141; natural 自然知觉 221; neurophysiology of 知觉的神经生理学 219; paradigm of 知觉的范例 216; pictorial 图像知觉 8-9; "raw" sense "生糙的"感官知觉 81; sensory 感观知觉 25, 64, 219; theory of 知觉理论 219, 220

perfection 完善 40, 269; sensory 感性的完善 36, 38

performance rights 演奏权 79

performances 演奏,演出,表演 79, 82, 87, 89, 90, 256, 266, 269, 293, 294; activist 行为主义表演 134; correctness of 演奏的准确性 83; dance 舞蹈表演 281, 285, 287, 288; kinds of 演奏种类 271; mistaken 错误行为 112, 114

permanence 永恒 70

Persian rugs 波斯人的毯子 190

persistence conditions 持存条件 82

perspective 透视 216，217，218，219，221，224，227；ambivalent method of 透视的两可方法 222；Flemish treatment of 透视法的弗莱芒式的处理 223

phenomenology 现象学 282，283

philosophy of：art 艺术哲学 3，10，16，47，157，162，223，250，276，285，307；dance 舞蹈哲学 9，276-290；language 语言哲学 45，46，48，204；literature 文学哲学 8，195-214；mind 心灵哲学 102；movies 电影哲学 230-254；music 音乐哲学 9，254-275；science 科学哲学 3；taste 趣味哲学 167-173；*see also* analytical philosophy；moral philosophy；political philosophy参见"analytical philo-sophy；moral philosophy；political philosophy"

photography 摄影 9，308；cinematic 电影的摄影 230，231，232，233，250

physical-object hypothesis 物理对象假设 80，81，82

physical phenomena 物理现象 46，47

physics 物理学 82，152

physiological responses 生理反应 177，181，185，189

Picasso, Pablo：*Guernica* 毕加索：《格尔尼卡》78，83，86，94；*Head* 220；*Las Meninas*《宫娥图》219；*Three Musicians*《三个音乐家》219；*Woman with Chignon*《戴发髻的女人》220

picturesque 如画 308

Piero della Francesca 皮罗·德拉·弗朗西斯卡 119，221，222，224-225

pitches 音调 255，259

pity 怜悯 186，265，298；fear and 恐惧与怜悯 184-185，292，294，300；guilt and 罪疚与怜悯 301，302

Plato 柏拉图 5，8，54，136，153，158，174，185，196，200，271，298，299，313，329，338；*Laws*《法律篇》277；*Republic*《理想国》184，195，277，292，312；*Symposium*《会饮篇》328

Platonists 柏拉图主义者 45，46，47-48，53，60，89，90，313

pleasure 愉快，愉悦，快感 7，8，25，27，30，32，34，35，66，94，201；aesthetic 审美愉悦 65，72，74，76，208；beauty and 美与愉快 20，23，24，26，31，73，328；critical 批评的愉快 117；delight and 快乐和愉快 116；disinterested 无利害的愉快 20；displeasure and 不愉快和愉快 36；inaptness of the term"愉快"这个术语的不适当 103；literary 文学批评 203，209-210，211；lost 失去愉快 171；multiple possibilities for 愉悦的多重可能性 29；negative 消极的愉快 155；objectified 客观化的愉快 162；pain and 痛苦和愉快，痛感和快感 64，69，291，296；paradoxic 明显矛盾的快感 291；playful 游戏的愉悦 72；possibility of evoking 唤起愉悦的可能性 69；potential for 愉快的潜力 296，297；restored 重返快感 195-214；special 特殊的愉悦 68；visual 视觉快感 143

Plotinus 普洛丁 277，328-330，338

plots 情节 104，207，291，292，293，294，299，300

poetry 诗，诗歌 28-29，35，94，157，181，209，277，292；ambiguity in 诗歌的暧昧 208；appreciation and creation of 诗歌的欣赏与创作 153；defense of 对诗歌的辩护 196，206，207；elucidations of 诗的阐释 118；epic 史诗 155，203；诗的爱好者 lovers of 195，196，197；lyric 抒情诗 183，203，210，293；moral effectiveness of 诗歌的道德效果 197；music and 音乐和诗歌 260；reading-room 阅览室 334；Romantic 浪漫主义诗歌 186，313；ultimate aim of 诗歌的最终目的 36；values properly associated with 适当地与诗歌相关的价值 206

point-of-view shots "视点"镜头 238，246

political philosophy 政治哲学 153

Pollock, Jackson 杰克逊·波洛克 116，117

pop art 波普艺术 106

Pope, Alexander 亚历山大·蒲柏 155，181，182，196

popular music 通俗音乐 254，271

Portrait of the Artist as a Young Man (Joyce)《一

个青年艺术家的肖像》(乔伊斯) 134
positive aesthetics 肯定美学 310
poststructuralism 后结构主义 199, 201, 209
Postumius Terentianus 泼斯图缪斯·特伦天努斯 196
posture 姿势 177, 183, 267
Poussin, Gaspard 普桑 28
Prado, C. G. C. G. 普拉多 188
preferences 偏好 169, 172
Presocratics 前苏格拉底的哲学家 313
"pretty pictures" "漂亮的图画" 73
properties 特性, 属性 265; abstract 抽象属性 86; aesthetic 审美属性 73, 82, 89, 96-98, 99, 100, 101, 155; auditory-visual 视听属性 249; beautiful 美的特性 322; distinguishing 区分性属性 83; essential 本质属性 82, 313; formal 形式属性 68, 69, 73, 96, 207-208; intentional 意向性的属性 82, 223, 224, 225, 226; intrinsic 内在属性 68, 69, 71, 72, 74; media 媒介属性 250; mental 精神特性 141; non-emotional 非情感性属性 184; objective 客观属性 94, 96, 97, 98, 99, 107; objectively ascribable 可客观地归于的属性 225; perceivable 可知觉的属性 68, 69, 71; physical 物理属性 82; projected 心理投射性属性 88; regional 区域属性 68; shared 共有属性 94, 98-99; simple, non-natural 简单的非自然的属性 157; temporal 时间性属性 89; underlying 起基础作用的属性 47, 48, 52, 54; universal 普遍属性 49-50, 53; valuable 有价值的属性 94, 105
proportion 比例 21, 32
propositions 命题 132, 134
Protestantism 新教 333, 334
psychical distance 心理距离 306
psychoanalysis 精神分析 299
psychology 心理学, 心理 3, 37, 94, 140, 175, 179, 260, 264, 270, 278; aesthetic 审美心理学 1; cognitive 认知心理学 186; empirical 实验心理学 177; Freudian 弗洛伊德心理学 299,

302; inner state 内在状态 182; moral 道德心理学, 道德心理 1, 139; philosophical 哲学心理学 296; universals 心理学的普遍原则 300
public 公众 58, 59
Pudovkin, Lev 列夫·普多夫金 238
Purcell, Henry 亨利·普塞尔 183
pure nature 纯粹自然 317-318, 321
puritanism 清教徒主义 146
Putnam, H. H. H. 普特南 84
Pythagoras 毕达哥拉斯 329

Q

"qualified concatenationism" "有效链接主义" 269
qualities 性质, 质量, 品质 73, 168, 325; aesthetic 审美性质 209, 211, 309, 336; aesthetically significant 179 审美上有意义的性质; dynamic 动力性质 258, 259; emotional 情感性质 179; expressive 表现性质 107, 179, 180; formal 形式性质 107; intensive 坚密质地 311; internal 内在性质 333; movement 动作品质 286; objective 客观性质 101; secondary 次要性质 100

R

Rachmaninoff, Sergei 谢尔盖·拉赫玛尼诺夫 183
Racine, J. J. 拉辛 291, 296, 299
Radford, C. C. 拉德福 270, 271
rationalism: Cartesian/French 理性主义: 笛卡儿/法国 296, 297;
German 德国的 1, 152
Ravel, Maurice 莫里斯·拉威尔 171
reactions 反应 96, 100; affective 情感反应 98; emotional 情感反应 132, 187
"realism" 现实主义 220, 231, 250
reality 现实, 实在 85, 153, 216, 230; external 外部现实 197; higher kind of 更高的实在 329; physical 物理性实在 53; social 社会现实 106; ultimate 终极实在 327, 328, 330, 332
realized intentions 实现的意图 112, 114, 115
reason 理性 15, 33, 36, 184, 240; ideas of 理性理

念 41；practical 实践理性 154；pure 纯粹理性 17，154

reconciliation problem 调和问题 263，264，266

recording technology 录音技术 271

recreation 休闲 309，310

Redfern, Betty 贝蒂·雷德芬 288

reference theory 指称理论 84-85，86，87

Reid, Thomas 托马斯·里德 311

Reimer, B. B. 赖默尔 265

religion 宗教 10，126，299，303，325-339

Rembrandt 伦勃朗 188-189，337

Renoir, Jean 让·雷诺阿 249

Renoir, Pierre-Auguste 皮埃尔-奥西斯特·雷诺阿 94

repetitions：musical 重复：音乐的重复 104，256；word 话语重复 73

representation 表象，再现 33，40，57，60，89，222，277；absent objects 缺席对象的表象 25；aesthetic 审美表象 36，37，38，42；confused 混乱的表象 36；distinguished by objects, methods and materials 因其对象、方式和材料的不同而相互区别 278；genuine 真正再现 230；intentional 意向性的再现 231；logical 逻辑的表象 36；musical 音乐再现 257，258，260；natural 自然的再现 231；pictorial 图像再现 8；pleasure in 再现中的愉快 34；poetic 诗意的表象 36；rich and complex 丰富性和复杂性 37-38；sensory 感觉表象 37，38；two-dimensional 二维再现 219，221；verbal 语言表现 260

reproduction rights 复制权 79

resemblance 相似，类似 28，47，220-221，267，268，330

resolution 解决 98，104

rhetorical skills 修辞技巧 296

rhythm 节奏 72，255，259，260，262，281；jagged 参差不齐的节奏 189

Richter, D. D. 里克特 178

Ridley, Aaron 亚伦·里得雷 293-294

rigid designators 严格指示词 48，49，51，52，59

Rite of Spring, The (Stravinsky)《春之祭》（斯特拉文斯基）96，182

rituals 礼仪，仪式 71，255，284

Robinson, Jenefer M. 杰内弗·M. 罗宾逊 8，176，177，188，189，190，270

rock music 摇滚乐 271

Romantic period 浪漫主义时期 26，174，183，186，197，261，338

Rorty, Richard 理查德·罗蒂 177，199，210，224

Rosen, Charles 查尔斯·罗森 110，113

Ross, W. D. W. D. 罗斯 316

Roth, Philip 菲力普·罗思 127，140-141，144-145

Rothko, Mark 马克·罗斯科 189

Rubens, Peter Paul 彼得·保罗·鲁本斯 28

rules：moral 道德规则 130；objectivity 客观性规则 226

Ruskin, John 约翰·罗斯金 18

Russell, Bertrand 伯特兰·罗素 4

Russell, D. A. D. A. 拉塞尔 196

Russian formalism 俄国形式主义 207

S

sadness 悲伤 263，267，268

Santayana, G. G. 桑塔耶那 162

Sarris, Andrew 安德鲁·萨里斯 233

Sartre, Jean-Paul 让-保罗·萨特 81；Nausea《恶心》134，298-299

satisfaction 满足 102-103；aesthetic 审美满足 75

Sayers, Dorothy 多罗西·塞耶斯 172

scales 音阶 255

Schama, Simon 西蒙·斯伽马 237

Schapiro, M. M. 夏皮罗 119

Schelling, Friedrich 弗里德里希·谢林 313

Schiller, J. C. F. von 席勒 291，298，338

Schilpp, P. A. P. A. 席尔普 1-2

Schleiermacher, F. F. 施莱尔马赫 201

Schlosser, Louis 路易·施洛瑟 178

Schönberg, Arnold 阿诺德·勋伯格 171

Schopenhauer, Arthur 亚瑟·叔本华 18, 306, 313, 338

Schubert, Franz 弗朗茨·舒伯特 183

Schwitters, Kurt 库尔特·施威特斯 215

science 科学 50, 52, 55, 65, 84; biological 生命科学 303; cognitive 认知科学 298, 299; philosophy of 科学哲学 3

science fiction 科幻小说 300

scores 音阶 87

screenplays 电影剧本 230

Scruton, Roger 罗杰·斯克鲁顿 230-231, 269

sculpture 雕塑 39, 57, 82, 86, 215, 334; Egyptian 埃及雕塑 190; replacing a small part of 替换一件雕塑的一小部分 79

Searle, J. J. 瑟尔 53

secularism 世俗主义 133-134, 330, 332

Seldon, R. R. 塞尔登 207

selective breeding 有选择的饲养 316, 319

self-expression 自我表现 266

self-knowledge 自我认识 265

self-sacrifice 自我牺牲 298

self-transformation 自我改造 287

semantics 语义 38, 201, 220

semblances 外观 264-265, 266, 288

semiotics 符号学 38, 276

sensations 感觉 258

senses 感观,感觉 15, 23-24, 185; assaulting 对感觉进行施暴 106 sensitivity 感性,敏感 72, 99, 100, 106, 164, 322; moral 道德上敏感的 145, 146

sentences: declarative 陈述的句子 246; meaningful 有意义的句子 233

sentiment 敏感,情操 27, 29, 132

sentimentality 多愁善感 106

Sesonske, A. A. 塞桑斯克 233-234

Shaftesbury, Anthony Ashley Cooper, third earl of 夏夫兹伯里 18, 23, 24, 30, 42, 153; *Characteristics*《论人、习俗、见解及时代的特征》15-16, 19-20, 21-22; *The Moralists*《道德家——一个哲学狂想》19, 313

Shakespeare, William 威廉·莎士比亚 99, 100, 105, 137, 291, 299; *Hamlet*《哈姆雷特》84-85, 104; *Macbeth*《麦克白》186, 205; *The Merchant of Venice*《威尼斯商人》294

shapes 形状 65, 67

Sharpe, R. A. R. A. 夏普 105

Shelley, Mary 玛丽·雪莱 139

Shelley, Percy Bysshe 珀西·比希·雪莱 196, 207, 209

shock 惊骇 107, 120

Shusterman, R. R. 舒斯特曼 271, 283

Sibley, Frank 弗兰克·希布里 72, 73, 97, 155, 164

Sidney, Sir Philip 菲利普·锡德尼爵士 196

signs 符号 261, 264; palpability of 符号的可感性 207

silence 哑乐 69, 73

silly questions 愚蠢的问题 244, 246, 247

similarities 相似性 46, 47, 50, 53, 64, 94, 231, 234, 265

skepticism 怀疑论 94, 95, 128-129, 130, 132, 134, 137-142 各处; regarding aesthetic nature 关于审美自然的怀疑论 312-313

"skirt dances" "长裙舞" 282

Slonimsky, N. N. 斯洛尼姆斯基 259

Smetana, Bedrich 贝德里赫·斯美塔那 170

snobbism/snobbery 假内行,偏见, 111, 159, 276

social class 社会阶级 94, 95

social kinds 社会种类 86

social status 社会地位 163

sociology 社会学 3, 285

Socrates 苏格拉底 136, 137, 195, 292, 303

Solomon, Robert C. 罗伯特·C.所罗门 176

sonata-allegro form 快板奏鸣曲的形式 104

song 歌曲 183, 189, 293

Sontag, Susan 苏珊·桑塔格 203

Sophocles 索福克勒斯 302; *Oedipus the King*《俄狄浦斯王》184, 186

soul 灵魂 153

sounds 声音 65，75，80，83，89 - 90，248，249；musical 音乐的声音 254 - 255，256，258，259，261，266；pure 纯粹的声音 102；sights and 景象和声音 240；undifferentiated 未分化的声音 278

space and time 空间和时间 259

Sparshott, Francis 弗朗西斯·斯帕肖特 9 - 10，179 - 180，272，285，317

spatiality 空间性 277

spatio-temporal particulars 时空中的具体物体 89，316

speech 演说 248，261，267，302

spiders 蜘蛛 176 - 177

spiritual enlightenment 精神启蒙 313

standards 标准 94，98，107；ahistorical 不顾历史事实的标准 106；correctness 正确的标准 110，111，112，114，115，116

statues 雕像 82

Stecker, Robert 罗伯特·斯特克 205

Steinberg, Leo 列奥·施坦伯格 218

Stella, Frank 弗兰克·斯特拉 215

Sterelny, K. K. 斯特尼 86

Stern, Laurent 劳伦·斯特恩 6 - 7，119

Sterne, Laurence 劳伦斯·斯特恩 209

stimuli 刺激 175，189

Stoics 斯多葛主义者 314

Stolnitz, Jerome 杰罗姆·斯图尼茨 19，306，317

Strier, Richard 理查德·斯厥尔 169，170，172 - 173

structuralism 结构主义 201，207

style 风格 38，40，66，101，107，261；classical 古典风格 104；expressiveness of 风格的表现性 332；personal and historical 个人和历史风格 105

"subception" experiments "潜知"实验 177

"subjectivist" view "主观主义者"的观点 160

subjectivity 主体性 16，118，121，221，249，257 - 258

sublime 崇高 16，32 - 33，34，154，298；appreciating 欣赏崇高 306；distinction between beautiful and 美与崇高的区别 154，164；dynamical 力学崇高 296；mathematical 数学崇高 296；in nature 自然中的崇高 307 - 308

Sullivan, Louis 路易斯·萨利文 143

survival conditions 生存条件 86，88

Swan of Tuonela (Sibelius)《图内拉的天鹅》180

symbols 符号，象征 89，259，277，283；color 色彩象征 183；mythical 神秘象征 332；of morality 道德的象征 17，18；"presentational" "表象的象征" 265

symmetry 对称 31，32，234 - 235

sympathy 同情 132，134，197，298

symphonies 交响乐 85，87，94

synonyms 同义词 53 - 54

syntax 句法 38

T

talent 天赋 40

taste 趣味 1，7 - 8，72，153，154，163；adequate 适当的趣味 121；"elitist" 精英趣味 95；good 好的趣味 119，120；irreducible differences in 趣味之间的差异是不可避免的 98；judgment of 趣味判断 17，39，42，157，160，163 - 164；law of 趣味规律 161；philosophy of 趣味哲学 167 - 173；shared 共享的趣味 93，101，105；subjective 主观趣味 95；toleration of differences of 容许趣味的差异 159

Tate Gallery 泰特美术馆 120

Tchaikovsky, Peter I. 彼得·I. 柴可夫斯基 171；Violin Concerto 小提琴协奏曲 259

technical competence 技巧能力 164

Telemann, G. P. G. P. 特勒曼 164

telepathy 心灵感应 243

television 电视 8，337

telos 目的 292，294

Ten Commandments 十诫 133

tension 张力 98，104，105

Thayer, H. S. H. S. 塞耶 292

theatrical stage 剧场舞台 286

theology 神学 332

theorems 公理 24

third-person perspective 第三者的观点 186

Thomasson, Amie L. 爱米·L. 托马森 6，90

Thoreau, Henry David 亨利·戴维·梭罗 313

thought experiments 思想实验 136，137，138，140

thoughts 思想 38，40，185，231；expressed by music 音乐表达的思想 255；phenomenological 现象学思想 283

Tillich, Paul 保罗·蒂利希 331，332，334，335

time 时间 265，266；space and 空间和时间 259

Titian 提香 94

tokens 记号 83

Tolstoy, Leo 列夫·托尔斯泰 68-69，94，99，100；*Anna Karenina*《安娜·卡列尼娜》185-186，188；*What Is Art?*《什么是艺术？》186-187，256

tonal forms 调式 255，257-258，259，260，262

tone of voice 腔调，声调 123，177，181，185，189；stylized 风格化的腔调 183

tones 音调，(乐)调 98，178，184

top-down approach 从上而下的方法 47，53

Tormey, Alan 阿兰·托梅 179，180，181，221

Tormey, Judith Farr 朱迪思·法尔·托梅 221

Tovey, Donald F. 唐纳德·F. 托维 172

Townsend, D. D. 汤森 306

tragedy 悲剧 10，94，210，291-305；appreciation of 悲剧欣赏 103；goal of 悲剧的目的 184；humor in 悲剧中的幽默 97；"pleasures of""悲剧的快感" 209；"proper", and correct way of responding to 悲剧有一种"合适"且不明所以地正确的应对方式 172-173

transcendental deduction 先验演绎 160

transience 稍纵即逝，短暂 265，266；permanence versus 永恒对短暂 70

transparency thesis 透明性的论题 231

travel literature 游记文学 201-202

Treitler, Leo 雷欧·柴德勒 183

truisms 公理 128，131，134，162，209；moral 道德公理 135

truth 真理，真实 114，134，157，159；mind only capable of 心灵也只有心灵才能是真实的 156；moral 道德真理 206，208，209；poetic 诗的真理 206，207；value of 真理的价值 103

Tuan, Y.-F. 段义孚 319

types 种类 83，293

U

ubiquity 无处不在 246，255，256，282

Unamuno, M. M. 乌纳穆诺 298

understanding 理解 7，17，33，36，39，41，51，83，120，202，209；common-sense 常识理解 79-80；deeper, artworks that educe 唤起更深理解的艺术作品 136；failure in 没有能够理解 115；faulty 错误 113；general theory of 一般的理解理论 201；ground level 基础层面上的理解 109-112；intuitive 直观理解 63；musical 音乐理解 257-258，264，269，270，271，272；scientific, of nature 对自然的科学理解 307；self, moral 自我，道德理解 139；shallow 肤浅的理解 110，111

unintelligibility 不可理喻 145

unintended consequences 非意图性的结果 112

uniqueness 独特性 72，94，176，179，250

unity 统一性，统一体 105，134，143，224，329

universalizability 可普遍性 120-122

universals 普遍的 83

"unreal" objects "非现实的"对象 81

unrealized intentions 未实现的意图 114-115

unrestricted nature 无限制的自然 10-11，313，315；pure nature and 纯粹的自然和无限制的自然 317-318，321

urinals 小便池 69，73，107

utterance meaning 表达意义 205

V

value theory 价值理论 3

value(s) 价值 185, 265, 269, 279; artistic 艺术价值 93, 95; cognitive 认知价值 156, 203, 206-207; conflict of 价值冲突 293; enculturation of 价值的同化 129; ethical 伦理价值 156; expressive 表现价值 264; instrumental 工具价值 102; intrinsic 内在价值 102; literary 文学价值 203, 208-210; moral 道德价值 142; poetic 诗歌的价值 206; see also aesthetic values

Vander Leeuw, Gerardus 杰纳都斯·范德·莱乌 331-332, 334, 335

vanishing points 灭点 216, 217

variation 变奏 104

Vasarely, Viktor 维克托·瓦萨雷里 181

Velasquez, Diego de Rodriguez de Silva 委拉斯开兹 217

veneration 崇敬 333, 337

Verdi, Giuseppe 朱塞佩·威尔第 94

veridicality 真实性 219

vice 恶 131, 133

viewing 观看 99

Virgil 维吉尔 34

virtue(s) 善, 美德, 优点 20, 126, 131, 133, 311; aesthetic 审美优点 146; cognitive 认识价值 102; moral 道德优点 144, 295, 309

virtuous parenting 善良养育 137-138

Vischer, Friedrich 弗里德里希·维斯切 259

vision 视觉, 景象, 远见 31, 183, 206, 208, 327; freedom from narrowness of 从狭隘眼界中解放出来 335; theory of 视觉理论 219

visual arts 视觉艺术 83, 215, 216, 227, 261

Vivas, Eliseo 伊莱索·维瓦斯 306

vocabulary 词汇 225, 233, 279

vocal music 声乐 260

voice 声音 246, 247, 254, 268; see also tone of voice; voice-over narrators 参见"tone of voice; voice-over narrators"

voice-over narrators 画外音叙述者 237, 243, 246

W

Walhout, D. D. 沃尔洛特 271

Walton, Kendall 肯德尔·瓦尔顿 66, 185, 207, 231-232, 235, 236, 238, 244, 246, 270

Wartofsky, Marx 马克思·瓦托夫斯基 218-219, 220

Watteau, Jean-Antoine 让-安东尼·华铎 183

Webb, Daniel 丹尼尔·韦伯 267

Weitz, Morris 莫里斯·韦兹 56

Wellek, Rene 韦勒克 195, 196

Welles, Orson: *Citizen Kane* 奥森·威尔斯:《公民凯恩》237, 243

West, Mae 梅蕙丝 231

Weyden, Roger van der 魏登 215

White, J. J. 怀特 217

Wilde, Oscar 奥斯卡·王尔德 140, 141, 146

wilderness aesthetics 旷野美学 309

will 意志 16-17, 23

Wilson, G. G. 威尔森 233, 234, 235, 238, 240, 241, 242, 244

Wimsatt, W. K. W. K. 威姆塞特 109, 261

Winterbottom, M. M. 温特博特姆 196

wish-fulfillments 愿望满足 138

Wittgenstein, Ludwig 路德维希·维特根斯坦 172, 288

Wollheim, Richard 理查德·沃尔海姆 51, 80, 82-83, 182, 222, 224, 227

Wolsterstorff, Nicholas 尼古拉斯·沃尔特斯托夫 11, 81, 82, 83

Woolf, Virginia 弗吉尼亚·伍尔夫 201-202

words 词语 45, 46, 47, 54, 123; character's, reported in novel 小说中被交代的人物的话语 245; cultural 文化词语 60, 64, 178; intuitive understanding of 对词语的直觉理解 63; repetitions of 话语重复 73; rigid-designator approach to 严格指示词方法 48; sound of 词语的声音 248; technical 专门术语 60

Wordsworth, William 威廉·华兹华斯 178, 196, 197, 313

Z

Zajonc, Robert 罗伯特·扎永茨 177, 189

Zola, Emile 左拉 136

译者后记

《美学指南》(英文版)初版于2004年出版,同年秋天我用它作为教材,在北京大学哲学系美学专业的研究生课程中使用,至今已经使用三届。它增加了课堂讨论的深度和难度,排除了任何一种形式的随意性,甚至可以说它培养了一种真正的研究态度。当然,由于学生的兴趣、知识背景,特别是英语能力之间存在很大的差异,不可避免地会出现某些学生收获颇丰,而另一些学生收获甚少的现象。我期望中文版的出版能够尽可能地缩小这种差距,让大家在同一个平台上来讨论问题。

本书的初稿由第一次使用该书作为教材的同学译出,然后在课堂上逐章讨论。有时候一章的讨论会用去四次课的课时,结果可想而知,至今仍然有三分之一的内容没有讨论。不过,如果已经掌握了课堂讨论所培养起来的那种阅读方式,对于我们独自去阅读剩下的内容一定会有不少的帮助。

参加该书初稿翻译的同学有任鹏(导言)、贾红雨(第1、3章)、徐陶(第2、4、6章)、褚国娟(第5、8、11章)、刘笑非(第7章)、孙焘(第9章)、张颖(第10、12、13章)、宋蕾(第14章)、刘伟(第15章)、赵翔(第18章),刘品毓和任凯分别提供了第11章和第17章的部分初稿。我从5月份开始校译,前后持续四个多月时间完成。同学们交上来的稿子参差不齐,留下了不少问题,也出现了不少误译。发现这些错漏本身就需要不少时间,要解决这些错漏就更费斟酌。由于出版时间在即,最后还有两章我干脆自己动手翻译了,因为这样可以更加节省时间。但是,尽管我们以百分之百严肃认真的态度来对待此书的翻译,由于这里的每篇文章都涉及一个广大的学术背景,它们所涉及的面实在太广、处理的问题实在太深(或新),不可避免地会出现这样或那样的错误,我们诚挚地希望得到大家的指正,以便在再版的时候修正这些错误。

最后,我要感谢我的师兄、南京大学的周宪教授,感谢他一直关注本书的翻译工作,并安排在南京大学出版社出版。感谢南京大学出版社的黄继东先生接受本书的出版计划,并最终完成各项烦琐的出版事宜。我还要感谢我的师弟、北京大学出版社的王立刚先生,事实上是他最先委托我翻译此书,只不过等到北大出版社去买版权的时候,发现版权已经在一个星期前被南京大学出版社买走了,他只好作罢。由此可见,如果真的是一本好书,并不怕没有出版的机会。国内一些大学出版社在出版学术著作上表现得越来越专业,这对于从整体上提高我们的学术研究水平无疑是一件大好事。我还要感谢2006年刚刚入学的研究生何江宁、沈童、谷红岩、聂萌、章晟,他们一起通读了全部译文,修正了不少错误。

彭锋
2007年8月1日于北京大学蔚秀园

《当代学术棱镜译丛》
已出书目

媒介文化系列

第二媒介时代 [美]马克·波斯特

电视与社会 [英]尼古拉斯·阿伯克龙比

思想无羁 [美]保罗·莱文森

媒介建构:流行文化中的大众媒介 [美]劳伦斯·格罗斯伯格 等

揣测与媒介:媒介现象学 [德]鲍里斯·格罗伊斯

媒介学宣言 [法]雷吉斯·德布雷

媒介研究批评术语集 [美]W. J. T. 米歇尔 马克·B. N. 汉森

全球文化系列

认同的空间——全球媒介、电子世界景观与文化边界 [英]戴维·莫利

全球化的文化 [美]弗雷德里克·杰姆逊 三好将夫

全球化与文化 [英]约翰·汤姆林森

后现代转向 [美]斯蒂芬·贝斯特 道格拉斯·科尔纳

文化地理学 [英]迈克·克朗

文化的观念 [英]特瑞·伊格尔顿

主体的退隐 [德]彼得·毕尔格

反"日语论" [日]莲实重彦

酷的征服——商业文化、反主流文化与嬉皮消费主义的兴起 [美]托马斯·弗兰克

超越文化转向 [美]理查德·比尔纳其 等

全球现代性:全球资本主义时代的现代性 [美]阿里夫·德里克

文化政策 [澳]托比·米勒 [美]乔治·尤迪思

通俗文化系列

解读大众文化 [美]约翰·菲斯克

文化理论与通俗文化导论(第二版) [英]约翰·斯道雷

通俗文化、媒介和日常生活中的叙事 [美]阿瑟·阿萨·伯格

文化民粹主义 [英]吉姆·麦克盖根

詹姆斯·邦德:时代精神的特工 [德]维尔纳·格雷夫

消费文化系列

消费社会 [法]让·鲍德里亚
消费文化——20世纪后期英国男性气质和社会空间 [英]弗兰克·莫特
消费文化 [英]西莉娅·卢瑞

大师精粹系列

麦克卢汉精粹 [加]埃里克·麦克卢汉 弗兰克·秦格龙
卡尔·曼海姆精粹 [德]卡尔·曼海姆
沃勒斯坦精粹 [美]伊曼纽尔·沃勒斯坦
哈贝马斯精粹 [德]尤尔根·哈贝马斯
赫斯精粹 [德]莫泽斯·赫斯
九鬼周造著作精粹 [日]九鬼周造

社会学系列

孤独的人群 [美]大卫·理斯曼
世界风险社会 [德]乌尔里希·贝克
权力精英 [美]查尔斯·赖特·米尔斯
科学的社会用途——写给科学场的临床社会学 [法]皮埃尔·布尔迪厄
文化社会学——浮现中的理论视野 [美]戴安娜·克兰
白领:美国的中产阶级 [美]C.莱特·米尔斯
论文明、权力与知识 [德]诺贝特·埃利亚斯
解析社会:分析社会学原理 [瑞典]彼得·赫斯特洛姆
局外人:越轨的社会学研究 [美]霍华德·S.贝克尔
社会的构建 [美]爱德华·希尔斯

新学科系列

后殖民理论——语境 实践 政治 [英]巴特·穆尔-吉尔伯特
趣味社会学 [芬]尤卡·格罗瑙
跨越边界——知识学科 学科互涉 [美]朱丽·汤普森·克莱恩
人文地理学导论：21世纪的议题 [英]彼得·丹尼斯 等
文化学研究导论：理论基础·方法思路·研究视角 [德]安斯加·纽宁 [德]维拉·纽宁主编

世纪学术论争系列

"索卡尔事件"与科学大战 [美]艾伦·索卡尔 [法]雅克·德里达 等

沙滩上的房子 [美]诺里塔·克瑞杰

被困的普罗米修斯 [美]诺曼·列维特

科学知识:一种社会学的分析 [英]巴里·巴恩斯 大卫·布鲁尔 约翰·亨利

实践的冲撞——时间、力量与科学 [美]安德鲁·皮克林

爱因斯坦、历史与其他激情——20世纪末对科学的反叛 [美]杰拉尔德·霍尔顿

真理的代价:金钱如何影响科学规范 [美]戴维·雷斯尼克

科学的转型:有关"跨时代断裂论题"的争论 [德]艾尔弗拉德·诺德曼 [荷]汉斯·拉德 [德]格雷戈·希尔曼

广松哲学系列

物象化论的构图 [日]广松涉

事的世界观的前哨 [日]广松涉

文献学语境中的《德意志意识形态》 [日]广松涉

存在与意义(第一卷) [日]广松涉

存在与意义(第二卷) [日]广松涉

唯物史观的原像 [日]广松涉

哲学家广松涉的自白式回忆录 [日]广松涉

资本论的哲学 [日]广松涉

马克思主义的哲学 [日]广松涉

世界交互主体的存在结构 [日]广松涉

国外马克思主义与后马克思思潮系列

图绘意识形态 [斯洛文尼亚]斯拉沃热·齐泽克 等

自然的理由——生态学马克思主义研究 [美]詹姆斯·奥康纳

希望的空间 [美]大卫·哈维

甜蜜的暴力——悲剧的观念 [英]特里·伊格尔顿

晚期马克思主义 [美]弗雷德里克·杰姆逊

符号政治经济学批判 [法]让·鲍德里亚

世纪 [法]阿兰·巴迪欧

列宁、黑格尔和西方马克思主义:一种批判性研究 [美]凯文·安德森

列宁主义 [英]尼尔·哈丁

福柯、马克思主义与历史:生产方式与信息方式 [美]马克·波斯特

战后法国的存在主义马克思主义:从萨特到阿尔都塞 [美]马克·波斯特

反映 [德]汉斯·海因茨·霍尔茨

为什么是阿甘本? [英]亚历克斯·默里

未来思想导论:关于马克思和海德格尔 [法]科斯塔斯·阿克塞洛斯

无尽的焦虑之梦:梦的记录(1941—1967) 附《一桩两人共谋的凶杀案》(1985) [法]路易·阿尔都塞

经典补遗系列

卢卡奇早期文选 [匈]格奥尔格·卢卡奇

胡塞尔《几何学的起源》引论 [法]雅克·德里达

黑格尔的幽灵——政治哲学论文集[Ⅰ] [法]路易·阿尔都塞

语言与生命 [法]沙尔·巴依

意识的奥秘 [美]约翰·塞尔

论现象学流派 [法]保罗·利科

脑力劳动与体力劳动:西方历史的认识论 [德]阿尔弗雷德·索恩-雷特尔

黑格尔 [德]马丁·海德格尔

黑格尔的精神现象学 [德]马丁·海德格尔

生产运动:从历史统计学方面论国家和社会的一种新科学的基础的建立 [德]弗里德里希·威廉·舒尔茨

先锋派系列

先锋派散论——现代主义、表现主义和后现代性问题 [英]理查德·墨菲

诗歌的先锋派:博尔赫斯、奥登和布列东团体 [美]贝雷泰·E.斯特朗

情境主义国际系列

日常生活实践 1.实践的艺术 [法]米歇尔·德·塞托

日常生活实践 2.居住与烹饪 [法]米歇尔·德·塞托 吕斯·贾尔 皮埃尔·梅约尔

日常生活的革命 [法]鲁尔·瓦纳格姆

居伊·德波——诗歌革命 [法]樊尚·考夫曼

景观社会 [法]居伊·德波

当代文学理论系列

怎样做理论 [德]沃尔夫冈·伊瑟尔

21 世纪批评述介 [英]朱利安·沃尔弗雷斯

后现代主义诗学:历史·理论·小说 [加]琳达·哈琴

大分野之后:现代主义、大众文化、后现代主义 [美]安德列亚斯·胡伊森

理论的幽灵:文学与常识 [法]安托万·孔帕尼翁

反抗的文化:拒绝表征 [美]贝尔·胡克斯

戏仿:古代、现代与后现代 [英]玛格丽特·A.罗斯

理论入门　[英]彼得·巴里

现代主义　[英]蒂姆·阿姆斯特朗

叙事的本质　[美]罗伯特·斯科尔斯　詹姆斯·费伦　罗伯特·凯洛格

文学制度　[美]杰弗里·J.威廉斯

新批评之后　[美]弗兰克·伦特里奇亚

文学批评史：从柏拉图到现在　[美]M. A. R.哈比布

德国浪漫主义文学理论　[美]恩斯特·贝勒尔

萌在他乡：米勒中国演讲集　[美]J.希利斯·米勒

文学的类别：文类和模态理论导论　[英]阿拉斯泰尔·福勒

思想絮语：文学批评自选集（1958—2002）　[英]弗兰克·克默德

叙事的虚构性：有关历史、文学和理论的论文（1957—2007）　[美]海登·怀特

21世纪的文学批评：理论的复兴　[美]文森特·B.里奇

核心概念系列

文化　[英]弗雷德·英格利斯

风险　[澳大利亚]狄波拉·勒普顿

学术研究指南系列

美学指南　[美]彼得·基维

文化研究指南　[美]托比·米勒

文化社会学指南　[美]马克·D.雅各布斯　南希·韦斯·汉拉恩

艺术理论指南　[英]保罗·史密斯　卡罗琳·瓦尔德

《德意志意识形态》与文献学系列

梁赞诺夫版《德意志意识形态·费尔巴哈》　[苏]大卫·鲍里索维奇·梁赞诺夫

《德意志意识形态》与MEGA文献研究　[韩]郑文吉

巴加图利亚版《德意志意识形态·费尔巴哈》　[俄]巴加图利亚

MEGA：陶伯特版《德意志意识形态·费尔巴哈》　[德]英格·陶伯特

当代美学理论系列

今日艺术理论　[美]诺埃尔·卡罗尔

艺术与社会理论——美学中的社会学论争　[英]奥斯汀·哈灵顿

艺术哲学：当代分析美学导论　[美]诺埃尔·卡罗尔

美的六种命名　[美]克里斯平·萨特韦尔

文化的政治及其他　[英]罗杰·斯克鲁顿

现代日本学术系列

带你踏上知识之旅 [日]中村雄二郎　山口昌男
反·哲学入门 [日]高桥哲哉
作为事件的阅读 [日]小森阳一
超越民族与历史 [日]小森阳一　高桥哲哉

现代思想史系列

现代化的先驱——20世纪思潮里的群英谱 [美]威廉·R.埃弗德尔
现代哲学简史 [英]罗杰·斯克拉顿
美国人对哲学的逃避：实用主义的谱系 [美]康乃尔·韦斯特

视觉文化与艺术史系列

可见的签名 [美]弗雷德里克·詹姆逊
摄影与电影 [英]戴维·卡帕尼
艺术史向导 [意]朱利奥·卡洛·阿尔甘　毛里齐奥·法焦洛
电影的虚拟生命 [美]D.N.罗德维克
绘画中的世界观 [美]迈耶·夏皮罗
缪斯之艺：泛美学研究 [美]丹尼尔·奥尔布赖特
视觉艺术的现象学 [英]保罗·克劳瑟

当代逻辑理论与应用研究系列

重塑实在论：关于因果、目的和心智的精密理论 [美]罗伯特·C.孔斯
情境与态度 [美]乔恩·巴威斯　约翰·佩里
逻辑与社会：矛盾与可能世界 [美]乔恩·埃尔斯特
指称与意向性 [挪威]奥拉夫·阿斯海姆

波兰尼意会哲学系列

认知与存在：迈克尔·波兰尼文集 [英]迈克尔·波兰尼
科学、信仰与社会 [英]迈克尔·波兰尼

现象学系列

伦理与无限：与菲利普·尼莫的对话 [法]伊曼努尔·列维纳斯

图书在版编目(CIP)数据

美学指南/(美)彼得·基维主编;彭锋等译. —
2版. — 南京:南京大学出版社,2018.10(2021.5重印)
(当代学术棱镜译丛/张一兵主编)
书名原文:The Blackwell Guide to Aesthetics
ISBN 978-7-305-18442-0

Ⅰ.①美… Ⅱ.①彼…②彭… Ⅲ.①美学—指南
Ⅳ.①B83-62

中国版本图书馆 CIP 数据核字(2017)第 081247 号

The Blackwell Guide to Aesthetics by Peter Kivy,ISBN:9780631221319
Copyright © 2004
All Rights Reserved. Authorised translation from the English language edition published by John Wiley & Sons Limited. Responsibility for the accuracy of the translation rests solely with Nanjing University Press Co., Ltd. and is not the responsibility of John Wiley & Sons Limited. No part of this book may be reproduced in any form without the written permission of the original copyright holder, John Wiley & Sons Limited. Copies of this book sold without a Wiley sticker on the cover are unauthorized and illegal

Simplified Chinese edition copyright © 2018 by Nanjing University Press
江苏省版权局著作权合同登记　图字:10-2017-158 号

出版发行	南京大学出版社
社　　址	南京市汉口路 22 号　　邮　编　210093
出 版 人	金鑫荣
丛 书 名	当代学术棱镜译丛
书　　名	**美学指南**
主　编	[美]彼得·基维
译　者	彭　锋　等
责任编辑	张　静
照　　排	南京南琳图文制作有限公司
印　　刷	江苏苏中印刷有限公司
开　　本	787×1092　1/16　印张 21.25　字数 525 千
版　　次	2018 年 10 月第 2 版　2021 年 5 月第 2 次印刷
ISBN	978-7-305-18442-0
定　　价	78.00 元

网址:http://www.njupco.com
官方微博:http://weibo.com/njupco
官方微信号:njupress
销售咨询热线:(025) 83594756

* 版权所有,侵权必究
* 凡购买南大版图书,如有印装质量问题,请与所购
　图书销售部门联系调换